万川
reflections

一步万里阔

从达·芬奇到互联网

文艺复兴以来的技术与文化

LEONARDO TO THE INTERNET

Technology and Culture from the Renaissance to the Present

[美] 托马斯·米萨（Thomas Misa） 著
陈锐珊 译

中国工人出版社

图书在版编目（CIP）数据

从达·芬奇到互联网：文艺复兴以来的技术与文化 /（美）托马斯·米萨著；陈锐珊译. -- 北京：中国工人出版社，2025.9

ISBN 978-7-5008-7844-5

Ⅰ. ①从… Ⅱ. ①托… ②陈… Ⅲ. ①文艺复兴—历史—世界 Ⅳ. ①K103

中国版本图书馆CIP数据核字(2022)第236542号

著作权合同登记号：图字01-2022-0458

从达·芬奇到互联网：文艺复兴以来的技术与文化

出 版 人	董 宽
责任编辑	陈晓辰
责任校对	张 彦
责任印制	黄 丽
出版发行	中国工人出版社
地 址	北京市东城区鼓楼外大街45号 邮编：100120
网 址	http://www.wp-china.com
电 话	（010）62005043（总编室） （010）62005039（印制管理中心） （010）62001780（万川文化出版中心）
发行热线	（010）82029051 62383056
经 销	各地书店
印 刷	北京盛通印刷股份有限公司
开 本	880毫米×1230毫米 1/32
印 张	15
字 数	350千字
版 次	2025年10月第1版 2025年10月第1次印刷
定 价	86.00元

目录

前　言

从文艺复兴至今，本书跨越500年历程，探索了技术的不同特性，贯穿了前工业化时代，科学、政治和工业革命时代，涵盖了帝国主义、现代主义、战争、全球化和安全等最新话题。时间跨度之长，为最后一章探讨广泛的技术概念奠定了坚实基础。

为了理解列奥纳多·达·芬奇的作品，我在数年前便开始了这项研究。世人多知达·芬奇是享有盛名的艺术家和解剖学者，另兼职绘制了大量美观的工程图纸，但其实不止于此。在达·芬奇的有生之年，他的主业是技术专家和工程师。毫不夸张地说，其著名的画作及逼真的解剖图均创作于技术项目的开展间隙。我对达·芬奇的技术作品充满好奇。他究竟是何方神圣？不少达·芬奇的追随者将其奉为“自动化先知”和劳力节省机械（包括直升机、飞机和汽车等奇迹）的缔造者，让欧洲从“黑暗时代”一跃进入现代时期。随着不断地深入了解，我看到了另外一种观点——达·芬奇与许多工程师分享了绘画手稿和技术论述。从他们身上可以发现，在文艺复兴时期，工程师的技术活动与委托他们开展工作的宫廷和城邦密切相关。达·芬奇并不热衷节省劳力的机械或“工业技术”，他的技术不仅无法创造财富，反而具备典型的“吸金特性”，包括城市建设、宫廷娱乐、王朝展示，以及武器制造技术。

文艺复兴时期的宫廷制度是关键因素。人们普遍知道约翰·古腾堡发明了西方的活字印刷术，却并不清楚他是一名宫廷退休公务员。在文艺复兴晚期，印刷厂极大地依赖于宫廷的业务需求，就连技术学科的纸质书也离不开宫廷的赞助。我逐渐意识到，在文艺复兴时期，整个欧洲无不依附于宫廷，宫廷不仅为著名的艺术家、科学家和哲学家提供着支持，还是当时最杰出的技术专家的主要赞助者。这些赞助者包括西班牙和法国宫廷、意大利野心十足的地方统治者和罗马教廷，以及佛罗伦萨等宫廷式城邦。从佛罗伦萨大教堂到为宫廷娱乐服务的机械人，再到科学、历史、哲学、宗教和技术学科的印刷作品，这些由宫廷委托创作的技术项目创造并构成了文艺复兴时期的文化。以上便是第 1 章的相关内容。

我们有充分的理由将工业革命视为世界历史的分水岭，但我们普遍倾向于关注工业技术，以至于忽略了文艺复兴带来的大规模商业化扩张。这是第 2 章的有关内容。经济历史学家对 17 世纪伟大的荷兰黄金时代提出了疑问：当时荷兰的人均收入不断增长，国民经济形成了良性且多元化的发展，同时，荷兰也是首个世界经济多中心格局的缔造者和主要受益者，但如此快速的经济增长为何没能实现工业化？我深入探索之后，发现荷兰的技术活动有一个明显的特点——正如宫廷，荷兰的商业培育了独特的非工业技术。荷兰商人和工程师非常热衷于创造财富，为了生产优质产品，他们积极采取措施，甚至不惜支付高昂的人工成本。廉价的棉布并非典型的荷兰产品，价格不菲的羊毛、亚麻布和马海毛才是真正具有代表性的荷兰布料。荷兰的技术为建立前所未有的国际贸易体系奠定了基础，包括造船、制糖、设备制造，以及股份制公司和股票市场等金融创新。我开始意识到，一方面，特定社会关于可能性和需求性的目标决定了其所发展的技术；另一方面，这些技术的进化又影响了社会与文化的发展。为了充分捕捉这种双向影响，我采用了技术与文化“时代”的划分概念，以此作为本书的结构框架。

按不同时代进行划分有利于我们就社会和文化的前景形成崭新且务实的见解。“台球模式”（billiard-ball model）是许多畅销书作家和撰稿人普遍认可的理论，他们认为技术源自“外部”社会和文化，并对外部环境产生了或好或坏的“影响”，本书对这一观点提出了反对意见。技术源自“社会外部”或“社会内部”的问题至关重要。假如技术源自外部，我们可以采取的关键行动顶多就是延缓其必然的胜利——以一种防御姿态。相反，假如技术源自社会内部，是不断发展的社会进程的产物，那我们原则上可以改变它们——至少可以适度地改变——即使人类社会因其发生了翻天覆地的变化。本书针对该问题进行了探究，结果表明，许多不同时代的“历史行动者”（historical actors）主动选择了技术并对其进行变革，以努力开创或维持他们的未来愿景（无论结果如何）。

从这些方面出发，我怀着理解“工业社会”的新兴趣，在第 3 章切入了英国工业革命。过去的观点认为，工业革命在 1800 年前后的几十年里彻底改变了英国，加快了将世界推向现代化的进程。但这种观点经不起时间的推敲，“技术改变世界”的台球模式理论是片面的。近年来，历史学家们深度挖掘了工业化进程中的各种历史经验，深化了对工业变化和经济增长动态的理解，发现在工业化时期的英国，在大型工厂中工作的产业工人少得出奇（仅占约 1/10），而且在进入 19 世纪之前，蒸汽机的数量也实在很少，根本无法“改变”整个经济形式。

在怀疑和驳斥的浪潮声中，一些历史学家几乎否定了“工业革命”的概念。但在工业革命早期，确实已经存在一种清晰且明确的技术逻辑。在英国工业化时期，专注于优质材料和高薪劳动力的荷兰式技术专家寥寥无几，英国技术专家们更关注工业化本身，致力于削减成本、提高产量、节省劳动力。一个时代的发明反映了当时的社会经济目标。廉价的棉布是英国工业化时期的特色产物，大都出自报酬微薄的工厂工人之手。正如维多利亚时期的伦理学家再三强调的那样，就算工业机械化并非社会的最高使命，它仍是当时的发明家、工程师和实业家的核心目标。在英国之外，评论家和技术专家有时也希望复制英国的工业模式，但更多人认为工业技术应该适应当地的经济和社会环境。这孕育出通往工业革命的不同“道路”。

基于对宫廷、商业与工业作为技术核心驱动力的研究，我开始思考，如何界定近两个世纪以来的技术形态？这项研究变得越发复杂，我们无法将特定的社会类型与对应的技术体系割裂开来。工业革命遗留下来的，似乎不是某种固定的技术依附型工业社会，而是一个技术多元化的多维度社会。在 19 世纪中叶到 20 世纪初的几十年里，我们至少可以确定 3 种技术应用方向——分别是第 4 章、第 5 章和第 6 章的主题。

最早出现的技术密集型活动是帝国主义活动——欧洲与北美殖民者们试图将经济和政治控制权扩展至海内外的广袤疆域。这便是第 4 章的内容。帝国主义在入侵陌生国度时面临着许多前所未有的问题，最常见的是本地人的坚决抵抗。蒸汽船、电报以及横贯大陆的铁路等技术让帝国实现了高效率、低成本的扩张。英国开展“炮舰外交”所依靠的正是铁壳蒸汽船，这种全副武装的军舰成功压制了火力薄弱的中国、印度和非洲人民。（19 世纪中叶，与蒸汽船同时出现的还有奎宁，它让欧洲人第一次拥有了对抗非洲和亚洲地区的流行疟疾的可能。）英国工厂生产的棉花纺织品被运往印度，用于换取茶叶和原棉（以及鸦片交易），因此，忽视帝国主义扩张的经济意图是非常愚蠢的。

处理过剩的工厂产品以及进口廉价的原材料并非帝国扩张的全部目的。当时，没有人尝试从纯粹的经济学角度对帝国的行为进行辩护。民族自豪感、将海外殖民地与本土连接的既定使命、帝国经济的荒诞逻辑（如认为极其昂贵的蒸汽船或铁路“节省”了运输军队或殖民官员的资金），甚至是传教士拯救异教徒的愿景——如此种种实际上是英国帝国主义者的伎俩，他们哄骗纳税人的钱财用于奢侈的冒险，例如研发环球电报系统，这无疑是 19 世纪最耗时费力的高科技成果。远程电报、高效燃煤蒸汽船和海底电缆诱使着帝国官员对遥远的土地加强监控。帝国主义者认为，在 1857 年至 1858 年印度兵变期间，电报“拯救”了英国在印度的统治。按照同样的思维——民族自豪感、帝国使命以及帝国经济效益——有助于我们理解修建横贯印度、北美和南非大陆的铁路的紧迫性。传统意义上的经济学与帝国或帝国时代的技术几乎毫不相干。

从19世纪70年代开始，技术的第二个推动力是科学在工业中的应用以及大型技术系统的建立。这是第5章的主题。随着以科学为基础的化学和电气工业的兴起，科学知识第一次成为与土地、劳动力和资本同等重要的“生产要素”。科学地位的提升催生了研究型大学（传统意义上的大学已有数百年历史）、政府科研机构以及工业研发实验室等新型组织，这些机构在1900年前于德国大规模涌现，后来也在美国相继建立。化学、电气、钢铁和石油工业，以及资助和管理这些工业的大型企业，共同构成了“第二次”工业革命。英国作为第一个工业化国家，在这场运动中竟然只扮演了一个小角色，这着实出乎意料。

在“现代”运动中，技术、美学和消费主义的互动得到强化，这说明20世纪的技术既构成了生产体系的背景，亦是日常生活的焦点。20世纪的现代运动建立在科学与系统时代所发展的技术能力之上，催生了崭新独特的文化产物，这一点将在第6章进行探讨。1900年前后，钢铁、玻璃和其他“现代材料”批量生产，为1900年至1950年的现代艺术与建筑运动提供了物质基础和艺术灵感。现代主义不仅催生了私人住宅、公共住宅和办公楼的前卫设计，也影响了工厂、博物馆、医院和学校的建设。这场运动整合了德国的家居改革派、有“现代主义黑手党”之称的国际现代建筑协会，以及现代艺术博物馆等自诩“品位高尚”的引领者，让公众对家庭和公共空间的新现代主义设计产生了兴趣。

这些章节不仅讲述了一些引人入胜的故事，更深化了我关于“技术问题”的持续论述。善于表达的人物——现代运动中的艺术家、建筑师和家居改革派——自觉拥抱技术，以实现改革贫困人群住房的积极愿景，并积极拥抱现代城市生活，甚至促进了现代社会的文化和精神发展。虽然现代主义者对技术的热情在今天看来有点天真，但是现代运动确实促进了特定技术的进步，并引领了文化的发展。此外，读者还可以从中了解到，工业技术让城市污秽不堪、疾病肆虐，帝国技术则被用于屠杀印度与北美的人民。技术是施行约束和统治的强大推手，过去如此，未来亦然。

本书的撰写始于冷战末期，这有利于我们准确评估超级大国在推动军事技术发展方面的作用。如第 7 章所述，第二次世界大战期间形成的经济体制推动了原子能、微波雷达和数字计算技术的发展。在冷战的数十年间，科学家和工程师认识到，军方是所有技术资助者中财力最雄厚的。对那些梦想策划声势浩大的技术项目的人而言，军事应用是最有利的机会。二战即将结束之际，纳粹火箭科学家沃纳·冯·布劳恩（Wernher von Braun）在混乱年代的最后日子里为其实验室投降进行着准备工作。“在绝大多数科学家眼里，俄国人让人害怕，法国人视他们如奴隶，英国人心有余而财力不足，只有美国人能够负担起火箭计划。”[1]

我们有必要对军事技术时代的社会和政治变革进行回顾。冷战时期，大国的武器、航空航天、核能和情报部门都笼罩在保密氛围里。（我们从解密档案中可以了解到，苏联、美国和法国的核技术官僚是何等相似，他们不仅对无限能源、技术引发社会变革持有相同的愿景，对安全问题不屑一顾的态度也如出一辙。）在美国，麻省理工学院和斯坦福大学等研究型大学，以及贝尔实验室、波音、美国无线电公司、美国国际商用机器公司（IBM）和通用电气等工业巨头，都与五角大楼息息相关。冷战结束后，军事研发预算急剧缩减，重创了大量技术型企业、大学和政府机构。西方国家的情况相对好一点，苏联的高级核技术专家则没那么幸运，他们不得不另谋出路。

我们认识到，20 世纪最后 30 年的技术和社会形态是以“全球化”或“全球文化”为导向的，这是第 8 章要探讨的问题。你能想象一个没有自动取款机和手机的世界吗？就在 1970 年，世界上没有电子邮件和互联网；图书馆仍在使用纸质目录系统；纳斯达克股票交易所、微软、戴尔电脑和亚马逊还未出现；西方中产阶级除了把退休储蓄投资在国内政府债券，再无其他选择。回到今天的世界，苹果公司的热线电话可能由印度客服接听；只要能连接互联网，任何人都可以大胆投资印度软件巨头印孚瑟斯、塔塔咨询或威普罗的股票；德国传媒巨头拥有企鹅出版集团和兰登书屋；迪士尼在巴黎拿下了一块优质地皮；一家中国民营企业收购了沃尔沃；麦当劳的足迹遍布全球 117 个国家和地区。难怪，“全球文化的前景”既带来激动人心的期待，也引发了阵阵不安。

在本书的初版交付印刷之际，我提出，2001 年“9·11”事件之后的军事扩张宣告了乐观的“全球文化”时代的终结，甚至可能预示着一个以国家安全为主导的全新技术时代的到来。[2]然而，花费数十亿美元的安全投入却没有带来安全时代。能源、信息和全球航运的技术网络结构为何难以构建起安全性？这一点我将在第9章进行解释。此外，我还将在这一章探讨出于善意的技术决策如何在无意间加剧系统性风险与地缘政治不稳定。

本书的理论框架表明，社会特征与我们对技术的选择密切相关。我构建的“时代”架构印证，不同的技术会促进不同类型社会的形成。有时候，我们认为通向未来的道路只有一条，例如最近颇为流行的“奇点”（singularity）一说。但本书揭示了存在着截然不同的发展路径，本书前几章描述了不同类型的社会，包括宫廷、商业社会、工业社会和帝国形态，以及其各自选择的技术体系。意大利文艺复兴时期，宫廷的支持者推动了城市建设、军事和娱乐技术的发展，从而维持了他们对宫廷社会的愿景。同样地，早期资本主义的荷兰商业时代推动了创造财富的技术发展，如经济型商船和高附加值的材料加工产业，维系了当时的商业社会。19世纪的工业和帝国主义，以及20世纪的现代主义和全球主义也呈现出类似的技术文化模式。这些技术长期维系并巩固了特定类型的社会、文化和经济发展重点。纵使时代终将落幕，但其影响永存。

当然，我们并非从零开始“选择”技术。有些技术会随着时间消逝，不再引起重视，但也有很多技术产生了深远的影响，例如大型交通基础设施和能源设施。1900年前后，帝国主义时代的铁路塑造了非洲南部的政治格局，而从一个世纪以前的科学与系统时代至今，我们大多数人仍在使用着120伏特或240

伏特的电力。2011 年的福岛地震揭示出日本有两套不同频率的电力系统——都采用少见的 100 伏电压，但交流电频率截然不同。当地震摧毁东京电力公司的核电站时，日本东北部（东京、东北地区和北海道）电网以标准的 50 赫兹运行，但电力严重不足。西南部（大阪、名古屋、关西、九州）的过剩电力本可以解燃眉之急，但电网——采用 60 赫兹——并不兼容，而且日本只有 3 座低容量变频站。事实证明，东北部地区沿用德国模式的 50 赫兹电网，而西南部地区则采用美国模式的 60 赫兹。两套不兼容的电网几乎各占半壁江山，让日本构建国家统一电网举步维艰。短期内，日本只得重启两座大型燃煤发电厂，但其环保努力又受到重创。[3]

某些技术可以适应不同类型的社会，但更多技术往往会形成更深层的“结构”，难以被轻易改造或挪用到不同文化中。从 19 世纪 80 年代开始，超高效的蒸汽船改变了世界经济格局，即使是没有直接拥有蒸汽船的国家，其经济和社会也发生了极大变化。低价值的黄麻、羊毛、羊肉和小麦被运往世界各地。在广阔的南太平洋地区，距离大型港口数千英里的岛屿也加入了椰子油生产的全球经济体系，尽管这些岛屿的经济前景可能更多地依赖于旅游，而非椰子。无论是否拥有高效的蒸汽船或现代化集装箱港口，没有哪个社会能够在经济全球化时代保持独立。把互联网这类“灵活”的技术运用到电厂运营、航空管制和全球航运中会产生什么影响？这一点将在第 9 章中进行叙述。

寻找理解技术社会深层结构的参照系，恰与当前技术史研究的主流趋势相悖。对于技术直接塑造历史一说，历史学家仍持怀疑态度，他们更强调社会文化如何“塑造”技术以反映社会偏好和价值观。“社会建构”和“用户启发”的研究方法更倾向于对技术变革早期阶段进行研究，如在创造性活动和早期新兴技术发展阶段，往往会体现出大量的用户主动行为。目前的研究揭示了不同的亚文化群体如何通过有意选择的消费（如手机、复古运动鞋、另类音乐或定制汽车）构建独特的身份和意义。但无论是拉丁美洲的“趴地跳跳车”，还是怀俄明州的农场越野车，抑或是密歇根州的雪地摩托车，都要从高度一体化的全球能源系统中购买汽油。而且，由于空气污染和进口化石燃料，消费者们助长了气候变化和地缘政治不稳定性的系统性风险（见第 9 章）。

手机和社交媒体是研究用户行为的理想场所，但实践证明，研究发现往往取决于研究视角。2006 年，人种志学者希瑟·霍斯特（Heather Horst）和大卫·米勒（David Miller）对手机进行了一项开拓性研究，他们刻意摒弃“易被解释为技术因果关系的普遍观察”。米勒提出：“我们仅假设用户会根据不同地方的文化对手机进行多样化的使用方式。”在他的作品《世界如何改变社交媒体》（*How the World Changed Social Media*）中，用户再一次成为研究焦点：“我们展示了同类活动（如闲聊或玩网络梗）如何自如地跨越黑莓手机、欧库特（Orkut）、脸书（Facebook）或推特（Twitter）等不同平台。如果这些活动在不同平台上的玩法基本相同，那么平台的属性或功能在很大程度上就跟用户的使用方式没什么关系。”当然，关注个体在脸书上的行为的确不能揭示脸书如何利用20亿用户。2020年1月，脸书宣布推出“离线活动追踪”功能，用于收集用户在其他应用程序和网站上的信息。这给人们敲响了警钟。据《福布斯》报道，用户可以“选择退出”，但他们无法清除或删除已被采集的数据。即使手机关机，“我们仍像生活在一档电视真人秀节目中，摄像机从未关闭”。[4]

过度强调个体能动性往往会回避、淡化甚至忽略大规模、成熟的技术系统的社会影响。这些“影响”绝不简单，无处不在，始终与复杂的社会文化密切关联。今天，有关个人赋权、即时通信和身体控制权的社会规范不断演化，正在借助手机、个人健身追踪工具甚至物联网进行表达和体现，但这并非全貌。技术可以构建，也的确构建了我们的社会文化。使用ASCII字符码（美国信息交换标准代码）的早期计算机可以轻松处理英语的少量字母，却无法处理大多数欧洲语言所需的重音符号和“特殊”字符，更不用说其他语言的复杂字符集了。随着ASCII在20世纪60年代的推广应用，世界各地的计算机都与英语进行了深度捆绑。2010年，互联网名称与数字地址分配机构（ICANN）首次批准使用非ASCII字符集如阿拉伯文或中文的互联网域名，该机构主席称：“非拉丁编码字符的引入是互联网诞生40年来的重大技术变革。”[5]

虽然本书追溯了从文艺复兴直至近现代的漫长历史，但这绝非宣扬“现代必胜论”。短短不到10年，人类与技术的关系发生了显著变化，促使了本书的再版。事实上，如果本书能帮助读者打开思维空间，从而更广泛、深入地思考技术，便算是实现了其价值。我们面临着气候变化、地缘政治安全、贫富差距等巨大挑战，但尚未引起全球技术界的足够重视，这未免让人觉得遗憾。我希望读者在读完本书的时候，可以弄清楚个中缘由。简言之，目标和愿景各异的社会选择并维系了特定技术，而这些技术又反过来深刻塑造了社会的经济、社会和文化。我们所盼望的未来社会是什么样的？这既无定论，也选择有限。虽然关于社会的辩论应该保持开放包容，但我们对未来社会的选择，将取决于我们对当前技术所作的选择。

第 1 章　宫廷技术（1450—1600 年）

文艺复兴时代的人的职业生涯难免颠簸起伏。在意大利动荡的岁月里，政治哲人尼可罗·马基亚维利（Niccolò Machiavelli）和普世天才列奥纳多·达·芬奇作为名家巨擘，亦备尝辛苦。马基亚维利是土生土长的佛罗伦萨人，这座城邦当时正处于洛伦佐·德·美第奇（Lorenzo de’ Medici）的统治之下，用今天的话来说，当时的佛罗伦萨被“文化政治机器”所统治。佛罗伦萨虽然名义上实行共和制，由 6000 名行会成员选出的委员会管理，但在美第奇家族治下的漫长岁月里，针锋相对的委员会被解散，共和国名存实亡。与此同时，美第奇家族通过文化赞助、财政优惠以及选择性流放等精密的布局网络，建立并掌握了实权。美第奇家族投资修建了许多建筑物，包括时尚前卫、富丽堂皇的城市宫殿，奢华的乡间别墅，著名的教堂、女修道院和大修道院。艺术家和建筑师因此忙得不可开交，而安放在众多建筑物之中的美第奇家族徽章，则让人们永远铭记美第奇家族的统治历史。马基亚维利为其深爱却摇摇欲坠的共和国效力，公职生涯仅维持不到 20 年，仅在美第奇家族失势时期。[1]

执政的美第奇王朝对列奥纳多·达·芬奇来说更为重要。

达·芬奇在美第奇家族治下的佛罗伦萨当学徒，很长一段时间都为美第奇家族资助的项目工作，并在其支持下开始了职业生涯。彼时，达·芬奇以军事工程师和建筑师的职业身份获得美第奇家族等宫廷赞助人的资助，而不是今天人们通常认为的画家、解剖学者以及富有洞见的发明家身份。虽然宫廷赞助人乐意为赏识的艺术家、哲学家、建筑师和工程师造势，并提供无与伦比的资源，但他们并不许诺这些人能端上铁饭碗。美第奇家族的复辟残忍地终结了马基亚维利的个人政治生涯。马基亚维利锒铛入狱，遭受刑讯。之后，在被迫隐居期间，他写下了著名的《君主论》(*The Prince*)，作为献给美第奇统治君主的礼物，以期重获起用，但终究是徒劳一场。

作为一名技术专家，达·芬奇的职业生涯同样深受宫廷体系的政治动荡影响。1452年，也就是在他出生的那一年，意大利各城邦的经济和文化实力与日俱增。威尼斯主导欧洲与近东的贸易，蓬勃发展的佛罗伦萨成为银行和金融中心，罗马锲而不舍地宣称教皇至高无上。米兰和乌尔比诺的王室领地完全由贵族世家统治，他们慷慨扶持艺术和文化的发展。由于当时的政治动荡不安，达·芬奇先后辗转于这5个城邦，职业生涯的足迹领域甚是广泛。军事冲突导致兵连祸结，这也是造成时局动荡的原因。统治者频繁交替，意大利半岛时常面临腹背受敌的威胁：东边是奥斯曼土耳其人，北边是独断专行的法国人。为了争夺沃土良田、战略港口，整个半岛的各方势力互相争斗。因此，像达·芬奇这样的军事工程师十分吃香。这几十年间，世俗势力和宗教势力水火不容。当波吉亚家族的一名世俗成员被罗马红衣主教选举为教皇，而这位教皇竟堂而皇之地在官邸里吹嘘炫耀自己的情妇和 4 个私生子时，作为历史看客的我们也无言以对。

无论是世俗还是宗教势力，文艺复兴时期的宫廷和城邦都拥有雄心壮志，他们的主要资助对象是技术活动。表面上看，文艺复兴时期的技术史好像是一个个独立的工程师的故事，比如列奥纳多·达·芬奇、弗朗西斯科·迪·乔治（Francesco di Giorgio），他们仿佛是独立的自由职业者。对比之下，文艺复兴时期的政治和文化历史则常常与不同的城邦、贵族宫廷和个人的命运变迁联系在一起，比如马基亚维利。但是不难看出，技术、政治和文化实际上一直密不可分。马基亚维利和达·芬奇甚至一度合作制订了一项宏伟的工程计划——通过河流改道来促进佛罗伦萨的商业和军事发展。

本章聚焦于文艺复兴时期完全由宫廷制度赞助的技术专家。罗马教廷赞助或雇用了许多具有里程碑意义的技术人物，如阿尔伯蒂（Alberti）、达·芬奇和比林格塞奥（Biringuccio）。达·芬奇的工程师生涯离不开他为美第奇家族、斯福尔扎宫廷和波吉亚家族所做的工程项目。这种由宫廷支持的技术模式也延伸至整个欧洲乃至欧洲以外的地区。针对中国、奥斯曼土耳其、印度莫卧儿王朝和波斯帝国的“皇家工厂”和“皇家作坊”，历史学家阿诺德·佩西（Arnold Pacey）指出，政府对制造业的控制，与其说是为了扩大贸易，不如说是为了“监督优质纺织品和家具的生产，从而为富丽堂皇的宫廷生活提供支持”。[2] 同样，法国、西班牙和英国的王室也为丝织和造船方面的创新提供了支持。由于宫廷对技术书籍的普遍赞助，以及宫廷对宗教出版物的切实需求，众所周知的活字印刷的历史也呈现出不同的面貌。值得注意的是，达·芬奇等文艺复兴时期的技术专家同行，几乎与我们今天通常理解的通过技术改善行业、谋求财富毫无关联。相反，文艺复兴时期的宫廷委托他们负责许多耗时费力的技术项目，如城市建设、宫廷娱乐、王朝展示工程和战争工事等。正如一位研究达·芬奇的学者所观察到的："工程师在宫廷背景下履行了许多职责，最首要的是军事职责。"[3]

宫廷工程师的职业生涯

年轻的达·芬奇成长于务实的工匠世界，而马基亚维利一派的宫廷学者则成长于学术世界，这两个世界截然不同。由于缺乏直接证据，我们只能对达·芬奇的早期生活进行推测。他与同父异母的兄弟之间的法律纠纷文件表明，达·芬奇是一名法律公证员的私生子，由祖父母抚养成人。他的字迹清晰，说明受过正规教育，而达·芬奇著名的"反向"或"镜像"书写方式则暗示其希望隐藏自己的发明，躲开大众的目光。14 岁时，达·芬奇在佛罗伦萨雕塑家兼画家安德烈·德尔·韦罗基奥（Andrea del Verrocchio）的工作室当学徒。当时，意大利欣欣向荣的大学是培养学者的地方，而韦罗基奥的作坊主要培养工匠和手工艺人。达·芬奇师从韦罗基奥十载。其间，达·芬奇学习了建筑、雕塑、青铜铸造、绘画的基础知识，或许还有一些数学知识。在这 10 年里，韦罗基奥承接了几项重要委托，包括

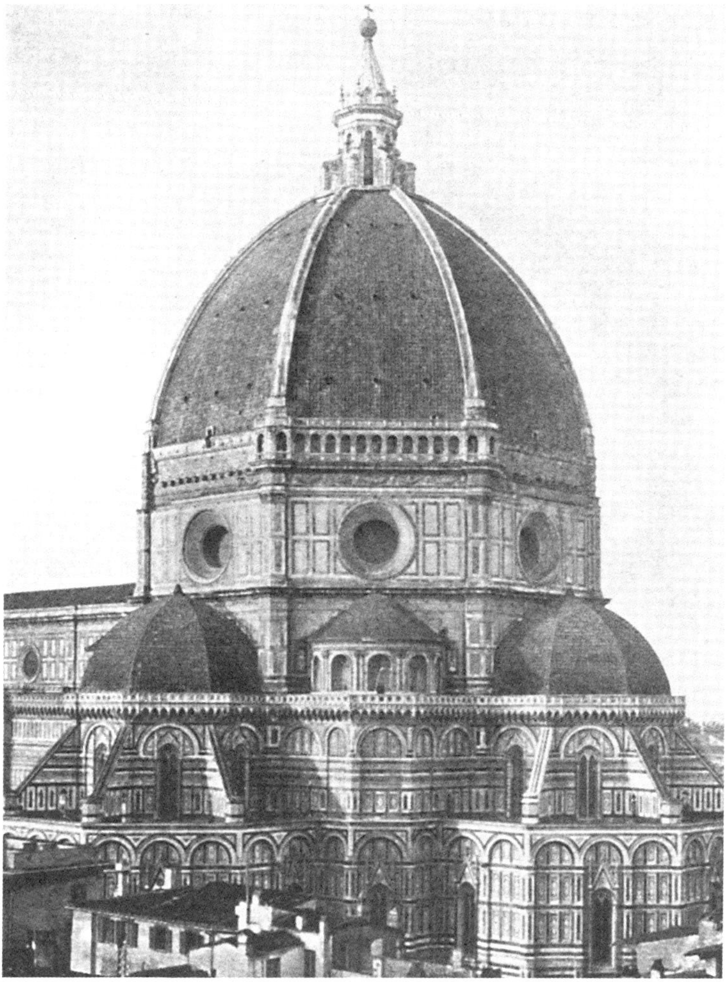

佛罗伦萨大教堂的穹顶。威廉·J. 安德森（William J. Anderson），《意大利文艺复兴时期的建筑》（*The Architecture of the Renaissance in Italy*，伦敦：巴特斯福德，1909 年），第 4 卷。由伊利诺伊理工学院加尔文图书馆提供。

为美第奇家族建造一座华丽的家族墓，以及一座纪念威尼斯军事英雄的大型青铜雕像。

作为韦罗基奥工作室的一员，达·芬奇参与了佛罗伦萨大教堂的建造。角色虽小，但却为建筑的外观视觉作出了重要贡献。佛罗伦萨大教堂的官方名称是圣母百花大教堂，人们描述其为“高耸入云的宏伟建筑，巨大的阴影足以覆盖整个托斯卡纳……是鬼斧神工的工程壮举，超乎认知与想象”。1420 年，也就是在奠基 100 多年后，市政府批准菲利波·布鲁内列斯基（Filippo Brunelleschi）设计并建造这座宏伟建筑的穹顶。按照官方规划，布鲁内列斯基设计了一个高 100 多英尺的八角形穹顶，距离教堂地面 170 英尺，穹顶直径超过 140 英尺，是当时世界上最大的砖石穹顶，至今仍未被超越。根据布鲁内列斯基的计划，建好的穹顶为双层壳体，外层用坚石砌成，内层用石头和砖块砌成；穹顶上方耸立着一个 70 英尺高的采光亭，用于采光和通风。为了建设这种新型结构，布鲁内列斯基设计了许多特殊的起重机和吊装装置，可以将沉重的石头和砖块吊装到合适位置。在科西莫·德·美第奇的大力支持下，布鲁内列斯基在佛罗伦萨设计了许多建筑。包括佛罗伦萨孤儿院，这是一座由丝绸商人协会委托建造的慈善孤儿院，是独特的佛罗伦萨建筑风格的典型代表。虽然在达·芬奇到达佛罗伦萨之际，大教堂的穹顶和采光亭已经竣工，但要在其最顶端安装一个直径 8 英尺的大铜球，仍是一项艰巨任务。韦罗基奥工作室负责打造并安装这个铜球，借助布鲁内列斯基设计的起重机，铜球被安放到令人目眩的最顶端，距地面 350 英尺。[4]

韦罗基奥工作室在1468年到1472年一直忙于这座教堂的建设，给年轻的达·芬奇留下了深刻的印象。40年后，达·芬奇写道："请记住圣母百花大教堂的铜球是如何焊接的。"[5]当时，达·芬奇绘制了大量由布鲁内列斯基设计的图纸，涉及起重机、旋转式起重机，以及螺旋起重器和松紧螺旋扣等辅助设备。在建筑师和雕塑家的工作之余，布鲁内列斯基还运用几何透视法在二维平面图纸上构造机器的三维图像。达·芬奇的手稿表明他已经掌握了这种重要的绘画技巧。"牛拉起重机"是布鲁内列斯基设计的最重的起重机，这是一款三速绞车，带有反向棘轮，可以让工人升起石头，再仔细地向下放置到位。为了描述这款起重机，达·芬奇画了一幅全视图，附上一系列最关键的细节信息。这些以生动的几何透视法绘制的多视角图纸，构成了其手稿的标志性特征。

在洛伦佐·德·美第奇的委派下，达·芬奇开始了独立工程师的职业生涯。洛伦佐曾指示达·芬奇正式向米兰公国自封的新统治者——卢多维科·斯福尔扎（Ludovico Sforza）献礼，达·芬奇成功说服对方并获聘为斯福尔扎宫廷的全职工程师。这是一个幸运之举，他在那里一待就将近20年光阴。米兰的城市面积是佛罗伦萨的两倍，斯福尔扎家族掌管着一个活跃强势的宫廷。达·芬奇写信给他的新赞助人，他在这封著名的自荐信中宣扬自己的工程天赋，并强调这些工程在战争中的应用。达·芬奇声称："我能建造既美观又实用的大炮、迫击炮和其他轻便军械，不同于通常所使用的。"他还提出一些很先进的设计，如"安全且坚不可摧的装甲战车""暗渠、云梯和类似设备”、一种能“从战壕中切断水源”的方法、“极其轻便、坚固的桥梁”，以及“多种非常适宜进攻和防守的海上作战器械”。在列举至少 9 类武器之后，达·芬奇接着提到了民用工程。“在太平年代，我能修建公共建筑和民用房屋，还能疏导水源，自信技术绝不次于他人，而且保君满意。”[6] 我们都知道，即便是疏导水源，也绝非等闲任务。

几年后，卢多维科被正式任命为米兰公爵（从年仅 10 岁的侄子手中篡夺了统治权），而达·芬奇则成为家喻户晓的“公爵的工程师”。但在 15 世纪 80 年代达·芬奇抵达米兰时，卢多维科对米兰的统治已经摇摇欲坠。达·芬奇前来解围。为了巩固政权，卢多维科计划建造一座 20 多英尺高的巨大铜像，以纪念已故的父亲——米兰的前合法统治者。在给公爵的信件中，达·芬奇聪明地提出“愿意应承雕塑任务，它将为您已故的父亲和声名显赫的斯福尔扎家族增添不朽的光彩和永恒的荣誉”。[7] 可以看出，达·芬奇颇为清楚人们对他的期望。从那时起，达·芬奇开始了自己的职业生涯，成为宫廷的军事工程师。在米兰期间，达·芬奇在手稿上绘满了十字弓、大炮、战车、移动桥、火器和马匹。

达·芬奇的图画会让人在脑海里生成生动的图像，以至于你很难分辨出他是在描述一项原创发明、复述一篇论文、记录亲眼所见，还是纯粹发挥丰富的想象力。在达·芬奇的“技术梦”中，超出技术可行性且富有想象力的项目当属巨型人力驱动轮，据说是为了驱动 4 把巨型十字弓以及一个至少 40 英尺宽的巨型轮式十字弓的旋转和发射。一辆用旋转镰刀武装的镰刀战车看起来所向披靡，也许它真的上过战场，因为达·芬奇在手稿上郑重提示“旋转镰刀经常给朋友和敌人带来同样的伤害”。当时，海盗多次袭击热那亚海港，因此，卢多维科·斯福尔扎命令达·芬奇设计“适宜进攻和防守”的海上作战器械。达·芬奇构思了一艘潜水艇，通过皮囊中储存的空气使密封防水船体暂时漂浮在水面。但最终，达·芬奇否定了这项发明，没有画出设计图，以防止（用他的话说）“人类的邪恶本性”，防止人们使用这种船只对敌舰发动隐蔽攻击。[8]

达·芬奇对人力驱动飞行器进行了研究，这是他另一个具有明显军事潜力的“技术梦”。15 世纪 90 年代中期，达·芬奇尝试将其哲学立场付诸实践。他认为从物理角度看，自然是统一的，所以人类可以模仿飞行动物的自然“装备”。达·芬奇构思了若干装置，把人类的手和脚的交替运动转化成了机翼的扇动，其中的几个装置显得十分笨拙。以一个弹簧动力装置为例，飞行员在飞行途中要持续上紧发条以驱动机翼扑飞。还有另外一款特别厚实牢固的设计，为了缓冲迫降时的冲击，飞行装置上安装了重型减震器。这些奇思妙想中可能至少有一个进行了试飞。达·芬奇建议：“你可以在湖水上方测试装置，腰上要拴上长长的皮带，这样即使掉下去也不至于淹死。”[9]

达·芬奇还研究过文艺复兴时期昂贵的高科技军事装备：火药武器。事实上，斯福尔扎家族已经聘用一名宫廷建筑师负责民用建筑项目，所以达·芬奇致力于军事项目。通过他的手稿，我们不难发现达·芬奇深度参与了火药武器项目的研发。手稿上不仅画有转轮点火机（用于点燃火药）和水力驱动机器

（用于轧制枪管焊接棒材）的部件分解图，还有一幅令人印象深刻的图画——工人们在熙熙攘攘的铸造厂里推着一个巨型炮筒前进。然而，正如历史学家伯特·霍尔（Bert Hall）所强调的，火药的高成本让人望而却步，火器的精确性让人哭笑不得，而弩、长矛和战斧的致命程度则让人喜出望外，所以与火药武器息息相关的“军事革命”发展很缓慢。[10]（第 2 章提到的一个经典转折点是，拿骚的莫里斯于 17 世纪早期在战场中使用了火器。）达·芬奇还设计了许多与建造和防御工事相关的工具。他图文并茂地列举了几种装置，这些装置可以将进攻部队用以登上城墙的云梯击落。进攻和防御工事的各种器械或许不像火药一般惊险刺激，却是文艺复兴时期战争的核心技术。

除了在米兰所从事的军事项目，达·芬奇无须把心思花在节省劳力或工业相关的技术上，这就是宫廷时代的特点。达·芬奇完全顺应宫廷赞助人，把大部分的技术创造力集中在王朝展示工程和宫廷娱乐项目上。为了纪念斯福尔扎的父亲并让斯福尔扎在米兰的统治合法化，达·芬奇建造了一尊引人瞩目的骑马塑像，其尺寸与实物相当。据说，达·芬奇在中午时分就会停下“巨型骑马雕塑”的黏土处理工作，赶往正在绘制的壁画——《最后的晚餐》所在的教堂，“拿起画笔，在其中某个人物身上画上几笔，便赶往下个任务”。建造雕塑剩下来的青铜后被用于制造大炮。[11]

斯福尔扎还直接让达·芬奇负责宫廷文化的建设。1489 年，斯福尔扎的儿子和阿拉贡的伊莎贝拉公主举行了一场盛大的婚礼，达·芬奇在这场婚礼中发挥了重要作用。贵族家庭之间的

在这幅图中，达·芬奇运用几何透视法构造了一座大炮铸造厂的忙碌景象。皇家收藏，©2003 女王伊丽莎白二世陛下。

联姻本就不容怠慢，更何况，婚礼是宣布和巩固王朝联盟的重要场合，主办者常常委托创作具有寓意性质的演出，“这不仅是一时的宫廷娱乐，还是宣传政治的重要场合”。达·芬奇把斯福尔扎家族的这桩婚事打造得浑然一体、融洽无间。传统上，学者们将为斯福尔扎庆典创作的《天堂》(*Il Paradiso*)理解为以人为中心的舞蹈盛宴，由“代表7颗行星的7个男孩”围绕王座起舞，以揭开天堂的面纱，在舞蹈进入尾声时，饰演阿波罗的舞者从天而降，把神奇的《圣经》献给伊莎贝拉公主。达·芬奇为这些庆典活动搭建了移动舞台和布景，或许还制作了一个铰接式机械人。据见证者称，这组行星都是达·芬奇建造的机械模型。达·芬奇的手稿上至少还有另外两种移动场景的设计，一种是具有寓意性质的“行星”的机械升降装置；另一种是由恶魔、复仇女神和彩色火焰组成的“地狱掠影”。这些机械可能是复杂的弹簧或缆绳驱动装置，主要由木材制成。达·芬奇著名的“机动车”很可能也是宫廷娱乐的产物。从文化角度上看，这些具有戏剧性和宫廷气派的机械体现了达·芬奇对自动装置的兴趣。[12]

出自达·芬奇之手的许多纺织机械草图在米兰随处可见，这明显体现了他对自动装置的入迷。这些装置为达·芬奇吸引了一批狂热仰慕者，他们称其为“自动化先知”，但是，达·芬奇似乎只是在记录那些激发他想象力的有趣技术设备而已（他描画的米兰运河系统无疑就是这种情况）。也有可能达·芬奇在别处发现了一些难题，而描绘出可行的解决方案。在这些图画中，其中有一幅很可能是达·芬奇亲笔设计的（约1493—1495

年）。那是一款回转式机械，用于制作点缀精美礼服或戏剧服装的亮片。达・芬奇再一次通过文化共鸣的方式表达了自己的机械天赋。

1499 年，法国入侵米兰并驱逐了斯福尔扎家族，达・芬奇为该家族效劳的日子也宣告结束。达・芬奇说：“公爵失去了国家、财产与自由，属于他的作品没有一件是为他而作的。”在随后长达 8 年的混乱时期，达・芬奇成为一名雇佣军事工程师。他怀揣从事军事技术的理想，走南闯北，为分裂意大利的冲突各方出谋划策。（即使只是为米兰公爵夫人设计一处温水浴，达・芬奇也会在手稿上图文并茂地记录“淹没城堡的办法”。）当威尼斯遭受奥斯曼土耳其人的攻击时，达・芬奇献策改进对这座城市来说至关重要的水防系统，而数年后，掌握这门专业知识的他又为米兰的新统治者献上如何淹没威尼斯的建议。1500 年至 1501 年，达・芬奇再次回到佛罗伦萨，但这座城市已经有了工程师，他没有获得任何技术委托，于是投身绘画和数学的研究。[13]

1502 年夏天，声名狼藉的恺撒・博尔吉亚（Cesare Borgia）任命达・芬奇为意大利中部战役的军事工程师。岁月动荡无情，联盟变幻莫测，我们很难简单明了地梳理影响达・芬奇职业生涯的联盟关系。最初，在佛罗伦萨美第奇家族的支持下，斯福尔扎家族获得了米兰的控制权。而在恺撒・博尔吉亚的父亲，也就是号称“博尔吉亚教皇”的亚历山大六世的帮助下，法国人入侵米兰。实际上，亚历山大六世以米兰为砝码与法国进行交易，以换取法国支持他作为教皇的统治以及他儿子的军事冒险。这让达·芬奇失去了在斯福尔扎宫廷的工作。可以肯定的是，在恺撒·博尔吉亚的军事行动中，达·芬奇目睹了乌尔比诺城被洗劫一空的情形，这座城市有着由蒙特费尔特罗家族建造的著名图书馆以及辉煌的宫廷。除了这些政治后果，博尔吉亚的军事运动为达·芬奇与马基亚维利的会面创造了机会，而马基亚维利也因此找到了恺撒·博尔吉亚这位“理想”君主。

1503 年，达·芬奇回到饱受战争摧残的佛罗伦萨，并获得了两项特别的委托任务。随着美第奇家族被暂时流放，步履维艰的共和国政府倾向于发展美术和公共工程。这座城市拥有一群历史学家，他们孜孜不倦地记载佛罗伦萨的辉煌。有人夸赞道：“全世界找不到第二座比佛罗伦萨更杰出、更辉煌的城市了。”共和国委托达·芬奇的第一项任务是绘制一幅庆贺壁画，以纪念佛罗伦萨人在 1440 年的安吉亚里战役中战胜了米兰。第二项任务则是在马基亚维利的协助下，策划一个针对敌方比萨城的大型水利工程方案。他们二人计划让阿尔诺河改道——既能摧毁下游的比萨城，又能改善佛罗伦萨的入海口。2000 名工人开始挖掘一条引水渠，无奈结果不尽如人意，方案不得不终止。在这段动荡的时期，达·芬奇还担任皮翁比诺公爵（佛罗伦萨的盟友）的防御工事顾问，同时为受法国控制的米兰提供绘画和建筑方面的建议。达·芬奇频繁往返于佛罗伦萨和米兰，导致《安吉亚里战役》（*Battle of Anghiari*）壁画的创作进度缓慢。达·芬奇一边为米兰效力，一边为纪念米兰战败而创作，或许也会左右为难吧。[14]

趁着军事行动间歇，达·芬奇开始了著名的解剖学研究。1507 年以后，达·芬奇的手稿上绘满了人体肌肉、骨骼和肌腱的详细草图。他在佛罗伦萨市医院观察尸体，由此丰富了他的实证研究。在目睹一位老人平静离世后，为“了解这种安然离世的原因”，达·芬奇解剖了老人的心脏和肝脏。[15] 达·芬奇还构思了几何学和力学、解剖学和地质学，以及人体和宇宙之间的一系列复杂关系。他还写过一篇关于水利的理论论文，但鉴于达·芬奇和马基亚维利利用河流改道来摧毁比萨城的方案，将这篇论文视为一篇“纯粹的”理论著作可能并不明智。

1508 年至 1513 年，达·芬奇重返法国控制之下的米兰，获得了法国国王路易十二的资助。路易十二偶尔会指示达·芬奇开展特定的技术项目，但更多时候只为其提供资助，让他有时间进行理论研究。但是，当斯福尔扎家族在米兰复辟并驱逐了法国人时，达·芬奇在米兰的第二段职业生涯也正式告终。达·芬奇逃往美第奇家族重获掌权的佛罗伦萨，之后又去了罗马，为教皇利奥十世的弟弟朱利亚诺·德·美第奇效力。此后两年间，达·芬奇接受了朱利亚诺的多项委任，朱利亚诺的事业则因其兄弟的庇荫而欣欣向荣。当时，罗马附近沿海地区有一片疟疾肆虐的沼泽地。为了把沼泽地排干，达·芬奇绘制了当地地图——这个公共卫生项目来自朱利亚诺的教皇哥哥。达·芬奇描画的制绳机器甚至还印有美第奇家族的钻戒徽章。但当朱利亚诺于 1516 年去世时，达·芬奇再次发现，自己既失去了工作，也失去了赞助人。达·芬奇对这种情况心知肚明，他写道：“成也美第奇，败也美第奇。”[16]

达·芬奇在法国皇室度过了生命中的最后 3 年。他被法国新任国王弗朗索瓦一世授予“国王的首席画家、工程师和建筑师”的头衔。根据安排，达·芬奇要设计一处新的皇家宫殿建筑群，但这些计划却没有提上日程。达·芬奇成为宫廷的尊贵人物。一位朝臣写道：“国王被他的美德所吸引，十分喜欢听他发表演讲，他们几乎形影不离，每年只分开数日。”在国王看来，达·芬奇是世上绝无仅有的人物，他博识多通，对雕塑、绘画和建筑的了解十分透彻，是一位伟大的哲人。[17]

除了尽一位伟大哲人的责任，达·芬奇也创造了更多的宫廷娱乐。为了表示敬意，达·芬奇为法国国王打造了一个自动机械装置，他的朋友弗朗西斯科·梅尔齐（Francesco Melzi）曾这样描述：那是一头鬃毛直立的机器狮子，被一个隐士牵着，它登场时，观众席中的女士不由得惊恐后退，但是当国王用隐士递给他的魔术棒抚摸狮子3下时，狮子的胸部裂开了，迸出满满的百合花，洒在国王的脚下。人人皆知，百合花是法国王室的经典象征，而裂开的狮子是敌对宫廷的纹章图样。[18]在生命的最后，达·芬奇深谙如何运用自己的天赋去顺应宫廷的欲望，他于1519年5月2日在法国去世。

正如我们所见，文艺复兴时期的技术创新的独有特征源于一个核心事实：雇用达·芬奇及其同行工程师的城邦和宫廷对工业或商业技术意兴阑珊。他们的梦想和欲望导致那个时代的技术专家把注意力集中在战争、城市建筑、宫廷娱乐和王朝展示工程上。只需要看一眼达·芬奇的技术手稿，我们就知道他是一位杰出的工程师、建筑师和艺术家。虽然有一些作家猜测达·芬奇是一个孤僻天才，但仔细考究便不难发现并非如此。

例如，达·芬奇曾与其他工程师共事，共同绘制了布鲁内列斯基为佛罗伦萨大教堂设计的起重机械草图，包括弗朗西斯科·迪·乔治、博纳科尔索·吉贝尔蒂和朱利亚诺·达·桑迦洛。尽管有人说达·芬奇“孤独如刽子手”[19]，但我们知道，达·芬奇也会亲自拜访一些宫廷工程师同行，借鉴他们的想法，或许也为他们提供灵感。这个技术群体的知识资源和社会动态利用了文艺复兴时期的宫廷文化，同时反过来塑造了这一时期的宫廷文化。

文艺复兴时期艺术和工程的独特三维性与深度是最重要的知识资源。这在很大程度上要归功于被誉为“透视学之父”的莱昂·巴蒂斯塔·阿尔伯蒂（Leon Battista Alberti）。阿尔伯蒂出生于佛罗伦萨一个显赫的商业银行世家，后在博洛尼亚大学学习法律，毕业后为教廷的行政办公室效力 30 载。正如历史学家安东尼·格拉夫顿（Anthony Grafton）所说，阿尔伯蒂是朝臣中的朝臣。与达·芬奇相比，阿尔伯蒂的职业生涯与宫廷系统有着更密切的联系。晚年时期，为了在费拉拉宫廷占有一席之地，阿尔伯蒂围绕如何在宫廷系统取得成就写了一本说明书——其中恰当地援引了自己的例子。在宫廷这场游戏里，阿尔伯蒂是经验丰富的玩家，除了受到教廷支持，费拉拉、里米尼、曼图亚和乌尔比诺宫廷都是阿尔伯蒂的赞助人，佛罗伦萨伟大的建筑家乔瓦尼·鲁切拉伊也资助过他。阿尔伯蒂的职业生涯令人惊叹，他既是人文主义作家兼修辞学家、建筑设计师兼顾问，也是文学评论家、雕塑家、制图师兼著名的绘画理论家。就像与其同时代的一个记录者所说：“他就是这样的人，无论从事什么工作，都能很快成为佼佼者。”[20] 如果不是阿尔伯蒂在其他领域的建树，他围绕建筑和实用数学的著作可能会让当代读者将其视为一名工程师。

阿尔伯蒂影响最深远的理论成就“直线透视法”并非他独创。在阿尔伯蒂的著名论文《论绘画》（*On Painting*）发表之前，马萨乔等佛罗伦萨顶尖艺术家就已经在实践与直线透视类似的方法了。与此同时，忙于建设佛罗伦萨大教堂的布鲁内列斯基举办了一系列引人注目的公众活动，推广了这项新技术。布鲁内列斯基站在大教堂的台阶上，面对广场对面的著名洗礼堂，精确地绘制了“展示箱”，画作逼真得犹如实景，令路人惊叹。布鲁内列斯基还画过佛罗伦萨领主广场，也就是市政府的所在地。后来，阿尔伯蒂也画了一些展示箱画作，（正如他自己所写）观众可以从中看到“巨大的山脉、辽阔的疆域、环绕在周围无边无际的海洋，以及遥远的模糊区域……它们是如此逼真，以至于无论是专家还是门外汉都坚称自己看到的不是画作，而是真实的自然景色”。[21]

在《论绘画》中，阿尔伯蒂把透视法的实践写为结构化的理论。他指导艺术家在绘画的时候，把墙壁、面板或画布上的二维画面当作一个呈现出三维场景的窗口。这种绘画技巧在今天已经不足为奇，最经典的做法是透过一块印有方格的玻璃来观察实物，然后把每个方格的画面摹到同样印有方格的画纸或者画布上，这种方法由阿尔布雷特·丢勒（Albrecht Dürer）提出并推广。丢勒画过最著名的“实物”是一个裸体女人，是他发表于 1525 年的几何和透视论文中的插图，后被广泛复制。这

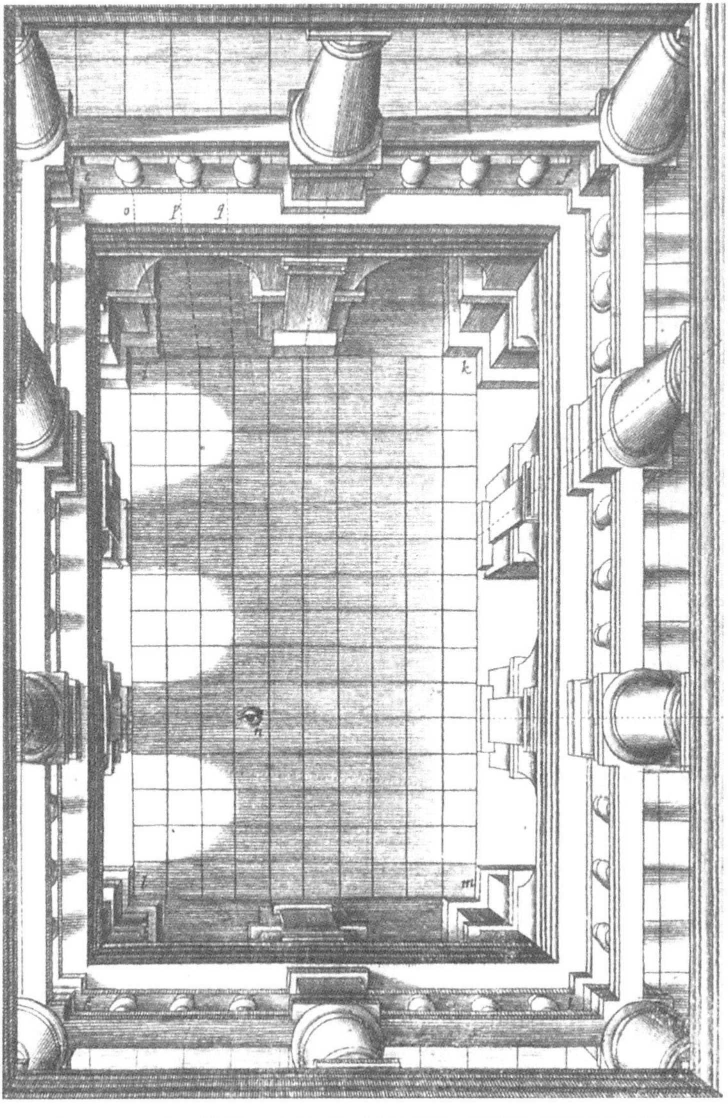

几何视角的凝视。画家、建筑师和工程师运用几何视角精确且有说服力地描绘出自己的想法，逐渐获得宫廷的委托任务，并在这个过程中创造文化。几何透视不仅呈现出世界，还改变了人们的思维方式。约瑟夫·莫克森（Joseph Moxon），《实用透视》（*Practical Perspective*，伦敦，1670 年）。由伊利诺伊理工学院特别收藏。

幅插图表明，透视法不仅能准确地描绘世界，还赋予了（男性）艺术家控制世界的权力。无论描绘何种对象，垂直线始终保持垂直，而后退的水平线则会向画面地平线的消失点汇聚。平行水平线（如地砖接缝）必须按前宽后窄的特定递减间隔排列。最后，为了达到最佳视觉效果，观察者的视线必须被精确固定。事实上，那些展示箱画作正是通过将窥视孔设置在画面消失点位置来引导观察的视角——观察者能从这个孔洞看到箱子远端的镜子反射的图像。阿尔伯蒂展示了如何准确使用透视法瞒过大脑和眼睛，使人们感知到三维实体的存在。

阿尔伯蒂在作品中描述的几何概念和方法被艺术家、数学家、制图师和工程师广泛采用，娱乐性质的展示箱并没有为他蓬勃发展的宫廷事业带来不利影响。除了研究阿尔伯蒂的技术创新，以及进一步论述他的实例研究，达・芬奇还把阿尔伯蒂关于绘画的文章段落纳入自己的主题著作中。达・芬奇把阿尔伯蒂的独特措辞融入自己的笔下，却没有注明出处。我们今天所看到的达・芬奇关于透视画的描述其实是阿尔伯蒂的观点，即透视画应该看起来像透过玻璃观察实物；方形网可以定位实物的正确位置；判断一幅画的精确性要根据其在镜子中的映像。达・芬奇甚至重复了阿尔伯蒂的准则——只有乔托和马萨乔才是“现代”画家。[22]

直到近些年，达・芬奇的工程师身份才得到重视。因为没有任何“工程师协会”列出其成员名单，再加上军事项目的保密性，我们永远无法了解与达・芬奇共同策划方案和追求梦想的工程师同事的身份。但我们确切地知道，在与达・芬奇同时代的人中，弗朗西斯科·迪·乔治一样举足轻重。他们两人会凑在一起，分享许许多多的技术资料。弗朗西斯科在锡耶纳出生，学习过绘画、雕塑和建筑。他以雕塑家的身份开始自己的职业生涯，后来又在家乡的供水系统担任工程师。在那个时代，弗朗西斯科还是一名著名的军事工程师，与达·芬奇、阿尔伯蒂一样，他的职业生涯与宫廷系统密不可分。

从 1477 年开始，弗朗西斯科加入了蒙特费尔特罗家族在乌尔比诺的宫廷。城堡里的宫廷艺术家，包括皮耶罗·德拉·弗朗切斯卡，负责为贵族世家作画，并为公爵撰写绘画著作，这些著作被收藏在图书馆里。据传闻，这座著名的图书馆收藏了大约 1100 本精装书籍，价值高达 30000 金币，相当于乌尔比诺公爵（像斯福尔扎一样的雇佣军统帅）近半年军事服务的报酬。雄心勃勃的公爵要扩建宫殿（其规模从容纳 300 匹马的马厩中可见一斑），弗朗西斯科成为这个项目的首席设计师。他还在乌尔比诺城邦修建了一系列军事要塞。弗朗西斯科的第一本技术著作专门为公爵而作，包含了大炮、机泵和水力电锯图纸，城墙攻坚法，投石车和攻城装备的使用方法，以及火药时代防御工事的技巧（著作大概成书于 1475 年，这可能促成了他在两年后被公爵雇用）。

公爵去世后，弗朗西斯科在蒙特费尔特罗宫廷又待了几年，直至 1487 年，他再次担任锡耶纳的首席城市工程师。在乌尔比诺的后几年，他常常前往那不勒斯，为卡拉布里亚公爵提供军事建议。而且并非偶然，他将前述的技术著作的第二版献给了这位公爵。公爵的画师还为这本著作的第三版绘制了插图。1490

年，弗朗西斯科受邀为帕维亚和米兰的大教堂建设出谋献策，他见到了达·芬奇。1502 年，当达·芬奇协助恺撒·博尔吉亚攻占乌尔比诺时，弗朗西斯科早已离开蒙特费尔特罗宫廷。

仔细研究二人的手稿便可发现，那些曾被认为是达·芬奇独创的技术设计部分来源于弗朗西斯科。例如，弗朗西斯科在其军事技术专著中描述的设备，往往要比达·芬奇手稿上的类似设备复杂得多。现存的一份手稿清晰地留存了达·芬奇的独特笔迹批注，由此我们可以得知，他确实阅读并研究过弗朗西斯科的著作。与阿尔伯蒂的情况相似，达·芬奇在此处似乎只是直接借用了这位知名作者的成果。

达·芬奇卷帙浩繁的手稿掩盖了文艺复兴时期技术社群的广度与深度，这是因为研究者们过于热情地把手稿里的设计全部归功于达·芬奇一人。1519 年达·芬奇去世时，他把自己的资料留给了“忠实的学生”弗朗西斯科·梅尔齐，梅尔齐将其保存在米兰郊外的乡间宅邸里，长达 50 年之久。但这些资料最终被梅尔齐的儿子拿去四处兜售。在达·芬奇曾经活动的米兰、都灵和巴黎，甚至远至英国温莎城堡附近，学者们发现了他的笔记残卷。1966 年，一份重要的手稿在马德里被发现。学者们认为，三分之一（约 6000 页）的达·芬奇原始手稿已被找回，这些资料是我们所拥有的文艺复兴时期技术的最详实文献。值得庆幸的是，学者们已经不再天真地认为达·芬奇手稿上的每个条目都代表这位大师的原创思想。达·芬奇的职业生涯丰富多彩，走南闯北的他常常描绘那些引起他兴趣的事物。他的手稿记录了若干不同类型的技术项目：来自宫廷赞助人的委托，他本人的技术梦想，实证或理论研究，游历途中看到或听闻的机械，以及包括维特鲁威乌斯在内的前人的著作“引述”。

学者们一直激烈争论哪些是达·芬奇的原创作品，较为可信的包括一台不实用的酷似蝙蝠的飞行机器，几台有趣却令人费解的纺织机器，以及一台镜片抛光机。鉴于文艺复兴时期的技术具有宫廷文化的特征，所以那台制作奇装异服亮片的纺织机无疑是达·芬奇自己的。而应归功于他人的“达·芬奇发明”包括一辆突击战车、无杆螺杆泵、数种起重装置，以及早在古罗马时期就广为人知的泵体设计。达·芬奇还复制了永动机的图纸。达·芬奇系统性的实验方法大概是其职业生涯中最独特的特点，这在他的手稿中尤为明显，特别是1500年之后的记录。他写道：

> 在研究科学问题时，我首先会安排一系列实验，我的目的是根据经验来判断问题本质，然后阐明物体出现这种效应的原因。这是所有自然现象研究必须遵循的方法……在种种情况下，我们只有向经验求教，才能从中找出普遍规律。普遍规律有什么好处呢？它们不仅引导我们进一步探索自然，还引导我们进行艺术创作。这些规律可以防止自欺欺人，防止我们期待那些不可能获得的结果。[23]

达·芬奇的系统研究包括齿轮、静力学和流体流动。他考察了不同类型的齿轮，设计出木制锥齿轮和螺旋齿轮，还研究了墙体崩塌的原因，发现墙体裂缝的走向指示了应力的来源。

在研究梁构件的抗压性能时，达·芬奇得出了一个基本原理，即对于两端均有支撑的方形水平梁来说，其抗压强度与边长的平方成正比，与梁体长度成反比（大体近似）。液体的研究工作更具挑战。为了研究水的流动，达·芬奇建造了一个缩尺模型，探索了水面扭曲的现象。此外，他还积极寻求在河流中修建水坝的通用准则。也许正因为阿尔诺河项目的失败，达·芬奇提醒自己不要“期待那些不可能获得的结果”。

文艺复兴时期的工程师们对欧洲具有深远影响。中世纪史学家林恩·怀特（Lynn White）写道：“意大利工程师散居在欧洲各地，从马德里到莫斯科再到英国，他们垄断最好的工作，建造令人惊叹的新机器，建设宫殿和防御工事，帮助雇用他们的政府散尽千金。当地居民视他们如蝗虫灾害，而16世纪的统治者却视他们为不可或缺的人物。他们对整个欧洲文化的影响不亚于当时意大利的人文主义者、艺术家和音乐家。”[24]

古腾堡的经历

活字印刷术的发明带来了信息大爆炸，深刻地改变了学术、宗教习俗和技术发展。每每提到印刷革命，人们多半会联想到富于进取的资本主义印刷商冲破传统束缚的画面。欧洲各地的宫廷创造了大规模印刷品市场，并构建了技术著作出版的赞助网络。前几代印刷商以及早期最著名的技术学者都极大地依赖文艺复兴晚期的宫廷文化，并成为宫廷文化的参与者。

印刷术是一项综合性发明，结合了金属活字、纸张、油基印墨和木制印刷机等元素。印墨和印刷机在欧洲很普遍，纸张则经由中国传入欧洲。3 世纪，中国开始使用丝绸、竹子、亚麻、大米和麦秆等纤维造纸。751 年，造纸术随着一名在战役中被俘虏的中国造纸工人传播到中东地区。从阿拉伯伟大的天文学和文化中心撒马尔罕出发，一条“纸张之路”穿越了巴格达（793 年）、开罗（900 年）、非斯（1000 年）、巴勒莫（1109 年）、哈蒂瓦（1150 年）、法布里亚诺（1276 年）和纽伦堡（1390 年）。另一条路线则沿着北非海岸线，穿过西班牙（13 世纪初），进入法国。

活字印刷术同样最先出现在遥远的东方，比古腾堡早几个世纪。在第一个千年之交，中国的石刻和木版印刷技术已经非常先进。130 卷中国典籍在 953 年印刷成册，一部使用了 13 万块雕版的重要佛经在 982 年刻印而成。第一个真正意义上的活字印刷术由毕昇发明，他首先在黏土上刻好单字，再用火将其烧硬成泥活字，最后再把它们组装在木格里进行印刷。1314 年前后，撰写过重要农书著作的地方官王祯对这种方法进行了革新和改进。他委托工匠雕刻了 6 万个木活字，用于刊印地方志书，一个月印了 100 多部。明朝时期，木活字主要用于印刷宫廷官报。1403 年，韩国人首次铸造了金属（铅和铜）活字，随后投入使用并印成了大量的作品。① 金属活字在 15 世纪末传入

①此为作者观点，这类观点的主要依据为1377年，高丽末期的白云和尚景闲在悟禅时编撰《白云和尚抄录佛祖直指心体要节》（以下简称为《直指》），该书用金属活字印成，2001年9月，《直指》被联合国教科文组织认定为世界上最古老的金属活字印刷品。针对这一观点，我国有专家学者认为《直指》被认定为世界上最古老的金属活字本，不能代表金属活字印刷技术一定起源于韩国。——编者注（后文如无说明，皆为编者注）

中国，在 1596 年传入日本，但是金属印刷术并未完全取代木版印刷术——金属活字无法在常规薄纸上进行双面印刷。但很明显，王祯这一套庞大的木刻汉字也给中国活字印刷的长远发展带来了困难。

尽管阿拉伯国家是“纸张之路”的主要载体，但它们曾中断了亚洲印刷术向西方的传播。伊斯兰教鼓励信徒在纸上手抄真主安拉之言，长久以来，机器印刷都被明令禁止。直到 1825 年，第一本阿拉伯语书籍才在埃及开罗印成。[25]

古腾堡合伙人的儿子在 1505 年大概说过这样一句话 ：“心灵手巧的约翰·古腾堡于 1450 年在美因茨发明了令人叹为观止的印刷艺术。”值得一提的是，能证明这一说法的唯一直接证据是 1439 年和 1455 年的两份法律文件。我们对古腾堡本人实在知之甚少。在他一生的近 10 年（1429—1434 年和 1444—1448 年）中，甚至无人知晓他所居住的城市。通过税收记录，我们可以得知古腾堡在 1439 年拥有一个藏有 2000 升酒的酒窖，但没有人可以确定他是否娶了艾妮琳为妻——她也许是他的妻子或情人，又或许只是一名善良的修女。可以明确的是，1400 年前后，古腾堡出生于美因茨的一个名门望族。据印刷匠人传说，他出生的那一天是施洗约翰日（1400 年 6 月 24 日）。其父辈与美因茨的铸币厂交好，所以古腾堡很有可能是从那里习得了金属铸造、冲孔切割和金饰工艺方面的知识。

古腾堡于 1434 年搬至法国东北部莱茵河附近的斯特拉斯堡，并于 1436 年开始从事印刷实验。在斯特拉斯堡期间，他从事并教授金饰工艺、宝石切割和镜子制作。1438 年，古腾堡同意将印刷术这门“生意和艺术”转让给两个镜子制作商。实际上，他们向古腾堡支付了250金币，建立了一个5年期的合作关系。然而，其中一个商人去世后，他的兄弟在1439年与古腾堡对簿公堂，要求加入合伙企业。法庭记录显示，凭借一台自有的印刷机，加上采购的铅等金属，古腾堡铸造了所谓的“字模”。一名金匠证实，古腾堡曾于1436年向他支付100金币，购买“与使用印刷机有关的材料”。保密是头等大事。在合作伙伴弥留之际，古腾堡当着对方的面把现有的字模熔化一空。他还下令让助手把由两个螺丝钉固定的“四部件”拆掉，那很可能是一个可调节的铸字模具。除了以上信息，我们能知道的就很少了。为了获得试验资金，古腾堡还大量借贷。[26]

古腾堡于1444年离开斯特拉斯堡，但他去了何处、干了何事，我们不得而知。4年后，他又回到家乡美因茨。钱很重要，在重返美因茨后不久，他获得了一笔由亲戚担保的150金币贷款。1450年，为了印刷拉丁文《圣经》，古腾堡向商人约翰·福斯特（Johann Fust）借了800金币，很快又再次借了800金币，条件是福斯特要入伙分享这本著作的利润。大约6台印刷机、20名印刷工和助手完成了这些“印刷品”。1455年，福斯特将古腾堡告上法庭，要求他偿还包括利息在内的两笔贷款，这成了古腾堡的第二份法庭卷宗。通常认为，这一法庭诉讼耗尽了古腾堡的财产并毁了他的生计，但实际上，法庭只判决古腾堡赔偿第一笔800金币的借贷。

古腾堡保留了半数的《圣经》等印刷品的销售收益。根据最近的研究结论，他不仅偿还了福斯特的贷款，还重新获得了作为抵押品的印刷设备的所有权。福斯特与古腾堡曾经的共事伙伴彼得·舍费尔（Peter Schöffer）建立了全新的合作关系，并大获成功。在 1466 年福斯特去世直至 1503 年他本人去世，舍费尔一共出版了至少 228 种图书资料。古腾堡也继续从事印刷行业，并雇用了至少两名工人。在 1465 年古腾堡退休之后，他们成了很成功的印刷商。同年，美因茨大主教正式宣布："经特别许可，我们认可并接纳古腾堡为宫廷侍臣。"这一荣誉为古腾堡带来经济上的保障，其享有贵族特权直至 1468 年去世。[27]

古腾堡的主要发明包括一种可调节的铸字模具，以及一种适宜铸造活字的合金。我们可以看到，这两起诉讼案并没有揭示与技术有关的细节，但是 1460 年在美因茨印刷的一本拉丁语法字典（作者不详）表明，它的成功印刷得益于"图案与模具的大小和比例高度一致"。要把活字排成一行，再将它们固定在印刷机框架内，这样的一致性十分重要。字母"M"和"W"的宽度大致相同，但"i"和"W"却差别很大。要制作大小不一但字模深度和纸上墨层厚度完全相同的活字，就需要使用可调节宽度的活字铸模。古腾堡不断尝试，他找到了一种合金，既拥有经久耐用的硬度，又易于熔化和铸模。虽然古腾堡用的合金确切成分不详，但根据第一本描述活字铸造的书籍，即比林古乔在 1540 年创作的《火法技艺》（*Pirotechnia*）记载："印刷书籍的字母材料组成包括三份精锡、八分之一铅和八分之一熔炼白铁矿的锑成分。"1580 年，有人从克里斯托弗·普朗坦的印刷厂提取了样本，发现其中的铅含量为 82%，锡含量为 9%，锑含量为 6%，另外还有少量的铜。[28]

印刷行业快速发展。到 1471 年，印刷工作坊在许多欧洲城市如雨后春笋般涌现，远至威尼斯、罗马和塞维利亚。到 1480 年，仅在意大利北部就有 20 多个“印刷城”，印刷商向东发展至克拉科夫和布达佩斯，向北发展至伦敦和牛津。到 1500 年，印刷商的足迹已经扩大至北边的斯德哥尔摩和西边的里斯本。

印刷机的发明，不仅让马丁·路德（Martin Luther）这位鲜为人知的德国神学家成为畅销书作家，还推动了新教的宗教改革。这场宗教改革的官方纪念日为 1517 年 10 月 31 日，也就是路德将他的《九十五条论纲》（*Ninety-Five Theses*）张贴在德国维滕贝格诸圣堂大门上的那一天。他的论纲使用拉丁文写就，而不是平民使用的语言，而教堂大门过去曾是“中世纪宣传常用场所”。印刷商更是嗅到这本著作的庞大市场，迅速印制了拉丁语、德语等语言的盗版作品，以填满整个市场。据说，路德的论纲在两周之内传遍德国，在一个月内传遍整个欧洲。路德写信给教皇利奥十世（另一位美第奇家族教皇，也是达·芬奇一位赞助人的兄弟），信中说道：“不知我的论纲……何以传播甚广？这让我很费解。它原本仅供这里的学术界使用。”3 年内，富于进取的印刷商卖出了超过 30 万册路德的作品。历史学家伊丽莎白·爱森斯坦（Elizabeth Eisenstein）写道：“路德宗是印刷书籍的产物，通过这个载体，路德得以在欧洲人的脑海中留下确切、标准化以及根深蒂固的印象。”最后，连路德本人都不免称赞印刷是“上帝至高无上的恩典，推动了福音事业的发展”。[29]

尽管天主教对路德的神学论点作出回应，却无法阻止印刷术的传播。新教运动掀起人们对阅读《圣经》的重视，大量的印刷需求也随之而来。如此一来，不管印刷工人的个人信仰如何，他们都拥有了支持新教的切实理由。甚至天主教也在不知不觉中推动了这一事业。从 1559 年开始，教会发布了臭名昭著的《禁书目录》，让天主教国家的自由思想作家和出版商们提心吊胆。但是，对于有新教倾向的作家来说，此举相当于免费宣传，而对于新教国家的印刷商来说，这也意味着潜在的畅销书市场。[30] 马基亚维利和伽利略也在《禁书目录》所针对的知名作家之列。

由于南欧天主教国家对印刷术的压制，印刷术自然而然地在北欧一路繁荣发展。以安特卫普市为中心，在 1500 年到 1540 年的 40 年间，荷兰至少有 133 家印刷商，印刷了 4000 多种书。除了巴黎，其他城市在人口和商业活动方面都无法超越安特卫普，也正是在安特卫普，克里斯托弗·普朗坦将印刷变成了一门工业。普朗坦出生在法国，早年在巴黎当装订工学徒，后来搬到安特卫普，并于 1550 年成为印刷工。他在 1555 年建立了自己的独立出版社。10 年后，当其他印刷商拥有 2 到 4 台印刷机时，普朗坦已经拥有 7 台。在 1576 年的职业巅峰时期，他拥有 22 台印刷机和大量的排字、印刷和校对人员。

印刷商具有强烈的市场导向和大量的资本需求，他们往往被视为原始资本家，然而，他们的生意很大程度上要归功于宫廷系统的赞助和政治局势。普朗坦的第一本书是关于贵族年轻女子教养的建议手册，于 1555 年用意大利语和法语印刷出版。红衣主教格兰维尔和西班牙国王菲利普二世的秘书加布里埃尔·

德·扎亚斯向普朗坦示好并提供了支持。在菲利普二世的赞助下（包括一笔可观的直接补贴），普朗坦在16世纪60年代策划并印刷了以5种语言撰写的8卷《圣经》。1571年至1576年是他的"鼎盛时期"，普朗坦的许多印刷机都忙着为西班牙国王印刷《圣经》和礼拜书。这些年间，他的公司向西班牙输送了至少18370本日课经、16755本弥撒书、9120本祈祷书和3200本圣诗。植物学著作、地图、词典及文学和学术著作丰富了他的产品目录。"在西班牙的黄金时代，普朗坦通过安特卫普的公司从海外图书贸易的扩张中获得了最大的利润份额，"爱森斯坦写道，"普朗坦本人不仅坐上了国王印刷商的交椅，而且还是所有竞争对手产出作品的首席审查官，就连遥远的普斯堡皇室也成为他的垄断市场，牧师需要的礼拜书籍一概由他提供。"[31]

当政治风向转变时，普朗坦迅速改变了策略。1578年，随着西班牙人暂时被驱逐出安特卫普，国务议会当政，普朗坦成为新当局的官方印刷商，随即印刷了许多反西班牙的传单。但在1585年，当西班牙人再次威胁要永久占领安特卫普时，普朗坦在莱顿开设了第二个办事处，并为新成立的莱顿大学担任了两年的印刷商。正如爱森斯坦所观察到的："普朗坦拥有当时欧洲最大的出版帝国，这很大程度上要归功于他在不同地区广泛结交不同信仰、有钱有势的朋友，从而对冲了所有风险。"[32]

普朗坦的大量产出表明了当时书籍生产的巨大规模。在印刷术问世之后的50年里，欧洲生产了800万本书。这项新技术取得了令人瞩目的经济效益。举个例子，在1483年，如果有人要复制一本柏拉图对话录，佛罗伦萨某印刷商收取的费用是抄

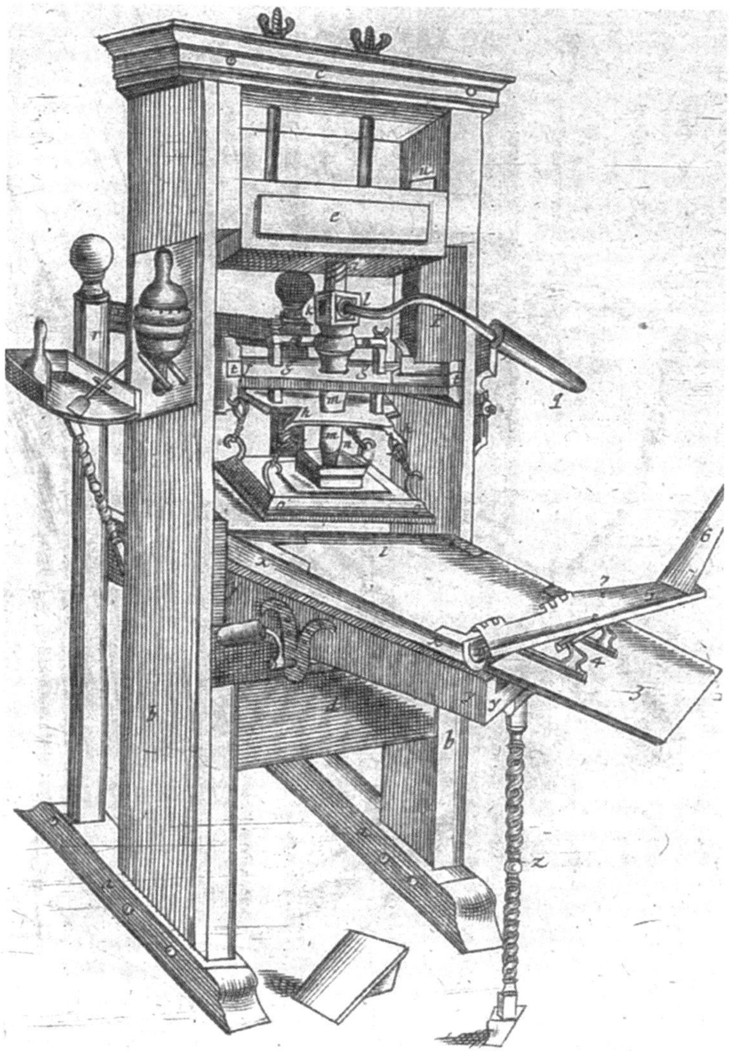

早期荷兰式印刷机。早期印刷行业的先驱约瑟夫·莫克森认为这是一种新式印刷机，发明于阿姆斯特丹，并在低地国家广泛使用。它类似于今天在普朗坦 - 莫雷图斯博物馆展出的 17 世纪的印刷机。约瑟夫·莫克森，《机械训练》（*Mechanick Exercises*，伦敦，1683 年）。由伊利诺伊理工学院特别收藏。

写员的3倍，而印刷商每印刷千册，抄写员才抄完仅仅1册。此外，手抄本较之原件往往更具个人色彩，而印刷本却可以做到如出一辙，这是质量的另一个维度。这种规模经济极大地降低了书籍的生产成本，意味着一个学者手头上可以拥有若干本不同学术领域的书，便于比较和评价。爱森斯坦写道："这不仅削弱了对旧理论的依赖，而且丰富的阅读材料还促进了新的知识整合。"[33] 人们可以通过这种方式获取更多的信息，获取信息的成本也大大降低，从而促进学术研究与大众学习的根本变化。印刷术赋予15世纪文艺复兴永久且具有累积效应的特质，其他许多技术亦产生了同样的影响。

技术和传统

我们常常认为技术是累积的、不可逆的、永久的，但事实并非总是如此。技术本身就是文化的一部分，随着文化兴衰起伏。欧洲中世纪之所以被称为"黑暗时代"，是因为西欧人与古希腊罗马文明（它们的科学、医学和技术知识都保存在伊斯兰世界的图书馆里）已然断裂联系。直至中世纪晚期的技术渐进式变革，加上阿尔伯蒂、达·芬奇等人创造的三维透视法创新，以及印刷术带来的精确复制的可能性，技术才成为一种累积性的、持久的文化元素。这种"现代"世界的文化特性值得我们更深入去了解。

文艺复兴之前的技术转移具有偶然性。已经在某个时间或某个地方发明的机器，很可能需要被重新发现，甚至被重新发明。实际上，中国宋代的伟大技术突破在很长一段时间内都处于失传状态。宋代期间，中国发明的技术不仅包括前述的造纸术和印刷术，还包括火药武器、磁罗盘，各种各样的运河、水闸和水利工程，以及达到工业规模的铁生产和消费。早在英国工业革命前的整整 5 个世纪，中国河北和河南中北部地区的炼铁工匠就已经在使用焦炭冶炼铁矿石。中国的缫丝厂、农具（铁制）和桥梁建造同样先进，正如历史学家阿诺德·佩西（Arnold Pacey）所述："11 世纪中国使用的技术……直到 1700 年前后才在欧洲出现。"[34]

然而，这些开创性的中国技术并没有被严谨地以几何形式记录下来，而文艺复兴时期的工程师正是借助了严密的几何方法来记录其在机器关键工作原理方面的想法。中国缫丝厂的图纸常常被歪曲，以至于习惯于几何方法的西方人很难看懂它们的建造方式。《中国科学技术史》（*Science and Civilisation in China*）丛书提供了大量关于纺织机械的不准确和不完整的例证。在纺织卷中，我们可以清楚地看到，手写卷轴（其本身就是艺术作品）始终如一地提供了有关纺织技术的最佳插图，但是宋代后期的百科全书和技术书籍则充斥着不完整或具有误导性的插图。事实上，1313 年、1530 年和 1774 年先后出版的百科全书对缫丝机械图像进行了逐步歪曲，这更确切地说明了这一点。1279 年之后的政治混乱导致中国和西方对宋代的技术光辉漠然视之，西方人对中国的成就也形成了一种不准确、不完整的观点。[35]

著名的工程师兼历史学家尤金·弗格森（Eugene Ferguson）

证实了技术图纸被歪曲的速度之快，即使在西方也不例外。他比较了弗朗西斯科·迪·乔治 1470 年前后的一系列画作以及专业抄写员在 16 世纪 40 年代制作的复制品，这些抄写员均接受过机械图纸复制的专门训练。[36] 结果令人大吃一惊。弗朗西斯科绘制的起重机和机动车的透视图虽非完美，却切实可行。但是抄写员的复制版本却是另一回事，许多机械细节出现缺失或被歪曲。比如，起重机的多重滑轮组被压缩成一个滑轮，导致原本的机械效能尽失。再比如，弗朗西斯科发明的扩杆和拉拔器杆，其原始版本类似于现代的松紧螺旋扣，其中方螺帽的两侧分别是右旋螺纹和左旋螺纹，用于将两端拉开或拉紧。但是，抄写员的版本只画了左旋螺纹，导致装置只可以简单地将螺母向单端移动。弗朗西斯科的原稿严格遵守三维透视的惯例（即左右平行线确实保持平行，而前后平行线交汇于一个消失点），但抄写员的版本常常忽略了这一消失点。

对于其中的一些装置，弗格森认为，一位内行的技术从业者或许能识破复制图的问题并修复错误。但假设，抄写员的复制版本被再次手写复制，并叠加新的歪曲和错误，那么随着时间的推移，重现弗朗西斯科的原始装置将毫无希望。一如那些中国的技术专家，他们的设计实际上也面临着“失传”。问题的关键在于，在印刷术与几何透视法结合之前，一代人的发明可能无法为下一代人所用，甚至在同侪小圈子内也难以延续——毕竟这些技术需要通过共享手稿、师徒传承或工艺实践才能传播。在这种情况下，社会秩序的瓦解将会扰乱技术传统，犹如统治者的倒台会导致其图书馆的毁灭。因此，技术变革不可能是持续的、累积的。

从这些意义上说，由于印刷术和透视法的发明，一种持续的、累积的技术传统首先出现在中欧的采矿业。万诺乔·比林古乔（Vannoccio Biringuccio）的《火法技艺》（*Pirotechnia*，1540年）、乔治尤斯·阿格里科拉（Georgius Agricola）的《论金属物》（*De re metallica*，1556年）和拉扎勒斯·埃克尔（Lazarus Ercker）的《论采矿和矿石鉴定》（*Treatise on Ores and Assaying*，1580年）都是插图精美的印刷书籍，至今仍生动地传达着时代久远的技术。尽管这3册书的作者来自不同的社会背景，但他们却都与文艺复兴后期的宫廷文化有着密切联系。比林古乔是一位银矿和铁矿经理，拥有丰富的实践经验；阿格里科拉是一位学术派的人文主义者；埃克尔是一位矿业经理，他与一个显赫家族联姻，走向了上层社会。正如帕梅拉·隆（Pamela Long）所述，每一位作者都与中欧的采矿业有着密切联系，他们所处的年代迫切需要利用技术来提高效率。早期的矿业热潮（1460年至1530年）已经开采了大量银、金和铜，再加上西班牙人从新大陆掠取的金银大量涌入，当时的采矿业面临着成本上升、价格下跌的局面。因此，富豪投资者及皇家采矿权的持有者热切、贪婪地寻求着能够带来可观经济回报的采矿新技术。隆写道："16世纪的大部分矿业书籍都出自帝国的德国人之笔，这些地区——戈斯拉尔附近的哈茨山脉、萨克森和波西米亚的厄尔士山脉，以及南部的蒂罗尔阿尔卑斯山脉的矿业资本主义转型最为显著。"[37] 意大利人比林古乔参观了这个地区的矿山，并写信敦促同胞在本国铜矿的技术变革方面进行类似投资。

对采矿或金属技术尤其感兴趣的宫廷名流被称为“贵族先驱”，上述3名作者因获得先驱们的青睐而声名鹊起。比林古乔曾为意大利贵族效力，包括帕尔玛公爵法尔内塞、费拉拉公爵阿方索一世、其家乡锡耶纳的统治者佩特鲁奇家族，以及佛罗伦萨和威尼斯共和国。在去世之际，他已经成为罗马的教皇铸造厂和兵工厂经理。阿格里科拉出生于萨克森州，当时该地区的银矿正在大规模扩张。阿格里科拉毕业于莱比锡大学，先在意大利学习医学，之后在厄尔士山脉地区担任镇医。他对矿业的密切观察和谨慎投资不仅为他带来了个人财富（到1542年，阿格里科拉已经跻身萨克森州开姆尼茨的“十二大富豪榜”），还使其得到了宫廷权贵萨克森公爵莫里斯的认可。莫里斯在1543年给阿格里科拉划拨房屋田地，3年后任命他为市长，后来又任命他为萨克森宫廷的顾问。阿格里科拉将著作《论金属物》献给了萨克森公爵奥古斯塔斯和莫里斯。

同样，萨克森公爵也参与了拉扎勒斯·埃克尔的职业生涯。从维滕贝格大学毕业后，埃克尔与一个显赫家族联姻，并被奥古斯塔斯任命为德累斯顿的试金员。不到一年，他就向奥古斯塔斯献上一本实用的冶金学手册，随即被任命为3个地区的首席试金专家。之后，埃克尔与布伦瑞克的亨利公爵结盟，这位新贵将埃克尔任命为戈斯拉尔造币厂的试金主管。埃克尔把自己写的关于造币厂的第二本著作献给亨利的儿子——布伦瑞克-沃尔芬比特尔的公爵朱利叶斯，并因此成为戈斯拉尔造币厂的经理。16世纪60年代中期，埃克尔移居波西米亚，靠着第二任妻子的兄弟的力量，成为库特纳霍拉的试金主管。埃克尔的妻子苏珊娜曾与其并肩工作多年，是造币厂的“女经理”。1574年其著作《论采矿和矿石鉴定》首次出版后，埃克尔把它献给了国王马克西米兰二世，并成功谋得一份宫廷差事。马克西米兰的继任者鲁道夫二世不仅将埃克尔任命为首席检验员，还在1586年授予其骑士爵位。[38]

这3位作者都高度评价了“科学革命”所倡导的全面披露、精准描述和开放性价值。他们的著作详细描述了采矿、冶炼、精炼、铸造和化验的过程。通过大量插图，比林古乔和阿格里科拉描述了那个时代的最佳技术实践。比林古乔的《火法技艺》有85幅木版印刷版画，而阿格里科拉的《论金属物》有250多幅。阿格里科拉聘请插画家帮其绘制详细的“纹理、工具、容器、水闸、机器和熔炉……以免文字描述无法被我们这个时代的人所理解，或给子孙后代造成理解困难”。[39]

就连雅克·贝松（Jacques Besson）和阿戈斯蒂诺·拉梅利（Agostino Ramelli）发表的被称为“机械剧场”（theaters of machines）的插图书籍，也反映了贵族和皇室赞助人的支持。这些书籍犹如达·芬奇“技术梦”的出版版本，记录了前所未有且非常富有想象力的设计。贝松是法国国王查理九世的宫廷工程师。拉梅利是一名意大利军事工程师，在其著作《各种精巧机械装置》（*Diverse and Ingenious Machines*）出版时，他同样效力于法国国王。贝松的著作里出现了60幅雕版插图，拉梅利的著作则出现了195页满版的铜版印刷版画，包括谷物碾磨机、锯木机、起重机、扬水机、军用桥梁和投石车，他设计了足

阿格里科拉的起重机。阿格里科拉聘请插画家绘制详细的图纸，这幅插图生动描绘了由 36 英尺高的水轮驱动的双向起重机。乔治尤斯・阿格里科拉，《论金属物》（柏林：联邦德国工程师协会出版社，1928 年），第 170 页。由伊利诺伊理工学院特别收藏。

足 100 多种不同的扬水机。尤金·弗格森认为，拉梅利“在回答从未有人问过的问题，解决从未有人提出的难题。没有证据表明是经济力量促成了这些发明。毫无疑问，这些机器是目的，而非手段”。摩擦力和材料问题的解决让拉梅利的许多机器发明最终成为现实，比如他原创的滑片式水泵。弗格森总结道：“诸如此类的书籍里埋藏着西方技术实现爆炸式发展的种子。”[40]

科学革命本身也高度依赖印刷技术和宫廷赞助。年轻的丹麦贵族第谷·布拉赫（Tycho Brahe）在 16 世纪 60 年代通过印刷的书籍自学了天文学，他不仅可以阅读托勒密所有著作的精确印刷版，还可以查阅根据哥白尼学说重新计算的天文表、印本正弦表、三角学论著和星表。第谷甚至可以直接比较哥白尼和托勒密计算的星表。丹麦国王将丹麦海峡中的汶岛赐给第谷，第谷在岛上修建了乌拉尼堡天文台。虽然天文台没有望远镜，但拥有一个馆藏丰富的图书馆、50 名助手和一台繁忙的印刷机。

伽利略是一名优秀的科学家，同时也是一位多产的畅销作家和创新的宫廷科学家。伽利略的职业生涯始于一项具有里程碑意义的力学研究，这在很大程度上要归功于他在威尼斯兵工厂对大型起重机械的观察结果。此外，他凭借另一项技术突破——望远镜一举成名。伽利略的著作《星际使者》（*Starry Messenger*）在欧洲非常畅销，他在书中发表的天文发现包括木星的 4 颗卫星。伽利略直白地将其命名为“美第奇之星”，此举是为了讨好科西莫·德·美第奇——佛罗伦萨权贵世家的同名继承人。1616 年，天主教将哥白尼的著作列为禁书，而伽利略创作的《两大世界体系的对话》（*Dialogue on Two World Systems*）

因对哥白尼表达了毋庸置疑的同情，也被列入了禁书目录。伽利略因公开支持日心说宇宙论而被软禁在家，在此期间，他继续从事毫无争议的经典力学研究。即便如此，他的专著《关于两门新科学的讨论》(*Discourses on Two New Sciences*)仍不得不由荷兰印刷商路易斯·爱思唯尔偷运出意大利，并在莱顿印刷出版。1639年，伽利略写道："关于我的这本新书，我连一本复印本都没有拿到，但我知道它在所有北方国家传开了。耶稣会神父们一抵达布拉格定会直奔这些被错过的复印本，以至于国王也一本难求。"[41]

文艺复兴时期的技术特征以及大部分文化特征，都由那个时代的宫廷和城邦的欲望和渴望所定义。因为宫廷赞助人的重视和出资，达·芬奇、弗朗西斯科、阿尔伯蒂和其他文艺复兴时期的工程师们便致力于武器制造、城市建设、宫廷娱乐和王朝展示工程。我们可以直接把视野扩大到意大利著名的陈设玻璃和华丽丝绸工业，以及令人印象深刻的威尼斯兵工厂。据经济历史学家大卫·兰德斯(David Landes)所说，在现代早期的欧洲，"许多宫廷——王室、显赫家族、公爵和主教"及城市商人都在寻求机械钟。关于丝绸工业，卢卡·莫拉(Luca Molà)如此描述："在14世纪和15世纪上半叶，意大利各城市的商业寡头将相当大的精力投入丝绸织造业的发展中。这项新产业的幕后推动者囊括了半岛上的主要显赫家族(如维斯康蒂家族、斯福尔扎家族、贡扎加家族、埃斯特家族、美第奇家族、萨伏依家族、德拉罗维雷家族)，还有多位教皇，以及西班牙、法国和英国的君主。"[42]那些年间，中国、土耳其、印度、波斯帝国和日本的宫廷也以不同的方式将技术引向与宫廷需求相关的领域。[43]

与下文所述时代的技术相比，文艺复兴时期的技术赞助人并不太关心节省劳力的工业技术和一本万利的商业技术。早期的活字印刷产业严重依赖欧洲宫廷的大规模印刷需求。与此同时，那些将技术发展成累积式进步传统的著作作者也要依赖宫廷的赞助网络。我们无需惊讶于文艺复兴时期宫廷系统的普遍性，当时，宫廷是文化和政治的主导参与者，其运作模式与后来那些有着截然不同技术要求和愿景的商业机构、民族国家、政府机关如出一辙。

第 2 章　商业技术（1588—1740 年）

尊贵的宫廷、城邦及贵族雇用文艺复兴时期的技术专家来建造城市、发动战争、娱乐宫廷，以及炫耀王朝统治，却没有将技术用于创造财富或改善工业。恰恰相反，他们把源自土地租金、银行业务和雇佣军活动的财富，投入技术创造和部署。[1]这一做法塑造了那个时代的技术特征，并通过由此产生的大教堂和雕塑、城市宫殿和乡村别墅、宫廷自动化装置和印刷书籍，塑造了文艺复兴时期的社会和文化特征。通过 1600 年前后中欧地区采矿业的增长与扩张，以及大量由宫廷赞助的采矿业技术书籍，我们就会知晓这一切是如何发生的。

在整个欧洲商业的大规模扩张中，创造财富的必要性重塑了技术的内容和目的。在威尼斯、佛罗伦萨和其他意大利城邦，商业活动早在文艺复兴之前就已经蓬勃发展，然而真正的商业黄金时代要稍晚些才在安特卫普、阿姆斯特丹和伦敦形成。在欧洲人的“大航海之旅”之后，商人们开辟了通往亚洲、非洲和新大陆的海上贸易路线，构建了广泛的贸易网络，而这 3 个城市都是这些网络的重要节点。尽管没有哪一年能明确划分两个时代，但是文艺复兴时期宫廷的影响力在 1600 年前后开始减弱，而商业的影响力则明显上升。[2]重要的是，我们要认识到商业时代的历史特殊性，避免将其归纳为工业资本主义的早期不完整形态。正如下文即将谈到的，商业时代虽有全面的资本主义属性，但并没有完全工业化。商业活动的必要元素包括成本低廉的货物运输、有利可图的货物加工，以及货物运输和资金流通机制。创新的船舶设计、进口加工技术以及大量的金融创新都呼应了这些商业推动力，一如战车、宫廷自动装置和皇家宫殿反映了文艺复兴时期技术背后的宫廷推动力。

西班牙、葡萄牙、中国及印度翘首期盼的商业时代在 17 世纪荷兰共和国的黄金时代得到了充分体现。当时的荷兰共和国能让人联想到文艺复兴时期的意大利，形形色色的文化活动蓬勃发展，“有人担忧，有人羡慕，邻国无不惴惴难安”。事实上，欧洲南部古老的商业中心和北部正在崛起的商业中心存在许多相似之处，弗尔南·布劳岱尔（Fernand Braudel）因此提出了一个“长期趋势”，即每一个城邦似乎都有处于中心地位的历史时刻。然而，无论这一观点作为一个宏大的世界历史主题多么富有吸引力，它都暗示了令人不安的历史变迁必然性，也低估了荷兰人是如何通过开发新技术来夺取欧洲经济的领导地位，并构建起一个前所未有的全球贸易帝国的事实。[3]

威尼斯主宰地中海的贸易，西班牙攫取新大陆的财富，而荷兰共和国成了世界贸易和加工网络的中心，将非洲的奴隶、斯堪的纳维亚的铜、巴西的蔗糖、亚洲的茶叶和香料，以及其国内的海运、加工和贸易技术连接在一起。一个劳动力、原材料和能源均匮乏的小国可以实现这样的成就是不可思议的。“这似乎是一个全球奇迹，”当时的一位英国作家困惑不已，“这个小国家的面积甚至不及我们最好的两个郡，既没有丰富的自然资源、粮食储备、原木及其他必备军火（无论是战争年代还是和平年代），却坐拥如此非凡的富足资源。他们通过勤勉的贸易从世界各地收集船只、军火、绳索、玉米、火药、子弹等，除了满足本国所需，还供应或出售给其他王室。”[4] 本章将阐述荷兰共和国公民如何在追求商业的过程中塑造技术，以及商业技术如何塑造他们的文化。

技术与贸易

凭借莱茵河这一自然禀赋，所谓的低地国家在 17 世纪之前便取得了经济优势，时至今日，莱茵河仍继续塑造着这些国家的商业前景。莱茵河发源于瑞士中部山区的冰川融水，全长 760 英里，穿过西欧的核心地区，依次流经巴塞尔、斯特拉斯堡、科隆和杜塞尔多夫等城市，最后注入北海。它的几条支流连接着许多商业中心，包括法兰克福、斯图加特和马尔卢斯。直到今天，莱茵河的船舶吨位仍几乎超过密西西比河和圣劳伦斯河海道的总吨位。处理如此高强度的货流需要鹿特丹和安特卫普这两个世界上最大的港口。这两个港口承担着欧洲各地贸易的多元化业务，包括卸货、加工和再出口。自荷兰黄金时代以来，这些基础港口及其功能几乎没有发生变化，当然这也为当今巨大规模的综合性港区的形成提供了可能。低地国家在早期便已出现活跃的贸易活动，按人均计算，低地国家的进口总额在 1550 年已经是英国和法国的 4 倍。

随着路德印刷《圣经》并掀起宗教改革，荷兰共和国成了一个政治和文化实体。从16世纪70年代开始，信奉天主教的西班牙和信奉新教的低地国家北部核心区的联合省共和国为了争夺控制权而频频交战，当时，该地仍归属西班牙帝国版图。西班牙对南部省份弗兰德斯和布拉班特实施统治，并在1585年发动战争重新占领安特卫普，导致许多商人和手工业者迁往别处开设商店，包括印刷神学书籍的经营灵活的印刷商克里斯托弗·普朗坦。然而，仅仅3年后，当英国海军击败西班牙“无敌舰队”（1588年），从而消除荷兰海洋经济体系的威胁时，形势发生了转变。在接下来的10年里，荷兰人对被西班牙占领的安特卫普实施了封锁，切断了竞争对手的北海航运，打击了安特卫普在商业上的主导地位。荷兰人随后通过武力收复了被西班牙占领的须德海一带的内陆省份。

在这些战役中，荷兰军事指挥官拿骚的莫里斯将手持火枪变为制胜武器。他对士兵进行系统训练，将当时的火绳枪改造成令人生畏的战场武器。莫里斯将其部队分为小分队，并把装弹、瞄准和射击分解为42个独立的步骤，在战场上，每一步骤均通过特别的号令启动。例如，在第11步至第16步，每个士兵要执行举起火绳枪，准备瞄准姿势；点火；取下火绳枪，放上支架；扳上扳机准备火柴；再次把枪放在掌间；炸开（点燃的）火药池。莫里斯还训练士兵们在战斗中排成循环阵型：被保护的后排士兵负责将火绳枪重新上膛；中间一排的士兵准备发射；前排的士兵向敌人齐射；齐射后即有序撤回最后一排，准备重新上膛。遵循这一有条不紊的程序，训练有素的荷兰士兵按照指示发射出致命的火枪弹。循环齐射让西班牙人一个接一个地倒下。[5]

由于莫里斯取得的军事胜利，新成立的荷兰共和国于1609年与西班牙达成了有利的休战协议。新的独立政治联盟由沿海省份（在30年前就已经结成联邦的泽兰、荷兰和弗里斯兰）和北方内陆省份组成，他们是坚定的新教徒。南方省份（大抵是今天的比利时）依旧处于天主教西班牙的控制之下。“这对布拉班特、弗兰德斯和瓦隆三省一度富裕的经济造成了灾难性的影响。”经济历史学家乔尔·莫基尔（Joel Mokyr）写道：“西班牙雇佣军摧毁了这片土地，苛捐杂税严重削弱了经济，对新教徒的无情迫害导致成千上万的能工巧匠逃往国外，增强了竞争对手的实力。”[6]

逃离西班牙控制的能工巧匠包括工匠、水手、商人和金融家。瓦隆流亡人士分别于1585年和1591年在莱顿和鹿特丹引进了生产漂浆布匹、精加工布匹及呢绒的新工厂。许多逃离西班牙统治地区的商人最终在阿姆斯特丹定居。在阿姆斯特丹，瓦隆流亡人士成为荷兰东印度公司的主要股东。遭受宗教迫害的瓦隆人和其他群体欣然接受荷兰共和国的宗教宽容气氛，这种气氛在当时的欧洲实属罕见，延伸至各个新教派别，甚至包括天主教徒和犹太教徒。犹太人成为阿姆斯特丹烟草和钻石贸易的领军人物。

路易斯·德·吉尔（Louis de Geer）是其中一个移民商人和技术专家，其影响力远抵葡萄牙乃至布拉格，尤其是在防御工事、城市排水、采矿和港口工程等领域。德·吉尔来自瓦隆的省会城市列日市，在荷兰多德雷赫特市从事各种商品贸易，开启了自己的职业生涯，之后移居瑞典。德·吉尔在瑞典开展了广泛的商业活动，这不仅表明了荷兰的技术在北欧拥有巨大的影响力，还标志着技术发展从宫廷到商业领域的微妙却显著的转向。彼时，由于对铸币和大炮的需求激增，瑞典力图开发其丰富的铁铜矿藏。瑞典国王特许成立了皇家公司（1619 年），以重获落入阿姆斯特丹之手的铜贸易控制权。由于瑞典的国家财政依赖于铜金属，因此铜贸易成为当务之急。但是，这个获得宫廷准许的皇家公司却并没有取得成功，在接下来的 10 年里，瑞典铜业的控制权依然牢牢地掌握在荷兰人手中。在皇家公司破产前后，荷兰投资者向瑞典提供了投资资本，并要求用铜偿还款项，这使得矿藏的开发进一步有利于商业，而不利于王权。

路易斯·德·吉尔是个核心角色，一方面，他将瑞典的铜出口到阿姆斯特丹；另一方面，他把重要的采矿和冶炼技术转移到瑞典。在斯德哥尔摩，德·吉尔建立了瑞典最大的工业综合体，用于制造铁和黄铜、船舶和绳索、大炮和炮弹。炼铜方法自荷兰南部引进，炼铁法亦是如此。在瑞典国王的支持下，另一个荷兰人在埃斯基尔斯蒂纳建立了一个著名的钢铁厂，并逐渐发展为瑞典的主要工业区。1650 年前后，在瑞典铜业的鼎盛时期，其铜产量占欧洲总产量的半壁江山。当时，另一个具备大规模铜生产能力的国家是日本，荷兰商人促进了两国之间的铜贸易。[7]

荷兰专业船舶设计的兴起标志着荷兰人深谙如何将技术和贸易相结合以推动商业的发展。大多数航海国家要么拥有建造木船所需的原材料，要么能便捷进入海外殖民地，这些条件荷兰人显然都没有。木制船舶所需的原材料包括桅杆和铺板的木材，用于防水的树脂、沥青和松节油（所谓的海军物资），还有索具绳索。将一批又一批的奶酪，以及盐、酒、鲱鱼等出口货物运往挪威和波罗的海国家以换取木材和海军物资，开启了荷兰的造船业。荷兰经济更多依赖贸易，如多德雷赫特和泽兰的商人进行的贸易，这两个地区分别是德国葡萄酒和法国葡萄酒的主要出口地。然而，真正的贸易关键在于找到可以将从西班牙、葡萄牙或法国等地进口的低价值产品（如盐）加工成高价值出口产品的渠道。就这一点而言，泽兰的精盐加工产业是独特且广泛的“贸易”系统的重要先驱。

一艘专门建造的新船确保了荷兰在北海鲱鱼业的绝对统治地位。这艘装备齐全的鲱鱼“巴士”是一艘相当大的渔轮，船上有 15 名以上船员，相当于一个自给自足的工厂，可以在公海上待上 8 周并经受最恶劣的天气。这艘船不仅载着盐和酒桶，还载着能将新鲜捕获的鲱鱼剖腹、腌制并装船的人手。到 16 世纪 60 年代，北方省份已经有大约 500 艘渔轮，最大的可以装运 140 吨咸鱼。然而，荷兰鲱鱼业真正的不同凡响之处并不在于其产量，而在于鲱鱼罐头始终如一地保持高品质以及相应的高价格——这是荷兰商业时代的标志性特征，与后期的高产量但低质量的早期工业时代特征截然不同。

工厂式渔轮仅仅是荷兰独特的海上商业活动元素之一。当时的荷兰省有 1800 艘远洋船只（阿姆斯特丹的 500 艘海船规模轻松地超越了威尼斯的船队，后者在 1450 年前后的鼎盛时期

荷兰鲱鱼“巴士”。由马萨诸塞州肯德尔捕鲸博物馆提供。

拥有大约 300 艘海船），这些船队所需的劳动力大约是 3 万人，这还不包括建造船只、装配索具和帆具，以及运输装卸货物所需的数千人。劳动力从农业部门的转移（这是“现代”经济的一个典型特征）依赖大量的波罗的海进口谷物，这使得荷兰的农村劳动者能够专注于奶酪和黄油等可出口商品的生产。对于一个人口不多的国家——荷兰共和国在 17 世纪的鼎盛时期仅有 200 万人口——这种出口导向型农业至关重要。[8]

在商业船舶领域，荷兰人对传统的船舶设计做出了最巧妙的改变。“一般而言，16 世纪晚期的英国船舶具有多种用途，经常航行到地中海，往往结构坚固、配备精良且武装齐全。”乔纳森·伊斯雷尔（Jonathan Israel）写道：“相比之下，荷兰造船商则专注于低成本船型，最大限度地扩大货物空间，丢弃过多的武器，只使用最简单的索具。荷兰船舶的设计宗旨是船员人数最少、经济效益最高。”[9] 威尼斯的船比英国船更适用于海盗猖獗的地中海地区（考虑到欧洲战争频发，以及与奥斯曼土耳其旷日持久的战争，某个国家恨之入骨的“海盗”可能就是另一个国家的“英勇私掠者”）。西班牙船则聚焦于帝国的命脉——新大陆白银贸易，满载金银的全副武装的帆船在大西洋上定期穿梭。在运输白银间隙，同一艘西班牙船还可能需要根据命令运送货物或运送士兵到欧洲港口。用武装船只运输货物的成本较高，士兵和武器挤占了载货容量，这阻碍了威尼斯和西班牙的商业前景。

著名的荷兰弗鲁特船（fluytschip）堪称商业贸易的典范。弗鲁特船具备独特的货船样式，源自 16 世纪 90 年代的霍伦城，

弗鲁特船的素描图，真正的船体长达 100 英尺。由马萨诸塞州肯德尔捕鲸博物馆提供。

主导了北欧航运业一个多世纪。与线条优美、桅杆高耸的高速帆船不同，弗鲁特船船型“矮胖”：与宽敞的货舱相比，它的帆面积狭小，全帆桅杆也短。这种船航行缓慢，但因其出色的操控性能，再加上配备了大量滑轮组，十来个船员就可以轻松地控制它。其经济性还在于，除了船体使用结实的橡木以防止腐烂，其余部分都只使用了廉价单薄的松木。

基础的弗鲁特商船设计摒弃了典型的加固结构——每艘武装船只都需要这种结构来支撑大炮的重量和后坐力——以换取更大的货物空间和更简单的操作。这样的船是商业塑造的人工产物，不适用于危险的地中海或大西洋，但异常适合北欧的和平贸易。由于波罗的海地区会根据船舶的甲板面积（而非其载货能力）征收过境税，弗鲁特船制造商便合理地减少了顶层甲板的面积，同时保留了下方的大货舱。从那个时代保留下来的荷兰弗鲁特船模型来看，其甲板狭窄、船体宽大，船首和船尾造型圆润，更像是真实船舶的夸张改造版本。但实际上，这些模型与当时记载船舶形状和尺寸的文献记录非常一致。

在这些创新的基础上，荷兰造船商在设计上形成了高度专业化的素养。大多数欧洲国家会将军用船和商用船混为一谈，与这些国家不同，荷兰造船商将军用船和商用船分开，同时细分出基础的弗鲁特船设计。理查德·昂格尔（Richard Unger）写道：“私人造船厂的产量远远超过海军造船厂，共和国海军发现他们几乎无法干预商业造船厂的业务。”在荷兰，“军舰的设计在很大程度上受到了商用船的成功试验的影响，这与欧洲其他地方的情况正好相反”。[10]

荷兰东印度公司拥有自己的造船厂，并为著名的东印度商船打造出了一种独特的宽船体设计。这种混合型船舶也被称为归国大船（retourschip），它是一种更大、装备更重的帆船，本身也是弗鲁特船的武装版本。大多数弗鲁特船的排水量不超过 500 吨，而最大的归国大船的排水量为 1200 吨，且可以达到 45 米的傲人长度。与此同时，荷兰商业造船商对基础款式的弗鲁特船进行了设计改良：捕鲸弗鲁特船拥有双层特厚的船头，以防止在遥远的北方水域结冰；载木弗鲁特船拥有特殊的舱口，可以装载整根原木；而所谓的奥斯特法德船（Oostvaarders）是为了欺瞒丹麦国王的过境税而专门设计。在一段时期内，在丹麦人识破这个计划之前，奥斯特法德船的顶层甲板呈奇特的沙漏形——在过境税测量点的关键中点，甲板非常狭窄。

在荷兰人称霸海上的岁月里，有这样一则警世故事值得铭记。17 世纪 20 年代中期，瑞典国王和荷兰造船商因为命运多舛的瓦萨号而陷入了纠缠。这艘特大型战舰是遵照瑞典国王的旨意而建造的，旨在满足其在波罗的海的军事行动，虽然它建造于斯德哥尔摩，但是设计师兼造船师是一位名叫亨里克·哈伯特森（Henrik Hybertsson）的荷兰人，这位造船师还有另外一位荷兰生意伙伴。他们从瑞典购买木料和板材，从拉脱维亚购买绳索和索具，从芬兰购买柏油，从法国和荷兰购买帆布。国王要求战舰需装备 48 门 24 磅级青铜大炮，拥有两层炮甲板。今天，在斯德哥尔摩港口的瓦萨博物馆，游客们可以仰望这艘高得不可思议的战舰，却不禁思索它如何能浮在海面上。事实上，1628 年 8 月 10 日这天，瑞典为瓦萨号举行了下水首航仪式，它刚驶离内港，就在一阵轻风的吹拂下开始向左舷倾斜，之后在海面强风的袭击下，瓦萨号翻倒沉没，30 名船员沉入海底。

经官方调查发现，瓦萨号存在若干问题。这艘船很高，令人赞叹，却也很危险。其设计显然“头重脚轻”——船体长 47 米（相当于最大的归国大船），宽（横梁）11.7 米，龙骨到主桅杆顶部的高度达 52.5 米，但吃水深度仅为 4.8 米。另一个问题是，船两侧由不同造船团队进行测量和建造，其中一个使用瑞典制英尺（12 英寸），另一个使用阿姆斯特丹制英尺（11 英寸）。从制造角度看，这艘战舰存在重心失衡的问题。由于试航仓促进行（当时国王正外出征战），船长并没有固定好炮甲板舱口盖。船体倾斜时，海水涌入船底，酿成悲剧。在斯德哥尔摩港口的浅海区，瓦萨号沉没了 3 个世纪，直到 1961 年才重见天日，打捞起来的瓦萨号得到精心保护，成为这个城市著名的科技和文化双重景观。[11]

以商业需求为灵感设计的鲱鱼“巴士”和载货用的弗鲁特船，证明了荷兰对贸易的欣然接纳。但是，其真正卓越之处在于，这些创新促进了全社会的广泛发展，并在富商和投资者阶层，以及商人、工匠阶层成功塑造了荷兰文化。甚至连奶酪产业中的挤奶农工也参与了国际贸易。荷兰人建立了独一无二的马拉驳船航运网络（*trekvaarten*），为整个荷兰西部地区提供定期客运服务，以便商人能在一天内往返于不同的商务会议。荷兰人扩大商业经济的雄心不仅体现在对于船舶的广泛拥有上，正如我们即将看到的，还延伸到了其他许多领域。[12]

在当时的其他欧洲航运中心，一艘船的所有权可能由三四个投资者共同持有。荷兰人将这种做法推向了新高度。无论是运输大宗货物的弗鲁特船，还是捕鱼船、捕鲸船和载木船，它们的所有权被分为16份、32份，甚至64份。1610年，阿姆斯特丹的一位船东在去世之时，留下了至少22艘船的零散股份。与大宗贸易相关的中层商人通常是弗鲁特船的集体所有者。技术投资也以集体形式出现，如12家阿姆斯特丹酿酒商共同分担麦芽研磨机械化成本，或是在赞河地区的亚麻籽油厂实行多股所有权形式。尽管历史记住了那些资助著名画家、建造恢宏别墅的豪商巨贾，但荷兰在航运等领域的经济活力在很大程度上得益于空前广泛的活动基础。荷兰在造船领域迅速领先整个欧洲。根据当时的一项估计，17世纪60年代末期，欧洲海上贸易所使用的两万艘船中，足足有四分之三都来自荷兰，遥遥领先居于第二位和第三位的英国和法国。[13]

建立全球资本主义

英国东印度公司的鼎盛时期稍晚一些，它在19世纪执掌了英国帝国主义在印度的统治，但其对手国家荷兰的行动则更为敏捷（1602—1798年）。到17世纪中叶，荷兰东印度公司的经济和政治影响力从它在日本长崎的港口开始，跨越远东，一路延伸至中东的也门。该公司的贸易模式与欧洲人自著名的丝绸之路以来所进行的简单双边贸易有着根本不同——除了亚欧双边航线，还建立了亚洲内部航线网。相比之下，西班牙引以为豪的“全球贸易”帝国只能算得上一个大西洋贸易帝国：从16世纪30年代开始，西班牙主要在墨西哥和秘鲁开采白银。西班牙在太平洋的贸易主要集中在菲律宾，来自菲律宾的货物经过墨西哥的陆路转运后，再乘着第二艘船穿过大西洋抵达西班牙。17世纪20年代，西班牙失去了中国丝绸贸易的主导地位，且不久后便被逐出日本。直到19世纪30年代，英国东印度公司才构建了重要的亚洲区域内贸易网络。而在17世纪中叶，荷兰在亚洲的活动就已经达到顶峰：

> 孟加拉国和中国台湾的蔗糖远销至波斯和欧洲，而在日本和欧洲的市场也能看到在售的波斯、孟加拉国、东京①和中国丝绸。我们追溯到以下一组产品交换信息：胡椒、檀香及其他东南亚商品被卖到中国……中国的黄金、白铜（一种由铜、锌和镍制成的半贵金属合金）、生丝和丝绸织物则被收购。从中国获得的大部分生丝和丝织品被卖到日本，白银、黄金和白铜则被卖到印度换取棉织品。与此同时，在印尼，棉织品是用来交换香料的主要商品。

通过太平洋的东印度公司和大西洋的西印度公司，以及欧洲和非洲的广泛贸易网络，荷兰实际上创造了第一个真正意义上的全球经济网。[14]

这种全球扩张取决于荷兰在商业资本主义基本制度上的创新，包括商品交易所、公共交易银行和股票交易所。资本主义

①Tongking，越南北部一地区旧称。

未必是荷兰人发明的，但他们所创造的社会，却首次把商业和资本主义原则渗透进文化之中。资本主义可以追溯到威尼斯的商人，在16世纪，至少有6个欧洲城市拥有商品交易所。尽管这些交易所通常只设定区域价格，但阿姆斯特丹交易所还是成了商品定价和贸易流通的全球中心。商品交易商协会从1585年开始发布每周价格清单。短短几年间，阿姆斯特丹用于交易谷物、盐、丝绸、蔗糖等商品的交易所已经超越了竞争对手，成为全球的商品交易所。1613年，阿姆斯特丹交易所迁入一座新大厦，组织结构清晰的协会对其300名特许经纪商进行了严格监管，以确保诚信交易。不久，粮食贸易商人建立了一个独立的粮食交易所。1634年，商品交易所的每周公告针对全欧洲359种商品设定了权威价格，在接下来的半个世纪里，交易所又增设了近200种商品的权威价格。

阿姆斯特丹交易所的成功之处不仅包括其规模、范围和专业化，还包括金融体系的成熟度。期货合约的出现让人们可以对谷物进行投机，甚至“在捕获前就购买鲱鱼”。随着时间推移，阿姆斯特丹的商人们在货物到达前的24个月就开始购买各种各样的货物，如西班牙和德国的羊毛、意大利的丝绸。海上保险成为另一项与全球贸易相关的金融活动。至少在18世纪的伦敦金融市场出现之前，阿姆斯特丹在金融市场所达到的广度、深度和精细化程度无可匹敌。[15]

凭借着稳健的货币交易手段，实物商品交易量不断增长。阿姆斯特丹汇兑银行（Amsterdam Wisselbank）成立于1609年，是意大利之外的第一家公共银行，在1619年和1694年汉堡和

期货合约的交割。阿姆斯特丹的金融市场交易了大量谷物、羊毛、丝绸的期货合约。由马萨诸塞州肯德尔捕鲸博物馆提供。

伦敦成立同类银行之前，这家银行在北欧地区堪称首屈一指。在此之前，需要就海外货物进行付款的商人会向货币兑换商购买足够的外汇。如有可能，商人更喜欢所谓的汇票，即商人出具的书面票据，承诺在见票时向持票人支付一定金额的款项。但是，商人签发的汇票会在流通时产生削减利润的贴现，贴现率会因为商人的信誉和交易距离而有所不同。

阿姆斯特丹汇兑银行削减了这些沉重的交易成本。从本质上说，它为商人提供了一种制度手段，以其庞大的资金池为后盾，快速有效地支付账单。到了1650年，由于结算付款的确定性，商人存入阿姆斯特丹汇兑银行的存款需要支付5%的溢价（而非折扣）。阿姆斯特丹汇兑银行的账户具有保密性，据同时期人士估计，该银行持有的硬通货高达3亿荷兰盾，然而现在学者则认为该银行持有的硬通货更有可能是这一数目的十分之一。如此庞大的外汇资本储备意味着荷兰的利率只有英国的一半，甚至比法国和德国小得多。借贷购买商品的商人所需支付的利息大幅减少，差价尽可收入囊中。正如一个英国人在1672年所说，荷兰的低利率“抢光了我们国家非垄断的所有贸易”。[16]

面对如此坚实的金融创新，如果我们只将荷兰视为精于计算的佼佼者，将是一个错误。毕竟，在17世纪30年代，荷兰孕育出盛大的“郁金香狂热”，这堪称世界上最华美的经济“泡沫”。姑且不论郁金香球茎的实际价值如何，疯狂的荷兰商人们将郁金香哄抬至天价。1633年，3种稀有郁金香的价值就足够在造船业重镇霍伦购置一套房子。更确切地说，郁金香贸易体现出了几种典型的荷兰金融手段，包括期货合约、大宗商品定价和多股所有权。开花的郁金香球茎历来是在每年的 6 月至 9 月进行交易——它们从土里“起球”，接受检查后才会进入市场。迈向郁金香期货市场的第一步，是聪明的贸易商们开始接受特定郁金香球茎的未来交付：一张单据承诺在次年 6 月球茎起球时进行交付。

这些值钱票据的流通很快便失控了。在缺乏任何监管的情况下，商人们很难弄清楚一纸票据是代表了田间一朵“真正的”郁金香，抑或仅仅是未来收获一朵郁金香的希望。越来越多的商人毫不在乎是否持有真正的球茎，而只是买卖这些有利可图的票据。效仿商品交易所手段的郁金香交易策略还包括按重量定价，以及区分“按株”和“按磅”售卖商品。一等名贵的球茎始终是按株销售，在 1635 年以后一直根据其重量单位埃斯（aces，大约 1/20 克）定价；二等球茎则按磅销售，类似于商品谷物。一位阿姆斯特丹的种植者将 3 种昂贵郁金香球茎的一半股份卖给了一位秘密客户，这让郁金香仿佛是船类商品，而非花卉。

在贪婪的驱动下，这些金融手段将郁金香的价格在 1637 年 2 月推至峰值。在当月的第一周，阿尔克马尔地区一位郁金香花农的子女收获了一批十分优质的郁金香球茎，他们大张旗鼓地在拍卖会上对自持的球茎进行拍卖。其中的优等珍品是一株母球茎，旁生侧枝，十分珍贵，它被一位个人买家用 5200 荷兰盾拍下。在此次公开拍卖中，价值最高的两株“总督”球茎分别拍得 4200 荷兰盾和 3000 荷兰盾。其他数十株球茎的价格，无论是按株或按磅售卖，均创下最高纪录。[在当时，5000 荷兰盾可以在阿姆斯特丹购买一座大别墅，而 3000 荷兰盾可以购买 2 拉（last，大约 24 吨）小麦、4 拉黑麦、4 头肥牛、8 头肥猪、12 头肥羊、2 桶葡萄酒、4 吨啤酒、2 吨黄油、1000 磅奶酪、一张带寝具的床、一套衣服和一个银杯，再加上一艘装载这些货物的船。］这些珍贵的郁金香带来了惊人的收入，共计 90000 荷兰盾。[17]

人们不免猜测，在郁金香狂热时期，这些郁金香的买家们莫不是神志不清？尽管他们既精打细算，又唯利是图。早年间，郁金香交易是富贵名流的兴趣领域，但在 17 世纪 30 年代，郁金香急剧增长的价格吸引了大量的财富猎人前赴后继。但这个市场并不像监管严格的商品交易所或阿姆斯特丹证券交易所（该交易所于 1610 年开业，每天有两个小时的交易时间），酒馆的后厅成为郁金香的交易大厅，交易时间从早上 10 点至次日凌晨。荷兰的酒馆向富人供应葡萄酒，向普通民众提供啤酒和廉价烈酒，这种传统豪饮习俗源远流长。"所有荷兰绅士们，"一个法国人抱怨道，"总有一套套的规则和仪式可以让人喝到酩酊大醉，我对这些喝酒的规矩感到十分厌恶。"哈勒姆是啤酒酿造中心，同时成为郁金香交易中心，这座城市的酒馆每天供应 4 万品脱啤酒，占全市供应量的三分之一——对于一个仅 3 万余人的小城市来说，这个数字已经相当大了。郁金香交易和酒馆的结合并非偶然。当时有人说："干这种交易的人一定是醉到神志不清。喝得越醉，买卖做得越大。"[18]

就在阿尔克马尔的郁金香球茎以天价卖出的当月，郁金香价格暴跌，让低端市场的无数郁金香投机者血本无归。很快，围绕价值连城的郁金香球茎的喧嚣，就演变成了对一文不值的郁金香期货的争执。这次崩盘对主流商品交易所、证券交易所和阿姆斯特丹汇兑银行几乎没有影响。

在郁金香狂热的那些年里，荷兰东印度公司的股票交易甚是活跃。该公司的成立体现了一种具有荷兰特色的解决方案，解决了从东印度群岛进口香料的难题，并挑战了葡萄牙和西班牙的垄断地位。从 16 世纪 90 年代开始，利润丰厚的东印度贸易吸引荷兰商人蜂拥而至。荷兰和泽兰两省不仅免除了进口税，而且还为贸易提供了免费的枪支。1601 年，定期航行于东印度水域的荷兰舰队已经多达 14 支，共有 65 艘船。然而，这种无序竞争的经济后果却令人担忧。仅 6 年多的时间里，荷兰商人在东印度群岛的胡椒采购成本便翻了一番，而在荷兰本土的售卖价格却下降了，利润也大幅下降。

在商人们提出诉求后，荷兰联邦政府将众多贸易公司的董事召集到海牙开会，这种破坏性的竞争就此结束。1602 年的这场会议催生了荷兰东印度公司。这是一个国家支持的股份制贸易垄断企业，采用去中心化结构。荷兰东印度公司的 4 个商会独立筹集资金、分设账目并各自推选董事。阿姆斯特丹商会在东印度贸易融资中发挥了主导作用，声称其应拥有公司董事会的半数表决权，但最终，阿姆斯特丹商会获得了 17 个表决席位中的 8 个，泽兰有 4 个席位，北区（霍伦和恩克赫伊曾）和南荷兰（代尔夫特和鹿特丹）各有 2 个席位，最后一个席位由 3 个非阿姆斯特丹商会轮值。荷兰东印度公司的创始资本为 640 万荷兰盾，相当于 1000 栋大别墅的价值。超过一半的资本总额（57%）来自阿姆斯特丹商会，尽管它只持有 47% 的董事表决权。阿姆斯特丹本地最富有的商业精英投资了 1.2 万至 3 万荷兰盾，而瓦隆的流亡人士也进行了最大规模的个人投资，最高达 8.5 万荷兰盾。[19]

荷兰东印度公司绝不仅是一个简单的香料贸易垄断联盟。实际上，它的目标是打破西班牙和葡萄牙在亚洲的政治和贸易主导地位。自成立之初，荷兰东印度公司就被赋予了广泛的商业、军事和政治职责。荷兰联邦政府不仅向它提供战舰，每年还给它补贴，到 17 世纪 10 年代中期，补贴已提高到 20 万荷兰盾。战舰创造奇迹。根据一名被围攻的中国官员的描述：“荷兰船舰又大又高，船上有上千支枪和轻武器，他们封锁了整个海峡。”成立不到 3 年，荷兰东印度公司就从葡萄牙手中夺取了香料群岛的控制权，继而垄断了丁香、肉豆蔻衣和豆蔻的世界贸易。通过与印度南部和香料群岛的地方统治者结盟，荷兰东印度公司进一步掠夺亚洲市场，这推动了其在阿姆斯特丹交易所的股价突破 200 荷兰盾，即面值的两倍。然而，荷兰共和国与西班牙在 1609 年达成了休战协定，这使得西班牙和葡萄牙的贸易和影响力复苏，荷兰东印度公司的股价因此大幅下跌，在好多年间，股价都一蹶不振。[20]

正如竞争对手们所认为的，香料贸易利润丰厚的关键在于亚洲本身。在进入工业化时代之前，印度的棉花工业欣欣向荣，其生产的布料质量上乘，颜色鲜艳，可用于交换香料。各贸易国都试图在印度东南沿海地区以及现在的印度尼西亚岛屿上建立贸易联盟。当这些联盟被推翻时，各贸易国开始建设不设武装的“工厂”（供贸易商进行交易的仓库型建筑）。当遭受袭击时，他们加强了工厂的武装，并派重兵把守。凭借40多艘战舰组成的舰队，荷兰人在印度东南部的布利格德建造了一座雄伟的石头堡垒，作为其在该地区的主要工厂，以及控制印度棉花贸易的中心。到1617年，荷兰在亚洲建造了20座堡垒式工厂。与此同时，葡萄牙在印度果阿和锡兰也建立了堡垒式工厂，西班牙在菲律宾建立，英国人则占据了香料群岛。这些工厂偶尔会加工从农村收购的棉布，因此可以被视为世界上第一批棉纺织工厂。[21]

从17世纪20年代开始，荷兰东印度公司创建了一个庞大的亚洲区域内贸易网络。不光是金块或银条，任何贸易商品都可以成为交换媒介。“该公司把上等香料、中国丝绸和瓷器及日本铜器运到印度，换取棉织品……再将棉织品销往印度尼西亚，以换取胡椒和上等香料。同样地，公司也利用香料、中国丝绸、日本铜器和摩卡咖啡在波斯换取丝绸和毒品（鸦片），胡椒和香料成为该公司在台湾地区购买中国瓷器的白银补充。”17世纪30年代，当日本政府限制商人的对外贸易行为时（为保护其宫廷文化而采取的严厉措施之一），荷兰人占领了日本活跃的丝绸和铜器贸易市场。1640年，位于长崎的荷兰贸易工厂是欧洲与日本唯一的贸易纽带。郁金香狂热的崩溃对荷兰东印度公司股价的影响甚微，相反这一时期，其股价一路攀升至500荷兰盾。[22]

日本历史上的德川时代体现了在商业时代维持宫廷文化所采取的极端措施。1543年，船只失事的葡萄牙水手携带枪支进入了这个军阀割据的社会，造成了动荡不安。日本工匠很快学会了制造枪支，而军阀之间的混战带来了数以万计的枪支需求（远远超过欧洲任何地方）。诺埃尔·佩林（Noel Perrin）在《弃枪》（*Giving Up the Gun*）一书中明确指出，枪支激增直接威胁到了日本武士阶级的地位。纵使高阶武士的手中剑势如破竹，但低阶士兵只需用枪支就可以将其击毙。1603 年，德川家康确立了对国家的统治，并在接下来的 20 年里实现了中央集权。他将曾经持枪分裂国土的交战敌手任命为大领主，封赏土地，以便于监管；还以宗教为由头，将悉数没收的枪支熔化成一堆废铁；并禁止日本商人与外国通商往来。携带火器的欧洲人，以及传播基督教的传教士——后者进一步扰乱了日本社会文化——都笼罩在被怀疑的阴云之下，西班牙和葡萄牙传教士更是不被日本人欢迎。相比之下，即使荷兰在 17 世纪二三十年代强制驱逐其他欧洲人，他们的宗教文化依旧在荷兰保留下来，而且他们也获准在荷兰居留（还能从事贸易）。这些严格的措施旨在保护以宫廷为中心的日本文化，一直持续到 19 世纪中期。[23]

在 17 世纪 20 年代蓬勃发展的 10 年间，荷兰第二家海外公司成立。成立于 1621 年至 1624 年的西印度公司旨在维持西非和西印度群岛（大致是巴西到古巴）之间的大西洋贸易航路。和东印度公司一样，它是由 5 个区域商会联合组成的贸易垄断企业。但西印度公司又比东印度公司“略胜一筹”，它吸引了阿姆斯特丹以外的投资者，并筹得 710 万荷兰盾。莱顿、乌得勒支、多德雷赫特和格罗宁根等内陆城市的投资总额远远超过了阿姆斯特丹。阿姆斯特丹商会再次获得了8票表决权，但这一次的董事席位增加至19席。东印度公司经营香料和棉花，西印度公司则经营奴隶和蔗糖。[24]

起初，西印度公司把贸易重点放在西非，通过瑞典铜器交换几内亚黄金。如此一来，铜器便参与了这一广泛的贸易网络。17世纪20年代早期，两盎司的非洲黄金可以兑换七八十磅铜器，但在西印度公司的垄断下，同样数量的黄金只能兑换35磅铜器（也就是说，从非洲人的角度来看，黄金的价值缩水了一半）。在最初的13年里，西印度公司进口了价值1200万荷兰盾的几内亚黄金，大大超过了公司的创始资本。此外，它还劫掠了500多艘西班牙和葡萄牙船只。1628年，该公司的船在古巴附近袭击了一支运载白银的西班牙舰队，一举斩获价值1100万荷兰盾的白银，导致依赖白银的西班牙帝国经济陷入瘫痪。这些收益甚至让该公司的股价在1630年前后超越了荷兰东印度公司。短期内，西印度公司的掠夺生意就足以支撑220艘大型战舰、庞大武器储备和沉重的工资支出。

1635年，西印度公司从葡萄牙手里掠夺了巴西东北海岸的一片土地，并在这片土地上建立了一个日进斗金的蔗糖殖民地。种植蔗糖需要大量劳动力，荷兰的西非贸易便通过奴隶贩卖输送了这些劳动力。伊斯雷尔写道："荷兰人首次控制了国际蔗糖贸易，这也直接催生了大西洋奴隶贸易，种植园和奴隶相伴而生。"1636年至1645年，西印度公司在其巴西领地上拍卖了近25000名非洲奴隶，阿姆斯特丹的蔗糖价格也随着供给的扩张下跌了20%。1645年，一大批葡萄牙人涌入巴西南部，发动了一系列突袭，结束了荷兰在巴西大陆的蔗糖种植生意。1646年，当荷兰不再从巴西进口蔗糖时，阿姆斯特丹的蔗糖价格在一年内暴涨40%。荷兰始终未能恢复对巴西蔗糖殖民地的统治，西印度公司股价暴跌。荷兰的蔗糖和奴隶贸易商将注意力转向加勒比群岛。1676年至1689年，荷兰人将两万名黑人奴隶从西非运至西印度群岛，绝大部分可怜的人被拉到库拉索岛（靠近委内瑞拉海岸），进而分配到整个甘蔗种植区。[25]

“伟大贸易”

航运、金融、贸易、战争和奴隶给荷兰的黄金时代带来丰富物产。但是，这些商业活动并非荷兰商业经济的支柱。荷兰的优势在于对贸易原料或半成品的针对性加工和选择性再出口。乔尔·莫基尔写道：“一个有点独特的行业应运而生，它通常被称为贸易，而非制造。”与航海相关的贸易包括制糖、造纸、酿造、蒸馏、煮皂、棉布印染和烟草加工，以及与造船有关的综合活动。荷兰在其他高度专业化的活动中获得了全球主导地位，包括染料和釉料加工、钻石切割和抛光、玻璃镜片打磨、鲸脂油提炼、亚麻制品漂白和绒面呢染色及精加工。高精度航海罗盘、地图和航海经线仪的制造加强了荷兰的海上优势。对瑞典铜器贸易的控制促使至少4个荷兰城市建立了铜厂，工厂的熟练工匠和设备通常来自德国。就这些贸易而言，掌握专项技术并达到卓越品质远比追求产量重要。事实上，高工资、小批量和优质生产是这些贸易的典型特点，这与早期工业技术形成鲜明对比，后者强调低工资、大批量和相对低劣的生产。[26]

“伟大贸易”的影响范围之广令人咋舌。阿姆斯特丹是荷兰共和国最大的城市，但它大得并不夸张，其人口刚好超过哈勒姆和莱顿这两个地区的人口总和。这两个地区常与其他地区共谋，在外交和贸易事务上“击败”阿姆斯特丹。例如，尽管阿姆斯特丹从 17 世纪 20 年代就开始游说政府与西班牙达成和平协议——因为战争损害了其在欧洲的贸易——但在哈勒姆和莱顿的主导下，外加几个内陆省份的支持，荷兰从未停止过战争。哈勒姆和莱顿这两个纺织业重镇认为，战争有助于其与主要对手、被西班牙占领的佛兰德斯进行竞争，而内陆省则因为对殖民贸易公司的大量投资而支持战争。根据伊斯雷尔的描述，阿姆斯特丹“仅是众多繁荣城镇的中心，但所有城镇均直接参与了荷兰渗透海外市场的进程”。[27]

荷兰在纺织业方面的举措常常以生产优质高价产品为目标。哈勒姆和莱顿等纺织业重镇的名气丝毫不亚于商业中心城市，从西班牙流亡而来的荷兰人也为它们带来了新技能。1585 年之后，哈勒姆的经济因佛兰德斯亚麻漂白工匠的到来实现了蓬勃发展。凭借现成的清洁水源，哈勒姆迅速开展漂白作业，“达到了当时欧洲的最高标准”。起初，莱顿专注于用廉价的进口波罗的海羊毛生产低档织物（布匹和粗绒布），随着不断发展，到 1600 年，莱顿人口在 20 年间翻了一番。17 世纪 30 年代后期，莱顿利用西班牙的优质羊毛，大幅提高了高档织物的产量。伊斯雷尔写道：“莱顿生产的细布闻名全球，其质地平滑，这似乎要部分归功于重要的技术创新。”由昂贵的土耳其马海毛制成

“揭秘荷兰造船业”，1697 年在阿姆斯特丹出版的书籍扉页。由马萨诸塞州肯德尔捕鲸博物馆提供。

的羽纱，是莱顿另一种快速发展的高档布料。到 17 世纪 50 年代中期，莱顿雇用了 3.6 万名纺织工人，其中有三分之二的人从事羽纱等高档织物的生产，该市的纺织品产值达到 900 万荷兰盾。当时，荷兰人垄断了四分之三以上的西班牙羊毛出口生意，以及大部分的土耳其马海毛纱线出口。值得注意的是，荷兰细布的主要出口市场正是法国、西班牙和土耳其等原料生产国。[28]

1670 年，当威尼斯试图重建其细布工业时，他们必须仿照荷兰的工艺才能达到消费者所要求的“莱顿品质”。当时的法国观察家注意到，荷兰细布工艺所使用的羊毛量和人工均减少了三分之一。布拉班特曾是荷兰的主要对手，但其生产的织物也没有荷兰产品所特有的光滑质感。“荷兰可以在西班牙羊毛贸易及细布生产方面维持主导地位，技术因素至关重要。”伊斯雷尔表示。荷兰的其他纺织中心还有阿姆斯特丹和哈勒姆的丝绸业（17 世纪 80 年代被流放的法国新教徒带来了这项技能）、特温特和赫尔蒙德地区的亚麻织布业，以及哈勒姆、恩克赫伊曾和赞河地区的帆布业。[29]

西班牙的羊毛制造商一定特别恼火自己错失良机。自中世纪晚期开始，西班牙中部大部分地区都有大规模的畜牧经济，这些地区饲养了著名的美利奴羊，这种绵羊有着超细的羊毛。15 世纪晚期，西班牙国王将羊毛出口贸易的控制权授予北部城市布尔戈斯的商人。他们从西班牙北部海岸出发，通过船舶把大量洗涤过但未加工的羊毛运到英国、法国和荷兰南部。布尔戈斯的商人采用了许多经典的意大利金融手段，如复式记账法、保险承保和预购。塞哥维亚、科尔多瓦、托莱多、昆卡等地区的羊毛生产商成立了区域性外销网络，开展以西班牙市场为中心的羊毛纺织生意。西班牙的羊毛贸易一直繁盛至 1610 年前后。在荷兰经济起飞的关键时刻，西班牙的羊毛产业受到高劳动力成本、通货膨胀和缺少技术创新的阻碍。1660 年，一名前往塞哥维亚的法国游客认为："羊毛及精美羊毛制品的大型贸易造就了这座城市过去的财富，但如今，这座城市几近荒凉与贫穷。"[30]

荷兰制糖业的兴衰表明了"伟大贸易"对海外市场的依赖性。如上所述，当荷兰在 17 世纪 30 年代短暂控制巴西东北部后，其制糖业得到扩展，但随着荷兰在 1645 年失去了对这块殖民地的控制权，蔗糖贸易商不得不依靠加勒比海的出口贸易。1662 年，制糖业集中在阿姆斯特丹，该市有 50 多家糖厂，约占欧洲糖厂总数的一半。此外，荷兰的其他城市也建立了十几家糖厂。然而，蔗糖实在太重要了，不可能被长期垄断。17 世纪 60 年代，法国实施了限制性贸易政策，荷兰失去了工业制糖的最大出口市场。17 世纪末，随着商业活动的活跃、海军力量的增强以及国内对蔗糖的迫切需求，英国人夺走了荷兰人在加勒比地区的蔗糖贸易控制权。即便如此，英国人还是经常将蔗糖转口至阿姆斯特丹进行加工（他们对烟草也采取了同样的做法）。[31]

荷兰的贸易范围在 1650 年之后进一步扩大。代尔夫特通过模仿最精美的中国青花瓷来制作陶瓷，豪达专门生产白陶土烟斗，赞河——一个从阿姆斯特丹延伸到哈勒姆的巨大内陆河口，演变成了主要工业区。赞河原本就是造船中心，有许多锯木厂，还有当时世界上最大的木材储备量。在 17 世纪后期，它成了荷兰的优质造纸中心，同时是荷兰两个鲸脂油提炼中心之一，主要生产肥皂、轻质燃油等产品。赞河在绳索和船帆制造，以及动物油脂提炼方面都发挥了重要作用。1630 年，该地区的工业风车数量达到了 128 台，到 17 世纪末增加至约 400 台。[32]

1672 年，一个英国人研究了荷兰共和国所取得的非凡商业成就。他发现，荷兰人已经能够“完美制造所有的本土商品”，而且他们给“创新的发明家极大的鼓舞和豁免”。荷兰商人不仅掌握了许多原材料的商业控制权，包括西班牙羊毛、土耳其马海毛纱线、瑞典铜器和南美染料，而且建立起了加工产业的上层建筑。荷兰的人工成本高、劳动力短缺，这促使机械创新受到重视，而且机械创新的成果也能得到专利保护。荷兰政府（从联邦、省及城镇等各级层面）承担的另一个经济职能便是严格监管工业发展，为商品的质量和包装制定标准。[33]

鉴于荷兰在 17 世纪就已经达到了经济制高点，那么我们不免要问，在进入 18 世纪之后，为什么荷兰没有成为这个时代的第一个工业国家？要回答这个问题，我们可以从以下 3 个研究方向入手：原材料和能源、国际贸易及交通运输业。[34] 英国用煤炭实现了工业化，而有些经济历史学家常常表示，荷兰共和国缺少煤炭。诚然，荷兰共和国有许多原材料依赖进口，但除了煤炭，它拥有不少工业能源资源，包括泥炭、水力和风力。泥炭——煤炭的原始形态——被广泛应用于家庭供暖以及砖块、玻璃和啤酒制造；进口煤炭则被用于工业活动，如制糖、煮皂、蒸馏和铜加工。水车由内陆河流和海洋潮汐提供动力，当然，最负盛名的荷兰机械当属风车。据估计，截至 1630 年，荷兰全国共有 222 台工业风车，它们为锯木厂、油厂和造纸厂提供动力。算上用于排水和碾米的风车，全国共有约 3000 台风车。[35]

在动荡时期，荷兰的国际贸易整体表现得格外强韧。1672 年，英国向荷兰宣战，而法国竟然也入侵了荷兰北部和内陆省份，荷兰陷入巨大的混乱。荷兰的商船被法国围困在港口长达两年之久。但是，荷兰船舰刚一驶离港口，其贸易就迅速恢复了活力。整个 17 世纪，尽管英法战争连绵不断，荷兰与东印度群岛的贸易一直呈增长趋势。荷兰在孟加拉国的生丝进口贸易也保持着惊人的增长势头。但到了 17 世纪 90 年代，荷兰航运的其他贸易领域已经抵达发展临界点。捕鲸船的航次减少，西非黄金的运载量也出现下降。在英国和斯堪的纳维亚舰队的激烈竞争影响下，荷兰在家门口的波罗的海的贸易也逐渐衰败。[36]

英法日益增强的贸易保护主义政策给荷兰贸易体系带来了巨大压力。值得注意的是，在 1672 年法国入侵后的几年里，荷兰几个出口导向型行业的发展呈上升趋势，包括丝绸、帆布、优质造纸、亚麻织造和金酒蒸馏。17 世纪 80 年代，法国胡格诺派教徒的到来也促进了荷兰丝绸行业的繁荣发展。但是，贸易体系整体并没有从入侵破坏中恢复过来。例如，莱顿的细布产量在 1667 年到 1702 年一直下跌，由土耳其优质马海毛制成的羽纱的产量逐步下降。18 世纪早期，英国的毛纺工业因生产廉价织物而实现跨越式发展，但荷兰的经济并未恢复增长。在莱顿，西班牙羊毛制成的高档织物产量从 1700 年前后的 25000 件减少到 1750 年的 6700 件。

贸易商和商人、造船商和船主、制糖商和纺织商，以及其他许多人创造财富的需求——比文艺复兴时期的宫廷赞助人更加多样化——改变了商业时代技术的特征。尽管长期以来，以创造财富为目的对技术进行选择、开发和利用仅是一股暗流，但是荷兰商业时代却将国际资本主义（非工业化形态）的繁荣视为技术发展的核心目的。荷兰的商业帝国是创造财富的技术和手段的综合体：没有哪个时代，也没有哪个地方，能把运输船队、工厂式鲱鱼“巴士”、大型港口和繁华的内陆城市相结合，更无法将一系列增值贸易产业与全球性金融创新成果——股票和大宗商品交易所，船舶的多股所有权制度，以及鲱鱼、毛织品和郁金香期货市场——统一起来。

一方面，这些技术为荷兰持续了近一个世纪的商业霸权奠定了基础；另一方面，这些技术塑造了荷兰社会和文化的特征。尽管今天的艺术博物馆保存了豪商巨贾的收藏，这些商贾在阿姆斯特丹拥有联排别墅，也有能力委托著名画家伦勃朗·梵·莱茵和约翰内斯·维米尔为他们绘制肖像，但这些商业精英只不过是冰山一角。商业全面影响了荷兰的社会，各种形式的文化消费也渗透开来。当新兴的商人兴致勃勃地邀请画家为自己及家人绘制肖像时，一代著名油画家的事业也跟着蒸蒸日上（得益于热带染料的大量进口，画家们可以用得起物美价廉的鲜艳颜料）。这一时期，日常生活的趣味场景备受人们喜爱。伦勃朗的画作《磨坊》（*The Mill*）便描绘了荷兰最具标志性的风车。油画作品的消费市场也热闹非凡。保罗·卒姆托（Paul Zumthor）写道：“哪怕是最普通的店主也收藏了不少画作，并挂满每个房间。”一幅当今具有收藏价值的鲁伊斯达尔的风景画或斯特恩的风俗画在那个年代的价格大约是莱顿纺织工人周薪的四分之一。[37]

两大海外贸易公司的股东们、庞大的海外运输网络、商船的诸多船主，甚至是只活跃了数年的低端市场的郁金香贸易商……荷兰的商业活动汇聚了全社会各个阶层的人才和财富。这些活动蕴含的变革深度和广度为荷兰社会带来了鲜明的现代化特征，这不仅体现在“现代”金融机构和经济增长模式的具体细节上，还体现在商业和技术对整个社会产生的深远影响上。相比之下，正如我们将在下一章看到的，英国将逐渐形成一个独具特色的工业社会。

第 3 章　工业地理学（1740—1851 年）

历史学家一度严肃且庄重地看待“工业革命”，在上一代史家笔下，这场革命居于历史研究的中心地位。根据艾瑞克·霍布斯鲍姆（Eric Hobsbawm）的经典描述，英国工业革命“开启了独特的现代史阶段，通过长期的技术革命和社会变革实现了自我持续的经济增长”。另一个颇具影响力的说法是，它“在仅仅不到两代人的时间里，改变了西方人的生活，改变了英国的社会性质，改变了英国与世界其他民族的关系”。在这些历史学家看来，工业革命以及随之而来的新生活和工作方式创造了一个全新的工业社会。所谓的领先行业发挥了先锋作用。在 1800 年前后的几十年里，棉花、钢铁和煤炭工业空前增长，最终在蒸汽动力的工厂系统中达到顶点，推动了英国经济的持续“起飞”。以棉花产业为典型，纺织业涌现出一系列提高产量的发明，发明家哈格里夫斯、阿克莱特、克朗普顿和卡特莱特得以闻名于世（而且让阿克莱特变得非常富有）。这种观点认为，这些发明离不开工厂的规模化应用，而工厂离不开詹姆斯·瓦特的蒸汽机。蒸汽机和棉花工厂所需的铁和煤炭产量不断提高，工厂综合体成为改变世界的主宰力量。按照这一说法，英国率先走上了工业化社会的道路，其他国家则紧随其后。[1]

但此后数十年间，工业革命已不再呈现为严丝合缝的完美图景。英国的核心工业区发生了翻天覆地的变化，英国的其他地区，甚至其他国家都对这些变化作出了贡献。仔细研究会发现，英国经济的增长缓慢且渐进，并没有出现突飞猛进的腾飞。在许多国家，早期的工厂依靠水力、畜力或人力提供动力，而非蒸汽。即使在煤炭资源丰富的英国，直至 19 世纪，水力动力依旧远远超过蒸汽动力。到 19 世纪 30 年代，英国最大的蒸汽动力棉纺厂——8 层厂房内雇有千余名工人——仍需依赖家庭手摇织布工，才能将机器纺出的纱线加工成实用布料。即使在英国，10 个产业工人之中也只有一个见过工厂内部的模样，大多数人仍在小作坊或所谓的传统行业中工作，如建筑、毛织和制革。真正贡献了英国大部分制造业产值的，不是蒸汽驱动的棉纺厂，而是这些实现大幅增长的行业活动。因此，新的历史观点是“英国走向工业革命的道路更加长远、多样和复杂”。[2]

尽管如此，英国在 19 世纪初期的确发生了一件至关重要的事情。工业时代的核心概念——诸如工业（industry）、阶级（class）和文化（culture）等——开始清晰成形。“工业”一词在早期是指人类的特质，如技能、毅力或勤奋。亚当·斯密在他的作品《国富论》中首次将工业作为制造业和生产机构的统称。19 世纪 30 年代，人们创造了“工业主义”一词，用于命名新的社会制度。（“工业革命”一词直到 19 世纪 80 年代才逐渐成为英语通用语，但早在 19 世纪初期，法国就有学者认为法国正在经历工业革命，而一位鲜为人知的德国理论家也对工业革命进行了阐述。)“阶级”原本指传统的学校或学院班级。而当涉及人类等级的概念时，下层阶级（lower class）最先出现，随后在18世纪90年代又出现高层阶级（higher class）和中产阶级（middle class）。工人阶级（working class）在1815年前后出现，上层阶级（upper class）紧随其后。而“文化”一词，最早在园艺学中是指“野生植物的培育”，到了19世纪早期，这个词意指“心智的一种普遍状态或习性”或“社会整体智识发展的状态”，而到了19世纪末期，它演变成“物质、智识、精神层面的整体生活方式”。[3] 卡尔·马克思在19世纪50年代撰文指出（原文为德语），工人阶级的文化是工业的创造。而一代人之前，还没有人能够用英语表达这一看法。通过对伦敦、曼彻斯特和谢菲尔德的案例研究，本章将对长期以来被誉为第一个工业国家的英国的工业社会动态进行探讨。接着，通过与其他工业国家和地区进行比较，本章将对“工业社会”这一概念进行评价。

第一个工业城市：伦敦

有关工业革命的旧观点认为，研究伦敦是多此一举。“首都将会参与即将到来的工业革命，但只是作为旁观者，”弗尔南多·布罗代尔（Fernand Braudel）在其广受好评的《资本主义与物质生活》（*Capitalism and Material Life*）一书中写道，“是曼彻斯特、伯明翰、利兹、格拉斯哥和无数的无产阶级小镇开启了新时代，而不是伦敦。”另一个颇具分量的比喻认为，工业革命

伦敦市图景。塞缪尔·斯迈尔斯（Samuel Smiles），《工程师的生活》（*Lives of the Engineers*，伦敦，1862 年）。由伊利诺伊理工学院特别收藏。

是“一场掠过伦敦并肆虐其他地方的风暴”。这种说法认为，伦敦陷于前工业化时代，“绅士的资本家”无意积累新财富，一心想跻身于贵族地主阶层之列。[4]但是，工业化伦敦的说法值得更仔细研究。1800年前后，伦敦三分之一的工人受雇于制造业，这个城市拥有的蒸汽机比任何一个工业城市都多。1850年，英国4个最大的工业城市加起来的工人总数都不及伦敦。在伦敦繁荣中心的南部和东部，化学、家具、酿造、印刷、制鞋、纺织加工、精密制造、重型机械工业迅速兴起，它们通常集中在紧密的专业园区。同时，泰晤士河下游的造船、供应及加工业也围绕伦敦港展开。[5]

伦敦是英国最大的工业基地，它的热情和渴求促使英国从农村农业经济转变为城市工业经济。伦敦的发展让人赞叹。1700年，伦敦拥有50万居民，是欧洲最大的城市（超过巴黎），是英国第二大城市人口规模的10倍，放眼世界，或许只有东京能与之匹敌。1800年到1850年，伦敦新增居民140万人，这个数字比1850年时全英12大纺织工业城镇的人口总数还要多，即使这些城镇也都经历了产业驱动增长。1850年，伦敦有240万居民。正如丹尼尔·笛福所观察到的：“英国所有的人口和土地，似乎都在为这个过度发展的城市工作，或受雇于它，或为它而存在。”[6]

早在1700年，伦敦周边的蔬菜农场已经无法满足不断攀升的食品需求。很快，鸡蛋、鹅、羊、牛、谷物、麦芽、鲱鱼、火鸡和苹果涌入这座城市。“据说，乔治时代的伦敦每年要消耗29.57万蒲式耳面粉、10万头公牛、70万头绵羊和羊羔、23.8 万头猪、11.5 万蒲式耳牡蛎、1400 万条鲭鱼、16 万磅黄油和 2.1 万磅奶酪。”[7] 为了将堆积如山的食物运进伦敦，一个由道路、河流和运河组成的大规模运输系统应运而生。到 1805 年，大联合运河（Grand Junction Canal）连接了伦敦北部和英国南部的农业中心以及曼彻斯特、伯明翰和利兹等工业城镇。

大型船只径直驶入伦敦市中心，满载着来自世界市场的货物，就像荷兰的港口城市一样。1700 年前后，伦敦泰晤士河沿岸拥挤的临街码头要处理英国四分之三的海外贸易。伦敦桥和伦敦塔之间距离仅有 488 码，却林立着 16 个专用码头（所谓的特许码头），以及海关大楼和比林斯盖特海鲜市集（新鲜的鱼来自泰晤士河，直到 19 世纪 20 年代河水受到了严重污染，鱼群绝迹）。伦敦桥上游、泰晤士河南岸和伦敦塔下游也分布了码头。但是，无论货物的首次卸货地点在何处，根据关税征收要求，所有货物必须从 16 个专用码头之一经过。

为了应对严重的交通堵塞以及泛滥的盗窃犯罪，伦敦的商人们发起一项耗资 500 万英镑的码头建设活动。新码头区从伦敦塔附近开始，一路向下游延伸 25 英里。这些码头仓库综合体建在人工湖边上，通过短渠连接泰晤士河。首先是道格斯岛上的西印度码头（1802 年开放），可以停靠 600 艘船。紧接着，沃平开凿了伦敦码头（1805 年），布莱克沃尔开凿了东印度码头（1806 年），罗瑟希德开凿了萨里码头（1809 年）。数年后，圣凯瑟琳码头（1828 年）开凿完成，紧挨着市中心的伦敦塔。下游的皇家码头分 3 个阶段建成（1855—1921 年），如今伦敦城市机场的航班就在此运营。

庞大的码头综合体及货物运输网络共同构筑起一个庞大的商业和航运基础设施，各类“中介、代理商、经纪人、保险公司、银行家、交易代表、折扣商店、消费者、承包商、票贩子、股票经纪人等资本代理人”汇聚于此。直至19世纪60年代中期，伦敦都是英国主要的造船区。船帆、绳索、压辊和滑轮是英国远洋舰队的装备。泰晤士河南岸坐落着德特福德的皇家海军造船厂和罗瑟希德的造船厂（1822年，后者建造的第一艘铁制蒸汽船阿伦曼比号成功下水）。著名工匠威廉·费尔贝恩（William Fairbairn）是钢铁造船业的先驱。1833年，费尔贝恩在道格斯岛的米尔沃尔地区开设工坊，为东印度公司建造了多艘船只。从19世纪40年代起，布莱克沃尔附近的钢铁造船业蓬勃发展，随着1857年伊桑巴德·金德姆·布鲁内尔（I. K. Brunel）设计的长达600英尺的大东方号下水，钢铁造船业抵达巅峰。港口雇用了成千上万工人。1851年，有4100名工人在仓库和码头工作；5000人从事造船业，其中近3300人是技艺精湛的造船工匠；远洋航业有18000人，内河航业有5700多人；东印度公司的雇员至少有1214人；码头及商业基础设施还雇用了33000名邮差和搬运工。[8]

煤炭是港口的主要商品之一。早在18世纪60年代，笛福就指出：“（我们）在伦敦看到了庞大的船队，为这个不断发展的城市运送源源不断的煤炭。”煤炭用于烘烤、酿造、锻铁、陶瓷烧制和玻璃制造等有高温要求的行业，也用于家庭和办公室供暖。肥皂、蜡烛和胶水制造等“沸腾”行业产生的有毒气体

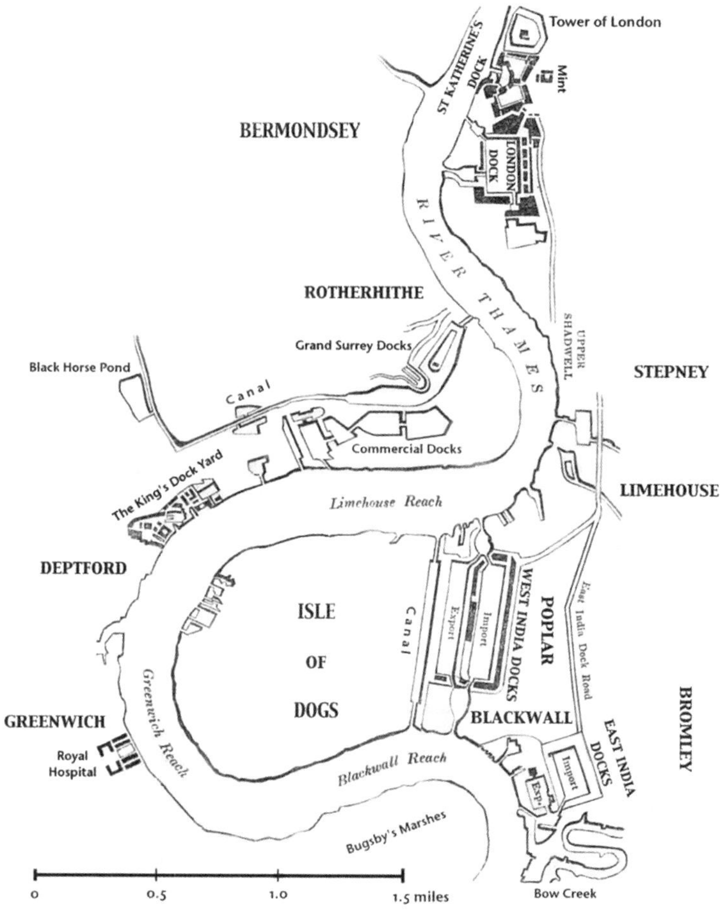

19 世纪的伦敦码头综合体。查尔斯・奈特（Charles Knight），《伦敦》（*London*，1842 年）。由伊利诺伊理工学院特别收藏。

导致无数动物死亡。来自农村的旅行者持续谴责被煤炭污染的城市环境。到1830年，运往伦敦的煤炭总量达到200万吨，比笛福时代增长了250%。19世纪30年代，煤炭开始通过铁路运输。煤炭交易所于1849年开业，靠近比林斯盖特海鲜市集。时隔两年，仅伦敦的煤炭行业就雇用了8000多人（1702人从事煤炭和天然气制造业；2598人成为煤炭商人和经销商；4023人成为煤炭搬运工，其中包括3名壮实的女性）。[9]

啤酒酿造业为观察工业化的伦敦提供了独特的视角，同时揭示了工业与公共卫生、消费和农业之间的紧密联系。那个年代水质不洁，啤酒几乎是唯一安全的饮料，伦敦人消费了大量啤酒。1767年，一个经济状况比短工还要不堪的、一贫如洗的职员每餐都离不开啤酒："早餐——面包、奶酪，以及在杂货店购买的淡啤酒；晚餐——牛肩、羊肉、猪蹄、卤猪耳、卷心菜、土豆、欧洲萝卜、面包，加上半品脱波特啤酒；宵夜——面包、奶酪、萝卜、黄瓜或洋葱、淡啤酒和半品脱波特啤酒。"[10]数十年间，英国农民收割的大麦（主要用于酿酒和蒸馏）比用于制作面包的小麦还多。1750年之前，啤酒酿造税占英国税收的四分之一，在1805年还能占到七分之一。也是在那几十年间，伦敦的啤酒酿造行业显著地体现了工业化特征：大幅增加的规模和资本、节约人力和成本的技术、高度集中的市场，以及众多专业化副产品和配套产业。[11]与荷兰商业时代追求高品质不同，工业时代的技术革新更注重降低成本、增加产出。

波特啤酒和棉花、钢铁、煤炭一样，可以称得上工业时代的产品典范。传统的艾尔啤酒（ales）在酿造时需要采用上等大麦的淡麦芽，酿酒师会在残留少量麦芽糖时停止酵母发酵。顶级的艾尔啤酒淡而清澈，略带甘甜，酿造后不久即可饮用。相比之下，18 世纪 20 年代首次酿造出的波特啤酒（porter）颜色较深，麦芽味浓郁，味道苦涩。（“波特”一词来源于码头工人，他们是最早的消费者。①）波特啤酒采用廉价大麦精制而成，酿造完成后麦芽糖已完全分解。更为重要的是，波特啤酒易于进行工业化规模生产。

酿造商发现，陈酿一年甚至更长时间的波特啤酒，其粗粝的口感会变得醇厚。起初，他们只是简单地将波特啤酒存放在 36 加仑的木桶中，但这种做法最终占用了公司四分之一以上的资产。18 世纪 30 年代，大型酿酒商开始打造可容纳 1500 桶啤酒的现场储酒桶。之后，酒桶越做越大。1790 年，理查德·缪克斯（Richard Meux）打造了一个直径 60 英尺、高 23 英尺的巨桶，可以储存一万桶啤酒——“据称，他们在巨型酒桶内举办了庆祝派对，有 200 人参加晚宴，另外 200 人在桶中举杯庆贺其落成。”5 年之后，缪克斯又打造了一个可以储存两万桶啤酒的巨无霸大桶。但在 1814 年，马蹄铁啤酒厂一个可以储存 7600 桶啤酒的巨型酒桶忽然发生爆裂，汹涌的啤酒淹没了街巷，8 人因“溺水、受伤、啤酒蒸汽中毒和醉酒”而死亡。此后，酿酒商打造大酒桶的竞争之风逐渐减弱。[12]

这些巨型储酒桶表明了波特酿酒商的工业规模。1748 年，伦敦主要的波特啤酒酿酒商卡尔弗特（Calvert）的年产量为 5 万桶，1796 年惠特布雷德（Whitbread）年产 20 万桶，1815 年

①Porter的意思是搬运工人。

波特啤酒厂内景。坦普尔·亨利·克罗克（Temple Henry Croker），《艺术与科学大辞典》（*The Complete Dictionary of Arts and Sciences*，伦敦：威尔逊与费尔出版社，1764年），第1卷，第24版。

巴克利（Barclay）年产达到30万桶。1815年，伦敦一家波特啤酒酿造公司的年出货量超过了伦敦最大的艾尔啤酒公司10年的出货量。波特啤酒实现了工业化生产，而艾尔啤酒还没有。伦敦12家大型啤酒酿造商实际上只生产波特啤酒以及与之类似的司陶特啤酒（stout）。1748年到1815年，酿酒商扩建了工厂，这些“烈性”啤酒的产量增加了两倍多（从40万桶增加到140万桶），其在伦敦的市场份额从42%扩大到78%。几十年间，虽然啤酒产量不断增长，但酿酒商实际上却从158家降至98家。

对于城镇居民来说，啤酒消费在家庭预算中占有重要地位，对穷人来说尤为如此。如果把啤酒消费量作为衡量工人生活水平的指标，那么早期工业经济时期的实际工资水平并没有提高，直到19世纪40年代的经济寒冬之后才有所提高。1800年至1804年，英格兰和威尔士地区的人均啤酒消费量达到33.9加仑，在1830年前后出现了短暂上升，而在1860年至1864年下降至31.6加仑，最后在1875年至1879年又攀升到备受关注的40.5加仑。古尔维什（Gourvish）和威尔逊（Wilson）对英国啤酒业展开了研究，他们计算出在这最后的数年间，平均每个英国男人每周要喝掉16品脱啤酒。[13]

波特啤酒开启了工业化规模生产的先河，引领了全英企业的资本化浪潮。1790年，惠特布雷德的白鹿啤酒厂的净资本估值达到27.1万英镑，而杜鲁门的黑鹰酿酒厂、巴克利-铂金斯的铁锚酒厂紧随其后，分别为22.5万英镑和13.5万英镑。这些数字都是很惊人的——在当时，2万英镑是伯明翰最大制造商的

伦敦酿酒商的巨型木桶。查尔斯·奈特,《伦敦》。由伊利诺伊理工学院特别收藏。

资本总额，而曼彻斯特最大的纺纱厂要在 20 年后才能达到这一规模。最大的啤酒厂仍在不断扩大。1828 年，惠特布雷德的 9 位合伙人共投资了 44 万英镑，而巴克利 - 铂金斯的总资本则达到了 75.6 万英镑。[14]

这些惊人的资本规模表明，波特啤酒酿造商们满腔热情地接受了工业时代节省人力的机械化技术。在早期，为了将啤酒运出啤酒厂，酿造商配备了马力驱动泵。尽管在城里养马的成本很高，但是伦敦的大型酿酒商仍采用马力驱动的麦芽研磨设备。1796 年，巴克利 - 铂金斯的工厂仅雇用 100 名工人就生产了 13.8 万桶啤酒。除了 12 名高薪酿酒师和技术经理，还雇用了 4 名司炉工、7 名修桶匠、9 名酵母工、4 名碾磨工、18 名送酒工、10 名马车夫、12 名马夫、30 名帮工和 7 名抽取工。[15]1851 年的人口普查发现，伦敦只有 2616 名酿酒厂工人。

当抽水机和研磨机取代人力时，旋转式蒸汽机终结了挽马无休止的磨盘轮回。正如詹姆斯·瓦特的商业伙伴在 1781 年所言："蒸汽磨坊让伦敦、曼彻斯特和伯明翰的人们欣喜若狂。"1784 年，啤酒商们首次在伦敦安装了崭新的旋转式瓦特蒸汽机——古德温酒厂安装了一台 4 马力蒸汽机，惠特布雷德酒厂安装了一台 10 马力蒸汽机。其实早在两年前，也就是 1782 年，钢铁商约翰·威尔金森（John Wilkinson）就率先安装了瓦特的旋转式蒸汽机。而在酿酒商安装两年后，也就是 1786 年，阿尔比恩面粉厂也实现了机械化，人们通常认为，瓦特的旋转式蒸汽机就是在这里实现了价值。惠特布雷德酒厂的蒸汽机不仅可靠、节省燃料，而且节约成本——它省去了 24 匹马的养护开销。每匹马一年的饲养和照料费用就达 40 英镑，惠特布雷德酒厂用这笔钱支付了整套设备的安装成本（1000 英镑）。当瓦特把“马力”定义为每分钟 33000 英尺磅时，他想到的是“伦敦酿酒厂的强壮役马”，所以，啤酒商们也算是间接塑造了工业时代的衡量标准。据瓦特记载，1790 年，他的公司主要为酿酒商、蒸馏厂、棉纺厂和钢铁厂制造发动机。5 年后，只有棉纺业和煤炭工业拥有的蒸汽机数量超过了酿酒业（后者使用了 12 台发动机，总计 95 马力）。[16]

史无前例的规模、市场主导地位、巨额资本，以及对节约成本的技术创新的探索，都体现了波特啤酒酿造厂的工业化特征。副产品加工和配套产业的兴起又何尝不是如此？这些产业以钢铁、煤炭、棉纺、建筑及啤酒为中心，构建了一张工业辐射网络。这些配套产业是我们理解工业变革如何以及为何能够实现自我持续发展和累积效应的重要窗口，但它们却没有获得应有重视。再次以酿酒业为例。工业化规模的波特啤酒酿造业培育了若干附属产业。酿酒后的酒糟可以育肥待宰的牛，啤酒桶里的大量渣滓则成了肥料。啤酒酵母孵化出一个完整的专业经济体系：伦敦的金酒和威士忌酒商经常向啤酒商们购买酵母，面包师则与专门的啤酒酵母经销商交易。有一个精明的中间商研发出酵母干燥和保存工艺，还获得了专利。他与 6 家大型啤酒酿造商签订合同，于 1796 年建造了一个大型工厂，加工刚从酿造桶里提取出来的酵母。啤酒桶、铜制酿酒容器和澄清剂等专业制造行业也迅速兴起。黑修道士路附近至少有 3 家生产啤酒泵的厂家，这种机器可以把啤酒从酒馆的酒窖里抽出来以供销售。[17]

波特啤酒的工业化让酿酒商们开始插手啤酒消费。（几十年来，啤酒价格都是由法律或惯例所决定的，且出口贸易被相互竞争的特伦特河畔伯顿地区的酿酒商垄断，所以其他的竞争手段在当时都难以实施。）波特啤酒商的直接目标是大众消费的主要场所：伦敦的 5000 家小酒馆。传统意义上，啤酒商都是将桶装啤酒卖给酒馆老板，按月交货，当场付款，但大型的啤酒商开始规定在啤酒倒进顾客的酒杯之前，都要保留所有权。渐渐地，酒馆老板可以仅就实际卖出的啤酒付款，而啤酒商则要求酒馆只能从自己家进货。于是，酒吧贸易的“捆绑经营”手段出现了。如果酒馆老板拖欠付款，那么其月度欠款可能变成一笔计息贷款。一旦债务持续扩大，酿酒商就会要求酒馆老板用房屋租约作为抵押，必要时还会接管拖欠贷款的酒馆。一些酿酒商会直接买断酒馆租约，安排自己人经营。到 19 世纪早期，伦敦近半数酒馆已通过独家供货、信贷捆绑或产权控制与酿酒商形成捆绑关系。捆绑经营是波特啤酒行业的典型特征。1810 年，巴克利 - 铂金斯酒厂供应的酒馆有 477 家，杜鲁门酒厂有 481 家，惠特布雷德酒厂有 308 家，他们分别与其中的 58%、78% 和 82% 的酒馆建立了捆绑关系。[18]

波特啤酒商是 1830 年《啤酒法》的坚定支持者，该法案推翻了长达几个世纪的啤酒销售法规。为了防止穷人受廉价蒸馏金酒的荼毒，该法案允许任何财产税纳税人在支付一笔合理费用之后开设“啤酒吧”。整个英国有 4 万名纳税人自愿注册，人均啤酒消费量飙升了 25%。伦敦的大型波特啤酒商（12 家大型啤酒商酿造了该市 85% 的“烈性”啤酒）为这项新法案欢呼。其中，查尔斯・巴克利（Charles Barclay）恰当地捕捉到波特啤酒酿造和大众消费的工业逻辑。“谁可以为这些啤酒店供货？当然是物美价廉的酿酒商。我敢说，我们供应的啤酒比其他任何酿造商都好，”他对国会议员同人们说道，“请恕我直言，我们的酿酒厂犹如动力织布机，效率最高。”[19]

通过对伦敦众多行业及建筑工程领域的研究，我们能够更完整地描绘工业时代的伦敦图景。根据 1851 年首次可靠的人口普查数据，伦敦有 33.3 万名制造业工人，超过曼彻斯特 30.3 万的总人口。尽管男女从事的工作并不相同，但女性和男性从事制造业的比例几乎相同（分别为 33% 和 34%）。在制造业的十大行业中，只有制靴、制鞋业的男性和女性工人数大致相等。女性主要从事制鞋、制帽及裁缝工作（制作精美礼帽与连衣裙）；男性则主导裁缝、家具制造、烘焙、木工、印刷装订、钢铁和有色金属等行业。男性主导的行业文化，以及当时对女性在职场中“应有”角色的普遍认知，在一定程度上解释了男女的职业分布差异。但是，根据弗朗西斯・普雷斯（Francis Place）的说法，裁缝业使用了更强硬的策略来排斥女性：“在那些男性通过禁止自家的妇女和儿童务工以抵制妇女和儿童就业的行业，或那些妇女和儿童确实无法胜任的行业，男性的薪资得以维持在足以供养家庭的水平。伦敦的裁缝业正是如此——尽管该行业比纺织业更适合女性从业，但男性匠人们不仅维持住了工价，更提高了薪资。”[20]

虽然建筑行业没有被列入制造业，但在那些年里也实现了工业化。伦敦人口持续增长，建筑需求也不断增加。18 世纪 60 年代，砖块十分短缺，“以至于制造商们不得不把街道上的污水、灰烬、泥土和一切能掺杂进砖土或黏土的东西混合在一起”。新鲜出炉的滚烫砖块沿街运送。一篇报道称：“在黄金巷老街，一辆装满砖块的手推车底板着火了，砖块还没来得及卸下，整车就被烧毁了。”到了 19 世纪 20 年代，库比特兄弟（Cubitt）等工业规模的“商业建筑商”出现了。在那 10 年里，托马斯·库比特和刘易斯·库比特雇用了一千多名工人，在有钱人常光顾的布卢姆斯伯里和贝尔格莱维亚区建造了大量建筑，而他们的兄弟威廉也雇用了 700 多名工人。库比特家族不仅从事所有建筑工种，还自己制造砖块，同时经营一家蒸汽动力锯木厂。约翰·约翰逊（John Johnson）是这座城市的另一名商业建筑商，他自称拥有多重身份，包括铺路工、石匠、砖瓦匠和木匠。他在德文郡拥有一个花岗岩采石场，在泰晤士河沿岸有一个码头，在伦敦周围还有砖厂、砾石坑和作坊。在 1851 年的人口普查中，伦敦的建筑行业共雇用了 7 万名砖瓦匠、木匠、泥瓦匠、泥水匠、水管工、油漆工和玻璃工匠（包括 129 名女室内装饰设计师）。[21]

一张伦敦的街景图显示，当时的街道两侧都是小商铺，但是乔治·多德（George Dodd）在《工厂的日子》（*Days at the Factories*）里却描述了 22 家企业，“其规模之大堪比工厂”。19 世纪中叶，英国 11 家大印刷厂中有 6 家在伦敦，52 家大建筑商中有 22 家在伦敦。正如前文所述，伦敦 12 家大啤酒制造商也在行业内遥遥领先。官方数据漏掉了许多大公司，还忽略了城市里的铁路系统和煤气厂，这模糊了伦敦工业的完整图景。官方数据还忽略了1833年至1838年建造伦敦—伯明翰铁路的两万名建筑工人，以及往后10年间通过铁路将伦敦连接四方、建立了5座主要火车站的成千上万的工人。1852年发布的《伦敦邮局名录》列出了334家工程公司，而1851年的官方统计却只列出了一半。根据人口普查记录，仅有6家伦敦工程公司雇用了百人以上工人，但《北极星报》在关于1852年的一次罢工报道中，却列出了9家将工人拒之门外的工程公司，包括莫斯莱和菲尔德联合公司（800名员工）、约翰·佩恩公司（700名员工）、米勒和拉文希尔联合公司（600名员工）、J. & A. 布莱斯公司（280名员工），以及另外5家员工规模在100—200人的公司。[22]

尽管人口普查存在缺陷，但通过研究两段令人瞩目的机械发展史，我们仍能确立伦敦作为英国首个工程中心的地位。正如前面所提及的，博尔顿-瓦特公司在伦敦著名的酿酒厂安装了两台最早的旋转式蒸汽机，而第三台蒸汽机则安装在伦敦南华克工业区的阿尔比恩面粉厂。苏格兰工程师约翰·雷尼（John Rennie）受雇来到伦敦，监督面粉厂的建设。阿尔比恩面粉厂率先使用蒸汽动力研磨面粉，并应用了铁制齿轮和轴系装置。当面粉厂在1791年的火灾中毁于一旦时——焦黑的废墟很可能是诗人威廉·布莱克（William Blake）笔下“黑暗撒旦磨坊”的原型——雷尼已经赫赫有名。之后，他在附近建立了自己的工程公司。雷尼建造了滑铁卢桥和南华克桥，在他死后，他的两个儿子完成了新伦敦桥的建造。雷尼的长子乔治专门为海军制造船用蒸汽机，并在1840年设计出了第一艘螺旋桨驱动的海军舰艇。当时，雷尼的工程公司雇用了400名员工。1856年，时任英国科学促进会机械科学分会主席的乔治·雷尼帮助年轻的伦敦发明家亨利·贝塞默（Henry Bessemer）推出了革命性的转炉炼钢法（见第6章）。

瓦特—雷尼—贝塞默的传承令人印象深刻，但最重要的伦敦工程发展史还是要从约瑟夫·布拉马（Joseph Bramah）说起。布拉马最初是约克郡的一名家具工人，他发明了可以将啤酒从酒窖中抽上来的“引擎”，还改良了马桶和液压机，并获得了专利，他最出名的发明还要数精密索具。亨利·莫斯莱（Henry Maudslay）在机械工程领域的顶尖基地伍尔维奇兵工厂受训，随后在伦敦与布拉马共事了8年。莫斯莱帮助塞缪尔·边沁实现了一项宏伟蓝图——边沁在1795年被任命为海军造船监察长，由于造船工人有获得实物报酬的传统特权，导致“进入德特福德船厂的木材只有六分之一能用于造船”，所以边沁决心改变现状。1810年，马克·布鲁内尔（Marc Brunel）在朴次茅斯海军船厂安装了莫斯莱设计的43台专业机械，实现了航海时代必不可少的零件——船舶滑轮的完全机械化生产。[23]

1825年，莫斯莱和布拉马跻身伦敦的工程师行列，因使用专业的机械工具取代技术精湛的手工匠人而备受称赞。一份议会报告中指出：“这些杰出的工程师坚信，大人和小孩都能很轻松地掌握机械制造。”[24]莫斯莱发明了螺纹刀具和刨床，并完善了工业车床，他还培养了下一代杰出的机械工程师。其中，约瑟夫·克莱门特（Joseph Clement）、理查德·罗伯茨（Richard Roberts）、约瑟夫·惠特沃斯（Joseph Whitworth）和詹姆斯·

内史密斯（James Nasmyth）创造了今天工厂中仍在使用的许多基础机床，包括卧式牛头刨床、蒸汽锤、双向刨床和标准螺纹车床。（法国和美国机械师在精密制造、机械化和标准化方面同样具有先驱意义，后文将详述。）但是到了 19 世纪 30 年代，当克莱门特帮助查尔斯·巴贝奇（Charles Babbage）制造早期的机械计算机时，莫斯莱指导过的核心工程师团队（惠特沃斯、内史密斯、罗伯茨和加洛韦）却纷纷离开了伦敦，他们各自在曼彻斯特创立了机器制造厂。

令人震惊的城市：曼彻斯特

如果说伦敦以庞大规模著称，那么迅猛发展就是曼彻斯特的特点。曼彻斯特作为区域贸易中心，在 1770 年的人口有 3 万人。接下来，其人口数量在每一代都经历了增长，1851 年已经突破 30 万人。1786 年，“只有阿克莱特纺纱厂的烟囱耸立在城镇上空。15 年后，曼彻斯特的纺纱厂增至约 50 家，其中大多数生产都使用蒸汽动力”。1841 年，曼彻斯特和附近的兰开夏郡地区有 25 家职工超千人的大型棉纺公司、270 家职工人数为 200 人到 900 人的公司，以及 680 家小型公司。“这些人身上蕴藏着巨大的能量，”一名观察家在 19 世纪 40 年代写道，“如果上一代人目睹了联合大街的工厂里每晚蜂拥而出的人群，治安官恐怕会马上集合，特别警察将上任维持治安，宣读暴动法令并召集军队，灾难性的冲突怕是在所难免。”[25]

据说，从被西班牙占领的荷兰南部逃离出来的纺织工发展了该地区的棉纺贸易事业。丹尼尔·笛福早在1727年就这样描述曼彻斯特："让这个城镇欣欣向荣的伟大制造业就是各种各样的棉纺织业。"彼时，家庭作坊会从事必不可少的棉花清洗、梳理、纺纱和织布工作。纺纱机发明家塞缪尔·克朗普顿（Samuel Crompton）的长子写道："自学会走路时起，我就一直在干棉纺的活儿了。"小克朗普顿的任务是踏进装着肥皂水的水盆里，用脚踩着棉花块。"母亲和祖母每次会取下一团原棉，然后在简陋的梳棉机上用手梳理。这些原棉团会被梳理成一缕缕棉条，用于纺纱。"[26]由女性负责的纺纱，以及（主要由男性负责的）织布也都在家里完成，许多织工都自己制作木制织布机。曼彻斯特的商人从美国南部进口原棉，并将其分发给当地家庭，然后将成品布料送往伦敦、布里斯托尔和利物浦的批发市场。到18世纪90年代，英国的棉纺产品大部分都销往国外。

毗邻港口城市利物浦是该地区的天然优势之一。海洋把兰开夏郡地区的空气浸润得潮湿不已，棉纤维也变得更有黏性，更容易纺成连续不断的细线。（出于同样的原因，后来的纺纱厂把蒸汽排入车间，让空气变得湿润。）这个地区的煤炭也是唾手可得。事实上，布里奇沃特公爵修建了一条运河，并于1761年开通，将他的煤矿与约6英里外的曼彻斯特连接起来。布里奇沃特挖了一条直接通往采煤工作面的地下渠道，此举既有利于矿井排水，又让曼彻斯特的煤炭成本减少了一半。早期的蒸汽机耗煤量极大，只有煤矿才能经济地使用它们。即使是早期的瓦特旋转式蒸汽机也主要用于畜力成本过高的地方（如伦敦）或煤炭价格低廉的地方（如曼彻斯特）。布里奇沃特运河在经济上的成功使它与利物浦、利兹和其他工业城市建立了更多的联系，并最终掀起了一场“运河热”，在铁路出现之前，整个英国（包括伦敦）已经建起了一张纵横交错的运河网。

关于工业“革命”的一个核心谜题是，为什么它的革命进程耗时如此之久？其中一个答案在于需要配套产业将创新串联起来并推动变革；另一个答案与蒸汽驱动的典型棉纺厂是如何形成以及为何会形成有关。尽管梳棉、纺纱和织造棉花的重要机械发明以及瓦特的旋转式蒸汽机都是在1790年之前完成的，但直到1830年前后，曼彻斯特才形成统一的棉纺工厂体系和具有现代特征的制造业部门。要理解这40年的“延迟”，我们必须考虑纺纱与织造领域渐进式创新伴随的性别转变，以及曼彻斯特商业领域的结构性转变。

纺纱是用一长串松散的棉纤维（“粗纱”）纺成适合织造或编织成布料的纱线。几个世纪以来，纺纱一直是女性的专属领域。一个女人可能一辈子都在纺棉线，自给自足、终生未嫁，所以才有了“老姑娘（spinster）”① 这个词。1764年，詹姆斯·哈格里夫斯（James Hargreaves）发明了珍妮纺纱机，备受女人们的欢迎。珍妮纺纱机是一种小型手摇设备，它将纺纱分解为两个独立机械动作：向后拉可以拉捻粗纱，向前推可以将捻好的纱线绕到纺锤上。购买或自制一台珍妮纺纱机相当便宜，而且，一个妇女在家里用珍妮纺纱机纺出的纱线量是传统单锭手纺车产量的20倍到30倍。[27]

①该词原指纺纱女工，18世纪起逐渐带有贬义，强调未婚女性的年龄特征或社会身份。

曼彻斯特的联合大街，1829 年。摘自威廉·库克·泰勒（W. Cooke Taylor）的版画，《兰开夏郡工业区参观之旅的札记》（*Notes of a Tour in the Manufacturing Districts of Lancashire*，伦敦：弗兰克·卡斯出版社，1842 年）。

纺纱成为一种以工厂为主导的工业形式，这要归功于理查德·阿克莱特（Richard Arkwright）。他是一位来自兰开夏郡某村庄的理发师兼假发商。阿克莱特的水力纺纱机与18世纪40年代的刘易斯-保罗的纺纱机相似，两者都是利用转动的滚筒拉捻粗纱，并通过绕线装置收卷成品纱线。但是，刘易斯-保罗发明的纺纱机只使用单组滚筒，阿克莱特则使用了两组，滚筒外包裹着皮革层，两组滚筒的间距精确对应棉纤维的单根长度。第二组滚筒的转速略高于第一组，可以同步将棉纤维拉捻成纱线。

1769年，阿克莱特为水力纺纱机申请了专利，并在诺丁汉、克伦福德等地建造了几座纺纱厂，采用马力和水力驱动。1783年，他在曼彻斯特开设了第一家蒸汽纺纱厂。5层高的曼彻斯特工厂很快雇用了600名工人，里面有一台大气式蒸汽机，通过抽水驱动水轮来运转机器。[28]阿克莱特获得了巨额利润，这让许多后世学者认为是技术的需求塑造了工厂的生产制度：机械和工厂是一体的。但细细一想，这一观点站不住脚。事实上，水力纺纱机一词具有误导性，这个词暗指它需要水力驱动，因此需要工厂规模。但和珍妮纺纱机一样，水力纺纱机的原始尺寸较小，适合家庭纺纱使用。阿克莱特初期设计的机器是小型手摇装置，只有4个纱锭。当阿克莱特将水力纺纱机专利的授权限制在拥有1000个以上纱锭的工厂时，这给家纺业造成了致命的打击（减少大型水力纺纱厂数量便于他和商业伙伴监控专利侵权）。实际上，这些大型纺纱厂必须依赖水力或蒸汽动力，家庭厨房里再也无法架起水力纺纱机。阿克莱特的纺纱厂只生产最粗的纺线，他和合伙人雇用贫穷的妇女群体，向她们支付微薄工资，为工厂创造了可观利润。据说，上手这些工作最多3周就够了。阿克莱特的工厂——低工资、低技能、高产量、低品质以及大规模机械化——均体现了工业时代的核心特征。

尽管阿克莱特通过专利拥有了巨额财富，但棉纺行业终究是一种由各种无专利技术杂交而成的粗野产物。1779年，塞缪尔·克朗普顿发明了纺纱“骡机”，将阿克莱特的双滚筒纺纱机与珍妮纺纱机进行了嫁接。此后，一群无名机械师又对骡机进行改进，它的体量变得更大（纱锭总数超过300支）。小型珍妮纺纱机和第一批骡机为家庭纺纱女工提供了支持，但大型骡机需要男纺纱工投入更大的体力才能完成手摇纺纱。由熟练男性纺纱工主导的大型骡机生产模式的转变，宣告独立女性纺纱工时代的终结。1811年，一项全国统计显示，克朗普顿发明的骡机共安装了460万支纱锭，阿克莱特的水力纺纱机共安装了31万支纱锭，哈格里夫斯的珍妮纺纱机则只有15.6万支纱锭。“在一代人的时间里，”艾薇·平奇贝克（Ivy Pinchbeck）写道，“由女性承袭的职业发生了根本性变化，剩下的唯一一类女性纺纱工，就是那些在新工厂里操作阿克莱特水力纺纱机的非专业工人。”[29]

这波纺纱机械发明浪潮并没有真正塑造工厂生产制度，反倒将曼彻斯特分裂成两个相互竞争的棉纺产业——“工厂型”纺纱公司和“仓库型”织布公司。城里的60家工厂型纺纱公司由两家巨头引领，麦康奈尔和肯尼迪联合公司（McConnel & Kennedy）及亚当和乔治·默里联合公司（Adam & George

Murray)。1812 年，这两家巨头的估价均为 2 万英镑，而且都雇用了 1000 多名员工。很少有纺纱公司可以达到这么大的规模。到 1815 年，10 家纺纱公司共用一栋厂房的现象非常普遍。那时，城里仅有四分之一的厂房被一家工厂独家使用。与工厂型公司相比，仓库型公司的数量更多、规模更小（1812 年，最大的仓库型公司的市值是最大的工厂型公司的一半）。仓库型织布公司向工厂型纺纱公司购买成纱，再将纱线“分包”给本地由男女手织工组成的庞大网络。最后，织布公司将成品布收回并进行销售，通常是通过利物浦销往海外市场。[30]

19 世纪 20 年代，曼彻斯特棉纺产业的两个阵营之间存在着许多冲突。纺纱公司和织布公司在出口、关税、童工使用和工厂检验等问题上展开了激烈辩论。纱线出口争议更是引发持续冲突：纺纱公司希望不断扩大出口规模，而织布公司担心扩大出口会提高国内纱线价格，从而让外国织布商占得先机。织布公司致力于用家庭织造打败工厂纺纱。1829 年，一个织布公司的老板对纺纱工厂发出了猛烈抨击，称其为“罪恶滋生地”，并暗示了令人不安的性别角色转变，将纺纱与织布、漂白和染色等更有益处的，“需要男性气概，并能带来健康和独立”的行业进行了对比。[31]

大约在 1825 年，曼彻斯特才形成了大致的综合工厂体系。当时，曼彻斯特已经有 38 家综合纺织公司，大多是自 1815 年以来成立的“新”公司，或者是收购、自建纺纱厂的仓库型公司。到 1825 年，与 10 年前形成鲜明对比的是，大多数工厂（70%）已经独家使用一座厂房。约 1830 年，自动骡机和运转平稳的动力织布机崭露头角，融入并巩固了现有的工厂化工业体系。性别划分也变得根深蒂固。和所有的管理工作一样，骡机肯定是男人的工作，而小型精梳毛纺机的操作和织布工作一般都归入女性领域。（操作自动骡机不再需要男性力量，因此有可能由女性运行，但由男性主导的强大的纺纱工会将女性排除在这一具有技术性且收入更高的行当之外。）

根据 1841 年的政府报告《兰开夏郡工厂收益》，综合型企业拥有的员工及机械马力，远超过细纺纱、粗纺纱和动力织造厂等非综合型企业的总和。然而，1815 年至 1841 年，大型企业（工人人数超过 500 人）占该地区工厂总就业人数的比例从 44% 降至 32%，而中型企业（工人人数为 150—500 人）填补了这一差距，占工厂总就业人数的 56%。早期的大型企业都是专业化巨头——麦康奈尔和肯尼迪联合公司将大量纱线产出销售给格拉斯哥的织布商——因此无法在瞬息万变的市场中迅速行动。1829 年的《曼彻斯特公报》预言了曼彻斯特在海外帝国主义中的重要作用（在第 4 章中讨论）：“布料或纱线的销售所得将不抵支出……人们的目光在世界地图上徘徊，寻找着新的市场。”[32]

讽刺的是，就在曼彻斯特因“棉都”而声名鹊起之时，这座城市的产业基础正悄然变化。数十年来，曼彻斯特不仅是该地区最大的纺织工业城市，还是商业中心。曼彻斯特交易所于 1809 年在市中心开放，作为商人和制造商的交流场所。在 19 世纪头几十年里，曼彻斯特的棉纺产业迅速发展。1841 年，纺织工人的数量超过了曼彻斯特所有其他制造业工人的总和。该市的棉纺产业规模在 1851 年达到顶峰，工人人数超过 5.6 万人。然而在同一年，织物整理、机器制造、房屋建造等制造业的就业人数总和首次超过棉纺业的就业人数。自此，曼彻斯特经济增长不再依赖于城内的棉纺厂，而是依托于整个区域的棉纺织业。[33] 在曼彻斯特，染料和漂白剂生产作为纺织工业的附属产业发展起来。

当时，曼彻斯特最重要的附属产业无疑是机械制造产业。虽然第一代机械制造商也生产纺织机并管理纺织工厂，但 19 世纪中叶的机械制造商——伦敦移民一代——则专注于设计、建造和销售机床。理查德·罗伯茨于 1816 年从伦敦来到曼彻斯特，专门经营大型工业刨床，以及齿轮切割、螺纹加工和插床。罗伯茨第一个成功的纺织机械发明是织机钢筘制造机，由其与夏普公司的合资企业生产。自动骡机是罗伯茨最著名的发明，于一次纺织工人罢工期间完成。根据工业作家塞缪尔·斯迈尔斯（Samuel Smiles）叙述的故事，罢工期间，该地区棉纺制造商代表团来找罗伯茨，建议他“发明一种自动式机械，让骡机以适当的速度运转，让他们在某种程度上甩开难对付的工人阶层”。[34] 历经 4 个月的努力，罗伯茨偶然发明了自动骡机，并在 1825 年申请了专利。1832 年，他革新出带径向摆臂的“自动绕纱”装置。两年后，罗伯茨 - 夏普联合公司开始大量生产机床。1848 年，罗伯茨又一次在劳工斗争中发明了新式铆钉冲孔机，这使得建设横跨梅奈海峡的不列颠尼亚桥成为可能。

约瑟夫·惠特沃斯是著名的亨利·莫斯莱的门徒，曾在伦敦接受训练。1833 年，他来到曼彻斯特，发明了一系列提高机械设计和标准螺纹精度的技术，其著名的千分尺的测量精度可达百万分之一英寸。惠特沃斯发明的机床、钢盔甲和武器装备让他名利双收。詹姆斯·内史密斯的专长是制造超大锻件，他发明的大型蒸汽锤俨然是工业时代的标志。在乔治·斯蒂芬森修建的利物浦—曼彻斯特铁路和布里奇沃特运河附近，他成立了布里奇沃特铸造厂，雇用了多达 1500 名工人制造蒸汽机、机械和机车。内史密斯孜孜不倦地宣传机床（尤其是自动机床）相对于技术工人的优越性，他写道，这些机床“从不会喝得醉醺醺，手臂从不会过度震颤，从不旷工，从不会因为工资而罢工，可以保持始终如一的准确性和规律性”。[35]

罗伯茨的自动机器是应陷入罢工的制造商的要求发明的，而内史密斯及工人的冲突证明（正如他对一位友人所述，他退休是为了摆脱“工会这座步步紧逼的火山”），问题不仅关乎商品的高效生产。曼彻斯特见证了一场尖锐的社会冲突。1819 年 8 月 18 日，在一个宪章派工人政治改革者集会上，神经紧张的曼彻斯特地方民兵对群众开枪，造成 11 人死亡，数百人受伤。这场屠杀引起了气氛紧张的余波，一名伦敦银行家指出：“这是经商者的愿望和策略，他们要竭尽所能压低劳动力价格。”工业主义引起的社会冲突蔓延到了街头。“粉碎机器、毁坏工厂和其他财产，以及攻击‘罢工破坏者’的事件频频发生。”1812 年罢工的纺纱工人袭击工厂，1826 年有组织地破坏机器，以及 1842 年的“塞子暴乱”（不满的工人取下蒸汽锅炉的塞子使其无法运转），这些都构成了某作家所说的“社会战争中的战役”。[36]

显然，一些前所未有的事情正在发生。“曼彻斯特是世界的烟囱。”1839 年从印度暂时回国的少将查尔斯·纳皮尔（Charles Napier）如是说。“什么鬼地方！地狱之门已经打开。”查尔斯·狄更斯对此表示赞同。在 1838 年第一次造访曼彻斯特后，他在致友人的信中写道：“目之所及无不让我感到憎恶和惊愕。”狄更斯的经典工业小说《艰难时世》（*Hard Times*）描述了以曼彻斯特为背景的工业主义所带来的物质和道德堕落，这也是伊丽莎白·盖斯凯尔（Elizabeth Gaskell）的小说《玛丽·巴顿》（*Mary Barton*）的主题。太多照片广为人知——“烟囱林立，大量蒸汽和烟雾喷涌而出，形成了一个漆黑的天篷，像是要笼罩并席卷整个城市”——以至于一位美国评论家根本无须到访英国，就可以发表他对曼彻斯特的“第一手”观察。[37]

但并非所有造访者都感到沮丧或憎恶。“一种珍贵的东西就藏在肮脏的外表之下，那不是梦想，而是现实。”典型的保守主义者托马斯·卡莱尔（Thomas Carlyle）在 1838 年的一次造访后评论道。“你可曾用健全的双耳听到，曼彻斯特的钟声在星期一早晨五点半就将你唤醒，成千上万个线轴和纺锤嗡嗡作响，犹如大西洋鼎沸的潮水声，从成千上万个纺织厂奔涌而出——它或许像尼亚加拉瀑布一样壮观，甚至有过之而无不及。”本杰明·迪斯雷利（Benjamin Disraeli）在《科宁斯比》（*Coningsby*）中也注意到了这个“充满新思想和新思路的新世界”。他说：“不难理解，曼彻斯特和雅典一样伟大。”[38]

所有这些喧哗激起了年轻的弗里德里希·恩格斯造访曼彻斯特的兴趣。恩格斯于 1842 年 12 月抵达曼彻斯特并停留了 21

个月，其间还作了详细的记述。不同于大多数作家访客，恩格斯通过亲身经历来了解纺织工业。在德国时，他曾在父亲的纺织厂做过学徒，还在一家纺织品出口公司磨炼了商业技能。在离开德国之前，他和《莱茵报》编辑卡尔·马克思会面，并承诺给他关于英国工业的第一手文章。对恩格斯来说，曼彻斯特是工业革命的发源地（他特别使用“工业革命”一词来描述）。恩格斯在曼彻斯特的欧门-恩格斯纺织厂（他父亲拥有部分股份）工作，因此有足够的时间来观察这座城市的工薪阶层。恩格斯刻意避开“中产阶级的宴会、香槟和波特葡萄酒”，一名年轻的爱尔兰女工玛丽·白恩士为他打开了工人阶级的大门，他们一起生活了 20 年。

回到德国后，恩格斯对《英国工人阶级状况》（*The Condition of the Working Class in England*）作了最后的润色。[39] 这本著作旨在成为经典之作。恩格斯将曼彻斯特视为工业革命的“杰作”和“所有工人运动的主要动力”。他写道，在曼彻斯特，“现代工业的本质”一目了然：水力和蒸汽动力取代了人力，动力织机和自动骡机取代了手工织布机和纺车，劳动分工“达到了极致”。因此，“工业化的必然结果”——尤其是对工人阶级的影响——是极其显著的。曼彻斯特不仅揭示了蒸汽动力、机械和劳动分工导致的工人阶级的堕落，而且还揭示了“无产阶级自力更生的艰苦努力”。

恩格斯在作品中很少描述纺织厂的工作条件，除了提到“印象中我从未在纺织厂的精梳毛纺机房里见过一个健康、健壮的女性”。他直指这座城市糟糕的生活条件以震惊读者：一处破败的住所距离一条充斥着污物垃圾、散发着恶臭的黑色河流仅 6 英尺之遥，河水被制革厂、染坊、磨粉厂、下水道和厕所污染。最贫困的劳动人民租住在河面之下的地下室里，地面没有砖，永远潮乎乎。养猪户租用了公寓大楼的空地，从窗户扔出来的垃圾养肥了猪，露天的厕所臭气熏天。恩格斯统计了一间厕所的使用人数（最多 380 人），总结道："只有工业才有可能让刚刚从农奴制中解脱出来的工人再次被当作奴隶而不是人。"

小爱尔兰地区是曼彻斯特最糟糕的地方，4000 名居民被麦诺克河、铁路、棉纺厂、煤气厂和铸铁厂包围着。"成堆的垃圾、碎屑和令人作呕的污物到处都是，其间散布着一摊摊死水。十几个工厂的烟囱排放出浓烟，染黑了天空，臭气熏天。衣衫褴褛的妇女和儿童在街上四处游荡，他们就像在垃圾堆和臭池子里快乐打滚的猪一样肮脏。"一间潮湿的地下室让恩格斯感到震惊不已："逼仄的环境里挤着 12 到 16 个人。"一个男人与他的妻子、嫂子同睡一张床，这样的事比比皆是，已经超出他的中产阶级想象力。男女混居的公共公寓也一样，"每个房间的地板上都打着五到七张地铺，男男女女随意地挤在一起"，发生了"许多反常和令人作呕的行为"。

在与马克思于 1848 年共同发表《共产党宣言》后，恩格斯回到曼彻斯特，再次为欧门 - 恩格斯纺织厂工作，最终成为正式合伙人。这些年间，靠着恩格斯的资助，住在伦敦的马克思整日在大英博物馆创作《资本论》。一家资本主义纺织公司的所得收益毫不掩饰地用于资助最伟大的资本主义批判家，这让《共产党宣言》中的名言多了巧妙的讽刺意味——"资产阶级……首先生产的是它自身的掘墓人。”[40]马克思本人没有第一手的工业实践经历，所以他把恩格斯对曼彻斯特的描述作为资本主义工业的典型，他们两人都没有注意到谢菲尔德形成了一种完全不同的工业模式。

钢铁之城：谢菲尔德

“从曼彻斯特前往谢菲尔德的旅途中，我们没有穿越富饶的乡村，而是沿着一个山谷，四周是起伏不平的荒凉丘陵，再穿过黑色的沼泽地，那里有密密麻麻的树木。”19 世纪 50 年代中期居住在利物浦附近的小说家纳撒尼尔·霍桑（Nathaniel Hawthorne）写道：“火车在进入谢菲尔德车站之前需要检票，因此停了一两分钟。在那里，我看到这个以剃刀和折刀而闻名的城市，被弥漫的云雾笼罩着。它给我的印象十分模糊、朦胧（或者更确切地说，烟雾缭绕），在我看来，谢菲尔德比曼彻斯特、利物浦或伯明翰更朦胧，甚至除了纽卡斯尔，它是烟雾最浓厚的英国城市。谢菲尔德仿佛是冥王普鲁托治下的都城，笼罩在硫磺蒸汽之中。”[41]

谢菲尔德是国际著名的钢材中心，生产的钢材质优且价高。谢菲尔德人将瑞典的铁条制成坩埚钢，在亨利·贝塞默于 19 世纪 50 年代改进炼钢法之前，这是唯一能大规模生产的钢材（见第 6 章）。谢菲尔德从事炼钢的工匠不在少数，他们投身不同行业之中，包括切割、锻造钢条，以及研磨折刀、餐刀、锯子和锉刀。谢菲尔德向美国的出口量高达其总产量的三分之一，美国已然是捕兽夹、农具、猎刀和其他钢条半成品的畅销市场。谢菲尔德典型的工业模式与曼彻斯特集中式工厂不同，而是形成了分散的技术工人网络。

一如伦敦的港口、曼彻斯特的潮湿空气和煤炭，谢菲尔德的产业由其地理环境所决定。熔炉的煤炭燃料开采自数英里之外的奔宁山脉南部的广阔地带。砂轮用的砂岩以及陶罐、砖块用的“耐火材料”也来自附近。此地的 4 条大河［包括命名该地的希夫河（Sheaf）］汇入顿河，形成了 30 英里长的河滨地带，其水力足以带动工业发展。该地有 115 个水磨坊，一部分用于碾磨谷物、造纸或研磨鼻烟，多数用于研磨、锻造和轧制该地区特有的钢材。

谢菲尔德在 1775 年已经是英国第 8 大城镇，人口规模在 1801 年至 1851 年增长了近两倍，达 13.5 万人。其早期发展建立在繁荣的家庭手工业之上。17 世纪早期，工坊里满是制作剪刀、剪子、锉刀、钉子、叉子和剃须刀的工人。为了组织、促进和保护贸易，谢菲尔德的熟练工匠们在 1624 年成立了刀匠公司。寻找高质量市场的工匠们还专门生产用于存放烟草、鼻烟和小件饰物的小金属盒。在 18 世纪 40 年代，两项著名的发明确立了该地区近一个世纪的技术优势：坩埚钢和“谢菲尔德镀银器”。谢菲尔德镀银器是把银箔镀在铜制餐具上，让经济实惠的铜制品闪烁着银箔的光泽。早在 1800 年之前，锯子、铁砧、长矛和家用餐具制造业——无疑都是这座城市最著名的早期产业——就已声名显赫。

1824 年，该市一位年代史编者记录了 62 种颇具知名度的产

水晶宫里的谢菲尔德餐具，1851 年。罗杰斯父子公司生产的刀具有 12 英寸长，“内置 80 个刀刃和用黄金镶嵌、蚀刻和雕刻的器具”。克里斯托弗·霍布豪斯（Christopher Hobhouse），《1851 年和水晶宫》（*1851 and the Crystal Palace*，伦敦：约翰·默里出版社，1937 年），第 94 页。

品。按字母顺序排列，仅 B 字母开头的产品就包括刺刀、风箱、蒸汽锅炉、骨制刀柄、曲柄钻、黄铜凿刀、普通黄铜、不列颠合金、屠宰用刀、纽扣和包扣。以餐刀和折刀制造商为首的 10 家刀具商雇用了超过一万人。部分刀具行业的规模很小，比如从事碟盘、汤匙和餐叉锉削生产的工匠只有 50 人。1841 年，尽管女性被排除在技术性工种所必需的学徒培训制度之外，但仍有 159 名女性刀匠、158 名女性剪刀工匠、123 名女性锉刀工匠和 42 名女性餐叉制作工匠，还有许多装柄工和锯骨工。这类专业化高级技能工种吸引了越来越多的工人（以及制造商和买家）来到该地。1841 年，谢菲尔德拥有英国 54% 的锉刀制造商、60% 的刀具制造商和 80% 的锯子制造商。[42]

谢菲尔德举世闻名的坩埚钢是 18 世纪 40 年代的第二项著名发明，这归功于一位名叫本杰明·亨茨曼（Benjamin Huntsman）的钟表匠。为了制作合适的钟表弹簧，他提高了炼铜熔炉的热量，以熔化在木炭中烘烤了一周的渗碳钢。亨茨曼的成功在于研制出了一种极度耐高温的坩埚陶制容器。在 18 世纪 70 年代早期，亨茨曼利用自己的发明建造了一座炼钢厂。1800 年，谢菲尔德地区有 9 家生产渗碳钢的公司，11 家把渗碳钢熔炼成坩埚钢的公司，还有若干将铸钢锻造成钢棒和钢条的水力工厂。随着地方、全国和海外市场的多样化，谢菲尔德的坩埚钢铁行业稳步增长。19 世纪 40 年代，谢菲尔德地区的炼钢工业雇用了约 5000 名工人，生产了英国 90% 的钢铁，约占世界总产量的一半。

应当明确，对曼彻斯特而言至关重要的工厂生产体系在谢菲尔德并不存在。1831 年，一位造访者写道："大部分制造商低调经营着四处分散的小作坊，没有大钢铁厂的噪声和喧嚣。"一家著名的剃刀制造厂显然把美国造访者搞糊涂了，这人也许认为自己会看到一家大型的曼彻斯特式工厂，结果却发现工人分散在各处——先在一处建筑里粗制刀刃，然后拿到街对面进行精加工，再送到"距离甚远"的第三处工厂打磨，再送到第四处与刀把一起打包，最后发往货仓销售处。19 世纪 50 年代，即便是约瑟夫·罗杰斯（Joseph Rodgers）和乔治·沃斯滕霍姆（George Wostenholm）等雇用了 500 多名工人的大型刀具商，也依赖于该地区特有的外包生产系统。刀匠并不见得是全职员工，合适的话，他们会为多家公司工作。一名刀匠可能一生都致力于制作一种类型的刀具。"要是叫他做别的，那麻烦就大了。他会不高兴，干脆脱掉围裙，喝酒度日。"1844 年，一位造访者观察到，无论工厂规模大小，"各类制造商都十分依赖彼此，他们之间存在着诸多关联环节，所以，我们认为把谢菲尔德看作一个巨大的钢铁工厂十分恰当"。[43]

加入谢菲尔德制造企业的行列并不需要建造、购买甚至租用工厂。"一个成熟的制造商只需要一个名字印章和一间小小的家庭办公室或房间"，这并非不可能。制作刀具或刃具所需的全部技术活——锻造、淬火、打磨、装柄，甚至制作标识印章——都可以通过走访街巷间技艺精湛的工匠作坊来搞定。一个有野心的工匠通过赊账购买原材料并雇用同行，便可成为一个"小老板"，摆脱工人阶层，更上一层楼。一些公司什么也不用做，仅仅协调这种"雇佣关系"就可以把成品销售至海内外。

这类公司具有资本低、周转快以及“从实际业务出发进行业务选择”的灵活性等优势。[44]

将中小型企业连接成区域网络，这也是谢菲尔德炼钢行业几十年来的典型特征。特定的公司致力于将钢条加工成渗碳钢，而另一些公司则致力于将渗碳钢熔炼（或“精炼”）成坩埚钢铸锭。专业轧钢厂和锻造厂将钢锭加工成有用的钢条和钢棒，即使是大型钢铁企业也依赖此类配套服务。[45]从19世纪40年代开始，谢菲尔德的钢铁公司东迁至顿河谷沿岸，那里不仅土地便宜，还靠近新铁路。杰索普（Jessop）在19世纪50年代开设的布莱特赛德工厂拥有10座吹炼炉和120个坩埚熔炼炉，一度成为这个国家最大的钢铁公司。不少制造商都在该地开设工厂，包括卡默尔（Cammell）在1846年开设的库克罗普斯工厂、弗思（Firth）在1852年开设的诺福克工厂、约翰·布朗（John Brown）在1855年开设的阿特拉斯工厂，以及维克斯（Vickers）在1863年开设的顿河工厂。

这些大型钢铁公司贡献了该地区的大部分钢铁产量，随着亨利·贝塞默发明转炉炼钢法，这些公司的规模也进一步扩大。1858年，贝塞默在谢菲尔德建了一家钢铁厂，用他的话说，其目的“并非垄断炼钢工艺，只是通过在市场上进行低价销售，迫使行业采用我的炼钢方法……同时保持极高的利润率”。[46]19世纪60年代初，贝塞默将其炼钢法授权给建造了大型钢铁厂的约翰·布朗、查尔斯·卡默尔和塞缪尔·福克斯。1864年，约翰·布朗的投资资本几乎是只经营坩埚钢生意的头部公司（维克斯）的5倍，员工人数则是其3倍多。布朗开设的阿特拉斯工厂占地 21 英亩。在 19 世纪后半叶，这些大型钢铁厂和超大型锻造车间成为谢菲尔德第二代钢铁工业的象征。一系列新兴高科技合金钢让谢菲尔德始终走在高质量钢铁制造的前沿，一直持续到 20 世纪。

从水力到蒸汽动力的转变颠覆了该地区的工业版图，尤其是依赖动力的行业。其中最受影响的就是研磨行业，可以细分为不同分支，如剪刀、餐叉、针、剃须刀、折刀、锯、锉刀和镰刀。西德尼·波拉德（Sidney Pollard）在关于谢菲尔德产业工人的著作中写道："磨工们是最后离开农村的……他们在河边工作，利用河流的水力，他们有自己的习惯、习俗和传统。"[47]磨工将从采石场挖来的粗糙砂岩打磨成砂轮，然后骑跨在砂轮上，就像骑在马鞍上一样，把待打磨的物体紧压在旋转的石面上。这项工作对体力要求很高，而且危险程度令人难以置信。

在 19 世纪 50 年代炼钢厂扩建之前，蒸汽动力的应用是唯一影响谢菲尔德各业的"工业"技术。蒸汽动力于 1786 年首次应用在研磨工场，此后逐渐扩大应用范围。（在谢菲尔德，研磨工场指包含许多车间的建筑，每个车间有 6 个可供磨工匠操作的独立研磨槽。）正如波拉德所述，蒸汽动力的应用"改变了磨工的生活方式，他们变成了居住在城镇的全职产业工人，而不再是乡村手工业的兼职工。蒸汽在切割、上釉和钻孔方面的应用同样吸引了刀匠、切割工、装柄工等群体，他们纷纷离开家庭作坊，进入配备动力的城镇车间"。到 1854 年，谢菲尔德拥有 109 台蒸汽机，研磨业消耗了该市 58% 的蒸汽动力，剩下的大部分都被刀具和工具制造业使用。[48]

尽管研磨行业集中在城镇，但成为“小老板”的可能性仍然存在。这些小老板雇用同行磨工，希望成为成熟的制造商。内部工人使用自己的砂轮按固定的计件工资获取报酬，外包工人可以同时为多个制造商工作，他们在公共研磨工场租用研磨槽，按周缴纳租金，工场主人会提供场地和动力。有抱负的外包工人也有可能成为小老板，他可以自行购买原材料，通过中间商回收产品，再租用几个研磨槽并雇用同行来干活。这里有一组 1824 年的数据：租用 1 个研磨槽的有 35 个磨工，租用 1.5 个至 3 个研磨槽的有 30 个磨工，还有 1 个磨工在租用 4 个研磨槽之后，又另外租用了 6 个。

蒸汽研磨造成了数不胜数的工人死亡。“在蒸汽动力被引入这个行业之前……磨工的死亡几乎闻所未闻。”19 世纪 60 年代中期的一份就业报告写道。在此之前，磨工在农村的水力砂轮上打短工，拥有大量的时间忙碌农作和园艺。随着他们的工作发展为全年无休的全职职业，许多磨工病倒了，并最终死于我们今天所认定的硅肺病和肺结核。“干法研磨”是最为致命的研磨方式（砂轮上没有水），其可以研磨更多的钢材，工人能不断观察被研磨的物体。长期以来，针具、餐叉、纱锭、剪刀和剃须刀的研磨均采用这种方式。一名医生表示：“在干法研磨过程中，石头和金属产生的大量灰尘弥漫了整个房间。”[49]

在谢菲尔德，磨工的平均寿命短得可怕。1820 年至 1840 年，米德兰周边大多数普通人口（62%）的平均寿命超过 50 岁。然而，高达 58% 的餐叉和针具磨工 30 岁前就会死亡，75% 的剃须刀和锉刀磨工 40 岁前会死亡。虽然锉刀采用湿法打磨，但是它需要用锋利的凿子在铅粉垫层上进行切割，这造成 2000 名从业男性出现“绞痛和麻痹”的症状。只有台式刀具、镰刀和锯子磨工有概率活到 50 多岁。研磨餐叉和剃刀的风险太大，所以这些磨工被排除在其他磨工的工作区域之外，也无法加入旨在给予医疗补助的“病人社团”。一个餐叉磨工说：“下个月我就 36 岁了。老板，你也知道干我们这一行，这个岁数已经是行将就木。”锯子、镰刀和台式刀具普遍使用湿法研磨，这些磨工罹患肺病的概率较低。到 1840 年，折刀和小刀也采用湿法研磨。所有磨工都面临一个重大威胁，即砂轮在转动时可能会炸裂。一名磨工证实，18 年里，至少有 10 颗石头在他身下迸裂。《伦敦时报》《伦敦新闻画报》《英国医学杂志》等报纸均发表过有关这些恐怖情形的报道，英国皇家专门调查委员会和英国议会也证实了这些情形。[50]

一方面，蒸汽动力造成了危险的工作环境，直接导致大量磨工死亡；另一方面，蒸汽动力驱动大量居民涌进最贫穷的中心城区，间接导致了他们的死亡。19 世纪 40 年代，公共卫生改革家对谢菲尔德在抗击霍乱流行病、治理坟场排水和街道清洁方面的成绩大加赞赏。随着生活条件改善，5 岁以下儿童的死亡率从 1841 年的 32.7% 下降到 1851 年的 10.9%。然而，19 世纪 50 年代，城市中心区的建设热潮让这些稳定的卫生改善努力功亏一篑。许多研磨厂、锻造厂和轧钢厂改用蒸汽动力，把工厂从郊区搬迁至城市，导致中心区遍地都是厂房。建于城市东部地区的大型蒸汽动力炼钢厂，也是城市拥挤的原因。市中心的开阔场地盖满了建筑物，一些屋顶低矮、通风不良的房子也被改造为工厂。1861 年，一名权威观察员称："凡与洁具相关的一切，谢菲尔德已经远远落后。"

> 缓缓流经城镇的 3 条河流，如今成了最污秽不堪的沟渠。有一处地方……竟然流淌着血液。这些河流，原本应为谢菲尔德带来宜人的水源，现在却被污物、粉尘、粪便和腐肉所污染；河堤破败不堪；露天厕所到处可见；这里还常常成为灰烬和动物内脏垃圾堆——最荒凉破败、最令人作呕的地方。被迫吸入这么多腐败空气的人根本别指望有一副健康躯体。[51]

谢菲尔德极其糟糕的公共卫生条件与伦敦、曼彻斯特类似，原因大致相同：城市人口密集，生活条件肮脏，缺乏干净饮用水。谢菲尔德的水源来自城外一个清澈干净的水库，但要经过一英里长的铁质管道才能输送到城里，这些水未经过滤，变得浑浊且带锈。1843 年，该地区有 75%（2.5 万户之中的 1.9 万户）的幸运住户接入了供水系统，他们每周有 3 天可以从院子里的储水管中汲取两个小时的水。其他时间，这些人家得将水储存在浴缸、水桶和水箱里。25% 没有城市供水的家庭只能靠水井碰碰运气，而贫困家庭只能在院子里掘井，但那里也有十几户人家的厕所。纵然改革家的说法有些夸张，但谢菲尔德的公共卫生条件的确糟糕透顶，且每况愈下。据可信报道称，19 世纪 60 年代中期，一些露天厕所为 60 人"履行服务"。一名记者在城内的一座桥下数出了 28 具腐烂狗尸。19 世纪 60 年代到90年代，该市的成人死亡率有所改善（仍然高于全国平均水平），婴儿死亡率则没有变化。在这几十年中，谢菲尔德有六分之一的婴儿不到1岁就夭折。[52]

本章所考察的工业版图——伦敦的多维城市网络、曼彻斯特的工厂生产体系和谢菲尔德的专业区域网络——证实了工业革命存在多条"路径"这一观点。多种工业模式同步改变了英国。在人口增长、港口活动和首都地位的推动下，伦敦实现了多维度同步工业化，其工业布局常以紧凑的区域形式呈现，并且始终与附属产业密不可分（如通过波特啤酒酿造业发展起来的附属产业）。酿酒、造船、工程和建筑是主要的创新中心，但如果没有诸多附属产业支撑，伦敦就无法实现工业化（也难以维持持续增长的人口和市场影响力）。在1851年的水晶宫展览会上，这座城市展示了这个国家的工业成就。

曼彻斯特的单一棉纺工业体系与伦敦的多维发展形成了鲜明对比。在曼彻斯特，棉花为王。随着棉纺织品渗透到周围的兰开夏地区，曼彻斯特增设了漂白、印刷和染色等附属产业。该地对纺织机械的需求吸引了伦敦的机械制造商，他们搬到曼彻斯特，带来了关键的附属工业技术，制造了机床、桥梁和机车。谢菲尔德专注于优质钢材行业。从某种意义上说，整个城市构成了一个密集的产业空间网络——"一座钢铁之城"——涵盖将钢条制成折刀、餐刀、锯子、锉刀和其他值钱东西的所有专业技能。不同于曼彻斯特的资本密集型工厂，谢菲尔德的工业网络模式，尤其是小作坊老板系统的维持，为职业流动提供了更大空间。谢菲尔德的工匠们在镀银和坩埚钢上的创新、对酸性转炉钢的采用，以及这座城市在优质专业钢铁制品方面的国际声誉，均证明了他们不是前工业化时代的工匠。谢菲尔德是经济学家阿尔弗雷德·马歇尔（Alfred Marshall）提出的动态产业区的典范，体现了知识传承、附属行业、高度专业化的技术、本地专业技能市场和产业领导力等特征。[53]

然而，糟糕的污染与贫穷在这3个工业化地区均显而易见，为工业社会批评者的批评添了把火。的确，令人们感到震惊的是，不同的工业革命道路最终都会造成同样可怕的环境后果。蒸汽动力形成了一股集中化力量。无论是在伦敦、曼彻斯特、谢菲尔德还是其他地区，相关行业的工人都不太可能住在郊区，吃新鲜的食物、喝干净的水，也不太可能精通专业技术并获得合理报酬（尤其是女性）。蒸汽动力工厂涌入城市，那里的煤炭运输最为方便，不仅拥有工厂工人，还拥有一大群引领需求的店主和服务业员工。就这样，大量居民被蒸汽推搡着涌进工业城市。蒸汽机越大，热效率越高，这让唯利是图的实业家们有了不屈不挠的动力，他们建造了更大的工厂，这种空间聚集模式得以继续存在。事实上，蒸汽动力工厂带来了确切无疑的社会问题，在这些问题的启发下，鲁道夫·迪塞尔（Rudolf Diesel）发明了内燃机，他希望能够以此将动力（权力）名副其实地还给那些分散的小规模农村作坊。[54]

诚然，工业化城市冲击着人们的理智与情感，但这并非全貌。事实上，工业革命并没有在数十年间创造出一个单一同质化的“工业社会”，反而造成了英国社会的严峻差异。许多评论家怀揣着传统情感而来，工业化城市的贫民窟却让他们大感震

建造水晶宫，1851年。水晶宫是为1851年伦敦世博会而建，展现了英国的商业和工业实力。图中工人正在装配玻璃，30万块12英寸×49英寸的玻璃构成了水晶宫的屋顶。克里斯托弗·霍布豪斯，《1851年和水晶宫》，第48页。

惊。传统的乡村生活方式在整个工业时期仍持续存在，且往往紧邻城市。只要骑上一天的马，伦敦的富人即可退避到乡间庄园，城里的穷人却只能囿于“黑暗的血汗工厂”。弗里德里希·恩格斯对曼彻斯特肮脏生活环境的批判，是基于道德主义的中产阶级价值观视角。曼彻斯特的工业发展引发了轩然大波，因为这里和其他工业中心似乎将英国分裂成了“两个国家”。相比之下，羊毛业等以农村为基础的传统工业的工作和生活条件基本未受到批判性评论。

从长远来看，要全面理解工业革命的全貌，不仅需要考量英国之外国家的贡献，更要关注它们在工业化进程中展现的多样化实践。这里只能进行简要介绍。首先，经典的工业技术通常是各国智慧交融的结晶。英、法、美等国之间频繁的交流和技术转移促进了纺织工业的形成。印度的工匠用全世界都艳羡的固色染料制作出各种等级的印花棉布、平纹布和细布。与此同时，美国人大量使用英国的纺织机，他们建造的综合纺织厂比曼彻斯特早了近 10 年（弗朗西斯·洛厄尔在马萨诸塞州设立的开创性完整纺织工业体系）。同样，人们可能会把独特的“美国制造体系”视为对 18 世纪 80 年代法国步枪制造技术（其特点是可互换零件）的复制与机械化。炼钢工业是美国的另一项显著成就，同样依赖于从英国、法国、德国等国家引进的生产工艺。[55]

不同国家走上了不同的工业革命道路。瑞典和美国等国家有着丰富的木材和水力资源，因此他们在很大程度上可以独善其身，无须面对煤炭和矿产枯竭的紧迫问题，而正是这些问题推动了英国蒸汽机的发展。斯万特·林德奎斯特（Svante Lindqvist）就 18 世纪后期瑞典技术的优先级进行了大致梳理：在皇家模型馆展出的 212 个技术模型中，农用机械 43 台、燃木壁炉 29 台、采矿机 30 台、手工纺织机 33 台、水力机械 35 台，蒸汽机只有 1 台。[56]（奇怪的是，瑞典和美国早期从英国引进纽科门蒸汽机的尝试都以彻底失败告终。）而且与英国相比，以煤为燃料的炼铁技术在瑞典和美国出现得较晚，其关键原因就是后两者都有充足的木炭作为燃料。瑞典通过燃烧木炭来制造著名的钢条，再出口到谢菲尔德和世界各地。这些国家对水力的依赖程度甚至超过了英国，其结果是，由于水利设施分布在河流沿岸，所以人们不会匆匆涌入以蒸汽和煤炭为中心的城市。

虽然原材料可得性的差异会显著影响一个国家的工业道路，但文化和政治倾向造成的影响也不容忽视。法国没有遵循英国式工业革命的模式，而是追求以工匠为基础的工业道路，这种模式依靠技术娴熟且灵活的劳动力，并因地制宜地适应区域市场。尽管法国的人口大约是英国的两倍，但大城市数量只有英国的三分之一（人口超过 10 万的城市只有 3 个，而英国有 9 个）。在已高度城市化的荷兰，手工艺导向型与大规模生产型工业构成了鲜明的混合格局。在 19 世纪 70 年代才实现政治统一的德国，工业化进程总体上发展较晚，但以鲁尔区等工业城市为代表的地区却实现了迅猛发展——这些城市依托钢铁、煤炭等重工业而崛起。

自 20 世纪 70 年代以来，历史学家一直强调工业和经济增长来源的“多样性”。在这些解释中，棉花在英国工业革命中的

"国王"地位被强行废黜，取而代之的是羊毛、皮革、建筑甚至工厂生产体系的丰富性和多样化，以及不同国家采取"不同工业化路径"的观点。相比之下，近期的资本主义史研究则将棉花重新奉为王者。斯文·贝克特（Sven Beckert）在其获奖著作《棉花帝国》（*Empire of Cotton*）中重新将棉花置于世界历史的中心。贝克特认为在900年的人类历史中，棉花是最重要的生产物资，就连香料、黄金、白银、羊毛、蔗糖、铁、钢，甚至蒸汽动力也只能靠边站。他指出："全球棉花产业将中国和印度的技术与非洲的劳动力、欧洲的资本与美洲的土地殖民联系在一起，将巴西的消费者与英国的制造商联系在一起。"然而，棉花的历史是一段充斥着暴力与强制统治的肮脏历史。用一位评论家的俳句诗来概括："棉花之于全球资本主义 / 既是核心 / 也是伤害多数人类的利器。"[57]

在接下来的章节中，我们将看到工业技术在制度、现代主义、战争和全球化时代的差异。工业技术塑造了这些时代，也引领了这些时代的变革。我将在下一章继续介绍英国的实业家、技术专家和政府官员在步入技术的新帝国主义时代之际，他们的目光"在世界地图上徘徊，寻找着新的市场"。

第 4 章　帝国的工具（1840—1914 年）

在工业革命的推动下，英国的技术在 19 世纪中期进入了一个稳定阶段。1851 年，英国在伦敦水晶宫博览会上展示的机械奇迹激起了人们的想象。但那时，英国也面临着大批不断崛起的欧洲和北美竞争者。19 世纪中叶，在英国本土及随后的工业化世界大部分地区，随着殖民势力着手应对海外帝国面临的空前挑战，一个新的技术时代逐渐成形。发明家、工程师、商人、金融家和政府官员将注意力从国内的高炉和纺织厂转向了殖民地的蒸汽船、电报和铁路。在帝国的支持和引导下，这些技术让西方政治权力和经济影响力在全球范围内急剧扩张。

就帝国而言，英国自然不是后来居上者。1763 年，随着“七年战争”的结束，英国得到了法国在印度和北美的大部分领土。然而，在接下来的 10 年里，美国殖民地拒绝为这场战争的沉重代价买单，他们反对新税并发起叛乱。一个英国人认为，假如英国具备有效的通信技术，这场叛乱就不可能成功。[1] 英国的下一个困局是对印度的统治。英国昔日重商主义的产物东印度公司与新兴的实业家产生了冲突。由于实业家们不遗余力地进行反重商主义游说，1813 年，议会取消了东印度公司对一本万利的印度贸易的垄断权。随后在 1833 年，议会对东印度公司重新授权，但废止了它对印度境内英国私营商人的控制权，并终止了它仅存的商业垄断——对中国贸易的垄断。市场新玩家随即蜂拥而至。半岛东方轮船公司于 1840 年拿下英国和埃及签订的高价邮务合同，并与印度建立了发展纽带。19 世纪 40 年代，“自由贸易”理念的兴起受到了英国实业家的推动，他们渴望为工厂获取原材料、为工人提供廉价食品，这导致他们陷入了对远东地区的疯狂争夺。至少 60 家在中国的英国贸易公司强烈要求军事援助，以维护那里的“自由贸易”。英国政府的干预导致了第一次鸦片战争。

新技术对帝国的入侵以及随后的巩固阶段均至关重要。在入侵阶段，英国人通过蒸汽动力炮舰和抗疟疾药物奎宁，在沿海贸易区以外的内陆地区建立定居点；在巩固阶段，英国人通过公共工程综合体来维护和控制帝国前哨。[2] 有效的军事技术——蒸汽动力炮舰、后装步枪，以及后期让人闻风丧胆的速射机关枪——帮助英国扩大了对印度次大陆的控制，并平息了多次起义。1857 年至 1858 年的印度兵变是英国与印度叛军展开的一场艰苦战斗，当时叛乱在印度北部和中部的大部分地区蔓延。这场失败的兵变耗资共计 4000 万英镑。早在这场战争之前，英国几乎每 10 年就会发动一次重大的军事战役，其中包括 3 场马拉地战争（1775 年至 1817 年），18 世纪 80 年代至 90 年代的两次迈索尔战争，1814 年至 1815 年在尼泊尔的廓尔喀战争，19 世纪 20 年代和 1852 年的两次英缅战争，以及第一次鸦片战争。仅在 19 世纪 40 年代，为了征服并占领阿富汗，英国就对阿富汗进行了为期 3 年的军事占领，但在 1842 年以战败告

1857—1858 年的印度兵变。查尔斯·鲍尔（Charles Ball），《印度兵变史》（*The History of the Indian Mutiny*，伦敦：伦敦印刷出版社，1858—1859 年），第 2 卷，第 9 页。

终。接下来的一年，英国迅速在现在的巴基斯坦境内击溃了信德族人，并在 1845 年和 1848 年为争夺旁遮普发起了血腥的锡克教战争。

这些军事战争的巨额开支，以及运输、住宿、补给和官僚津贴等间接费用，完全吞噬了帝国的收益。我们在第 3 章中提到，东印度公司仅在伦敦就雇用了 1200 名工人。总体而言，大英帝国的此类费用完全抵消了帝国贸易带来的可观利润。帝国主义在印度并没有创造财富。相反，它将财富从印度和英国纳税人手中转移到了显赫的商人、投资者、军官和帝国官员手中，这些人才是主要受益者。[3] 这一点是值得强调的，因为批评家们长久以来都理所当然地认为，资本主义的需求导致帝国主义的崛起（以获得廉价的原材料和处理过剩的工厂产品），而帝国主义机器本身就能赚钱。同样重要的是，帝国主义技术具有吞噬财富的本质，这使帝国主义有别于早期创造财富的商业主义和工业主义。帝国官员及其资助的有远见的技术推动者，都不遗余力地开发着帝国的工具，以实现快速舒适的交通、快捷安全的通信，尤其是开发充沛有效的军事力量。

蒸汽和鸦片

1817 年，在一次尝试疏浚胡格利河的行动中，一台 8 马力蒸汽机被带到加尔各答，蒸汽技术就这样悄然进入了印度。1822 年，这项行动被重启，当时，东印度公司买下这台蒸汽机，再次用它在胡格利河上开辟了一条通道，以加快帆船抵达加尔各答市区（距离海洋约 50 英里）的速度。那时，加尔各答是英国在印度的主要港口，也是其政治权力的主要所在地。印度西海岸的第二大城市孟买，直线距离其实更接近伦敦，但有利的风向使得船只经非洲好望角航行至加尔各答更快。从商业角度来看，蒸汽机在加尔各答附近进行的初步试验让人大失所望。戴安娜号蒸汽船作为一艘渡客船在胡格利河上行驶了一年，而更加坚固的企业号在 1835 年初绕过非洲海角驶向印度，这是第一艘依靠自身动力到达印度的蒸汽船，有 140 英尺长，配备了两台 60 马力的发动机，由伦敦著名工程公司莫斯莱 - 菲尔德携手戈登公司共同建造。这次航行耗时 113 天才抵达终点，令人泄气。早期的蒸汽船需要大量燃料，因此它们只有在密西西比河沿岸等燃料供应充足的地方才具有商业可行性，又或者，只有其投入使用所带来的某些特别利益能够覆盖庞大的运营成本时，才具有商业可行性。[4]

在第一次英缅战争中，蒸汽船的重要性得到了初步体现。英国希望获得不久前被缅甸吞并的茶叶种植良田，但是他们最初在这场战争中并不占优势。英国速战速决的计划在伊洛瓦底江下游狭窄曲折的河道里受阻。其巨型帆船斗不过缅甸的快速三角帆船（prau），这种船速度很快，长约 90 英尺，由 70 名桨手推动，船头装有重炮。英军在伊洛瓦底江的沼泽中损失了四分之三的兵力，大部分死于疫病。然而，当英军命令 3 艘蒸汽船开赴前线时，形势陡然变化。蒸汽船吃水浅、机动性高，效果惊艳。企业号迅速从加尔各答赶来支援，普路托号和戴安娜号则直接让英军占得先机。另一艘参与战争的是伊洛瓦底江号，它可以说是第一艘蒸汽炮艇，装备了 10 门 9 磅枪炮和 1 门 12 磅旋转式枪炮。这场战争有一个标志性画面——被缅甸人称为“火魔”的戴安娜号不屈不挠地追逐缅甸帆船以及精疲力竭的桨手。当英国军队借助戴安娜号逆流而上 400 英里兵临缅甸首都时，缅甸国王只得弃械投降。

蒸汽船在这场战争中的表现惊艳全场，在未来的 10 年里，相关企业的数量迎来大幅增长。东印度公司安排蒸汽船在加尔各答河与大洋之间拖曳帆船，又派出开拓性的蒸汽船，沿着胡格利河向恒河驶去。准确绘制恒河地图是将公司模糊的领土边界转化为明确的殖民地边界的第一步。鉴于此，有人会说，詹姆斯・伦内尔（James Rennell）详细绘制的印度地图（1782 年）是恒河流域的首个帝国技术成果。伦内尔还出版了具有同等重要价值的孟加拉国地图集（1779 年）。[5] 加尔各答和阿拉哈巴德之间从 1834 年开始开通定期轮船航线，根据季节的不同，航行时间从 20 天到 24 天不等。航行的价格十分高昂。从加尔各答到阿拉哈巴德的一个舱位收费 400 卢比（约合 30 英镑），大约是从伦敦到印度全程费用的一半，完全超出了普通印度人的承受能力。轮船货运费从每吨 6 英镑涨至 20 英镑，实际上将货物运输限制在丝绸、鸦片等贵重商品上面，还有官员的个人物品以及帝国的必要供应物资，如枪支、药品、文具、官方文件和税单等。但是，按照帝国主义不同寻常的计算，这些高价运费对东印度公司而言是超值的交易——毕竟在 19 世纪 20 年代后期，公司每年需要支付 50 万卢比租用普通船只，仅仅是为了在恒河上运送军队，更迅捷的河运航程还缩减了付给军官的巨额差旅津贴。河运的经济性不仅体现在行政方面。19 世纪 30 年代，查尔斯·纳皮尔（Charles Napier）将军主导开辟了印度第二大内河大动脉印度河的蒸汽船航线，他指明这场军事行动能够带来直接的商业影响。他写道 ："印度应该把英国制造商吸引至其伟大的河流摇篮中，再通过河流把各种商品倾泻出去。"[6]

蒸汽还巩固了与伦敦的帝国纽带。19 世纪 30 年代之前，从伦敦寄出一封信，帆船要经过非洲海角，历时 5—6 个月才能到达印度。由于没有船长会冒险进入印度洋的季风区，回信可能要整整两年才能寄到伦敦。考虑到这些漫长的拖延，英国不见得能对印度实行完全控制。马德拉斯的英国居民竭力呼吁 ："没有什么比通过汽轮实现两国间快速持续的交流更能实质性地开发印度资源……并确保王室对印度的完整统治。"孟买的商人和殖民官员也渴望获得类似的利益。在蒸汽时代，孟买毗邻红海是一个明显优势。从那里可以穿越苏伊士和开罗之间的沙漠，沿着尼罗河抵达亚历山大港。在孟买蒸汽动力游说团体的努力下，1829 年，休·林赛号正式下水，这艘配备一对 80 马力发动机的蒸汽船在 21 天内将乘客和信件从孟买运送到苏伊士。即使加上通往伦敦的中转环节，休·林赛号还是将运输时间缩短了一半。红海航线的价值如此之高，以至于英国人成为由法国资助、埃及建造的苏伊士运河的最大受益者。1875 年，英国用 400 万英镑收购了埃及政府在运河公司的全部股份，并且在 1882 年入侵埃及，维持了对这条帝国命脉的控制权。这条 102 英里长的运河对该地区影响深远。英国军队在埃及驻扎了 70 多年，直到苏伊士运河危机后才撤离。

早在1840年，蒸汽船在很多方面便已展示出强大的能力，将大英帝国的各股势力紧密结合在一起。在1840年至1842年的鸦片战争中，它们证明了在彰显帝国力量方面的价值。鸦片战争，是中国试图遏制所谓“自由鸦片贸易”的奋力之举。东印度公司在孟加拉殖民地种植鸦片，并在加尔各答拍卖，再由私营商人运往中国。鸦片的大规模贸易填补了英国与天朝帝国的巨大贸易逆差——英国民众对茶叶的渴求已到了无法满足的地步。英国向印度出口工厂生产的棉布，构成了三角贸易。如同麻醉剂，鸦片很容易让人上瘾。（探访伦敦鸦片烟馆是福尔摩斯探案系列中最令人不寒而栗的场景之一。在《歪唇男人》中，作者描述道：“黑暗之中，你可以隐约看见姿势怪异的身体横七竖八地躺着……烟馆里闪烁着小小红色光圈，时而明亮，时而暗淡，燃烧的毒药在金属烟斗里越来越少。”）中国采取果断措施禁止这种有害物质的进口，但应60家在华贸易公司的要求，英国坚持鸦片“自由贸易”，并派遣舰队前往中国，由此开始了鸦片战争。

蒸汽船在鸦片战争中起了决定性作用。英国舰队起初只能袭扰沿海城镇，直至1840年11月，复仇女神号蒸汽船在绕非洲海角艰苦航行8个月后抵达中国。长184英尺的复仇女神号不单是当时最大的铁甲舰，更堪称战列舰典范——吃水5英尺，装配一对60马力发动机，首尾各两门32磅旋转式枪炮，外加15门小型火炮。复仇女神号在1841年占领主要城市广州的战役中发挥了核心作用。它击沉、捕获了许多只有其一半大小的中国式战舰，夺取了中国不久前购入的一艘由美国制造的千吨级商船，拖走了致命的装载石油和火药的“火筏”，并袭击了通往广州的沿河通道上的防御工事。船长写道：“这艘船承担了远征军的所有先遣任务，包括拖曳运输船、护卫舰、大型帆船，运输补给物资、士兵和水手，以及反复穿越未知水域中的岩石、沙坝和渔栅。我们夜以继日地航行，只有它这种强者中的强者才可以经受得住。”[7]

1842 年，复仇女神号率领着一支由 10 艘蒸汽船（其中包括姐妹舰弗莱吉森号）、8 艘帆船，以及 50 艘小船组成的舰队，把这场战役带到了长江上游。在一次战斗中，复仇女神号部署了一艘装配 18 门火炮的战舰，炮火驱散了包括 3 艘人力驱动的明轮船在内的中国舰队。蒸汽船迅速追上并制服敌舰，穿越沙洲与泥滩，将帆船拖曳至长江与京杭大运河交汇处的镇江控制区。京杭大运河是中国的帝国命脉，连接着北方的首都北京和南方的水稻种植区。中国别无选择，只得接受英国的条件。1869 年，在第二次鸦片战争的余波中，中国外交大臣恳求英国政府限制这种致命的贸易：

> 中国商人向贵国供应优质的茶叶和丝绸，给贵国带来了利益；但英国商人却用致命的鸦片毒害中国。这样的行为是不义的，谁能对此作出解释呢？如果官与民均认为英国是蓄意毁灭中国，对中国不怀好意，这又何奇之有？英国的财富与慷慨尽人皆知，她急于预防一切有损于商业利益的因素。那么，她怎么还会犹豫是否应当消除公认的邪恶？事实是，放弃种植罂粟给英国造成的损失犹如九牛一毛，但假如英国

继续从事这种邪恶勾当，那她将会招致中国官民的仇恨，并为他国所不齿。[8]

不幸的是，从中作祟的并非中国人眼里的“九牛一毛”的损失。鸦片贸易是大英帝国的经济支柱，占英属印度总收入的七分之一。人道主义改革家试图废止鸦片贸易的多次尝试都不了了之，很遗憾，英国殖民地迷恋鸦片是既成事实。虽然鸦片成瘾在某些印度地区也是严重的问题，但帝国更加依赖于鸦片资金的流动。1907 年至 1908 年，印度每年的鸦片净收入——印度西部马拉瓦的鸦片出口税，加上在孟加拉东部种鸦片、在巴特那和加济浦尔政府工厂进行制造，最后出口到中国所产生的交易利润——超过 350 万英镑，另外还有 98.1 万英镑的印度鸦片消费税。[9] 1907 年，英国正式同意用 10 年时间逐步结束这一可憎的贸易。这个过程困难重重。1917 年 4 月，上海鸦片联合营业所留下了一个烫手山芋，这个由英国商人组成的私营组织持有大约 42 万磅鸦片，并且没有官方的合法市场。北洋政府一位腐败官员以 2000 万美元的价格购入这批鸦片，美其名曰“作医疗用途”。5 年后，北京的人道主义改革家设立了国际反鸦片协会，以贯彻国际法，并打击“在美国制造并跨国运输过来的大量吗啡”。在经历了更多痛苦和磨难之后，中华人民共和国终于在 20 世纪 50 年代通过直截了当的措施①遏制了鸦片。[10]

---

①1950年，中华人民共和国中央人民政府发布《关于严禁鸦片烟毒的通令》，展开全国性禁烟运动。

电报与公共建设

在西欧和北美的工业化国家，电报系统的发展与铁路发展齐头并进。电报公司常在铁路用地内竖立电线杆，所以电报线路实际是沿着铁路网络铺设。一方面，这些国家的电报能指挥铁路交通，这是一项重要的安全任务，因为所有铁路都是双向运行，但通常只有一条轨道；另一方面，电报成为商业中心之间的信息通道，传送各种影响市场动态的消息。与之相反，印度电报网络背后的驱动力并不是商业或工业，而是帝国统治。正如一名英国人所说："假如没有电报，构成帝国主义的统一思想和行动几乎是天方夜谭。"[11]

电报网络对印度的帝国主义统治十分重要，它们的建设时间甚至比铁路还早。达尔豪斯侯爵（Marquis of Dalhousie）是这项事业的推动人物。1848 年到 1856 年，达尔豪斯在担任印度总督期间主导了一场声势浩大的运动，将西方的思想和技术带到印度。那些年间，达尔豪斯吞并的领土使英属印度版图扩张了近半，极大地增加了管理的行政复杂性。这些新领土包括西北边缘的旁遮普、缅甸的勃固省，以及包括萨塔拉、森伯尔布尔、那格浦尔、占西和奥德在内的 5 个土邦。那格浦尔的加入尤其受到急于获得原棉替代来源的兰开夏郡棉纺资本家的欢迎——美国内战一触即发，此举可以减少对美国南方的依赖。部署在那格浦尔的殖民军队强化了横跨孟买和加尔各答之间次大陆的道路防卫。为了统一这些分散的领土，达尔豪斯启动了若干项技术工程，包括主干道和恒河运河项目，除此之外，还

架设印度电报网络。电报网络需要当地的印度劳工进行架设、运行和维护。弗雷德里克·约翰·戈德斯米德（Frederic John Goldsmid），《电报与传播》（*Telegraph and Travel*，伦敦：麦克米伦出版社，1874 年），卷首。

有即将在下文讨论的铁路系统以及规模庞大的公共工程局。但他的头等大事是电报系统。

为了履行帝国的行政和军事命令，达尔豪斯建立了印度的电报网络。第一条实验线路分两阶段建设，从加尔各答一直延伸到位于凯吉累的胡格利河口。其重要性体现在诸多事件中。第二次英缅战争爆发的消息于1852年2月14日经由船只抵达凯吉累，并立即通过电报上报给了在加尔各答的达尔豪斯。“如果需要更多证据来证明它的政治价值，”两个月后，达尔豪斯在交战期间写道，“最近的事件让人们看到，电报的存在为我们赢得了更多时间，一小时都弥足珍贵，我们不必再依靠驿站的信差徒步传送大部分命令。”[12] 达尔豪斯于当年12月形成了他的全国性计划。他的首要任务是“构建加尔各答、宾那拉西、阿拉哈巴德、阿格拉、安巴拉、拉合尔和白沙瓦之间的电报线路”，以串联起所有“有可能发生政治事件”的战略要地。在完成通往最西部阿富汗边境白沙瓦的线路后，紧接着是通往孟买的线路——通过这条线路，或许能实现与伦敦的贯通。相对次要的是通往政治局势稳定的马德拉斯的线路。此外，在连接加尔各答和马德拉斯时，达尔豪斯并没有打算沿着东部海岸线往南铺设直达电报线路，而是规划了一条中转孟买、迂回漫长的间接线路。从孟买到马德拉斯，这条线路沿着西海岸穿过浦那、贝拉里、班加罗尔和阿尔乔特的军事哨所。达尔豪斯在规划中勾勒了一条全长3150英里的网络，伦敦的印度办事处迅速批准了这一方案所需的资金。

一个由60人组成的安装团队在威廉·奥肖内西（William

O'Shaughnessy）的指导下接受培训，于1853年11月开始铺设电报网络。奥肖内西是自学成才的电气专家，曾是加尔各答铸币厂的副化验师，他以极快的速度推进路线的建设。起初，安装工人在无绝缘处理的竹竿上安装了5/16英寸的铁"飞线"，以满足军事急需，后来改换为绝缘石柱、铁木或柚木杆柱。不到5个月，第一条连接加尔各答和阿格拉的线路成功开通，全程800英里。到1854年底，全国主干网已经完成，串联了白沙瓦、孟买和马德拉斯。两年后，印度所有主要军事基地都通过电报网实现了互联互通。达尔豪斯的目标是通过电报在一小时内调动15万军人，但当他在1856年离开印度时，对愈演愈烈的军民不满情绪深感担忧。（"凡是乘坐过印度火车或在火车站逗留的人，都见识过东方最富说服力的传教士，"其传记作者写道，"对于那些慢吞吞的异教神灵而言，每小时30英里的速度绝对是致命打击。"[13]）他大刀阔斧推行的西化变革引发了剧烈的文化变革，继而引爆了一场全国性的大反抗。

1857年5月10日，印度兵变的爆发开启了令人伤透脑筋的"电报周"。当年的早春时分，加尔各答附近的印度部队多次公然违抗命令，拒绝给新式恩菲尔德步枪上膛。步枪上膛前，士兵需要先用牙咬开弹药筒，但他们认为弹药筒上涂有印度教徒和穆斯林教徒忌讳的牛油或猪油。（英国的伍尔维奇工厂确实使用了牛油，而印度的达姆工厂显然没有使用。）5月10日，一支驻扎在德里附近密鲁特的骑兵部队发生哗变，85名士兵因拒绝为可疑的恩菲尔德步枪上膛而被送上法庭，被当众剥除制服并收监。此后，起义军夺取了基地控制权。叛军进军德里，控制了城市，并宣布拥立新的莫卧儿印度皇帝。叛军摧毁了周边的电报线路，切断与北部旁遮普的联系。但德里早在 5 月 12 日早晨就向旁遮普的英国军官发出电报，称当地士兵计划于次日晚发动叛乱。旁遮普的兵团得到信差徒步送来的起义信号之前，英国军官们就先一步解除了他们的武装。一名英国军官表示："感谢天意，是电报救了我们。" 5 月 14 日，加尔各答通过电报获悉德里沦陷，立即发信请求增援德里和阿格拉，并询问潜在发生动乱的地区。"这是暴风雨前的宁静，" 加尔各答在 5 月 16 日接到勒克瑙基地的回信，"调回位于中国、锡兰等地的所有欧洲兵力，还有山区的廓尔喀士兵，时间就是一切。"[14]

电报的便捷性不仅拯救了旁遮普的英国人，甚至可以说拯救了英属印度的英国人。电报成功调遣了庞大的军队，瞄准反抗英国统治最尖锐的叛乱地。从波斯返回的英国军队以及忠诚的本土军被派往加尔各答、德里和旁遮普动乱地区；忠于英国统治的马德拉斯军队前往增援加尔各答；驻扎锡兰、缅甸和新加坡的英国军队也被召来增援。加尔各答的官员通过电报协调了汽船和帆船，并迅速解决了诸多后勤问题。6 月和 7 月，叛乱蔓延到印度北部和中部省份。但那时，英国已经部署了许多忠心耿耿的当地军团，有效阻止了印度叛军的进攻。英国人的迅速反应令叛军咋舌。在随后的战役中，坎普尔 - 勒克瑙的"飞线"堪称电报最著名的应用。它在 1857 年 11 月和 1858 年 3 月帮助英国军队进攻被围困的勒克瑙。直至 1859 年 4 月，一名重要的叛军领袖被捕，这场孤立的叛乱活动才宣告终止，但这场叛乱破坏了数十年来统治者和被统治者之间的关系。一名叛军在被处决的路上，指着头顶的电报线说："正是这该死的细线扼死了我。"[15]

兵变的消息历时40多天才到达伦敦，前后经过蒸汽船运送、骆驼中转和欧洲电报的传播。因此，在冲突的伊始、抗衡以及结束阶段，朝中官员都成了束手无策的旁观者。这一令人恼火的情况引发了强烈的行动呼吁，政府只得出台电报建设补贴政策。但结果证明，在中东铺设海底电报电缆或使用陆线传讯的尝试是昂贵、耗时且不可靠的。不懂英语的电报员转发的信息可能在发送一个月后才到达，而且完全无法解读。直到1870年，伦敦和印度之间才建立起可靠的电报通信。第一条线路由第二次工业革命中的佼佼者德国西门子哈尔斯克公司建造，这是一条横跨欧洲至德黑兰的双陆线，再通过电缆经波斯湾与卡拉奇相连。第二条电报线路也于1870年开通，通过海底电缆从英国经大西洋、地中海和红海连接孟买。1873年，英国和印度之间的电报通信只需3个小时。英国人继续在世界各地铺设海底电缆，并在1902年竣工的著名"全红"线路（在英国官方出版地图上，英国及其属地均涂红色）时达到了辉煌顶点。[16]

在1857年兵变时，英国在印度的统治依赖于电报、轮船、道路和灌溉工程，而由兵变引起的铁路扩建也很快到来了。前文提及，有60名电报工人接受培训，这表明英国人依赖由当地人组成的技术骨干团队来建造、操作和维护帝国的各种设备。若就众多基层职位引进英国技术人员，这笔高昂的费用会超出预算。印度殖民政府别无选择，只得开展大规模的教育项目，培训本土技术人员。在兵变后的10年里，殖民政府为了加强统

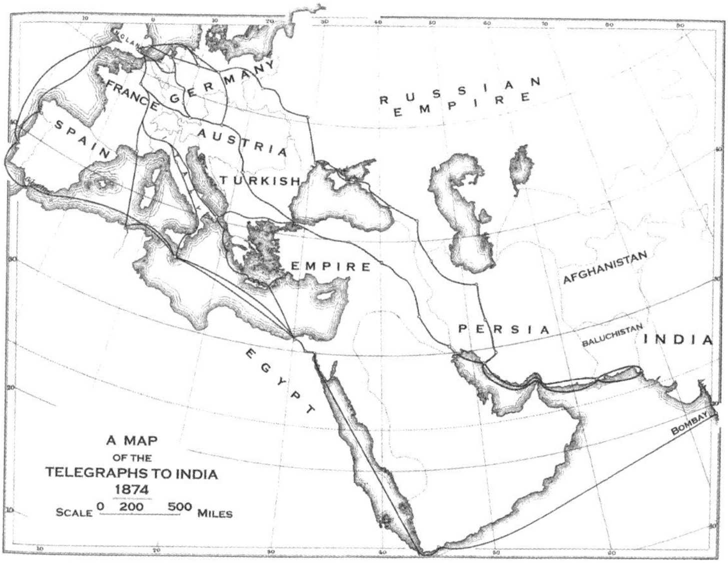

连接印度和欧洲的电报线路，1874 年。弗雷德里克·约翰·戈德斯米德，《电报与传播》，第 325 页。

治，开始了一项庞大且昂贵的道路、运河和铁路计划，这造成了更加严重的财政压力。东印度公司在兵变后解散，英国政府通过伦敦和加尔各答的高级官僚实行直接统治。

也是那几年间，兰开夏郡的实业家慌忙地寻找因美国内战而陷入危机的棉花替代品。在这种情况下，游说集团在伦敦成功地说服了英国政府，英国指示印度殖民政府向附近港口开放内陆的棉花种植区。大范围的公共建设工程或许能带来平衡的经济发展，但是英国政策却阻碍了印度工业的发展。曼彻斯特商会主席、曼彻斯特议会议员托马斯·贝兹利（Thomas Bazley）巧妙地总结道："印度的最大利益是农业，而不是制造业和机械。"[17]

从公共工程局本身的结构、开展的技术教育项目，以及主导的大部分公共工程项目中，可以看出一种明显的非机械倾向。成立于1854年的工程局原是为了协调达尔豪斯开展的诸多交通和基础设施建设，之后则负责主导英国出资在印度开展的技术项目。（孟买的印度富商复兴了18世纪曾在该地繁荣的棉纺工业，此举促使兰开夏郡棉纺游说集团在19世纪70年代加倍努力，以确保棉花的"自由贸易"。）工程局随即就印度技术发展制定了规划，通过大量的建设工程，包括道路、运河和灌溉项目，以增加棉花或小麦的出口。[18]

工程局项目所具有的特点绝非偶然。工程局的汇报对象是加尔各答的英国殖民官员，而后者会对伦敦印度事务大臣的指示进行富有想象力的解读。然而，政策在伦敦制定，而负责制定政策的伦敦官员总是会受国内各团体的施压，如兰开夏郡纺织实业家。印度事务大臣的办公室里充斥着来自曼彻斯特商会的信件、请愿书以及各种各样的申诉呼吁。1863 年，由于惧怕“纺织工人闹事”，时任印度事务大臣的查尔斯·伍德（Charles Wood）指示印度殖民地同僚迅速修建“棉花之路”。“在这一点上，我再怎么强调也不为过，”他说，“理智的纺织工人认为我们没有任何严重疏忽……但我们必须修路。”

在这种政治局势下，两个大型项目应运而生。第一个项目是道路及港口建设工程，连接了孟买东南部内陆地区（达瓦尔）和约 100 英里外的加尔瓦尔新港。新近成立的曼彻斯特棉纺公司致力于为兰开夏郡寻找新的原棉替代货源，它对达瓦尔尤其感兴趣，因为该地种植的长绒棉十分理想，可以替代美国南方生产的棉花。尽管孟买的英国总督担心这个复杂的工程太过激进，还未进行充分合理的工程成本估算，但他依旧在 1862 年 10 月批准了这个项目：“对印度来说，这是一笔数目惊人的金额，但其给英国带来的价值却非金钱可以衡量。在 1863 年 6 月结束之前，我们运到海岸的每一千捆棉花不仅可以挽救 20 名织工免于饿死或走上犯罪道路，还能发挥重要作用，确保欧洲多个国家的制造业实现和平与繁荣。”[19]

达瓦尔至加尔瓦尔项目耗资 22.5 万英镑，另一项更大、更宏伟的项目将 400 英里长的戈达瓦里河建设为连接德干平原中部和东海岸的主要交通干线，从而可以将那格浦尔和贝拉尔的棉花从印度中部运往海岸。这一次，棉花供应协会成为兰开夏郡的主要支持者。但是，建设这条布满石头、霍乱肆虐的河流无异于把钱扔进水里。1865 年，兰开夏郡的游说集团悄然放弃收购印度棉花，重新恢复了和平时期的美国货源供应。但此时，戈达瓦里河项目已经投入了28.6万英镑，却收效甚微。第一个200英里干线于1868年7月开通，仅支持有限的交通。1872年，这个筹划不周的项目被取消，当时已投入75万英镑。庞大的支出能够确保资本主义吸收更多的投资，而不是创造更大的利润。事实证明，连接棉花盛产地那格浦尔和西部港口孟买的大印度半岛铁路，其背后的支持者正是兰开夏郡的游说集团。

工程局的主导也为印度的技术教育打上了帝国印记。于1847年至1866年在鲁尔基、加尔各答、马德拉斯和浦那建立的4所主要工程学校都非常重视土木工程。学校的许多教员以及批准学生毕业的审核官都来自工程局，此外，工程局无疑也是印度工程师的主要雇主。1917年，一名亲历者表示，印度工程学校的课程“设置并不合理，太多学科对工程师几乎没有教育价值，但是，此类学科或许能让去工程局实习的学生在日常事务中发挥直接作用”。另一名亲历者说：“机械工程一直被严重忽视。”

皇家印度工程学院位于伦敦以西20英里的萨里郡库珀山，交通十分便利，正是这所精英大学进一步阻碍了印度技术教育体系的全面发展。该学院成立于1870年，其教学目的十分明确，旨在为印度的工程管理岗位输送一批受过良好教育的年轻英国绅士。成功的申请者必须通过一系列严格测试，包括数学和自然科学；拉丁语、希腊语、法语和德语；莎士比亚、约翰逊、斯科特和拜伦的作品；以及1688年至1756年的英国史。如果出现名额空缺的话，可以获准每年招收两名“印度人”。

创校校长忧心忡忡，他在一部严肃的中篇小说中写道：“还有什么值得我们盼望的吗？殖民地被剥夺殆尽……印度永远沦丧。”1886 年，在工程局任职的 1015 名工程师中仅有 86 人来自印度本土，并且大多只是担任低级工程师（“高级助理”和“低级助理”）的职位。带有公开歧视性质的皇家印度工程学院于 1903 年关闭，面向本土的孟加拉国技术学院和印度科学学院分别在 1906 年和 1911 年建立，印度技术教育的前景在一定程度上得到了改善。20 世纪 30 年代，印度学生可以在印度攻读电气、机械和冶金工程学位。[20]

铁路帝国主义

贯穿西欧和北美国家的铁路强有力地推动了经济、政治和社会变革。铁路建设需要投入巨额资本，继而导致国家的商业结构以及日益扩大的金融市场发生根本变化。此外，铁路建设和运行消耗了大量的煤炭和钢铁，促进了重工业的快速发展。铁路的货物运输能力强、价格低，从而催生了全国性市场。同时，铁路增强了快速调遣军队的能力，强化了国家政权。19 世纪 60 年代，得益于强大的铁路系统，普鲁士可以在军事上战胜奥地利，而美国北方各州也战胜了南方邦联。

但是，身处帝国主义竞技场，帝国力量却给铁路带来了细微而明显的改变。分配资金是帝国官员的基本任务，因此，军事和行政优先权决定了殖民国家铁路建设的时间、速度和路线。伦敦和其他金融中心的银行家将殖民主义铁路视为经济要务，他们为铁路建设提供巨额贷款。几乎所有的银行家总是更喜欢开放的“自由贸易”市场，不喜欢封闭的高关税市场；更喜欢强大的中央殖民政府，不喜欢分裂的地方政府；也更喜欢易征收的进出口税。基于以上原因，帝国主义下的铁路建设通常会导致政治集权、经济集中制和掠夺性发展。这并不是说帝国主义者通过修建铁路就能事事如愿。不管在殖民地还是大都会，铁路首先是一种行使“政治职能”的方式，往往会涉及地方和全球的需求与权力之争。一项针对印度、北美和南非铁路帝国主义的调查将能够让本章的内容更加完整。

在印度，广泛的铁路网络为铁路主导者带来了显著的政治和军事效用，此前他们被电报网络项目抢尽了风头。然而，尽管军队调动命令能够以近乎光速的速度通过电报线下达，但军队本身也需要一种更实在的交通方式。殖民时期的印度杂乱无章且政治动荡，在这样一个地方，铁路就是政治力量。一名铁路经济学家在 1845 年写道：“我们竭力主张在印度建立成熟的铁路交通体系，并非指望唤起英国商人对数百万土著居民的同情——而是将其视为强化英国政治统治力量、效率与凝聚力的必要工具。”[21]

帝国的当务之急影响了罗兰·M. 斯蒂芬森（Rowland M. Stephenson）和约翰·查普曼（John Chapman）这两名英国工程师，他们负责这条开创性铁路的规划。斯蒂芬森的家族长期与印度的商业和政治事务有往来，但与铁路先驱乔治·斯蒂芬森（George Stephenson）没有明显的关系。斯蒂芬森在 19 世纪 30 年代成为一名土木工程师，之后，他向伦敦的投资方宣传了许多印度蒸汽机企业。目睹了半岛东方轮船公司的成功后，斯蒂芬森前往加尔各答。1844 年，斯蒂芬森致信加尔各答的英国人，提出建设 5000 英里长的铁路网络，由 6 条主要线路组成。“第一个考虑因素是，作为一项军事措施，在减少整个殖民地开支的情况下提高安全性能，”他写道，“第二个考虑商业因素，通过提供运输工具，将这个国家丰富多样的产品运输到最近的港口，并把作为交换的盐等产品从英国运输回来。”可以肯定的是，他的目标并非发展印度本土工业，而是计划剥夺印度本土的原材料，并在印度倾销英国产品。1845 年，斯蒂芬森加入了新成立的东印度铁路公司并担任总经理。他的铁路计划在 1853 年得到了达尔豪斯的“铁路发展备忘录”的认可，这份文件制定了未来数十年的铁路政策。约翰·查普曼在同样成立于 1845 年的大印度半岛铁路公司担任骨干技术人员。该公司规划的线路从孟买港口出发，沿着西高止山脉陡峭攀升，到达德干高原中部，正如前文所述，这里是棉花的主要种植区。查普曼说，在兰开夏郡商人的眼里，这条线路“不过是从曼彻斯特到利物浦的延伸线而已”。[22]

第一代印度铁路形成于一种特殊且至今仍有争议的帝国主义体制下。1849 年，东印度铁路和大印度半岛铁路与东印度公司（这个类似于国家的实体公司在 1858 年之前一直负责管理印度）签订了一份史无前例的合同。根据协议，它们需要将全部实收资本移交给东印度公司。当铁路规划符合东印度公司标准时，包括具体路线走向、单轨或双轨等工程标准，它要向铁路公司支付“核定”经费。东印度公司免费将大片土地租赁给铁

上缅甸的谷特高架桥。弗雷德里克·塔尔博特（Frederick Talbot），《铁路征服世界》（*The Railway Conquest of the World*，伦敦：海涅曼出版社，1911 年），第 256 页。由伊利诺伊理工学院特别收藏。

路公司，租期为 99 年。在前 98 年的任何时候，铁路公司可随时将业务转让给政府并要求全额补偿，但若等到第 99 年——很可能为时已晚——政府有权无偿收购铁路。

支付给投资者的保底投资收益是争议的焦点。在加尔各答拥有铁路资本的东印度公司承诺向投资者支付 5% 的利息。运营利润中不超过 5% 的部分归东印度公司所有，用于抵消其担保支出；若利润超过 5%，超出部分由东印度公司与铁路公司均分；若运营收入已完全覆盖东印度公司 5% 的担保支出且无往年欠款，超出 5% 的利润则全数归属铁路公司。这种利息担保机制最终依赖于东印度公司向印度纳税人征税的能力。矛盾在于：截至 1870 年，这些铁路的年均利润仅维持在 3% 左右，而获得东印度公司担保的 5% 收益的投资者绝大多数是英国人（1868 年的数据显示，5 万名股东中印度人占比不足 1%，仅 397 人——这情有可原，因为股票仅在伦敦交易）。该制度实质上将印度纳税人的财富转移给了英国投资者。印度财政部部长威廉·马西（William Massie）清晰洞见了这个问题："所有投资都来自英国资本家，只要他们能够获得印度（铁路）的 5% 保底收入，那他们就不会在乎这些钱是扔进胡格利河，还是变成砖瓦泥灰。"[23]

实际上，几乎所有机车、大部分铁轨，甚至部分煤炭都自英国进口，所以在英国筹集的资金有五分之二都花在英国。印度铁路的高额开支与其说是明目张胆的腐败所造成的，倒不如说是帝国以一种微妙却有力的方式动态塑造了这种结果。显而易见，帝国主义的考量体现在印度铁路的资金筹措和路线规划

阿拉哈巴德地区恒河上的桥。弗雷德里克·塔尔博特，《铁路征服世界》，第254页。由伊利诺伊理工学院特别收藏。

上。在帝国构想的激发下，铁路枢纽越建越多，甚至是过度建设，比如孟买的维多利亚火车站。我们也可以看到，帝国的印迹铭刻在铁路的技术细节上，包括轨距、桥梁建设和机车设计。

1846 年，英国议会通过了《铁路管理（轨距）法》，制定了此后欧洲和北美沿用的标准轨距：4 英尺 8.5 英寸（即 1.435 米）。但是，东印度公司董事会将印度铁路的轨距设定在 5 英尺 5 英寸（即 1.676 米），并在 1847 年决定，所有隧道、桥梁和掘进宽度必须满足双轨建设。宽轨距和双轨的要求增加了建筑成本：所有桥梁上部结构必须加宽，弯道半径也需要额外扩大。西高止山脉延伸至棉花盛产地德干平原中部，大印度半岛铁路要在这条陡峭山脉上修建双轨铁路，在建设时，除了要修建众多的隧道、高架桥和桥梁，还需要增添折返车站的设计。印度的河流宽且深，偶尔还有急流涌动，再加上可怕的疾风洪涝，桥梁建设所花费的巨额资金有相当一部分都是为了克服这些困难。不过，英国工程师偏爱昂贵的设计，他们不像美国铁路工程师一样使用粗糙的木柱架，这又增加了成本。印度的桥梁大多遵循英国设计，在石支墩上使用锻铁桁架。桥梁部件经编号后，从英国发出，再由印度工匠铆接成桥跨，桥跨由大象拉动的起重机放置到位。1862 年，德里附近的松河上架设了当时世界第二大桥梁，耗资惊人，高达 43 万英镑。

英国为印度建造的机车以经久耐用著称，相应地价格也十分高昂。辛迪亚（Scindia）是印度最常见的机车类型，采用刚性框架结构，配备 6 组驱动轮（即 0-6-0 配置），并配有钢制火箱、铜或黄铜锅炉管道、锻造阀门和曲轴内置汽缸，堪称机车中的劳斯莱斯。相比之下，同时代的北美机车配备钢制火箱和锅炉管道、铸铁阀门和外置汽缸，并配有改善急弯转向性能的前置转向架轮组（即 4-4-0 或 2-8-0 配置）。1947 年印度独立之前，尽管印度的铁路车间制造了大约 700 辆机车，但英国制造的机车仍占绝大多数（80%），辅以进口的美国和德国机车。那些年间，印度铁路公司购买了英国机车总量的五分之一。[24]

保证投资者收益的铁路建设在 1857 年至 1858 年兵变之后加快了步伐，而当时印度铁路只有 200 英里长。1870 年，由私营企业建造但由公有资金资助的 5000 英里铁路建设面临预算无法负荷的情况，步履维艰的印度殖民政府进入了新阶段，开始建设以窄轨（1 米宽）为特色的国有铁路。印度殖民政府修建了 2200 英里窄轨铁路，每英里的成本只有先前的一半。但在 1879 年，印度事务大臣下令，印度政府只能修建通往战略敏感地带北部（阿富汗）边境的铁路。1874 年，根据与政府协商的新投资方案，私营企业在印度其他地区掀起了铁路建设热潮。在世纪之交，印度建设了近 25000 英里的铁路轨道。就铁路里程而言，印度在 1895 年超过了英国，在 1900 年超过了法国，在 1920 年超过了德国，当时只有美国、苏联和加拿大超过了印度。不幸的是，根据新投资计划修建的铁路对印度财政部而言也只是另一个金钱陷阱（只有加尔各答—德里的东印度铁路干线一直盈利）。1850 年到 1900 年，铁路的投资保障收入总额高达 5000 万英镑。[25] 到了 20 世纪 20 年代，由于投资不足，印度铁路成了印度民族主义者鼓动结束英国统治的主要说辞。

与印度相比，北美洲的铁路帝国主义更为复杂，主要是因为英国和美国对这块大陆有着不同的所有权主张。美国东部的铁路建设反映了商业和工业的发展。例如，巴尔的摩和费城的贸易商为两大铁路建设计划提供支持，试图从经由伊利运河向东输送至纽约的农业资源中分一杯羹。到 1860 年，连接大西洋和密西西比河的铁路网催生了一个工业中心地带，并延伸至芝加哥。美国的铁路里程为 3 万英里，是位居第二的英国的 3 倍有余，是位居第三的德国的近 5 倍。

在接下来的 40 年里（1860—1900 年），随着从密西西比河至太平洋的横贯大陆铁路的建设，美国铁路里程提高至 26 万英里。1862 年颁布的《太平洋铁路建设法案》是起决定性作用的政府举措，该法案将大片土地拨给建设该铁路的铁路公司，并通过向居民出售土地用于发展铁路交通。除了横贯大陆铁路线，其他路线——包括联合太平洋铁路、中太平洋铁路、北太平洋铁路、堪萨斯太平洋铁路、南太平洋铁路以及艾奇逊 - 托皮卡 - 圣菲铁路均是政府赠地的受益者。伊利诺伊中央铁路率先获得联邦政府赠地，在 1850 年获得了 260 万英亩土地，用于向南延伸至新奥尔良的铁路建设。

帝国主义的特殊经济规律在北美同样发挥了作用。由于印第安人誓死捍卫他们的野牛狩猎场，为了保护其他居民和铁路建设人员不受印第安人的攻击，美国政府要动员并维持充分军力，因此面临沉重的财政负担。1867 年，《奥马哈先驱周刊》称，在反复拉锯的草原战争中，每杀死一个印第安人，政府就要耗费 50 万美元。同年，威廉·T. 谢尔曼将军表示：“今天我们杀得越多，明天我们死得越少。当我对这些印第安人了解越多，我越发相信，我们只能将他们消灭，或者让他们贫穷。”主张修铁路的人指出，铁路提高了军事机动性，减少了所需部队数量，极大地降低了在人烟稀少的地区部署军力的高昂成本。就这一点而言，英属印度和美国西部的铁路有很多相似之处。“铁路的修建无形中解决了印第安人的问题。”一名美国铁路官员在 1890 年南达科他“伤膝河大屠杀”（300 名拉科塔苏族人被屠杀）的两年前如是说。[26]

英属北美殖民地的民众对这种发展动向感到不安。当时，加拿大还不是统一的国家，由多个独立省份组成。犹如 19 世纪 40 年代美国吞并了墨西哥一半的领土，美国对加拿大也虎视眈眈，但这种被吞并的担忧，也无法使加拿大达成统一。五大湖 - 圣劳伦斯河航道是 19 世纪 40 年代的一项庞大工程，沿河的贸易商们理所当然地将目光投向南方航运港口，一些人甚至支持加入美国。在 19 世纪 50 年代铁路建设热潮的推动下，加拿大建成了 2000 英里的非连贯线路，运营亏损掏空了加拿大殖民地的国库，南北走向的铁路布局更使加拿大的产品流向了南方。那些企图通过铁路实现帝国扩张的人仍然需要一条横贯东西的铁路，以增加各省的经济和政治凝聚力。雪上加霜的是，美国内战期间，美国发动了与加拿大各省的贸易战争，步步紧逼并威胁入侵加拿大的西部土地，引起不少加拿大人的担忧。同样令人担忧的是，美国在经济上的主导地位可能会使不列颠哥伦比亚省正式脱离大英帝国，并在北美大陆的另一端非正式地控制沿海省份。

一项关于帝国铁路津贴的慷慨计划犹如黏合剂，将摇摆不定的省份团结在一起。19世纪60年代，加拿大殖民官员、大英帝国官员和伦敦金融家开展了一系列曲折的谈判，最终达成协议：如果各省在政治上实现统一，那么伦敦金融家将提供大笔铁路贷款；如果殖民事务部门以政府担保铁路建设（对赞助性项目尤其有价值），那么独立省份将同意建立联邦。伦敦的殖民事务部门及时安排政府担保，如此一来，加拿大自治领在1867年成立，成为加拿大西部、东部以及新不伦瑞克和新斯科舍这两个沿海省份的联邦。铁路建设被明确纳入了规划。沿海省份同意联邦协议的条件是，除了已经规划完毕的哈利法克斯-魁北克铁路，还要修建跨殖民地铁路。加拿大西部主张扩张的公民获得许诺，即哈德逊湾公司对西部土地的先占权诉求将会得到妥善解决。到1874年，英国政府为跨殖民地铁路以及横贯大陆的加拿大太平洋铁路提供了总计800万英镑的担保贷款和拨款。关于加拿大太平洋铁路，加拿大联邦第一任总理评论道："在这条通往不列颠哥伦比亚省和太平洋的铁路建成之前，自治领也只是一个地理上的概念，而非真正的自治领。除非用铁路把各省串联起来，如同跨殖民地铁路连接了新斯科舍省和新不伦瑞克省，否则我们都不能算真正意义上的自治领。"[27]

墨西哥的铁路帝国主义将让我们看到，如果没有大英帝国的抗衡力量，加拿大可能面临的命运。墨西哥铁路系统形成于波费里奥·迪亚斯（Porfirio Díaz）的长期独裁统治时期。早在19世纪70年代，南太平洋铁路公司和圣达菲铁路公司（当时在美国西南部修建了大量铁路）就开始规划向南进入墨西哥的路线。彼时，墨西哥由14个省组成，财政混乱，要从伦敦或其他国际货币中心获得外部融资毫无希望。再加之相信铁路能为墨西哥带来“秩序和进步”的渴望，迪亚斯向美国铁路公司作出让步，同意建设5条总长达2500英里的铁路。随之而来的是自由贸易帝国主义的形成。1881年，美国国务卿通知墨西哥政府，要求废除“复杂的……墨西哥各州之间的关税条例”，并要求与美国签署互惠的自由贸易协定。迪亚斯说服了墨西哥国会批准自由贸易协定，但由于美国国内政治的变故，协定没有生效。与此同时，美国铁路和矿业投机商仍然不断涌向南方。1884年，一位铁路推动者滔滔不绝地说，墨西哥是“一个宏伟但未开发的矿藏——其之于美国的商业重要性，犹如印度之于英国”。[28]

从1880年到1910年，墨西哥和美国的贸易量增长了7倍。美国在墨西哥的投资总额飙升至10亿美元以上，超过了所有其他外国投资的总和，实际上也超过了墨西哥的国内投资。足有62%的美国投资投入铁路，24%投入矿业。[29]截至1911年，美国公司拥有或控制了15000英里铁路线中的大部分，四分之三涉及银、锌、铅和铜加工的采矿和冶炼业务，以及超过一半的油田、牧场和种植园。4条大型干线将墨西哥的产品向北运送到边境。但是，挖矿热潮却带来了痛苦的社会和政治变革。美国公然操控铁路，点燃了墨西哥民族主义者的情感。1910年，迪亚斯政府将墨西哥三分之二的铁路收归国有，但这位年迈的独裁者在第二年就被推翻。铁路帝国主义在墨西哥留下的遗产不是迪亚斯所追求的“秩序和进步”，而是混乱的内乱（1911—1917年）以及旨在为榨取经济果实而设计的运输体系。

南非铁路建设初期虽呈现出与印度、加拿大、美国及墨西哥相似的中央集权化效应，但南非的铁路帝国主义却迎头撞上了一股与之抗衡的力量，即“铁路共和主义”。结果并非如英国人所愿——建立起加拿大式铁路联邦制，而是造成该地区的政治分裂，引发了第二次布尔战争。在铁路时代之前，非洲南部就被划分为 4 个不同的政治团体：英国承认的两个殖民地（大陆最南端的开普殖民地和东海岸的纳塔尔殖民地）以及两个自 19 世纪 80 年代英国就宣称主权的布尔人共和国（内陆的奥兰治自由邦和内陆的德兰士瓦共和国）。这种亚殖民地状态是彻底并入大英帝国的第一步，英国人对此心照不宣。但是，自食其力的布尔人（17 世纪荷兰殖民者的后裔，于 19 世纪早期为了逃离英国统治而长途跋涉迁徙至内陆）则认为这种状态距离全面独立只有一步之遥。

随着 1867 年在奥兰治自由邦东部的金伯利发现了钻石，以及 1886 年在德兰士瓦中部发现了黄金，大批英国公民涌入南非，英帝国的担忧与日俱增。塞西尔·罗兹（Cecil Rhodes）是 19 世纪 70 年代涌进的英国人之一，金伯利矿坑让他赚得盆满钵满，他在 19 世纪 80 年代成立了戴比尔斯公司（其继承者制定了整个 20 世纪的全球原钻价格），并在 1889 年为其南非公司拿到了范围广泛的皇家特许。据说，罗兹曾将双手放在非洲地图上道：“全由英国人掌控，这是我的梦想。”[30] 罗兹等集权帝国主义者渴望将非洲南部不同语言和种族的群体统一为单一语言和种族群体。他通过旗下特许公司承诺修建铁路，以获得开普殖民地中占人数优势的布尔人的政治支持。他于 1890 年

金伯利钻石矿坑，约 1880 年。《科学美国人》(1900 年 1 月 27 日)。由伊利诺伊理工学院特别收藏。

至 1896 年担任开普敦总理，领导了向北穿过奥兰治自由邦并进入德兰士瓦的铁路建设，还在伦敦筹措资金。罗兹希望把铁路修到德兰士瓦，以阻止共和国恢复废弃铁路——通往葡萄牙港口城市洛伦索马克斯（现在的莫桑比克马普托）——的计划。通过跨境铁路协议和关税联盟，早期的铁路建设不仅为开普殖民地和奥兰治自由邦带来了一定程度的合作，还连接了纳塔尔殖民地和德兰士瓦。

颇具讽刺意味的是，铁路挫败了南非的帝国梦。罗兹遇到的对手是“铁路共和党人”保罗·克鲁格（Paul Kruger），他是德兰士瓦的总统，也是该地区布尔人的政治领袖。大自然赋予克鲁格治下的德兰士瓦一张王牌，即 1891 年在约翰内斯堡附近发现的威特沃特斯兰德大金矿，该地区动荡的 20 世纪历史亦围绕这一发现展开。开采深层金矿需要用到重型机械，这带动了约翰内斯堡周围的大型工业发展。因此，南非 4 条铁路中有 3 条的终点站都设在该地区。

罗兹曾希望，开普殖民地到德兰士瓦的延伸铁路可以让他制衡内陆共和党的领导人，但事实恰恰相反。克鲁格反对帝国主义计划，并通过直接向伦敦金融家们游说而占了上风。1892 年，克鲁格向罗斯柴尔德家族贷款 300 万英镑，完成了德兰士瓦通往洛伦索马克斯港口的独立铁路建设。[31] 自此，克鲁格得以随心掌控兰德矿区丰厚运输收益的分配权，在 3 条铁路（德兰士瓦线、纳塔尔线与开普线）间纵横捭阖。这些铁路的巨额固定投资与稀疏的支线运量，赋予他极大的影响力。由于未能通过铁路帝国主义实现任何政治联盟，罗兹尝试了一贯的方

修建连接开普敦和开罗的铁路。当地劳工正致力于塞西尔·罗兹的宏大帝国梦，建造一条连接非洲南端和地中海港口的铁路。在这里，工人们创造了一项纪录，在 10 小时内铺设了 5.75 英里的铁轨。弗雷德里克·塔尔博特，《铁路征服世界》，第 144 页。由伊利诺伊理工学院特别收藏。

式——军事行动。1895 年，约翰内斯堡附近铁路的货运费纠纷引发了关税危机，开普殖民地要求英国军事干预德兰士瓦。这场危机刚刚解决，罗兹便发动了詹姆森袭击事件（Jameson Raid），这场计划不周的军事入侵旨在推翻克鲁格。

当时，英国不希望再次插手该地区的激烈冲突，但保护英国投资者高达 2800 万英镑的殖民铁路贷款仍是它需要解决的问题。面对克鲁格对英国公民的公开敌视，英国发动了第二次布尔战争。在这场战争中，英国军队镇压了主张独立的布尔共和国。将黄金运出大洋的德兰士瓦铁路，也将英国军队运进了兰德地区，同时将克鲁格送上流放之路。该地的铁路是负责战后重建的英国高级专员的首要任务："南非人民和议会处理铁路问题的方式和态度取决于另一个重要问题的终极答案——南非是凝聚了一群伟大且团结的人民的国家？抑或是纷争不断的小城邦的集合体？" 他在 1905 年写道。[32]1907 年，他又描绘了建立南非殖民地联邦的蓝图，洋洋洒洒 9 万字中有三分之二的篇章与铁路有关。他认为，独立的省级铁路将继续成为派系斗争的工具，所以铁路联盟必不可少。1909 年颁布的《南非法案》设立了全区域的南非铁路和港口管理局，并于次年促成了颤颤巍巍的南非共和国的统一。1914 年，铁路管理局中心适时迁至铁路统治权力的所在地约翰内斯堡。

虽然罗兹的政治生涯因詹姆森袭击事件的失败而告终，但他余生都将卓越的推广才能倾注于帝国计划中最宏伟的项目——开普敦至开罗铁路。这条试图贯穿非洲大陆的铁路，意图缝合北方零散的采矿据点与殖民飞地。然而罗兹的英属南非公司根本没有机会铺设通往埃及的铁路，因为该计划正面临两大阻碍：比利时刚果誓要掌控非洲腹地的加丹加铜矿带，而德属东非则企图染指印度洋沿岸疆域。但罗兹的计划加速了欧洲人在内陆罗得西亚的定居。19 世纪 90 年代末，当该地区的役畜因牛瘟而大量死亡时，南罗得西亚（现在的津巴布韦）刚建成的铁路防止了大规模饥荒的发生。1911 年，北罗得西亚（现在的赞比亚）随矿业与铁路活动成型，其疆界亦由铁路网络界定。“开普敦至开罗”计划最深远的成就，或许是将非洲大陆中部铜带与南非连接在一起，直至后殖民地时代的数十年。[33]

帝国主义的遗留问题在后殖民时代仍然充满争议。由于批评人士谴责全球化只不过是现代化的帝国主义，所以在关于全球化时代的讨论中，这些争议变得越发尖锐。帝国主义时代的“文明使命”曾假定：出售鸦片、铺设电报线路或修建铁路会给亚洲、非洲或南美的人民带来西方文明的纯粹利益，而如今认同这一使命的人少之又少。以当代视角回望，这些帝国行动所需要的炮艇、步枪子弹和机关枪清晰地印刻在我们的记忆中。《枪炮、病菌与钢铁》（*Guns, Germs, and Steel*）是贾雷德·戴蒙德（Jared Diamond）的获奖作品，书名的 3 个关键词道出了西方全球霸权通过技术崛起的密码。[34]

19 世纪的帝国主义给全球蒙上了经久未散的阴影。我们已经看到，苏伊士运河（以及 1914 年竣工的巴拿马运河）等关键交通枢纽如何沦为帝国主义势力的附庸。香港的苦难历史同样可以追溯到 19 世纪 40 年代的第一次鸦片战争，英国随后强占了这座虽小但重要的港口城市，并与清朝政府签订了一份为期 99 年的租约。20 世纪早期，英国和美国瓜分了中东地区巨大且未开发的石油储备资源，导致了该地的地缘政治不稳定以及系统性风险。

20 世纪 40 年代末至 60 年代的反殖民独立运动爆发之际，亚洲、拉丁美洲和非洲的民族主义者纷纷谴责这些强加于其祖国的帝国主义“发展”计划。“曼彻斯特给我们造成的伤害难以衡量。正是由于曼彻斯特（及其棉纺机械），印度的手工业几乎销声匿迹。”莫罕达斯·甘地（Mohandas Gandhi）曾写道。在冷战长达数十年的时间里，超级强权明显偏爱资本密集型、集中化的资源掠夺型产业，从而将当事国的经济和政治与超级强权捆绑在一起。即使在今天，人们也可以从北美的铁路地图（仔细看看加拿大、美国西部和墨西哥）、技术教育结构以及欧美主流发展机构的政策偏好中看出帝国主义时代的阴影。

即使对于占统治地位的国家来说，帝国主义也是一种经济效益好坏参半的活动。总体而言，英国作为一个国家并没有从帝国主义中获得财富。尽管许多利用帝国力量的商人、企业家，以及技术专家都创造了自己的财富，但帝国经济的利润根本承担不起向海外派遣军队、维持帝国官僚机构以及资助昂贵技术的沉重费用。帝国主义为什么没能财运亨通？如今我们也很清楚：帝国技术——包括昂贵的蒸汽船、镀金的机车、双轨宽轨铁路、广布的电报和电缆网络——的目的根本不是利润。

由此可见，帝国主义绝非仅是商业或工业时代的延续，更确切地说，它在很大程度上与商业和工业相互竞争，而且在某些情况下取代了商业和工业，成为技术专家的关注焦点。帝国主义为英国的蒸汽船、机床、机车、钢铁和棉纺织品创造了一个垄断市场，并以此保护这些行业的英国实业家免受新兴竞争对手的冲击，从长期来看，甚至加速了其全球竞争力的下降。[35]作为工业和帝国主义时代的领导者，英国在随后的科学与系统化时代明显成为德国和美国的追随者，这难道只是巧合吗？无论如何，我们必须承认，帝国主义时代对由西方国家主导的社会和经济发展拥有明确的构想，同时对技术发展也设定了特殊目标。

第 5 章　科学与系统（1870—1930 年）

1870 年之后的半个世纪里，以科学技术为基础的第二次工业革命不仅改变了商品的生产和消费方式，也改变了工业社会的演变方式。这些新兴产业包括合成化学品、电灯和电力、制冷、机械化食品生产、汽车及其他许多行业。通过将实验室研发的奇珍异品转化为普遍的消费产品，并借助产品创新和积极的广告宣传，以科学为基础的工业助力创建了一个大众消费社会。企业工业的兴起及其与研究型大学、政府机构的新关系，则成为连带的发展成果。

科学与系统的经济必要性，尤其是企业工业的兴起，彻底改变了工业社会的特征。卡尔·马克思和弗里德里希·恩格斯在概述第一次工业革命的压力和不稳定性时，曾预言资本主义的矛盾将导致其毁灭，且资本主义终将生产自己的掘墓人。1819 年至 1929 年，美国发生了不少于 9 次的经济危机，这些危机几乎总是与英国和欧洲经济有关。屡次三番的经济恐慌为他们的判断提供了有力依据，即工业资本主义会对社会造成危害，且注定会失败。但是，他们没有注意到，一个技术稳定的“组织化资本主义”正崭露头角。崭新的组织化资本主义为社会带来了以技术变革为核心的明确的经济文化动力。

这个时代的技术人员，尤其是从事科学行业的技术人员，越发聚焦于改进、稳定和巩固现有系统，而非发展全新系统。在专利法、企业所有权、工业研究实验室和工程教育的支持下，这些系统的稳定化结果改变了工业社会。也就是在这几十年间，技术有了现今的含义，即作为一套设备、一个工业综合体，以及一个抽象的社会变革力量。技术和文化再次相互交织，相互转化。[1]

尽管英国科学家有许许多多的科学发现，但英国工业在以科学为基础的领域却基本上以失败告终。正如第 3 章所述，伦敦啤酒酿造商开创了工厂规模化、蒸汽动力应用、机械化生产和温度控制的先河。1838 年，一位行业专家写道："啤酒厂可以被恰当地称为酿造化学实验室。"[2] 在电力方面，英国化学家汉弗莱·戴维（Humphrey Davy）率先对白炽灯和弧光灯进行了试验（1808 年），英国物理学家迈克尔·法拉第（Michael Faraday）发现了电磁感应，并首次制造了直流发电机（1831 年）。在合成化学方面，英国化学家威廉·珀金（William Perkin）首次合成了人造染料。然而，这些行业的技术和商业领先地位却从英国人手中溜走，并落入德国人和美国人手中。

科学的商业

令人难以置信的是，第一个以科学为基础的工业项目起源于一种从煤炭中提取的黏稠黑色焦油。查尔斯·狄更斯在《艰难时世》里将虚构的"焦煤镇"设置为故事发生地。在那时，英国每年开采的煤炭约为5000万吨。焦煤是煤炭在缺氧条件下的炼焦煤产物，数十年来一直被用作冶铁和烘烤大麦芽的高级工业燃料。由此产生的煤气自18世纪90年代开始广泛应用于工厂照明，随后分别于1807年和1817年在伦敦和巴尔的摩应用于城市街道照明。到19世纪中叶，仅伦敦就有1700人从事煤气和焦煤生产行业。黏稠黑色焦油是意外的副产物。可以说，合成化学工业是作为一种附属工业而诞生的。

巧合的是，在煤炭污染严重的伦敦，煤焦油引起了一位德国化学家的注意。奥古斯特·冯·霍夫曼（August von Hofmann）为皇家化学学院实验室的学生布置了一项任务，让他们从那堆过剩的煤焦油中寻找有用的东西。一名学生成功地制造出苯和甲苯，但不幸的是，他被燃烧的蒸馏物烧死了。威廉·珀金则更幸运一些。珀金原本希望利用煤焦油制作奎宁（一种对帝国有重要价值的抗疟药），却屡次得到不明黑色黏稠物。1856年的某一天，他的化学洗涤水槽突然泛出蓝紫色。经过进一步测试，他发现这种紫色结晶能把棉布染成紫色。这款紫色染料以“苯胺紫”之名风靡巴黎，由此开创了久负盛名的苯胺染料系列。

有了这一次的成功，珀金18岁便从皇家化学学院退学，与父亲、兄弟共同创办了一家染厂。不久，纺织实业家们就强烈呼吁生产更多颜色醒目、牢固度高的染料。染料工厂如雨后春笋般涌现在曼彻斯特、法国里昂和德国路德维希港。像珀金一样，这些地方的化学家们通过试验性方法发现了新染料。使用试剂处理潜在化合物（如煤焦油衍生的苯胺），其中的砷化物会导致严重的健康问题。[3] 法国化学家发明了如今被称为品红的染料以及苯胺蓝系列，伦敦的霍夫曼则发明了一系列紫色染料。这些早期染料的化学结构在当时是不解之谜。不久之后，德国的化学家——基于大学，但与工业界有着密切联系——发现了它们的化学结构，奠定了科学工业的基础。

兴许是受到 19 世纪 60 年代棉花短缺的影响（见第 4 章），英国的纺织工业家们摸索出了一个主要的附属产业。1861 年至 1867 年，德国最主要的 5 家化学公司中有 4 家是由德国实业家所创立：拜耳（Bayer）、赫斯特（Hoechst）、巴斯夫（BASF）和阿克发（AGFA）。第五家公司科赛乐（Casella）原本是一家植物染料经销商，于 1867 年进入苯胺染料领域。[4] 这些公司最初是纺织业的附属企业，但很快就创建了全球性的合成化学工业，并占据主导地位。即使在今天，购买阿司匹林、磁带和胶片的消费者也会轻易认出它们的名字。19 世纪 60 年代，德国化学家纷纷回国。1865 年，霍夫曼在柏林大学担任有机化学的名誉教授。他的归国学生中不乏德国化学工业中的后起之秀，如卡尔·马蒂乌斯（Carl Martius）、奥托·维特（Otto Witt），以及海因里希·卡罗（Heinrich Caro），他们分别成为阿克发创始人、科赛乐首席化学家和巴斯夫首席化学家兼董事。失去这么多才华横溢的德国化学家，对原本低迷的英国染料工业是一个沉重打击。

德国的科学机构虽然充满活力，但其成立初衷并不是为了支持以科学为基础的工业发展。德国的国立大学主要培养在传统行业和政府官僚机构中工作，以及在传统中学任教的年轻人。

此类大学强调“纯理论”研究，而声望较低的大学则专注于药学、牙科、农业和技术等实用学科教育。技术大学最初旨在培养工程师和技术人员，直到1899年才获得授予博士学位的权限。到1905年，德国已经有了10所技术大学，分别位于柏林、慕尼黑、卡尔斯鲁厄等工业中心。德国科学体系的第三大支柱是由国家资助的研究机构网络。这些研究机构包括物理和技术研究所（成立于1887年）、农业和林业研究所（1905年）、生物学研究所（1905年）、化学研究所（1911年）和煤炭研究所（1912年）。

奥古斯特·凯库勒（August Kekulé）是德国高校在19世纪60年代的一项重大招聘“成果”。凯库勒和霍夫曼一样，在吉森大学跟随著名化学家贾斯特斯·李比希（Justus Liebig）学习，之后去了比利时。凯库勒开创了现代有机化学的结构研究。他分别在1857年和1865年提出每个碳原子形成4个单键，以及苯是一个六边环的理论。凯库勒对结构的见解与珀金的经验方法形成鲜明对比。支持凯库勒理论的化学家们开始“寻找染料分子的母质”或结构，而不再只是“摆弄苯胺”。[5]

凯库勒的理论帮助化学家合成了茜素和靛蓝等染料，但一种全新化学物质的诞生才是真正的革命性突破。研制苯胺黄和俾斯麦棕等热门商业染料演变成一场激烈竞争的科学竞赛。多国化学家为合成介于这两种颜色间的中间体疯狂攻关。1877年，霍夫曼公开宣布该染料的基本结构，通过揭示产生独特化学构型（由双氮原子连接两个苯环）的“偶联反应”，开创了庞大的“偶氮染料”新家族。这对苯环可连接不同基团，所有此类染料均呈现明艳色泽。巴斯夫公司的卡罗称之为“无止境的组合游戏”。然而，开发预估上亿种组合的可能性需要一种新型科研模式——他命名为“科学规模化劳动”。工业研究实验室的创新活动由此彻底改变：发明活动不再像珀金那样只依赖于个人运气和灵感的发挥。在卡罗看来，化学发明已成为“规则化的系统构建”，其结果令人震撼。[6]到1897年，德国高校之外的化学家已经达到4000名。他们与大学工作的同行携手开创了现代有机化学这一科学领域。在1899年之前的16年中，含碳化合物结构式的已知数量至少翻了两番（达到74000个），到1910年又翻了一番。[7]

通过在偶氮染料领域建立法律屏障并保护科学规模化劳动，德国的专利法强化了稳定的系统性创新模式。1877年1月，在一项重要的新专利法生效前的6个月，霍夫曼公开披露了偶联反应过程，他以实际行动支持公开披露和专利保护政策。然而，从化学公司的角度来看，1877年颁布的法律存在严重缺陷，因为该法律没有涵盖新发现的化学物质。只有涉及“特定制造工艺”的化学“发明”才能获得专利保护。因此，并不能确定无数通过偶联反应产生的染料是否都能获得专利。在这种情况下，律师们通常会起草涵盖200多种相关物质的偶氮染料专利，以增强专利的法律效力。根据1887年修订的专利法，专利权所有人需要提交专利中所列众多物质的实物样本。这项法律限制了个人发明家和小公司的发展，他们几乎没有这么多的科研人员来准备数百个样本，因此，那些拥有足够科研劳动力的企业更具优势。

两年后，在 1889 年开创先例的“刚果红专利”法律判决中，德国最高法院强力支持了系统稳定性这一新兴范式。阿克发和拜耳这两家化学巨头起诉一家小公司侵犯了它们的专利，而小公司则以刚果红专利本身无效为由进行抗辩。为了支持这一主张，小公司请巴斯夫的专家卡罗作证，卡罗称其实验室助理只需查看专利名称就能制备染料。然而，该行业的后起之秀、拜耳公司的卡尔·杜伊斯伯格（Carl Duisberg）据理力争的发言动摇了法庭的立场。杜伊斯伯格辩称，如果法庭接受卡罗的立论，这将“对整个偶氮染料化学行业造成致命打击，并导致卡罗自己公司的大部分专利陷入深渊”。[8] 杜伊斯伯格的论点占了上风。根据新出台的“新技术效应”原则，法庭与这两家化学巨头站在一边，支持了这项存疑的刚果红专利。法院承认该专利缺乏创造性，但认为它具有重大的商业价值，已然足矣。新法拯救了科学界的集体劳动，确立了稳定的系统创新模式。“主导现代经济生活的大规模生产方法也渗透到实验科学中，”化学家埃米尔·费舍尔（Emil Fischer）在 1902 年的诺贝尔奖演讲中如是说，“因此，今天科学的进步与其说是由个别工作者的辉煌成就决定的，不如说是由众多观察者的计划性合作决定的。”[9] 杜伊斯伯格更简洁地表达了同样的观点：“这里找不到任何天才灵光乍现的痕迹。”[10]

专利数据直观展现了德国化工行业在全球的绝对优势。德国在 19 世纪 70 年代就占据了全球 50% 的染料市场，到 1913 年达到了 88%。根据 1907 年的英国专利局数据，德国在染料领域的两大竞争对手英国和瑞士一共成功注册了 35 项染料专利，德

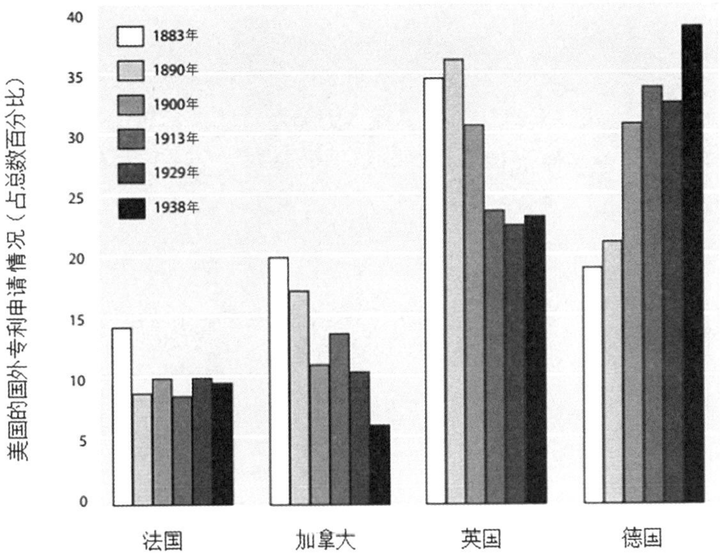

美国的国外专利申请情况，1883—1938 年。在这 4 个国家之后，其他国家在数年间获得的专利量均未超过 4%。数据摘自凯思·帕维特（Keith Pavitt）和罗克·苏特（Luc Soete），“经济增长的国际差异和创新的国际定位”，赫伯特·吉尔施（Herbert Giersch）编著，《新兴技术》（*Emerging Technologies*，蒂宾根：摩尔出版社，1982 年），第 109 页。

国则注册了 134 项。而在德国专利局，这一数字对比更加夸张，为 14 比 285。[11] 由于德国在化工和电力领域的强势地位，1883 年德国在美国的国外专利总量份额超过了法国，1890 年超过了加拿大，1900 年超过了英国。1938 年，德国在美国的专利数量相当于其他 3 个国家的总和。

合成化学帝国导致德国化学工业直接参与了第一次世界大战，并卷入了第二次世界大战。第一次世界大战被称为“化学家战争”，化学家直接参与了毒气的制造。此外，化学还塑造了西部战线的堑壕战形态并导致德国的经济崩溃，从而结束了这场战争。1914 年夏天爆发的战争切断了德国的硝酸盐进口来源，这是制作农业肥料和军用炸药的重要物质。当时德国的硝酸盐储备只够在 1915 年 6 月之前为军队供应炸药。巴斯夫公司利用高压反应堆容器，通过化学方法将大气中的氮气“固定”为氨，然后将其制成炸药或化肥，使德军得以延续作战至 1915 年 6 月之后。对双方而言，炸药的大规模生产是维持机枪射击的物质前提，而依赖机枪的堑壕战正是战争残酷性的体现。

在试图打破堑壕战僵局的过程中，化学也发挥了显著作用。1915 年 4 月 22 日，德国士兵袭击了佛兰德斯的伊普尔村，打开了 6000 个氯气瓶（巴斯夫数十年如一日地向漂白商供应的常用产品），黄绿色的毒雾驱散了法国守军。很快，双方的化工厂都开始大量生产氯气等有毒气体，以及能引起水疱的芥子气。一位诗人兼士兵记录下了这段经历：“火辣辣的毒气扑面而来……屋外灰蒙蒙一片，透过挂满露珠的玻璃窗和窗外泛着浓绿色的光线，我看到他淹没在绿色的海洋里。在我所有的梦中，在我感到无助和恐怖的时刻，他总是冲向我，在水中摇摆、挣扎，被水淹没。”[12]

尽管毒雾、毒气弹和毒气迫击炮令人毛骨悚然——毒气造成至少50万人死亡——但化学战争并不是一种突破性的“制胜武器”，因为士兵们的防御措施虽然笨重且不舒服，却出奇地有效。只有平民、动物和意大利军队毫无防备地直面毒气。在战争后期仅有一例毒气影响战局的情况。1918年春天，德国军队在进攻失败后借助毒气的掩护有序撤退。[13]当时，德国仍然有大量的毒气储备，但衣服、橡胶、燃料和食物已经耗尽，这就是将所有合成氨产能投入军火生产，而牺牲农业部门的必然恶果。

德国化学工业与第三帝国的纠缠，也与其为维持体系稳定所需的创新机制、企业架构及政治形式密切相关。1916年，预料到战争即将结束的德国领先化学公司已经开始寻求途径，以遏制在战前就困扰行业、破坏系统稳定的价格竞争。同年，6家龙头公司将两个贸易协会合并为一个“利益共同体”，并吸纳另外两家独立公司加入。这8家公司整合利润、协调行动，以收购新工厂、筹集资金和交换信息。之后，在20世纪20年代的动荡中，这8家公司合并成一家公司——德国法本工业公司（1925年至1945年）。截至1930年，这家联合企业拥有大约100家工厂和矿山，员工多达12万人。100%的德国染料、几乎所有的炸药、90%的无机酸、约75%的化合氮、40%的药物，以及30%的人造纤维都由其生产。法本还在煤炭、银行、石油和金属领域持有大量资产。凭借这些雄厚投资，法本高管们自觉别无选择，唯有追随1933年上台的希特勒。虽然他们本身并非纳粹——在1938年的雅利安化法令出台之前，最高监督委员会有四分之一是犹太人——他们却成了这个凶残政权的同谋。第二次世界大战期间，法本为纳粹党人发动的战争制造合成炸药、燃料和橡胶。它向纳粹提供的齐克隆B（集中营中用的毒气）、在集中营囚犯身上进行的神经毒气实验，以及在奥斯维辛奴役多达35000名劳工建造橡胶工厂的行为，永远无法获得人们的原谅。[14]

天才之光

德国染料实验室有严格的程序，但是这种大规模科学劳动力运作模式在电力领域并不那么突出。在德国和美国，充满活力的电气制造商和电气设施公司都热衷企业整合，且以研究驱动型专利战略为特色。在美国，乔治·威斯汀豪斯（George Westinghouse）的西屋公司和通用电气公司（前身为爱迪生的公司）值得关注。在德国，领先公司包括西门子哈尔斯克公司和德国爱迪生公司，后者是美国爱迪生公司的分支。

托马斯·爱迪生非凡的职业生涯恰当地说明了体系开创型发明与体系稳定型发明之间微妙而深刻的区别。作为独立发明家，爱迪生始终游走于西联电报、通用电气等工业巨头的边缘地带。爱迪生的发明风格具有强烈的竞争性，他一生共有1093项美国专利，包括在电灯、留声机和电影方面的一系列发明。然而，这种创新模式与通用电气1900年后追求的体系稳定型发

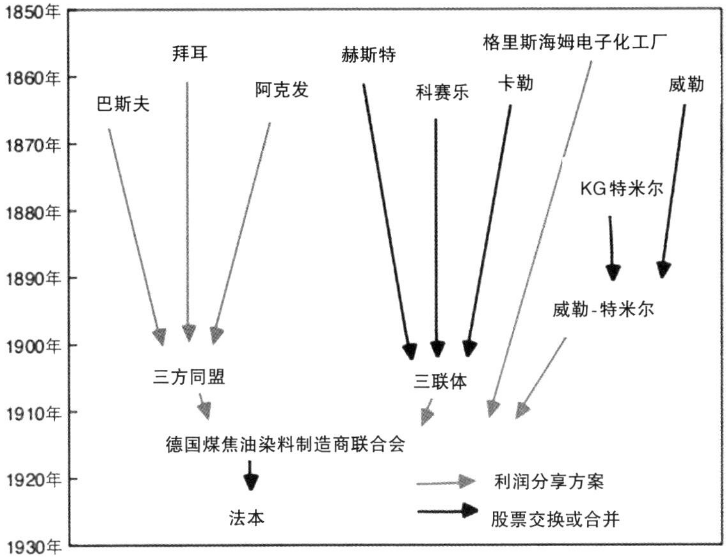

德国化学工业的整合，1860—1925 年。数据摘自 L. F. 哈伯（L. F. Haber），《19 世纪的化学工业》（*The Chemical Industry during the Nineteenth Century*，牛津：克拉伦敦出版社，1958 年）；L. F. 哈伯，《1900—1930 年的化学工业》（*The Chemical Industry 1900–1930*，牛津：克拉伦登出版社，1971 年）。

明格格不入——该公司最终另觅人才，转向工业研究实验室的创新范式。

爱迪生的童年与农业、铁路和报纸为伴，电报行业则开启了他富有创造力的事业。距离塞缪尔·莫尔斯（Samuel Morse）和摩西·法默（Moses Farmer）的开创性工作已经过去一代人的时间，爱迪生时代的电报员面对的是一个沿铁路发展起来的全国性系统。电报员形成了一个早期的“虚拟”社区，他们会通过电报发出线报、小道消息和专业新闻。爱迪生的第一批重要专利是电报行业从早期的城市间系统过渡到市内系统阶段的结果，当时西联电报公司已经在城市间系统占据了主导地位，市内系统则需要即时传递影响市场的现场信息。尽管西联电报的城际线路可以将这些消息从其他城市传送到纽约中心的办公室，但一大批银行家、律师、股票经纪人、公司高管和报纸编辑都希望这些消息能立即传送到自己的办公室。为了抓住这一机遇，爱迪生移居纽约，凭借发明印刷电报、自动电报机和股票行情机等产品在发明界崭露头角。作为电报发明家，爱迪生的主要资助者有西联电报和黄金股票，后者是一家领先的金融信息提供商。

即使爱迪生 1869 年从西联电报辞职并全身心从事发明工作，这家公司仍持续影响着他的生活。作为一名独立的发明家，爱迪生不得不承担起自己的账单。多年来，他努力在发明自由与资金保障之间取得平衡。爱迪生在新泽西州的纽瓦克制造电报设备，曾管理 5 家工厂和 150 名技术工人。他的研发资金主要来源于承接西联电报等巨头委托的重要发明项目。19 世纪 70

年代，西联电报聘请爱迪生攻克“双工电报机”的专利难题，正如爱迪生所言：“以防止其他各方的使用。”[15]对于西联电报这类渴望榨取既有线路剩余价值的大公司，能单线传输双信号的双工电报机与传输四信号的四工电报机极具吸引力。尽管爱迪生憎恨委托他完成工作的“短视资本家”，但他需要这些资本家为其发明事业提供资金。

1876 年春，在纽约和费城之间新泽西州乡村的门洛帕克，爱迪生建立了自己的“发明工厂”。在这个工厂里，正如其著名的承诺，他“要每 10 天弄出点儿小发明，每 6 个月搞出点儿大动静”。[16]7 年以来，爱迪生平均每年获得 40 项专利，相当于每 9 天获得一项。1882 年，即后文描述的电灯发明期间，他获得了 107 项专利，这是他在门洛帕克最多产的一年。工厂开业两年后的清点清单显示，这里配备着完善的电气实验室：电流计、静态发电机、莱顿瓶、感应线圈、能够产生 8 英寸火花的鲁姆科夫线圈、电容器、单臂电桥，以及各种类型的专业电流计。不久，一个储备充足的化学实验室也诞生了。[17]在门洛帕克，爱迪生领导了一个约 20 人的团队，包括模具工、精密工匠和技术工人，以及一名物理学家和一名化学家。1877 年，爱迪生发明了锡箔圆筒留声机和用于电话的碳精话筒——电话本身由亚历山大·格雷厄姆·贝尔于前一年发明。留声机一经公布便让爱迪生获得了公众的持续关注。

在查阅技术文献时，爱迪生发现电灯照明存在一个未解决的问题，即常用于店面照明的弧光灯在室内使用时太亮，而白炽灯的寿命太短。自 19 世纪 40 年代以来，几个国家的发明家已经获得了 20 个以上的白炽灯泡专利。为了实现低亮度的弧光灯照明，解决方案之一是在单电路上安装 3 或 4 盏弧光灯。爱迪生在白炽灯设计上也运用了类似方法。1878 年 9 月，他向报社记者夸下海口（“已在电灯领域发现宝藏——实现光的无限细分”），这并非准确的技术宣言，而是旨在激发投资者热情的营销说辞。

1878 年 10 月对爱迪生来说非常忙碌。5 日，他为铂丝灯泡申请了专利；15 日，成立爱迪生电灯公司以开发这项发明并授权专利；20 日，他在《纽约太阳报》宣布要研制完整照明系统的计划。事实上，由于没有有效的白炽灯泡、合适的发电机和可靠的配电系统，爱迪生想研发一个完整系统还需要数月时间。那年秋天，爱迪生在给一位同事的信中写道：“我坚持正确的原则，也行进在正确的道路上，但时间和些许的运气也必不可少。我所有的发明都是如此。第一步是直觉，随后是爆发阶段，接着困难出现了，事情戛然而止，于是那些漏洞——也就是我们常说的小错误和小困难——显露无遗。数月的密切观察、学习和努力是必须的，然后才能迎来商业的成功或失败。”[18]

1878 年 12 月，爱迪生雇用了弗朗西斯·厄普顿（Francis Upton），科学亦随着他的到来降临在爱迪生的实验室。厄普顿曾在菲利普斯安多弗中学、鲍登学院和普林斯顿大学接受过精英教育，刚刚结束在柏林的物理讲座研修。爱迪生希望他的电力照明系统在成本上能与燃气照明系统相竞争，他清楚自己设计的直流电照明系统只有在人口密集的市中心具有使用可行性。利用欧姆和焦耳电学定律，厄普顿和爱迪生得以实现这些技术经济目标。爱迪生对欧姆定律早就了然于胸，而焦耳定律在厄普顿到来后不久也出现在他的笔记本上。由欧姆定律可知电阻等于电压除以电流。焦耳定律则指出，热损失等于电压乘电流，或（结合欧姆定律）等于电流的平方乘电阻。

这些公式所强调的关键问题在于减少直流电传输过程中的能量损失。如果爱迪生及其研究团队通过增加铜线直径来降低电阻，那么铜的成本就会飙升，进而导致整个项目的财务崩溃。如果他们降低电流，灯泡又会变暗。但如果他们提高电路电压，向灯泡输送等量电能所需的电流便会下降，从而减少热量损失。厄普顿的计算还表明，爱迪生的电灯泡系统需要高电阻灯丝。在焦耳定律的启发下，厄普顿提出了一个有悖常理的建议——降低爱迪生照明系统中发电机的内阻。其他电气专家发明的发电机的内阻等于外部电路的电阻，而这些发电机只能将大约 60% 的机械能（通常由蒸汽机提供）转化为可用电能。相比之下，到 1880 年时，爱迪生低阻发电机的效率达到了 82%。[19]

1879 年 11 月 4 日，在历经两个月的灯丝强化实验后，爱迪生申请了代表性的电灯泡专利，声称其新奇之处在于具有高电阻和低表面积的“碳丝或碳片发光体”，以及封闭在“近乎完美的真空环境中，以防止氧化和大气对导体造成伤害”的灯丝。[20]这些单独的特征不见得有多新颖，真正的大新闻在于：爱迪生的电灯泡能持续明亮发光，制造成本低廉，还能作为经济高效的照明系统的组成部分。1881 年 1 月，爱迪生使用一个 104 伏特电压、114 欧姆电阻、0.9 安培电流的 16 珠灯泡，对照明系统进行测试。110 伏特的美国电压标准正是源于爱迪生开创性的早期实验。（类似地，220 伏特的欧洲电压标准可以追溯到 1899 年，当时柏林的主要公用事业公司决定将供应给消费者的电压从 110 伏特增至 220 伏特，以降低配电成本，并承担消费者将电器和电机转换成更高电压的费用。）[21]

被誉为“门洛帕克奇才”的爱迪生虽然自己办了报纸，但带领爱迪生的照明事业进入纽约市金融和政治舞台的是格罗夫纳 · P. 劳里（Grosvenor P. Lowrey）。劳里是一名著名的企业律师，富国银行、巴尔的摩 - 俄亥俄铁路公司以及西联电报都是他的客户。19 世纪 60 年代中期，劳里因西联电报的电报专利诉讼结识爱迪生，并于 1877 年成为爱迪生的律师。1878 年，劳里在巴黎见证了弧光灯照明新系统的惊艳亮相，之后便敦促爱迪生专注于电气照明研发。劳里从范德比尔特家族、西联电报的几个高管以及德雷克塞尔 - 摩根公司等处为爱迪生筹集到了启动资金。最初注资 30 万美元的爱迪生电灯公司，正是劳里亲自操盘打造的成果。

劳里在 1880 年 12 月 20 日举办的一场游说活动，帮助爱迪生获得了城市特许权。要想挖掘城市街道并在地下安装线路，获得许可是必不可少的。（爱迪生计划在纽约金融区建造照明系统，但地上遍布的电报线路已然是一大麻烦事。）爱迪生似乎没有意识到争取与燃气照明利益集团结盟的市议员支持的明智之处。劳里看透了这一点，并设计了一个绝妙的方案。他安排了一列专列将 8 位纽约市议员、煤气与照明主管、公园及税务专员带到门洛帕克。他们在爱迪生的工厂里参观了整整两个小时，并享用了一顿奢华晚宴。爱迪生发明的电灯照亮了晚宴，十分瞩目。“半个小时里，盘子叮当作响，香槟酒瓶塞打开的声音此起彼伏，然后酒精开始发挥作用。议员们出于政治本能，开始大喊‘发言’‘发言’。”一名新闻记者写道。[22]待宾客愿意倾听时，劳里代表爱迪生概述了他们的规划。特许权迅速获得批准。

爱迪生的第一个中央发电站位于珍珠街257号，它体现了科学洞察力、技术研究能力、政治才能，也许还有一点爱迪生式的运气。在建造发电站、配电系统和安装电线的过程中，爱迪生坚持日复一日地掌控着建设工程的管理。他同时维持着疯狂的发明速度，在1880年申请了60项专利，1881年申请了89项，1882年申请了107项，刷新职业生涯纪录。1882年9月4日，在一名技术人员将蒸汽驱动发电机连接到照明电路后，爱迪生站在华尔街23号——其资助者德雷克塞尔-摩根公司的办公室——第一次按下了400盏电灯的开关。不到一个月，1600盏电灯的线路便完成铺设；不到一年，电灯安装数量超过1.1万盏。尽管如此，爱迪生还是面临着许多令人气馁的技术和财政问题。1882年，爱迪生电气公司并不收取电费，因此，1883年全年都处于亏损状态。1886年，爱迪生需要扩大客户群，但他根本筹集不到这么多的资金。拥有巨额投资的德雷克塞尔-摩根公司最后“从其他地方挤出部分资金”。[23]电线故障引发的火灾是另一个严重问题。1890年1月2日的一场火灾导致珍珠街电站关闭了11天。约翰·皮尔庞特·摩根的私人住宅位于麦迪逊大道219号，他的图书馆被一场大火毁于一旦。[24]

在珍珠街电站建成6年后，爱迪生建立了更大的公司，并在费城、新奥尔良、底特律、圣保罗、芝加哥和布鲁克林获得了特许开发权。欧洲的中央发电站在米兰和柏林运行。1890 年，就连一度陷入困境的纽约电气公司也给出了令人印象深刻的财报数字：与 1888 年相比，用户从 710 人增长到 1698 人；16 珠灯泡的数量由 1.6 万盏增加到 6.4 万盏；公司的净利润从 11.6 万美元增至 22.9 万美元。[25] 自爱迪生于 1886 年发明电灯到 1931 年去世，他始终在新泽西州西奥兰奇的实验室里研究留声机、电影、电池等除电灯外的发明。虽然他仍担任爱迪生电气公司的董事，但已不再对公司进行主动管理。

系统之战

爱迪生照明系统的早期优势可能掩盖了一个事实，即它是为特定环境设计的特殊系统。爱迪生设计的直流电系统适用于大城市密集型的用户负荷，不适合大多数仍居住在小城市和农村地区的美国人。（1920 年以后才有一半以上的美国人居住在人口超过 2500 人的城市地区。）与此同时，电力的使用在 19 世纪 80 年代成倍增长，包括街道、铁路和工厂，弧光灯的使用率也进一步提高。发明家越来越多地使用交流电。通过变压器提高输电电压，交流系统可以将电力输送到数百英里以外，然后降低电压，安全地向当地用户配电。

虽然爱迪生公司逐步改进了直流电系统，但是在很大程度上却是把交流电领域拱手让人。从 1886 年开始，爱迪生在西奥兰治的新实验室里设计了大量的交流发电机、变压器和配电网络，并申请了至少 4 项交流电专利，直至他得出结论——交流

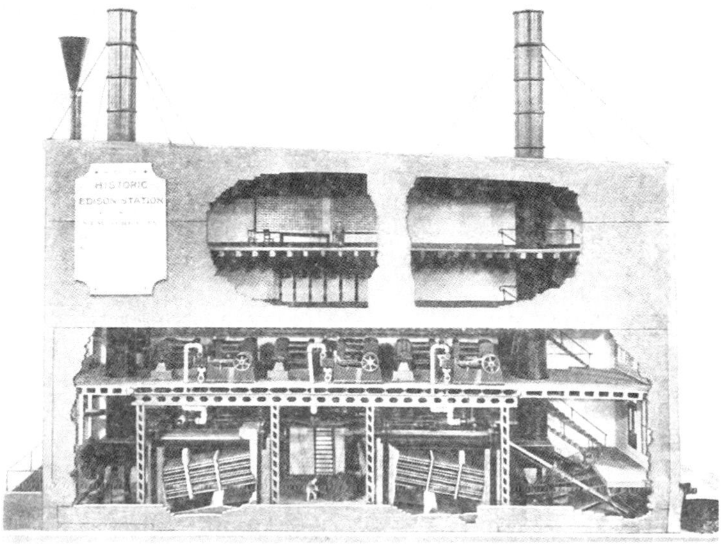

爱迪生的珍珠街发电站模型。1904 年博览会。T.C. 马丁（T. C. Martin）和 S.L. 科尔斯（S. L. Coles），《电的故事》（*The Story of Electricity*，纽约：马西山出版社，1919 年）。

电系统毫无经济潜力。变压器的能量损耗、建造大型交流电站的高昂成本，以及成功找到安全承受 1000 伏特电压的绝缘体的难度，都让爱迪生颇为担心。他在给一位赞助人的信中写道：“交流电配不上实干家。”[26]

街道的弧光灯、小城镇的交流白炽灯、工厂的交流电机，以及混乱的街道铁路，都是有利可图的领域，爱迪生却认为它们无关紧要。恰恰得益于这些领域，爱迪生的主要竞争对手——汤姆森 - 休斯敦公司、布拉许公司和西屋电气——在发明、开发和商业销售方面大获成功。这几种技术领域在 19 世纪 90 年代通过“通用系统”整合在一起。也是在 19 世纪 90 年代，爱迪生及其竞争对手创立的公司越来越多地由金融家掌舵。竞争为爱迪生的生活带来兴奋感，然而对金融家们而言，这种剧烈的竞争意味着不稳定，这并不可取——也是可以避免的。19 世纪 80 年代中期，电灯照明领域互相竞争的公司有 20 家。1892 年，经过不到 10 年的快速整合和兼并，该领域的竞争公司只剩下两家：西屋电气和通用电气。

1889 年，爱迪生公司的早期投资人亨利 · 维拉德（Henry Villard）兼并了爱迪生的几家公司和斯普拉格电气铁路汽车公司，并成立爱迪生通用电气公司。公司 1200 万美元的资本来自德国银行、维拉德本人和约翰 · 皮尔庞特 · 摩根。维拉德担任总裁一职后，将日常管理工作交给了塞缪尔 · 因苏尔（Samuel Insull）。因苏尔曾是爱迪生的私人秘书，后来在芝加哥担任联邦爱迪生公司多年的负责人。统筹 3 家大型工厂——纽约州斯克内克塔迪的大型机械厂、新泽西州哈里森的灯厂，以及纽约市的制造厂——的生产是因苏尔的一项艰巨任务。爱迪生通用电气公司与爱迪生签订了合同，在西奥兰治实验开发并完善直流电设备。因苏尔甚至希望爱迪生能研发出成熟的交流电系统，但当时的爱迪生却将其创造力集中在完善留声机和铁矿石提炼工艺上。

1878 年，当爱迪生在门洛帕克启动电气照明项目时，伊莱胡·汤姆森（Elihu Thomson）在弧光灯领域崭露头角。只比爱迪生小 6 岁的汤姆森是美国第三大多产发明家，其职业生涯中总共拥有 696 项专利。19 纪 80 年代中期，汤姆森将发明尝试转向白炽灯和空调系统。他的其他著名发明包括电焊机、电车道组件、改良变压器、电能表和感应电动机。这些发明是 19 世纪 90 年代通用系统的必要技术组成部分。

为了给自己的发明寻找资金，汤姆森熬过了一系列合作关系。美国电气公司是一家为推广汤姆森的获奖发明弧光灯而成立的公司，其 50 万的资本只是爱迪生公司 380 万资本的一小部分。1882 年，白手起家的波士顿企业家查尔斯·A. 科芬（Charles A. Coffin）开启了汤姆森的事业。汤姆森此前平均每年最多能申请 20 项专利，但很快，他在一年内申请了 40 项专利，相当于爱迪生曾称的“每 10 天弄出点儿小发明”。科芬及其投资集团明白，致力于发明创造的汤姆森对公司最具价值，于是他们鼓励汤姆森在公司位于马萨诸塞州林恩的工厂建立了一个专门的“模型室”。

科芬及其投资者也认识到，要想在电气领域取得真正的成功，就需要在创新、营销和制造方面同时下功夫。一系列成功推向市场的发明让公司跻身行业巨头行列。科芬以400万美元收购了至少7家竞争对手，包括布拉许公司。为了筹集这笔巨额资金，科芬求助于波士顿经纪公司李·希金森公司——这家公司在工业证券营销领域开创了先河。截至1892年，汤姆森公司的资本为1500万美元，拥有3500名员工，年利润为150万美元。彼时，约有800家公司在使用汤姆森公司的弧光灯和白炽灯照明设备，而在快速发展的电车道领域，有204家公司在使用该公司的设备。

爱迪生通用电气公司和汤姆森的公司的唯一劲敌是乔治·威斯汀豪斯创立的西屋电气。威斯汀豪斯当时已经富甲一方，曾因获得铁路空气制动系统的专利而声名鹊起。他在19世纪80年代中期购下关键专利，并聘请了交流电照明领域的专业人才。威斯汀豪斯聘请威廉·斯坦利（William Stanley）作为公司内部发明家。1886年，斯坦利完善了交流电变压器。同年，西屋电气在纽约布法罗安装了第一个交流电照明系统。1889年，威斯汀豪斯从独立发明家尼古拉·特斯拉（Nikola Tesla）处获得了交流感应电机和相关多相设备的美国专利（加强了公司正处于初期发展的“通用系统”），同时与汤姆森的公司达成了专利共享协议。根据协议条款，西屋电气可以出售汤姆森公司的弧光灯，而汤姆森公司可以生产和销售西屋电气的交流电系统。[27]截至1890年，由于交流电系统的普及，西屋电气的销售额为400万美元，总资产达1100万美元。

这3家大公司在用户、发明家和专利方面的残酷竞争，通过合同争夺、打官司以及疯狂收购小型竞争对手表现得淋漓尽致。1888 年至 1891 年，汤姆森的公司收购了 7 家竞争公司，西屋电气收购了 3 家，爱迪生通用电气收购了两家。通过这一策略，三大巨头将讨厌的竞争对手赶出市场，获得了对手的专利及其发明家和技术人员。竞争也可能以一种更奇怪的形式出现。爱迪生通用电气从技术上为交流电系统标上危险的信号，利用其政治关系发起了一场耸人听闻的运动，将交流电斥为“死亡电流”。哈罗德·布朗（Harold Brown）曾是爱迪生电笔的推销员，后成为交流电的反对派，获得了爱迪生公司的支持。在爱迪生实验室的幕后帮助下，布朗开始了一场公开表演——用交流电电死了小狗、小牛和马。通常情况下，布朗会先使用温和的直流电，以表明直流电的相对安全性，再用“致命”的交流电来杀死动物。1890 年，他不顾西屋电气的反对，安排了一台 1000 伏特的发电机，在纽约州辛辛监狱进行了第一次公开电刑。爱迪生的宣传机器随即警告要警惕西屋电气提供的“行刑电流”（辛辛监狱的“电椅”一直使用到 1963 年）。爱迪生通用电气还游说纽约州、俄亥俄州和弗吉尼亚州的州议会将电力系统的最大电压限制在 300 伏特，这一法律举措破坏了交流电系统的主要优势。[28]

爱迪生因激烈的专利之争而心烦意乱，阻挠了其公司与汤姆森的公司首次尝试合并的计划。1889 年，当听闻两家公司的兼并计划时，他怒不可遏地说：“我作为一个发明家的身份将不复存在，我的服务将一文不值。唯有强有力的刺激才能驱使我进行发明，没有竞争就没有发明。”但是经营这两家公司的金融家越发倾向于兼并整合。约翰·皮尔庞特·摩根很快就对全国

使用专用电动车检查街道的弧光灯。T.C. 马丁和 S.L. 科尔斯，《电的故事》。

四分之一的铁路进行大改组，他对电气制造商无穷无尽的资金渴求表示担忧。查尔斯·费尔菲尔德（Charles Fairfield，即李·希金森的合伙人）在 1891 年写道：“大型电气公司的联合才是我们想要的。”同年，西屋电气和汤姆森公司的兼并也以失败告终。乔治·威斯汀豪斯虽然是一位才华横溢的技术人员和聪明能干的工厂管理者，但缺乏金融家的才能。费尔菲尔德说：“他将竞争对手激怒到忍无可忍的地步。”[29]

1892 年 4 月，由美国主要金融家创立的通用电气公司成立。历经数月的谈判，汤姆森的公司和爱迪生通用电气用现有股票兑换了公司新股，资本额为 5000 万美元，成为当时的第二大兼并案。通用电气的董事会成员分别来自汤姆森和爱迪生的公司，董事长是摩根的一位合伙人。（托马斯·爱迪生只是名义上是董事会成员；汤姆森为了继续从事技术工作，直接拒绝了董事职位。）科芬出任通用电气的创始总裁。因苏尔则前往芝加哥，担任新公司的第二副总裁。在芝加哥，他开发并建立了早期的多相交流电系统（“通用系统”），并在建立区域性电气帝国的管理和财务技术方面开辟先河。

技术系统的投标

一种聚焦于大规模稳定性系统（而非发明全新体系）的技术变革新模式引起了各方的不同反应：爱迪生与其斗争、汤姆森拒不承认、因苏尔欣然拥抱。在铁路、钢铁、化工和电气制造业等资本密集型行业，约翰·皮尔庞特·摩根和李·希金森等金融家实际上结束了自由技术创新带来的无休止斗争与突进式进步。在这个过程中，他们是孕育稳定的组织化资本主义的主要代理人。第二次工业革命的技术变革反而演变为循序渐进式发展，这多少有些荒谬。稳定性研发的主要倡导者美国钢铁公司至少扼杀了钢铁制造领域的两项重要创新，即亨利·格雷（Henry Grey）的超大 H 型钢轧机以及公司自身在连续轧制薄钢板方面的试验。（令人啼笑皆非的是，德国的化学和钢铁行业都把美国钢铁公司视为现代和先进工业组织的先驱，并效仿其庞大的组织机构，却同样陷入尾大不掉的局面。）与公司的激烈斗争导致了化学发明家华莱士·卡罗瑟斯（Wallace Carothers）和无线电发明家埃德温·阿姆斯特朗（Edwin Armstrong）的悲惨自杀。和爱迪生一样，特斯拉停止电灯和电力的研究，把发明的才能和夸张的宣传集中在远程无线传输上。资金充裕的古列尔莫·马可尼（Guglielmo Marconi）获得了美国无线电领域的关键专利，而特斯拉在 1943 年去世时却是一文不名。讽刺的是，正当独立发明家被边缘化之时，托马斯·爱迪生却因其过去的传奇发明而受到海内外推崇。美国也将爱迪生的生日定为国家发明日，也就是每年的 2 月 11 日。[30]

除了金融家，科学家和工程师也是稳定的现有技术系统的重要推动者。工业科学家与有科学背景的工程师通过主动融入这些庞大体系，并解决对其有序扩张至关重要的技术难题，实现了系统的稳定。直到 1870 年，这些职业才具备了现代化内涵。在此之前，工程师大多是建造防御工事、桥梁、运河和铁路的军事或公共建筑工程师。在第二次工业革命期间，工程师成为一种职业。在美国，采矿工程师协会（1871年）、机械工程师协会（1880年）、电气工程师协会（1884年）和化学工程师协会（1908年）相继成立。数十年间还诞生了工业科学家这个职业。正如我们所看到的，在19世纪80年代德国化学工业中，合成新染料所需的科研密集型劳动力促使科学家在工业界的大规模分布。这种工业研究模式在美国出现得稍晚一些，1901年通用电气、1902年杜邦和1911年美国电话电报公司相继建立了完备的工业研究实验室。

1900年，虽然美国工业界有数百个实验室，但并没有众所周知的“研发”实验室。爱迪生在门洛帕克和西奥兰治的实验室一直是他个人创新动力的体现。每当爱迪生身体不适，这两家实验室的运转也只得暂停。19世纪90年代初，爱迪生干脆抛下实验室去开启命运多舛的铁矿石项目，它们更是因此而关门。从19世纪70年代开始，铁路、钢铁和重化学工业的实验室就设在工厂现场，有时甚至设在厂房内，实验员就负责原材料分析和产品测试。相比之下，只有大型企业才有能力建立研发实验室，而且大多是在科学工业的化学和电气领域。此外，从物理距离上讲，这些研发实验室往往远离企业的生产工厂。

对新产品和新工艺的渴望常被奉为工业研究的主要灵感，但这只是部分事实。例如，杜邦公司从20世纪20年代开始在工业研究上投入大量资金，并大力宣传氯丁橡胶和尼龙等研究成果（其广告口号是“化学让生活更美好”）。但几十年来，杜邦最重要的技术来源仍是依靠收购竞争对手，而不是进行研究。美国国家经济研究局的一项研究发现，1920年至1950年，杜邦的 25 项主要产品和工艺创新中，只有 10 项源于内部研究，其余 15 项都源于收购外部发明或其他公司。[31]

1901 年，通用电气将实验室视为一种内部创新的重要途径。由于爱迪生时代的碳丝灯泡专利到期，同时面临拥有新型优质灯泡设计的强劲竞争对手，通用电气成立实验室以规避未来的技术突袭。最初，通用电气雇用了 16 名化学家和物理学家。在威利斯·惠特尼（Willis Whitney）的指导下，他们的任务是制造出更好的灯泡。1904 年，实验室对碳灯丝进行了重大改进，被称为“通用电气金属化灯丝”。然而，公司仍然需要向市场上的发明者购买专利。1907 年，它向两家德国公司支付了 35 万美元获取专利授权，1909 年又针对钨丝的使用支付了 49 万美元。这种昂贵的支出一直持续到 1912 年。经过多年的协同工作，实验室的一名化学家就长寿命钨丝的改良制造工艺申请了专利。

通用电气成功地将科学融入工业，这在很大程度上要归功于威利斯·惠特尼。带着德国物理化学博士学位、一项可获利的溶剂回收专利，以及不尽如人意的麻省理工教学经历，惠特尼加入了通用电气。他为实验室里的博士科学家们配置了富足的设备、充分的学术空间以及具有活力的研究环境。惠特尼对研究的支持堪称传奇，尤其是他对有关公司商业利益的研究工作的鼓励。然而，如同德国的染料实验室，这些研究成果并非这位科学家的一己之力。“任何源于个人工作的发明都将成为公司的财产，”惠特尼在 1909 年表示，“我相信这是唯一切实可行的办法。”[32] 让惠特尼尤为得意的是，他雇用了欧文·朗缪尔（Irving Langmuir）这位通用电气最负盛名的科学家。朗缪尔曾在史蒂文斯理工学院任教，1910 年加入通用电气后从事充气灯泡的改进，并申请了专利。名为“马自达”的灯泡每年为通用电气带来 3000 万美元的惊人利润。1928 年，凭借马自达品牌灯泡的销量，通用电气占据了美国白炽灯市场 96% 的份额。朗缪尔对这种灯泡表面化学的后续研究使他在 1932 年获得了诺贝尔奖。

工业研究成为通用电气和通用汽车等大型企业的竞争优势来源。相较于无法开展研究工作的企业，研发资金充足的企业获得了技术、专利和法律优势。独立发明家曾经是美国创新技术的主要来源，但他们要么被挤出大型科学公司所瞄准的潜在市场领域，要么为这些公司工作并解决它们想解决的问题。在电气行业，82% 的研究人员只受雇于四分之一的公司。截至 20 世纪 30 年代，通用电气和美国电话电报公司雇用了美国物理学会 40% 的成员。此时的工业研究俨然是组织创新和雇用科学家的主导模式。截至 1940 年，仅杜邦公司就雇用了 2500 名化学家。当时，全国整整 80% 的研发资金（2.5 亿美元）均来自工业行业。

对稳定性的追求不仅涉及金融家、企业、工程学会和研究实验室，也包括工程学的核心内涵，这一点在 1900 年前后麻省理工学院的电气工程课程中有所体现。实现稳定性对于这一时期的电气工程师来说有着明确的技术意义，因为在不断扩张的区域输电系统中，不稳定或瞬变现象是有序和安全发展的主要障碍。从 1900 年到 20 世纪 30 年代，麻省理工学院电气工程专业的工业导向特征与二战期间及战后的科学和军事定位形成了鲜明对比（见第 7 章）。

尽管麻省理工学院在 19 世纪 70 年代中期为亚历山大·格雷厄姆·贝尔的电话实验提供了支持，但它直到 1882 年才开设了电气工程的 4 年课程，而且多年来该课程主要是物理系的一个应用分支。独立的电气工程系在 1902 年成立，伊莱胡·汤姆森作为应用电学的非常驻教授加入了该系。从那时起，麻省理工学院与通用电气的林恩工厂（以前是汤姆森模型室的所在地）建立了密切关系，除了将学生送到工厂进行实践培训，还从通用电气获得实验室的电机设备。托马斯·爱迪生和乔治·威斯汀豪斯也为这个新专业提供了设备支持。电气工程系的入学人数迅速增长（在 19 世纪 90 年代中期，电气工程一度是学院最受欢迎的专业），到世纪之交，电气工程已经加入土木、机械和采矿工程行列，成为麻省理工学院的主流专业。

杜加尔德·杰克逊（Dugald Jackson）在 1907 年至 1935 年担任系主任，在其领导下，该系彻底摆脱物理学的范畴。杰克逊认为工程学不只是应用科学，正如 1903 年他在美国电气工程师协会和工程教育促进协会的联合演讲中所说，工程师“要有能力构想、组织和指导各种各样的大工业企业。这样的人必须对自然规律有广泛的甚至是深刻的了解，并能有效地应用这些规律。此外，他必须了解人类和人类事业——也就是社会学，必须熟悉商业方法和商业世界的事务”。[33] 这样的提法明确地将工程学定义为男性独有的职业。1907 年 2 月，杰克逊刚抵达麻省理工学院，就与院系特别顾问委员会密切协作，全面革新了以物理为核心的课程体系。商业影响的印记清晰可辨。该委员会成员除了来自通用电气的伊莱胡·汤姆森，还有波士顿爱迪生公司总裁查尔斯·埃德加（Charles Edgar）、美国电话电报公司总工程师哈蒙德·海耶斯（Hammond Hayes）、芝加哥爱迪生公司副总裁路易斯·弗格森（Louis Ferguson）和西屋电气公司咨询工程师查尔斯·斯科特（Charles Scott）。哈里·克利福德（Harry Clifford）出色地接手了交流电和机械课程（杰克逊曾在威斯康星大学讲授该课）。杰克逊本人则开发了一门全新的管理主题的4年选修课——《公共服务公司（即电力公司）的组织和管理》。

杰克逊担任领导期间，麻省理工学院通过研究、咨询和教学活动将电气工程专业课程体系与电气制造商和电力公司联系起来。杰克逊曾为几个重大的电气化项目提供顾问服务，包括马里兰州萨斯奎哈纳河的科纳温戈水电项目、康涅狄格河15英里瀑布项目、大北铁路的喀斯喀特山区电气化项目，以及拉克万纳铁路公司在新泽西郊区的电气化服务。杰克逊在教授其他科目时，据学生回忆："仍能学到很多关于公共事业及管理的知识。"[34] 哈罗德·彭德（Harold Pender）著有两本颇具影响力的教科书，他在1913年被杰克逊任命为该系研究部门的领导。该部门接受通用电气、公共服务铁路公司、斯通-韦伯斯特公司和美国电话电报公司的资助。为了配合系里的研究和咨询活动，1916年的课程修订为"主要针对电力系统的问题"。照明和电话技术受到一定的重视，无线电和电子学等较新的领域则不然。[35]

俄亥俄州电力公司位于俄亥俄州菲罗市的发电站。由伊利诺伊理工学院特别收藏。

1916年麻省理工学院电气工程课程

编号	教学内容
	电气工程原理系列
601	电路和磁路的基本概念
602	直流机
603	静电、变电流和交流电
604	交流机
605	交流机、传输
	四年级选修课
632	传输设备
635	电力工业应用
637	中央电站
642	电气铁路
645—646	发电机设计原理
655	照明
658	电话工程
	研究生选修课程
625	交流机
627	电力和电话传输
634	公共服务公司之组织与管理
639	发电站和配电系统
643	电气铁路

资料来源：怀尔兹（Wildes）和林德格伦（Lindgren），《麻省理工学院电气工程与计算机科学的一个世纪，1882—1982年》（剑桥：麻省理工学院出版社，1985年），第58—59页。

注：电气测量技术和发电机实验室课程是第三、四学年所必需的。

1920 年，麻省理工学院将杰克逊的工业咨询模式植入了整个学院。总体而言，该计划并非深思熟虑之举。1916 年，麻省理工学院搬离其位于波士顿后湾的狭小校舍，利用科尔曼·杜邦（Coleman du Pont）和乔治·伊士曼（George Eastman）的大笔捐赠，在查尔斯河沿岸建造了一个新建筑群，也就是现址所在地。此次迁址剑桥的动因，可追溯至 1914 年与哈佛大学达成的关于共享制鞋商戈登·麦凯（Gordon McKay）遗赠的协议。但在 1919 年，州法院驳回麻省理工学院和哈佛大学的协议条款，麦凯基金也宣告破产。此后，麻省理工学院陷入了一场金融危机。更糟糕的是，从 1921 年起，州议会削减了麻省理工学院每年 10 万美元的拨款。

为了应对这场危机，乔治·伊士曼拿出伊士曼柯达公司价值 400 万美元的股票，前提是麻省理工学院在 1920 年 1 月之前筹集到同等数额的资金。从个人捐赠者手中筹集到如此巨额的捐赠似乎不太可能，校长理查德·麦克劳林（Richard Maclaurin）选择向工业界求助。实际上，麦克劳林利用了麻省理工学院教员、实验室和图书馆的声誉，让教职工去解决工业界难题。每一家获得此类资源的公司都需要向麻省理工学院提供财政捐助。“如果麻省理工学院能继续利用麦凯的基金，它就不会被迫全面转向美国工业界，并深度参与其实际发展难题。”[36] 虽然技术计划避免了金融危机，但那些工业界的难题太过狭隘，很难为良好的教育发展和知识进步奠定基础。20 世纪 20 年代早期，除了电气工程，几乎所有专业的入学人数都大幅下降。20 世纪 30 年代，麻省理工学院校长卡尔·康普顿

（Karl Compton）努力寻找其他不会限制教职员研究和出版的资金来源。

在杰克逊的咨询项目、1916 年的课程修订以及 1920 年的转变之中，麻省理工学院的教育服务和教师研究与大规模稳定性技术系统是一致的。我们可以从哈罗德·黑曾（Harold Hazen）在 20 世纪 20 年代至 30 年代关于“网络分析仪”的研究工作中看到，同样的现象也出现在工程研究的实质内容中。那一时期，高压特性和绝缘问题是前沿的研究领域之一。黑曾的研究还解决了一个更微妙的问题——高度互联的电力系统的不稳定性，这种不稳定性随着地方电力系统逐步联网形成区域系统而日益凸显。

20 世纪 20 年代提出的所谓“超级电力”和“巨型电力”区域电气化方案，使大型互联系统的技术问题成为焦点。问题不仅在于这些系统将覆盖广阔地理区域——从波士顿延伸到华盛顿的电网，线路向西延伸至宾夕法尼亚州甚至更远的中西部地区，并采用高达 30 万伏特的输电线路（约为当时行业标准的 10 倍）。真正的挑战在于系统的互联特性：需要将来自多个发电源的多种负载输送给不同用户。电压瞬变（即电压的剧烈波动）尤其令人担忧。任何电力公司都不会投资建设如此庞大的电网体系——瞬时过电压就会导致系统崩溃（1965 年的确发生过这样的情况，导致纽约市大规模停电）。为了模拟这类系统，早在 1919 年，通用电气和西屋电气的工程师就利用发电机和电容器网络构建了微型模型。

1924 年，黑曾在万尼瓦尔·布什（Vannevar Bush）指导下发表了一篇学士论文，由此开始了对网络分析仪的研究。布什是模拟计算领域的先驱，当时他正任职于杰克逊的咨询公司，参与宾夕法尼亚州的超级电力计划。黑曾与休·斯宾塞（Hugh Spencer）共同完成了一篇论文，主题围绕着建设一个餐桌大小的模拟器，能够模拟 3 个发电站、200 英里输电线路和 6 种不同负载。毕业后，黑曾和斯宾塞加入了通用电气位于斯克内克塔迪的工厂，为罗伯特·多尔蒂（Robert Doherty）工作，“这位主管非常关注电力系统的稳定性研究”。1925 年，黑曾作为布什的研究助理回到麻省理工学院，当时，布什让他模拟整个城市的电力系统。模拟多相交流电力系统不仅需要产生多相电流（黑曾采用 60 赫兹频率）并通过相位偏移来模拟电动机负载，还需设计高精度测量设备。为此，黑曾与通用电气林恩工厂密切合作。至 1929 年，测量难题终获解决，通用电气的多尔蒂批准建造全尺寸网络分析仪。

通用电气和麻省理工学院联合建造了这台网络分析仪，实体位于麻省理工学院 10 号楼的 3 楼研究实验室，能够模拟非常复杂的系统。这台分析仪逐渐占满整个房间，它配备了 8 台移相变压器、100 个变线电阻器、100 个变线电抗器、32 个静态电容器和 40 个负载单元。电力公司对其青睐有加。在最初的 10 年里，其主要用户是美国瓦斯与电力服务公司、通用电气、加拿大通用金融公司、杰克逊 - 莫兰德公司、伊利诺伊电力和照明公司、联合瓦斯与电力公司、田纳西谷管理局以及其他 6 家大型公用事业公司。1939 年至 1940 年，一个由 9 家电力公司组成的联盟在对全国电网进行考察时，出资实施了大规模的升级扩建。随着电力公司对网络分析仪的密集使用，该设备与麻省理工学院教育研究活动的关联性日益减弱。“虽然网络分析仪对电力公司仍然有用，但对于投身电力领域的富有创造性的一流毕业生或研究人员来说，它不再是一个合适工具。”1953年一份建议终止网络分析仪的文件写道：“可以说，它有一个辉煌的过去。”网络分析仪被卖给杰克逊-莫兰德公司，随后运往波多黎各。[37] 黑曾担任系主任期间（1938年至1952年），电子技术的兴起与军事的迫切需求对电气工程、麻省理工学院本身以及技术的特性都产生了深刻的影响（见第7章）。

合成染料、毒气、直流电灯泡、交流电系统和模拟计算机（如黑曾的网络分析仪）构成了科学与系统时代的标志性人工产物。依我之见，若将视野拓宽至更多或不同的科学行业，或许可以改变某个故事走向，但不会改变整体模式。（人们可以在制药、汽车、钢铁、无线电和摄影工业中发现本章探讨主题的诸多变奏。）最重要的模式是研究实验室、专利诉讼和依赖科学的资本密集型企业带来的根本性技术创新。工业界和大学的科学家第一次与发明家、设计师和工程师平等地参与新技术开发。事实上，研发实验室已成为如此显著的里程碑，以至于我们有时会遗忘新技术可能（且往往确实）源自其他领域的工作者。

英国工业领导地位的衰落，以及德国和美国科学工业主导地位的崛起，是一个决定性指标。代表第一次工业革命的英国棉纺织业与共同代表第二次工业革命的德国合成染料工业、美国电气工业形成了鲜明的对比。奥古斯特·冯·霍夫曼和海因里希·卡罗等德国化学家，以及查尔斯·科芬和约翰·皮尔庞特·摩

麻省理工学院的网络分析仪。由麻省理工学院博物馆特别收藏。

根等美国金融家，与前文列出的技术产物一起定义了这个时代。

金融家、企业、化学家和工程师的集体参与催生了技术创新的新模式，同时开创了社会和文化创新的新方向。无论是在大型科学产业融资方面提供巨额支持的金融家，还是拥抱新模式新机会的工业科学家（如通用电气的威利斯·惠特尼）和工程师（如麻省理工学院的杜加尔德·杰克逊），以系统稳定为目标的技术创新模式——“找不到任何天才灵光乍现的痕迹”——都是他们所积极寻求的。而更偏爱在系统边缘探索的爱迪生则凭直觉意识到，自己作为发明家的黄金时代已经终结——尽管其作为文化符号的名声大增。通用电气需要的已不是才华横溢的爱迪生式发明家，而是能够将灯泡转化为诺贝尔奖与利润的系统稳定型工业科学家。在这些工业巨擘与金融资本加持下，系统稳定型创新为电力、电话、汽车、家用电器、家具、收音机等许多现代化产品创造了新兴消费市场。

第 6 章　现代材料（1900—1950 年）

“科学发展的胜利进程已决定了人类将面临深刻的变革，它在对过去俯首帖耳的奴隶和自由的我们之间挖开了一道鸿沟，我们对无比灿烂的未来充满信心。”[1]这种原始的现代主义措辞在今时今日听来依旧振聋发聩，它提醒人们，现代运动决定论者的世界观——由一群意大利未来主义画家在 1910 年的宣言中所提出——已成为遥远的记忆。然而，在当今这个对科学和技术持怀疑态度的时代，理解科学和技术如何助力塑造广泛的现代文化十分重要。20 世纪上半叶，艺术和建筑中的现代主义可以被视为一场广泛的美学运动，它根植于由科学和系统技术驱动的社会和经济现代化浪潮中。能言善辩的现代主义者认识到，将他们的意愿与这些更广泛的社会经济变革相结合，便具有强大的说服力和实际影响力。我们将在本章明确，这些倡导者是如何采取“技术原教旨主义”的立场，主张以技术之名改造社会和文化的必要性。

现代主义者宣称 20 世纪是现代主义时代。他们选择性赞扬了古典希腊和罗马的建造者，伦敦的水晶宫、巴黎的埃菲尔铁塔、北美各地的大型粮仓和工厂，以及铁路车厢、蒸汽船、发电站和汽车。然而，现代主义者认为，文化的发展未能跟上 20

世纪的新材料和机械形式。布鲁诺·陶特（Bruno Taut）是一名坚定的钢筋玻璃建筑支持者，也是一名领先的现代建筑师，他谴责传统建筑师“在外在形式和风格上的混乱杂耍”。维也纳帝国时代的建筑困住了阿道夫·路斯（Adolf Loos），禁锢了他的艺术，他在1908年出版的论辩著作《装饰与犯罪》（*Ornament and Crime*）中指出：“文化的发展随着消除实用物品中的装饰而前进。”他写道，装饰不再是当代文化的有效表达。[2] 随着陶特、路斯及其现代主义同行的推进，一种以材料形式表达新审美可能性的建筑催生了更好的学校、工厂、住房、办公室和城市——实际上是一个更好的现代社会。

本章将艺术和建筑中的美学现代主义发展与社会、技术和经济现代化的深层潮流联系在一起。首先讲述了现代主义的材料史，强调新工厂制造的材料——尤其是钢铁和玻璃——对“现代”内涵的影响。[3] 接着，以现代材料为中心，将提取自抽象艺术的概念置于时代语境中，描述了现代主义的思想史和社会史，尤其是艺术和建筑方面的思想史和社会史。本章着重介绍了欧洲三大先锋运动———意大利的未来主义、荷兰的风格派和德国的包豪斯学派，评估了现代主义运动对建筑风格、家庭劳动和消费社会兴起所产生的具有讽刺意味的影响。由于建筑学校的创新、专业网络的传播推动，以及核心实践者们的不懈努力，现代主义如浪潮般席卷全球。

屋顶平台和带形窗，布鲁诺·陶特位于柏林纽科伦区的现代主义公寓楼。布鲁诺·陶特，《现代建筑》(*Modern Architecture*，伦敦：工作室出版社，1929 年)。

现代材料

现代主义者认为，能够表达新时代的材料——钢铁、玻璃和混凝土——并不新鲜。玻璃年代久远，混凝土可追溯到罗马时代，钢铁工业只有500年的历史。几个世纪以来，印度、中东和日本的金属工匠将高质量的钢条（分别使用乌兹钢、大马士革钢以及和钢）锤成锋利的匕首和刀剑。从16世纪开始，土耳其的枪支制造商甚至把大马士革钢条锻造成枪管。18世纪，英国人本杰明·亨茨曼完善了坩埚炼钢工艺（见第3章），欧洲人第一次制造出自己的钢铁。亨茨曼先是把铁条放入碳中烘烤，直到其表面吸收了微量但足量的碳，正是这些碳赋予钢材理想的特性：坚韧耐用、受冲击时具有弹性，在高温骤冷时变得坚硬。接着，他把这些金属条——表面是富碳钢材，内部是纯铁——置于封闭的黏土坩埚里，再放进燃煤炉中熔炼，最后铸成钢锭。亨茨曼的坩埚钢在谢菲尔德等地被用于制造餐具、钢琴丝、剪刀、科学仪器和雨伞，但其高昂的成本限制了更广泛的用途。在整个早期工业时代，纺织机器、工厂构架、桥梁、机车和铁路轨道仍主要采用锻铁或铸铁制造。

世界上第一批大规模生产的钢材来自另一个英国人亨利·贝塞默。正如我们在第3章中看到的，贝塞默是一位才华横溢的伦敦发明家，他在投身钢铁行业之前已有了一系列发明。一名法国炮兵军官曾向贝塞默发出挑战，要他制造一种能承受炮筒高爆冲击力的金属。大炮可以用锻铁锻造，但锻铁的过程需要熟练工人花费大量时间，而且焊接处在多次开火后有裂开的风险。大炮也可以用熔化的黄铜或铸铁铸成，虽然没有焊接口，但黄铜造价昂贵，铸铁便宜，但脆性很高。铸铁大炮可能在毫无预警的情况下炸开，炮兵们对其深恶痛绝。贝塞默决心改变这种情况。他理想中的金属既要像锻铁一样可锻造，成本又必须可负担。19 世纪 50 年代，他试验了多种将空气吹入液体铁的方法。当条件合适时，空气中的氧与铁中的碳结合，导致的燃烧会形成炽热的白色烈焰。与亨茨曼坩埚炼钢法类似，该工艺的目标是生产出含碳量适当、能够炼钢的铁。

贝塞默法大幅削减了钢铁制造商在煤炭和技术工时方面的成本。在燃料方面，他仅仅是利用铁中的碳物质与空气发生反应（他在 1856 年发表的论文《无燃料的可锻铸铁和钢的制造》引发经验丰富的铁器制造商的耻笑），同时，他发明的专利机械取代了熟练工人。结果证明，贝塞默法可以实现规模化生产——规模可以非常大。他早期建造的转炉可以容纳 900 磅液态金属，1858 年他在蓬勃发展的谢菲尔德钢铁区的工厂里建造的转炉容量是早期的 10 倍，达到 5 吨。后来，英国、德国和美国陆续建造了容量为 10 吨甚至 25 吨的转炉。相比之下，坩埚钢生产商每批次产量受限于人工从熔炉中吊起的重量，仅约 120 磅。

贝塞默钢材的巨大产量对铁路等大型用户而言犹如福音。19 世纪 70 年代，美国将近 90% 的贝塞默钢材用于铁路建设，在随后 20 年里修建的横贯大陆铁路也高度依赖这种钢材。但美国钢铁制造商过于专注利用贝塞默法实现大规模生产，所以未能取得理想的质量。在芝加哥，卡内基工厂生产的一根有缺陷的贝塞默横梁在用马车送到工地时断成了两截。最后，结构工程师禁止在摩天大楼和桥梁建造中使用贝塞默钢材。19世纪90年代，铁路上使用的贝塞默钢轨也出现过危险的裂纹和断裂。

钢材的成功应用是欧洲冶金学家提高质量而非规模化产出的结果。事实证明，在欧洲寻找化学特性适用于贝塞默法的铁矿石是一项艰巨任务。初始的贝塞默法采用酸性转炉炉衬，因此不能使用常见的磷铁，所以欧洲钢铁制造商们开发出托马斯法——在类似贝塞默转炉中使用碱性炉衬以去除导致钢材脆化的磷。不久后，冶金专家发现平炉也可以用碱性耐火砖作炉衬。这项技术突破使大西洋两岸的钢铁制造商能够生产出可靠且具有成本效益的钢材：欧洲人采用托马斯法，美国人则更青睐平炉。用这种方法精炼一炉钢材需要12到24小时，他们得以摆脱了贝塞默炼钢厂不间断的生产压力——一次吹炼可能只需要不到10分钟。从19世纪90年代起，大西洋两岸的建筑师都有了实用的钢材。

玻璃是“现代”材料中历史最为悠久的。埃及和叙利亚的早期玻璃花瓶、雕像、杯子、硬币和珠宝至少有5000年的历史。腓尼基人和后来的罗马人把玻璃制造引入他们的国家。从文艺复兴开始，威尼斯就以优质玻璃制造中心而闻名于世。到了18世纪，波西米亚和德国已经成为窗玻璃的主要生产地。制造玻璃只需谨慎融化石英砂、加入铅盐来添加所需颜色即可，不涉及复杂的化学反应，也没有贝塞默转炉的剧烈轰鸣。钢材和玻璃制造都需要极高的温度，贝塞默在炼钢实验之前曾研究过玻璃熔炉，这并非巧合。但熔化只是开始。玻璃工匠需要强大的力量和特殊的技能才能将大块熔融材料压制或吹制成型。最初，工人大多通过吹制玻璃球，并让其自行塌缩成平面来制造窗玻璃。1688 年，法国玻璃制造商开始铸造和打磨大型平板玻璃，最大可达 84 英寸 ×50 英寸。到 19 世纪中期，窗玻璃工业由 4 个专业工种组成。吹制工用挑料工准备的铁管吹制出玻璃圆筒（通常使用黄铜或铁制模具）；切割工和压制工将新吹制圆筒切开，压成平板窗玻璃。[4]

19 世纪的大部分时间里，玻璃在某些方面与贝塞默钢材颇为相似。这是一种极其有用的材料，制造需要大量的燃料和熟练工人，应用也受到高成本的限制。但从 19 世纪 90 年代开始，一系列的机械发明使玻璃制造成为高度机械化的大规模生产工业。比利时、英国、法国和美国的玻璃制造商都参与了这项革新。首先，燃气连续窑取代了燃煤炉；其次，窗玻璃制造实现“批量”生产线机械化；最后，亨利·福特（Henry Ford）的汽车工程师将平板玻璃制造流程改良为完全连续的过程。

窗玻璃制造很早就实现了机械化。1880 年，比利时的窗玻璃制造商开始使用人造煤气燃烧的池窑，美国很快也安装了第一批使用天然气的池窑。1895 年，60% 的美国窗玻璃均使用池窑进行熔化制造。1900 年前后，宾夕法尼亚州一家连续式池窑工厂配备了 3 座熔炉，卸料、放入料斗、搅拌并熔融的过程只需要 7 名工人。每一座的产量都足以供应给 10 名熟练的玻璃吹制工及众多助手，这些工匠负责挑料、吹制、摊平并将玻璃切割成窗玻璃片。用熔炉熔制玻璃窗的工艺一直持续到 20 世纪。

尽管宾夕法尼亚州的玻璃产量占美国总产量的五分之二，但随着廉价天然气在俄亥俄州、印第安纳州、伊利诺伊州和密苏里州的开采，用熔炉熔制玻璃变得十分普遍。

首台窗玻璃吹制机的出现并没有减少工人总数，却极大地改变了技能需求。约翰·吕贝尔斯（John Lubbers）——这位受雇于美国窗玻璃公司（该公司由1899年多家企业兼并而成，拥有全美70%的窗玻璃产能及几乎所有的池炉设备）的窗玻璃压制工进行了7年实验，直至1903年，他研发的批量化生产工艺终于能与人工吹制的窗玻璃相抗衡。（法国、比利时和其他美国发明家早在几十年前就试验过机器吹制的方案。）吕贝尔斯发明的机器可生产出巨型玻璃圆筒，直径和长度分别是人工吹制圆筒的两倍和5倍。

伴随着铿锵声和喷气声，吕贝尔斯的机械巨兽呈现出值得一看的景象。它执行着经典的连续生产流程。一个中空的铸铁圆筒——用来“捕捉”熔融玻璃的引料筒——被浸入一个装满热玻璃的熔池中。片刻之后，待玻璃在引料筒内壁凝固，便启动两台电机：一台电机缓慢提升引料筒（玻璃筒已附着其上），另一台电机向正在成型的玻璃圆筒内吹气。当玻璃圆筒达到所需直径时，吹气电机减速，提升电机继续工作，最终拉出一个高达35至40英尺的玻璃圆筒。之后，提升电机短暂加速（以拉薄玻璃壁），巨大的玻璃圆筒被热切，并由起重机吊运到接料区。在那里，它被切割成较短的圆筒，再像以前一样被剖开并压平成窗玻璃。这台机械装置除了切割工和压制工，还需要十几名操作工照管。但这种新的机械技术显然取代了熟练的玻璃

大规模生产的窗玻璃。雷蒙德·麦格拉思（Raymond McGrath）和 A. C. 弗罗斯特（A. C. Frost），《建筑与装饰中的玻璃》（*Glass in Architecture and Decoration*，伦敦：建筑出版社，1937 年），第 61 页。

吹制工，并且（至少在美国）彻底瓦解了他们的手艺人工会。到 1905 年，美国的窗玻璃制造商已安装了 124 台这种圆筒机。到 1915 年，284 台（几种不同类型）圆筒机生产了美国三分之二的窗玻璃。

比吕贝尔斯的机器更流畅的连续工艺让利比 - 欧文斯平板玻璃公司声名大噪。开发这项工艺耗费了近 20 年时间，始于欧文·W. 科尔伯恩（Irving W. Colburn）在宾夕法尼亚州进行的早期实验，在 1917 年利比在西弗吉尼亚州查尔斯顿建成一座拥有 6 个单元的工厂时取得商业成功。在这台获得专利的科尔伯恩机器中，引料杆是一根铁棒，被纵向浸入一个盛有热玻璃的浅槽中。一旦玻璃附着在铁棒上，它就被电机从熔池中向上拉出，经过一组辊子，直接形成平板玻璃。位于熔融玻璃上方一两英寸处的水冷侧边辊将玻璃板控制在精确宽度。当玻璃板延伸到邻近的摊平台上时，一组机械夹持杆接手，从熔池中拉出不断延长的玻璃板。玻璃板从摊平台直接进入退火炉，在炉中，它在 200 根石棉覆盖的辊上移动，然后在可移动切割台上被切割成合适尺寸的玻璃板。利比的一些竞争对手从比利时引进了福尔科平板拉制机，该机器于 1902 年获得专利，但直到第一次世界大战后才实现商业化。它直接将玻璃垂直向上拉成平板，而不是水平经过辊子，据称节省了更多劳动力，仅需切割工。在整个 20 世纪 20 年代，这些半连续的圆筒机和平板机生产了越来越多的美国窗玻璃。（1919 年至 1926 年，手工吹制的窗玻璃占总产量的比例从 34% 下降到了 2%。）

相较于窗玻璃，平板玻璃更厚，可以更安全地制造成板材。

在美国城市里拔地而起的高层办公大楼中，厚实的玻璃至关重要——在炎热、昂贵的白炽灯时代，充足的自然采光是建筑师设计办公空间的首要目标。（美国制造的平板玻璃主要用于窗户，镜子则需要更高质量的欧洲平板玻璃。）1900 年以前，美国的平板玻璃制造完全依赖于英国的技术和机器。铸造重达 1400 磅的大玻璃板需要大量的劳动和技艺，半自动机器可以进行后续几轮的研磨和抛光，以获得光滑的表面。据说，所有的抛光和研磨机械都是从英国进口的，直到 1900 年前，一个实际是工业间谍的美国制造商参观了皮尔金顿公司的工厂，返回美国后便复制了其技术机密。

1900 年至 1920 年，平板玻璃制造经历了一系列渐进式变革。工程师们对研磨用砂料和抛光用铁丹粉的加工工艺进行了逐步改进，电动机越来越多地被用于驱动巨型（直径 35 英尺）圆形抛光台。工厂设计师致力于缩短耗时的研磨与抛光流程。连续流式退火炉缓解了新铸玻璃的内应力，一块玻璃板仅需通过 5 座总长 300 英尺的退火炉序列，3 小时即可成型。（相比之下，间歇式退火窑仅冷却就需要 48 个小时，之后工人才能爬入窑内用绳索拖出玻璃板。）得益于这些机械技术的进步，1890 年需要 10 天才能完成的大型玻璃板，到 1923 年缩短为 36 个小时。

1920 年之后的技术发展将平板玻璃制造转变为一个彻底的流水线生产工业。那一年，亨利·福特在建造大型综合工厂“胭脂河”时，指派了一个工程师团队负责玻璃制造。福特的目的是提高产量，还是希望他们专注于夹层安全玻璃研发（这是老牌玻璃制造商一直不愿尝试的技术挑战），我们不得而知。但在这次事件中，福特公司的工程师们偶然发现了一种流水线生产工艺，此后被整个平板玻璃行业广泛采用。1927 年，匹兹堡平板玻璃公司拥有 5 家工厂，产量占全国总产量的 50%，汽车制造商拥有 8 家平板玻璃工厂（包括 4 家流水线生产工厂中的 3 家），产量占全国总产量的 35%。1929 年，整整一半的美国平板玻璃都是通过流水工艺进行生产的。

在福特式流水生产方案中，玻璃从连续熔炉（行业公认标准）流出，倾泻至斜平面上，被压制成平板玻璃。滚筒将持续移动的玻璃板压至标准厚度后，热玻璃板被输送至移动平台，进入连续退火炉。在退火炉末端，玻璃板被切割成所需尺寸。此前铸造阶段需要 50 多名工人，而现在从熔炼到退火的全流程仅需 10 名工人值守。福特工程师还将流水线原则引入研磨和抛光工序，采用狭长形连续传送带对每块玻璃板依次进行研磨抛光。虽然最大规格的玻璃板仍采用传统法生产，但福特式工艺在小尺寸玻璃板生产中表现优异，这类小型玻璃板很快被广泛应用于窗户制造。

一块 1890 年的玻璃与一块 1925 年的玻璃在外观上并无太大不同。20 世纪 20 年代中期，由于需求增加，窗玻璃和平板玻璃的单价比 19 世纪 90 年代高出 30% 至 50%。变化最大的是窗玻璃的数量。那些年间，美国的窗玻璃产量增长了 3 倍，达到 5.67 亿平方英尺，而平板玻璃的产量更是疯涨 15 倍，达到了 14.8 万平方英尺。和钢铁一样，玻璃的大规模生产能力导致其作为一种现代材料被“重新发现”。

现代主义宣言

现代主义建筑依赖于大规模生产的现代材料。早在1929年，德国建筑师布鲁诺·陶特就将现代主义定义为“平屋顶、巨大的玻璃板、不显眼的横向带形窗以及过梁（采用黑玻璃或暗漆），超出实际需求的大面积混凝土板等”。[5] 这种现代风格——作为一种独特的建筑风格——在1927年斯图加特的魏森霍夫住宅博览会上首次出现，并于1932年获得纽约现代艺术博物馆的推崇。20世纪五六十年代，在拔地而起的玻璃盒子式“企业风格”摩天大楼中，这种风格鹤立鸡群。但在此后的几十年里，机械简单的重复使其变得乏味平庸。现代主义建筑风格发展的关键是3个群体之间的相互作用：意大利未来主义者赋予现代主义以热情的、以技术为中心的世界观；荷兰风格主义者明确诠释了现代材料的美学；以及德国包豪斯学派理论与实践的结合。

意大利未来主义者，一个由菲利波·马里内蒂（Filippo Marinetti）领导的“紧密协作战斗组织”，在汽车、工厂和城市的新世界中找到了一种现代美学。马里内蒂对机器的强烈热忱体现在一系列定义文化的“宣言”中。1910年到1916年，未来主义派的诗人、画家、雕塑家和建筑师完全打破了传统的艺术和建筑观点。该流派最具创造力的两位人物——翁贝托·波乔尼（Umberto Boccioni）和安东尼奥·圣伊利亚（Antonio Sant’Elia）——在第一次世界大战中身亡，但在整个20世纪20年代，马里内蒂让他们的作品在新兴的现代运动中获得重视。未来主义流派的遗产包括马里内蒂的观点——现代材料是现代文化的根基——“我给你们留下一份惊艳的礼物，它最能诠释我们的理念：没有什么比拔地而起的钢结构建筑更美丽。”[6]

从巴黎留学归来后，马里内蒂便在米兰生活和写作，这座意大利北部城市恰好处于第二次工业革命的中心。1900 年到 1912 年，米兰周边的纺织品产量增加了两倍，钢铁产量也增加了两倍，达到了 100 万吨。同时，随着倍耐力、阿尔法·罗密欧以及都灵附近的菲亚特工厂的建立，世界级汽车工业在米兰迅速崛起。汽车是马里内蒂“未来主义宣言”的核心内容，开创了将技术视为革命性文化力量的现代主义视野。1909 年的宣言始于马里内蒂在米兰老城区的家中与朋友们的深夜畅谈。他们在逻辑的极限内高谈阔论，同时奋笔疾书，在一张张白纸上留下密密麻麻的字迹。午夜时分，他们倍感孤独，犹如傲然矗立的灯塔和稳步前行的哨兵，“陪伴我们的只有在巨轮的黑魆魆的锅炉上跳动的火焰，只有飞速奔驰的机车的通红炉膛荡出的黑色精灵”。从往昔岁月中，他们听见那条据传是达·芬奇设计的古老运河“疲乏地低声祈祷”，垂死的大厦“站在湿漉漉的草地上把骨头弄得嘎吱作响”。突然间，窗外的汽车“像饥饿的野兽般怒吼起来”。

马里内蒂和朋友们挤进 3 辆等候的汽车，匆匆穿过清晨的街道。为了绕过两个骑自行车的人，马里内蒂的车翻进了一条水沟里。带着“工厂美味的泥浆”，他爬了出来，声称要将意大利从“教授、考古学家、导师和文物研究者的手里解放出来——他们都是腐朽的坏疽”。马里内蒂那些引人注目且历久弥新的意象，在现代科技的世界里直截了当地宣告了一种现代美学：“我们断言世界的壮丽因一种新的美而更加丰富：速度之美。一辆引擎盖上装饰着粗大排气管的赛车，如同吐着火芯子的巨蛇——这辆咆哮着行驶在霰弹之上的汽车——要比萨莫特拉斯的胜利女神塑像还要美丽。”

> 我们将歌颂那些为劳动、欢愉或造反而躁动的人群；我们将歌颂现代都市中多色彩、多调式的革命人潮；我们将歌颂兵工厂那激情澎湃的夜晚和被探照灯照射得热火朝天的工地；歌颂那些贪婪地吞进冒烟长蛇的火车站；歌颂那些沿着青烟拧成的绳索攀上云端的工厂车间；歌颂像伟岸的体操运动员一样飞跨河流的桥梁，它们在阳光下像钢刀一样通明锃亮；我们还要歌颂行驶在地平线上、喜欢冒险的汽艇；歌颂胸膛宽阔、犹如配着烟管的巨型铁马驰骋于钢轨之上的机车；歌颂滑翔的飞机，它们的螺旋桨像旗帜迎风呼啸，又像热情的人群的掌声。

雕刻家波乔尼曾将文化变迁表述为：“伟大的机械化个体时代已经开始，其余一切皆是古生物学。”[7]

马里内蒂提倡技术文化革命的首个成果是一系列自由诗的涌现，如《电》《飞行员》《曼海姆市之歌》。更重要的成果是贾科莫·巴拉（Giacomo Balla）的画作和翁贝托·波乔尼的雕塑。他们面临的挑战在于实现1910年的《未来主义画家宣言》，该宣言主张生活艺术必须从现代世界中汲取生机："就像我们的祖先从滋养他们灵魂的宗教氛围中提炼艺术素材一样，我们也要从我们的氛围中得到启发：从当代生活那些可以触摸到的奇迹中，从包裹地球的坚固的高速交通网络中，从横渡大西洋的轮船上，从无畏号战舰上，从划过天空的壮丽飞行中，从航海者非凡的勇气……以及大都市狂热的生活脉动中。"[8]

未来主义不是描绘战舰或飞机的图画。巴拉致力于在绘画中表达活力、弹性等抽象概念，波乔尼则认为雕塑家必须"摧毁故作高贵的……青铜和大理石"，并使用玻璃、纸板、水泥、铁、电灯和其他现代材料的有机组合。未来主义没有古典雕塑或裸体模特。未来主义雕塑将程式化的人类形态与现代世界的机械形式融合在一起，如波乔尼的作品《空间连续性的独特形式》(*Unique Forms of Continuity in Space*)。波乔尼写道："凭借奇妙的数学和几何元素，现代物品将嵌入身体的肌肉线条中。例如，我们会看到从机械师腋下伸出来的车轮，或看到桌子的线条穿过阅读者的头，展开的书籍犹如扇子，锋利的边缘切开了男人的胃。"[9]

未来主义者对现代技术有着无限的热情，所以他们对传统历史风格持悲观看法也就在情理之中了。他们认为，自从 18 世纪以后，建筑学就不复存在了，无非是"由各种风格元素拼凑而成的毫无价值的混合物，用以掩饰现代房屋的骨架结构"。他们在 1914 年的建筑宣言中称赞了"水泥和钢铁的新生之美"，并呼吁建筑师对"汽车数量的激增、交通的迅捷、人口的增长、卫生条件的改善以及现代生活方方面面的变化导致的人们日常需求的增长”作出建设性回应。未来主义的住宅理念将“充分利用科技手段，全面满足我们生活习惯与精神需求”。简言之，这种建筑“存在的唯一理由在于现代生活的独特条件，与我们的审美感知产生美学共鸣”。

圣伊利亚认为，现代建筑必须抛开传统，另起炉灶 ：“现代的建筑材料和科学观念已与传统风格的法则格格不入，这就是‘时尚’建筑的外观显得荒唐可笑的主要原因，建筑师妄图用轻盈优雅的钢梁、纤薄坚固的钢筋混凝土来表现拱顶的笨重曲线和大理石的沉甸感。”有一种新的审美理想，虽然它仍是雏形，但人们已经感受到它的魅力。“我们不再属于教堂、宫殿和神坛。我们生活在大饭店、火车站、宽阔街道、巨型港口、室内市场、灯火通明的游廊、笔直的马路和带来福祉的破坏之中。”[10]

圣伊利亚在伟大的城市规划项目“新城市”（Città Nuova）中总结了关于现代材料和城市形态的想法。这个描绘超工业化米兰未来图景的“新城市”方案于1914年首次展出，数十年来一直激励着现代主义建筑师。圣伊利亚展现了大量现代主义意象 ：

> 我们必须创造和重塑未来主义城市，它犹如一个巨大的工地，各个角落都是喧闹的、灵动的、活力十足的，而未来主义住宅就像一台庞大的机器。电梯不应躲在角落里，像绦虫一样蜷缩在楼梯的一隅，楼梯会变得毫无用处，应该被取消。电梯应该像钢铁和玻璃的长蛇，沿立面穿行，水泥、

玻璃和钢铁的房子不需要绘画和雕塑的装饰，只需要充斥着由线条和立体感所生成的先天之美，未来主义住宅简朴的机械结构会丑陋无比，其高度和宽度都超出了必要的限度，而不是按照市政规范所要求的规格，它必须矗立在躁动的深渊——街道——的边缘。未来主义街道的地位将不再像门房的脚凳一样，而是要深挖地下，多层并存，以迎来大都市的滚滚车流，它们将被金属的天桥和高速的传送带连接在一起，以确保畅通无阻。

我们必须创造新建筑，圣伊利亚宣称，“要让天资灵光一现，要用科学和技术文化武装自己”。圣伊利亚最后得出一句被广泛引用的结论：“这些东西不应该比我们存在得更久，每一代人都应该创造属于自己的城市。”[11]

马里内蒂挑衅性的前卫立场、对暴力的坦率颂扬，以及暗含革命色彩的论辩，将未来主义者直接置于战后法西斯主义的旋涡中心。空气中弥漫着暴力，意大利的自由民主制度支离破碎。从体面的大学生到持枪街头的帮派，至少有 12 个组织名称使用了“法西斯”一词。作为“新人类”，马里内蒂被认为是这群乌合之众的领袖，甚至一度堪比墨索里尼。战前，马里内蒂担任社会党报纸主编，旗帜鲜明地反对社会主义。对马里内蒂来说，他的巅峰时期（如果可以称之为巅峰的话）可能在 1919 年 4 月，当时他带领一群暴徒穿过米兰的街道，摧毁了社会党报纸总部。这一事件后来被法西斯政权称为“法西斯主义的第一次胜利”。

马里内蒂和墨索里尼在战争、暴力、女性、飞机等问题上看法一致，但在既定的社会和道德秩序问题方面则各持己见。1920 年，墨索里尼与意大利右翼企业和宗教精英结成新联盟，获得了全国性政治声望。两年后，在臭名昭著的“向罗马进军”事件之后，他宣誓就任意大利总理。[12] 当墨索里尼巩固对国家权力的控制时，马里内蒂积极投身于国际未来主义事业。马里内蒂在意大利发起了一场意大利烹饪革命，以表明自己对政治的不屑。他的《未来主义食谱》包括名为“车祸”的食谱——“凤尾鱼半球和半份椰枣泥，全部包裹在一片又大又薄的火腿里，火腿已提前用马沙拉白葡萄酒浸泡过。”而“航空诗学未来主义晚宴”则设置在飞行于 3000 米高空的福特三发飞机驾驶舱内。“夜情盛宴”和“意大利艳阳乳房”等菜肴则表达了对身体和欲望的享乐主义态度，这种态度由瓦伦丁·德·圣普恩特（Valentine de Saint-Point）在 1913 年的《未来主义欲望宣言》中进行了荒诞的诠释。在马里内蒂的未来主义美食中，意大利面是被禁止的食物。[13]

20 世纪 20 年代，虽然未来主义流派淡出意大利政治舞台，却发展成为一场严肃的国际文化运动。1914 年至 1926 年，意大利菲亚特公司在都灵城外建造的汽车工厂是最著名的未来主义建筑作品。高高的“日光”窗户十分宽敞，长长的“平坦”墙壁没有任何装饰，尤其是那令人印象深刻的屋顶——那里设有一条高边坡的椭圆形赛道，可供汽车进行试驾——它不仅是经典的现代主义标志，也成为现代主义朝圣者的圣地。马里内蒂不知疲倦地向乐于接受的大众介绍未来主义的概念和意象，尤其是那几个宣言和圣伊利亚的“新城市”项目。他在战前辗转于巴黎、伦敦、鹿特丹和柏林宣传未来主义宣言，而在巴黎举办的未来主义展览，随后至少在11个欧洲城市巡回展出。早在1912年，柏林的一群德国表现主义画家就接受了这一观点。他们中的许多人后来在1919年参与创建了包豪斯设计学院。另一个将未来主义思想融入更广泛先锋派运动的群体是荷兰风格派，该流派与包豪斯主义保持密切互动，共享师生资源。

风格派是一个由建筑师和画家组成的团体，组织十分松散。“风格”（De Stijl）也是其在1917年至1931年出版的最有影响力的艺术杂志名字。马里内蒂发现风格派与自己志趣相投，于是在1917年，他将《未来主义建筑宣言》和圣伊利亚的图纸送给了该团体的组织者和中心人物特奥·凡·杜斯伯格（Theo van Doesburg）。作为回应，《风格》杂志发表了一篇友好文章（“整体来看，这座建筑的处理很完美，运用了现代材料……赋予这部作品一种新颖、整洁和明确的表达”），这奠定了圣伊利亚的国际声誉。《风格》杂志的广泛传播使圣伊利亚的一幅作品在欧洲各地被多次复制，成为他最有名的作品。[14]

皮埃·蒙德里安（Piet Mondrian）是最主要的风格派理论家，是抽象、非具象绘画的先驱实践者。他声称：“当代文人的生活正在逐渐远离自然，越来越变成一种抽象的生活。”在传统和现代的“巨大分水岭”上，自然和抽象是两个对立的术语。蒙德里安认为，艺术家应该意识到，在日常表象的背后隐藏着一种终极实相，而艺术家应当努力看透表面现象的偶然性。他将城市视为新兴现代风格的灵感来源："真正的现代艺术家将大都市视为具象化的抽象生活，它比自然更亲近，更有可能激发美感体验……这就是为什么大都市是孕育未来数学化艺术气质的地方，也是可能出现新风格的地方。"一位志趣相投的现代主义者言简意赅地表达了同样的观点："通电之后，自然于我索然无味。"[15]

凡·杜斯伯格进一步发展了蒙德里安对现代生活的观点。1922年，在一场名为"风格的意志：生活、艺术和技术的新形式表达"的著名演讲中，凡·杜斯伯格告诉耶拿、魏玛和柏林的听众："也许在我们这个时代之前，自然与精神之间的斗争从未被如此清晰地表达过。"在凡·杜斯伯格看来，机器是一种进步力量，它能让人类超越原始自然状态，并促进文化和精神的发展。艺术家的任务是提炼出一种重视现代科学和技术的艺术价值的风格：

> 凡谈及风格的文化意志，机器的作用不容忽视。机器体现了精神要求的本质。被称作物质主义的生活艺术观，曾视手工艺为灵魂的直接表达。精神艺术的新概念不仅假定机器是一种美好事物，更直接承认它拥有无限的艺术表达机会。如果一种风格的创作不再基于个人绘画、装潢或私人住宅，而是以团队合作的方式研究整个城镇、摩天大楼和机场（一如经济形势所趋），那么这种风格就与手工艺毫无瓜葛。这只有在机器的帮助下才能实现，因为手工艺品代表了个体的独特态度，而当代的发展已经超越了这种态度。手工艺品使

人沦为机器。正确使用机器是通向相反方向的唯一手段，即建立文化是社会解放的唯一手段。

凡·杜斯伯格认为，铁桥、机车、汽车、望远镜、飞机库、缆索铁路和摩天大楼都是这种新风格的涌现之地。[16]

技术与理想的文化变革之间存在着更显著的联系。这种变革是关键的：未来主义者对现代技术和活力城市高唱赞歌，而对风格派来说，现代技术和城市之所以令人向往，是因为它们是“构建文化”的一种手段。这需要谨慎决策（“正确使用机器”），而不是像未来主义者一样盲目追捧汽车或飞机。

贝尔拉赫（H. P. Berlage）的建筑和理论著作对风格派成员产生了很大影响。对于贝尔拉赫而言，现代的建筑“风格”是一种难以捉摸的品质，建筑师需通过践行“忠实于材料”（“装饰和装潢毫无必要”）的信条并创造几何比例合适的空间来实现这种品质。贝尔拉赫设计的阿姆斯特丹证券交易所是著名的现代主义建筑，同样重要的是他早期对弗兰克·劳埃德·赖特（Frank Lloyd Wright）的理解和诠释。赖特实际上是唯一一个获得欧洲现代主义者认可的美国建筑师。贝尔拉赫设计的证券交易所（1902 年）以及赖特设计的拉金办公楼（1905 年）都综合运用了砖块和先进的结构技术，打造被柱廊环绕的大厅，即在建筑的正中央打造开放空间。

赖特也对民间建筑和自然崇拜很感兴趣，但贝尔拉赫却没有过多向欧洲人介绍。相反，贝尔拉赫更强调赖特有关现代文化的技术灵感的观点（“机器是人类文明的常用工具，让它做能胜任的工作，没有什么比这更重要了”)。实际上，为了支持风格派所寻求的现代主义技术框架，贝尔拉赫会选择性地引用赖特的观点：“今天被称为建筑的旧结构形式已经腐朽了。它们的生命早已消逝，新的工业环境、钢铁和混凝土，以及（尤其是）陶土正在酝酿更具形式感的艺术。”贝尔拉赫可能还向勒·柯布西耶（Le Corbusier）——一位多产作家和极具影响力的建筑理论家——展示过一座荷兰人设计的“不来梅现代别墅”，这成为柯布西耶接触现代主义建筑的启蒙之作。[17]

奥德（J. J. P. Oud）是与风格派运动关联最密切的执业建筑师。奥德很了解赖特的作品，也欣赏圣伊利亚所实现的“更高层次的现实清晰性”，但他自身的实践经验奠定了他的理论基础。他早期的作品——几栋房子、别墅、商店、一片工人公寓和一座现代主义度假别墅——获得盛赞，1918 年，28 岁的他被任命为鹿特丹的城市建筑师。1921 年，他撰写了《论现代建筑及其建筑的可能性》。奥德清楚地意识到并阐明了现代技术的建筑可能性，与此同时，他又避开了技术乌托邦主义的泥潭：“我向技术奇迹俯首称臣，但我不相信一艘邮轮可以与帕特农神庙相提并论（反对未来主义）。我向往一座能够满足我所有舒适要求的住宅，但房子不是我的生活机器（反对柯布西耶）。”令他失望的是，“建筑的艺术……阻碍了必要的生活进步，”奥德写道，“技术进步的成果没有及时应用于建筑，反而先要接受主流美学标准的审视，一旦有悖于标准，它们必然难以在建筑行业的传统权威前立足。”为了促使建筑师接纳新型建筑材料，他明确阐述了平板玻璃、钢铁、钢筋混凝土和机械制造部件所具有的美感。

> 当钢铁被引进建筑业后，人们对新建筑寄予了莫大希望。但由于应用不当，它最终沦为美学的背景。因其明显的坚固性——不像平板玻璃，只是摸起来坚实——我们曾经以为它的目标就是要塑造实体块面，但恰恰相反，钢铁结构体现的典型特性在于，以最少的材料实现了最高的结构强度。因此，它的建筑价值在于创造空间而非实体，与厚重墙体形成对比，而非延续。

在当时，玻璃常常被格条分成小窗格，“在视觉上延续了墙体的实体感，而非开放性”。奥德认为应该尽可能用最细的玻璃框和窗棂搭配最大的单片玻璃。钢筋混凝土的抗拉强度和平滑表面使其能够实现“大跨度水平悬挑”，并形成“极致简洁的线条”与“纯粹均质的平面”效果。奥德在结论中提倡建立一种“理性的、基于当前生活环境”的建筑。此外，他还归纳了现代材料的实际特质。新建筑的“核心任务在于以近乎客观的技术创造方法，塑造形式清晰、比例得当的功能结构。通过摒弃原始材料的天然质感……展现精制材料的表现力——玻璃的清澈透明，涂饰的光润，色彩的光鲜亮丽，钢铁的熠熠生辉等”。[18]

因此，与未来主义不同，风格派的持久贡献不仅在于主张现代材料具有艺术效果，更在于明确了具体的价值，并将这些价值融入一套宏大的美学理论体系。建筑师可以将工厂制造的建筑材料（如钢铁、玻璃和钢筋混凝土）与特定的建筑形式

奥德设计的荷兰现代主义建筑。布鲁诺·陶特,《现代建筑》。

第一家“现代”工厂——法古斯工厂。布鲁诺·陶特,《现代建筑》。

（如开放空间、大跨度结构和简洁的水平面）联系起来。更具决定性的是，当奥德提出建筑师应致力于客观的技术创造方法时，他通过将未来主义者“每代人都应有专属建筑”的理念固化为一套既定设计方法，从而迈出了影响深远的一步。

“毕加索、雅可比、卓别林、埃菲尔、弗洛伊德、斯特拉文斯基、爱迪生等，都属于包豪斯，”该校一名学生在 20 世纪 20 年代写道，“包豪斯是一种进步的思想方向，一种堪称宗教的思想态度。”[19] 1919 年至 1933 年，德国一所高级艺术和建筑学校将这种激昂的理念付诸实践。包豪斯学院诞生并发展于德国动荡的民主维系期与 1921—1923 年灾难性的恶性通货膨胀期间。学院最初位于魏玛，随后迁移到德绍，最后迁到柏林。1933 年解散后，其主要人物——沃尔特·格罗皮乌斯（Walter Gropius）、密斯·凡德罗（Mies van der Rohe）、拉兹洛·莫霍利 - 纳吉（Lazlo Moholy-Nagy）移民美国，并在波士顿和芝加哥开启了杰出的教学生涯。格罗皮乌斯这样描述包豪斯学院：“包豪斯的职责是教育人们了解生活的世界，并发明和创造象征这个世界的形式。”[20]

格罗皮乌斯的这番表述大概会被视为另一个狂热宣言，但在 1919 年，他已经是德国进步建筑师、艺术家和设计师群体中的一员，拥有丰富的工业设计经验。包豪斯学院最初由两所学校合并，将美术和应用艺术的学生聚集在一起。美术学院具有悠久的传统，而应用艺术学院是在一场旨在提高德国工业审美意识的广泛运动中成立的，合并前仅成立了 15 年。当时，赫尔曼·穆特修斯（Hermann Muthesius）和彼得·贝伦斯（Peter

Behrens）创立了德国工艺联盟，这是一个由建筑师、设计师和实业家组成的协会，旨在向德国工业传播工业设计理念。德国通用电气公司邀请贝伦斯担任室内风格顾问。1907 年至 1914 年，现代建筑界的几位重要人物——密斯·凡德罗、布鲁诺·陶特、勒·柯布西耶和格罗皮乌斯——都曾在贝伦斯的工作室工作。事实上，许多有影响力的现代主义建筑都与工艺联盟/贝伦斯有关，如贝伦斯为德国通用电气设计的厂房、格罗皮乌斯设计的法古斯工厂和工艺馆，以及陶特设计的钢铁和玻璃工业展览馆——这些建筑以极具冲击力的方式展现了现代材料的特性。

在整合和改变 20 世纪 20 年代流行的材料、空间和设计的先进观念方面，包豪斯学院有着重要地位。早期有不少职员都出身于柏林的“狂飙突进运动”，这场表现主义运动为未来主义者提供了早期舞台。这些先锋派画家尤其乐于接受苏联兴起的构成主义抽象艺术，这种艺术流派受机械启发，苏联艺术家埃尔·里西斯基（El Lissitzky）在 20 世纪 20 年代通过与风格派成员的交往将这种艺术带入西欧人的视野。风格派的主要成员——凡·杜斯伯格、蒙德里安和奥德——要么在包豪斯学院讲课，要么出版了颇具影响力的书籍。凡·杜斯伯格开设的课程推动包豪斯学院从早期的表现主义、东方神秘主义和素食主义转向关注现实世界问题和抽象艺术概念。

要素主义最初是为特定事业而提出的抽象概念。在包豪斯学院将其发展成独特的建筑概念之前，要素主义有几个不同含义。早在 1915 年，抽象画家卡西米尔·马列维奇（Kasimir

Malevich）便指出，基本要素或简单的几何形式是其作品的基本单位。后来，他在包豪斯学院出版的《非客观的世界》（*Non-objective World*）中详述了自己的观点。1917 年，另一位代表人物格里特·里特维尔德（Gerrit Rietveld）与风格派建立联系之前，就设计出了闻名于世的椅子。舒适性并非这种椅子的设计初衷。确切地说，里特维尔德对椅子的功能进行解构——就座、包裹、支撑，他采用标准规格木材制作各个构件，使每个元素在视觉上相互独立，并在空间中保持精确的位置关系。1924 年，凡·杜斯伯格指出，“新建筑是基要素性的”，即从最广义的建筑要素发展而来，包括功能、质量、平面、时间、空间、光线、颜色和材料。1925 年，里特维尔德自觉运用了要素主义思想，在乌得勒支设计了施罗德住宅，而凡·杜斯伯格则与人合作了柏林市中心重建计划方案并获得了奖项。[21] 正如包豪斯理论家、抽象画家莫霍利 - 纳吉所阐释的，这些“要素”被认为是结构和空间的基本单位。

20 世纪 20 年代中期，包豪斯学院的学生得以师从欧洲最具独创性的艺术家和建筑师。学生们先开始为期 6 个月的入门课程（即预备课程），再就某一特定工艺进行为期 3 年的正式学习（如金属加工、陶器、编织或木工），之后才能获得工匠文凭。最后，学生可以选择不同时长的建筑或研究课程，以获得大师文凭。1923 年，格罗皮乌斯认为这所学校是在培养学生为现代工业作准备。他写道：“包豪斯学派相信机器是我们的现代设计媒介，并努力与其和谐相处。”工艺训练补充了艺术家始终保持的理想“工艺感”，并培养学生为大规模生产行业的设计作好准备。[22]1923年举办的“艺术与技术的新统一”展览表明了该学院从神秘主义走向工业的重新定位。

拉兹洛·莫霍利-纳吉的重要著作《从材料到建筑》(*Von Material zu Architektur*)是包豪斯学派的核心文献之一。在某种意义上，莫霍利-纳吉的标题暗示了学生从理论化材料研究到建筑研究的历程。这一教育规划可以用据说是格罗皮乌斯画的圆形示意图来表示——学生通过外圈的预备课程，接着专门研究一种特定材料，最后再开启位于核心圈的建筑研究。将建筑材料视为现代世界媒介的观点在莫霍利-纳吉的职业生涯中占据了主要地位。莫霍利-纳吉于1921年来到柏林，一心投入“狂飙”、风格派和俄罗斯抽象主义的先锋运动中。1923年，他被任命为包豪斯学院金工车间监管。同年晚些时候，他还负责(与莫霍利-纳吉一起)教授预备课程。他的一项创新是将材料研究从对其内在性质的考察转变为对各种性能的客观物理评估。为了测试材料的强度、柔韧性、可加工性或透明度，他设计了一套在包豪斯学院使用的“触觉机器”。

现代主义的反讽意味

“我们要创造清晰的、有机的建筑，它的内在逻辑将是鲜明的、毫无遮掩的，”沃尔特·格罗皮乌斯在《理念与组织》(*Idee and Aufbau*)中写道，“我们要这种建筑适应我们这个充满机械、无线电和疾驶汽车的世界……通过日益增强和可靠的新材料——钢铁、混凝土、玻璃等——以及大胆使用新工程技术，笨重沉闷的旧建筑方法将让位于轻盈通透的新方法。”[23] 当时，格罗皮乌斯正在创作属于自己的现代主义代表作。他刚刚在芝加哥论坛报大厦设计竞赛（1922 年）完成了引人注目的现代主义作品。不久后，他将建筑精力转向位于德绍的新包豪斯校舍设计。由于急于展示一种独特的现代包豪斯风格，一位评论家戏谑称："钢管椅：包豪斯风格。镍金属灯架加乳白色玻璃灯罩的电灯：包豪斯风格。立体纹路的墙纸：包豪斯风格。不挂画作的墙壁：包豪斯风格。挂画作（但不知所云）的墙壁：包豪斯风格。采用无衬线字体、加粗边框的印刷：包豪斯风格。没有大写字母：包豪斯风格。”[24]

20 世纪 20 年代，现代风格在德国的传播遭遇了非同一般的困难。该国的政治动荡、经济危机和街头暴力让战后的意大利都显得平静。1923 年，德国因一战结束后背负的赔款压力面临经济崩溃。1919 年 1 月，8 枚因战争贬值的德国马克可以兑换 1 美元。4 年后，兑换 1 美元要 7000 马克。到了 1923 年 12 月，兑换 1 美元需要惊人的 4.2 亿马克。在那个灾难之年的 2 月，格罗皮乌斯向政府公司请求 1000 万马克（当时相当于大约 1000 美元）资金，以资助艺术与技术博览会。而在经历了恶性通货膨胀的年末，1000 万马克的总价值还不到 1 美分的十万分之一。包豪斯学校承担起一项超现实任务，即设计百万面值的钞票，如此一来，家庭主妇买面包的时候就无须动用马车运钱。1924 年，随着德国货币的稳定（战争债务被重组），土建工程才再次启动。

在第二次工业革命的电力和化学工业繁荣时期，德国的工业城市发展迅猛（见第5章），但这些城市却深受住房数量不足的困扰。德国几个地区的政府开始计划建设工人经济适用房。3座城市——德绍、柏林和法兰克福——给了德国现代主义者第一次真正从事大规模建筑实践的机会，从那时起，他们就在现代主义历史上占据了重要地位。工业城市德绍的市长想把包豪斯学院吸引过来，提出为职工工资和新校舍的建设提供资金，以换取学院对城市住房建设的援助。多年来，格罗皮乌斯一直梦想着能将建筑施工过程标准化和工业化。他不仅提倡构件的标准化、资本密集型专用机械的使用和劳动分工，还全面执行亨利·福特和科学管理工程师弗雷德里克·W.泰勒（Frederick W. Taylor）提出的劳动和组织方法。下文我们将会了解，这场现代主义的“理性化”浪潮毫不留情地席卷了家庭领域与其中的家庭主妇。

在德绍，格罗皮乌斯将包豪斯学院打造成住房工业的实验室。他受到市政府的委托，设计建造了316栋两层高的住宅楼，并为当地合作社建了一栋4层高的办公楼。与福特汽车类似，格罗皮乌斯特别规划了建材的流畅运输动线：复合建筑砌块与钢筋混凝土梁均在施工现场预制。这些呈行列式排布的住宅之间铺设轨道运输建材，混凝土搅拌机、碎石机、砌块成型机及钢筋混凝土梁预制机等省力机械，共同营造出类工厂化的施工环境。如同泰勒制管理，格罗皮乌斯要求管理人员编写详细的施工进度表与操作指南，每位工人都在标准化住宅中重复执行特定工序。[25]

20世纪20年代，柏林的住房项目在创新性建筑技术和现代风格的运用上与德绍不相上下，但在规模上却让德绍相形见绌。

为了解决首都的住房短缺问题，此后成为柏林首席城市建筑师的马丁·瓦格纳（Martin Wagner）在1924年创立了一个建筑协会——非营利性住房储蓄和建设公司（GEHAG）。瓦格纳是一名工程师，也是社会党成员，此前曾创立建筑工匠合作社。工会为GEHAG提供资助，GEHAG很快成为柏林的两大建筑协会之一。开发节约型建筑技术和建造低成本住房是GEHAG的两个目标。1925年至1929年，柏林的建筑协会共建造了近6.4万套住宅，其中约五分之一由现代主义建筑师设计。（私营企业参与建设了3.7万套。）为此，瓦格纳前往美国，考察了工业化的建筑技术，而GEHAG的首席建筑师布鲁诺·陶特则对荷兰的花园城市展开研究。

20世纪20年代中期的柏林堪称现代主义的圣地。1925年，陶特着手布利茨住宅小区建设。小区由1480套住宅组成，施工过程使用了吊装和推土设备以及合理的劳动分工。陶特借助标准化方法打造了一个独立的“马蹄铁形社区”。他还在柏林的威丁、赖尼肯多夫和策伦多夫等地设计了多个大型地产，策伦多夫的地产包括1600套住宅，有三四层高的楼房，也有独栋住宅。[26] 格罗皮乌斯与其他4位建筑师共同为柏林的西门子电气公司设计了大规模员工住宅区。平屋顶、低租金、公用洗衣房以及充足的光线、空气和开放空间是这些现代主义住宅的共同特点。[27]

然而，德绍和柏林的住房建设远比不上法兰克福。作为德国西部最大的城市之一，这里的建筑行业吸引了全国9%的人口。在官方建筑师恩斯特·梅（Ernst May）的指导下，法兰克

法兰克福的建筑系统。20 世纪 20 年代末，法兰克福的城市建筑师恩斯特·梅负责该市住宅的建设。梅的团队研发了特殊的建筑技术（如预制混凝土板），以降低成本并加快施工过程。布鲁诺·陶特，《现代建筑》。

福在1926年至1930年建了至少15174套住宅。1925年，梅起草了一份十年计划，提倡城市自行建造新住房，建筑协会和基金会也要按照城市计划和标准启动建设。法兰克福市郊最大规模的住宅区大多是由梅自己设计的。梅的办公室负责为新建筑项目制定标准，这些标准规定了门窗的大小和位置，不同规模的平面图，以及赫赫有名的空间节约型厨房设计。梅则与市政建筑部门致力于特殊建筑技术研究，成本是首要的顾虑。1927年，一家工厂开始生产预制混凝土板，如此一来，一间公寓的墙壁不到一天半便可建成。法兰克福的房子“和福特汽车一样千篇一律，”一位美国人说，“它们都是模块化建造的。无非是，大房子的模块比小房子多罢了。当机械制造进入建筑行业，建筑师就变成了工程师。”[28]

1927年，在法兰克福以南的斯图加特，新兴的现代风格首次高调亮相。虽然市政府只委托建造了60套住宅，但魏森霍夫住宅展对国际现代主义产生了巨大的影响。密斯·凡德罗被任命为负责人，他邀请了15位最著名的现代建筑师——包括荷兰的奥德和斯塔姆，巴黎的柯布西耶，维也纳的约瑟夫·弗兰克（Josef Frank），以及许多德国知名建筑师，如贝伦斯、珀尔齐希（Poelzig）、陶特和格罗皮乌斯。这个模范住宅展与工业联盟展览同时举办，公开展示了整一年。展览开幕时，每天有多达两万人参观新建筑。此外，梅还带领观众们前往法兰克福附近的项目。正如密斯所说，新建筑反映了“人们对新居住方式的探索，以及对新材料和新结构的合理使用”。[29]

1927年的斯图加特住宅展打响了第一枪，开启了一场将现代主义定义为理性、技术和进步的大规模运动。1932 年，纽约现代艺术博物馆举办了国际风格展览，展示了现代主义风格的欧洲代表作品。后来，美国本土对现代主义风格的贡献包括在芝加哥（1933 年）和纽约（1939 年）举办的世界博览会，尤其是通用汽车公司的未来世界展馆，它通过技术将科学、理性和进步理念结合在一起。[30] 凭借充满争议的会议和锋芒毕露的“宪章”，国际现代建筑协会（CIAM）进一步塑造了现代风格的轮廓。由于行事作风过于独断，CIAM 甚至被称为国际现代主义的“黑手党”。如前文所述，希特勒要求在建筑上采用“正宗的德国”风格，并残酷镇压了许多支持现代主义的左翼社会运动，因此许多现代主义领军人物纷纷逃离希特勒的统治，来到了美国。[31] 在波士顿和芝加哥，包豪斯学院的流亡教师格罗皮乌斯、莫霍利 - 纳吉和密斯 · 凡德罗培养了一代美国本土建筑师和设计师。20 世纪 50 年代，至少在建筑领域，国际风格或称现代主义运动已成为一种根深蒂固的正统观念。

现代主义与建筑领域的结合已经广为人知——自 20 世纪 20 年代以来的数十年间，世界各地建造了不计其数的现代办公大楼、公寓、医院、政府大楼和学校，以及在现代主义城市规划的影响下，斯德哥尔摩和洛杉矶等城市成为“汽车友好型”城市。与此同时，现代主义也深入了千家万户。现代主义的理性和科学理念与家庭的既定观念、女性在家庭中的主妇角色产生了互动。玛格丽特 · 舒特 - 里奥茨基（Margarete Schütte-Lihotzky）在 1926 年设计的“法兰克福厨房”便成为一个经典的、备受推崇的现代主义标志。

里奥茨基充满戏剧性的人生故事使她成为一个富有感染力的英雄人物。里奥茨基曾在维也纳接受建筑师培训，在这个男性主导的领域里，她是极少数的成功女性之一。她在维也纳（1921—1925 年）、法兰克福（1926—1929 年）、莫斯科（1930—1937 年）和伊斯坦布尔（1938—1940 年）的住房、学校和医院项目中积极融入工人阶级视角。里奥茨基设计的法兰克福厨房十分有名，以至于当首席城市建筑师恩斯特·梅搬到莫斯科时，里奥茨基同意继续与他合作，前提是她不再设计厨房（里奥茨基在莫斯科主要从事托儿所、俱乐部和学校设计）。1940 年，里奥茨基回到奥地利并加入反法西斯的抵抗运动，数周后她被捕入狱，险些被判死刑，随后在巴伐利亚的监狱里熬过了战争。战后，她投身维也纳的重建工作，活跃于国际现代建筑协会。20 世纪 70 年代，她仍从事建筑行业，参与了许多国际考察、出版工作。[32]

正如里奥茨基发现的，20 世纪 20 年代的德国家庭改革中云集了形形色色的参与者。国家政府在正式承诺男女权利平等的同时，颁布了鼓励“女性回归家庭”的政策。这项政策鼓励年轻女性接纳家庭主妇、母亲和贤内助的传统角色。政府希望结束家务劳动作为“苦差事”的时代，并将其重新定义为现代、科学和专业的工作。利用泰勒式科学管理原则使家务走向现代化，这正是克里斯汀·弗雷德里克（Christine Frederick）在《新家务：家庭管理中的效率研究》（*Die rationelle Haushaltführung*）一书中的观点，也是伊丽莎白·吕德斯（Elisabeth Lüders）和厄纳·迈耶（Erna Meyer）的核心观点，他们分别是关注妇女改革问题的多产作者和政府工业顾问。在一份重要的德国工程杂志上，迈耶写道："我们必须把一个家庭看成一个制造企业，如同车间和工厂。"[33]

德国政府不仅实现了车间和工厂的合理改革，还与女性团体密切合作，实现了家庭的合理改革。德意志妇女联合会同盟有 100 万名会员，是德国最大的妇女协会。在该会的支持下，政府为年轻女性设立了家庭经济学必修课程，还扶持职业中学，让女性通过学习成为"职业"裁缝、洗衣工和日托看护。协会内部的德国家庭主妇联合会同盟最初是为解决"佣工问题"而成立的，后来成为帝国研究组织下设的具有家政专业资质的正式咨询机构。协会在家政现代化方面的努力催生了许多会议、出版物和展览，其中包括 1928 年在柏林举行的一场以样板厨房为特色的展览。[34]

里奥茨基关于合理化厨房设计的研究工作，正是在政府、工业界及协会组织对该问题高度关注的背景下应运而生的。恩斯特·梅发起了一个关于"家庭文化"的研究计划，以此指导法兰克福住宅设计方案。这一研究涉及心理学、材料和产品评估，以及科学管理原则。研究人员研究了家庭产品、消费市场、家用电器和家政学课堂等不同领域。梅所选定的家居产品成为官方推荐，并在杂志《新法兰克福》上发表。法兰克福住宅的目标是"让每个房间充满空气和阳光……孩子们拥有足够的卧室空间，减轻家庭主妇的工作量，让她们有空教育孩子，参与丈夫的爱好和园艺工作"，梅的一名助手写道。里奥茨基在厨房设计中运用了弗雷德里克·泰勒的"时间—动作"研究原则

里奥茨基设计的法兰克福厨房。里奥茨基这样描述："厨房的设计不仅可以节省时间，还可以创造一个令人愉快的美观空间。"紧凑的设计消除了导致家庭主妇工作效率低下的"不必要"步骤。彼得·诺瓦（Peter Noever）主编，《法兰克福厨房》（*Die Frankfurter Küche*，柏林：恩斯特和索恩出版社），第45页。

（例如，减少家庭主妇把食物从厨房带到旁边餐桌的“不必要”步骤），同时对材料选择也极为考究。

里奥茨基设计的厨房将缤纷的色彩和有效的设计结合在一起，形成了一个紧凑、美观的整体空间。（相比之下，奥德和厄纳·迈耶在同一时期为魏森霍夫住宅设计的厨房显得简陋又丑陋。）按照里奥茨基自己的总结，我们可以看出“某些人”确实算不上设计师。煤气灶表面涂有便于清洗的瓷釉，还有“食物保温箱”，早上煮好的食物可以在保温箱保温一整天，为职业女性节省了时间和精力。放面粉的抽屉由橡木制成，其中的单宁酸可以防蠕虫。厨房里有一扇宽敞的窗户，照亮了榉木操作台，台上装有易于清洗的金属槽，用于处理菜渣。为了防止灰尘，柜子用玻璃密封。1.9 米 ×3.44 米的紧凑空间还承载其他功能。例如，一个折叠熨板，一个隔热双水槽，水槽上方有烘干、放置盘子的装置，还有一个可移动电灯。厨房里还配备了足够的抽屉。法兰克福厨房的多数现存照片都是黑白照，所以它们无法展示里奥茨基运用的颜色搭配：“深蓝色木制部件（家蝇最讨厌蓝色）搭配浅灰赭色瓷砖，铝合金、白色金属以及黑色物件（地板、操作台和炊具）的组合，确保厨房的设计不但可以节省时间，还可以创造出令人愉快的美观空间。”[35]

在 20 世纪 20 年代末法兰克福建筑运动的鼎盛时期，法兰克福有一万套住宅安装了里奥茨基设计的厨房。事实上，她曾与制造商乔治·格鲁姆巴赫（Georg Grumbach）密切合作，实现了易于量产的设计方案。格鲁姆巴赫的公司将厨房作为预制单元整体组装，通过起重机吊装至施工现场。这款厨房在斯德哥尔摩展览会上广受赞誉，瑞典随后也开始了批量生产。

回顾整个现代主义运动，美学现代主义和现代材料的历史充斥着一系列丰富的反讽意味。至少在20世纪20年代，许多关键人物都是致力于改善工人阶级住房的积极分子，而20世纪50年代的现代主义却发展成一种企业风格，与美国国际商用机器公司（IBM）、西尔斯百货以及资金雄厚的石油和保险公司密切相关。现代主义作为一种包罗万象的风格，自诩反映了现代技术社会必然逻辑的自然演进，然而其发展过程却充满政治能动性：20世纪20年代，依靠左翼城市住房项目的进一步推动；20世纪30年代，被纳粹禁止；而在20世纪40年代进入冷战时期后，某种经过精心剔除社会主义根源的美学现代主义诠释，成为国际现代建筑协会、现代艺术博物馆等精英文化推手大力宣扬的对象。最后，我们如何看待一位坚定的共产主义者里奥茨基与私人制造商谈判，大规模生产其设计的厨房的行为？事实上，法兰克福的住宅项目对工人阶级家庭来说依旧过于昂贵，公寓里反而住满了中产阶级家庭和高薪技术工人。

现代设计师与建筑师们受到多种动机的驱动，积极采用机械时代大规模生产的玻璃与钢材。这些材料——通常价格低廉、供应充足且由工厂预制——使为大众建造住宅的梦想在经济上成为可能，这是手工切割的石材或定制的木结构难以实现的。这些现代材料也成为技术原教旨主义者的核心主张，他们以技术之名强调改变社会的必要性。在审视“技术如何改变社会”时，我们看到社会行动者常常通过引起深层共鸣的技术原教旨主义，积极构建美学理论、打造示范性作品、开展支持性教育项目，并推动更广泛的文化政治运动，将其观点植入社会肌理。当这些技术文化实践者未能实现其愿景时，我们大多将其遗忘。而若他们成功，我们便认为是技术本身改变了社会。

第 7 章　破坏手段（1936—1990 年）

20 世纪，在定义和塑造技术方面，没有一种力量比军队的影响力更大。在现代主义和系统时代的早期，独立发明家、公司、设计师和建筑师处于主导地位，他们制造出电力、合成化学、摩天大楼和家用科技等塑造文化的技术，而政府和贸易公司则成了帝国主义时代的主宰。但从工业时代以来，这些力量却未能在技术领域烙下如此深刻的印记。我们可以想象没有帝国技术的 1890 年是一个什么样的世界，但我们很难想象，没有核能、计算机芯片、计算机图形学和互联网等军事衍生技术的 1990 年会是一个什么样的世界。同样地，军用火箭推动了阿波罗登月计划，而军事部署卫星为航天飞机任务提供了资金。从 20 世纪 50 年代到 80 年代，IBM、波音、洛克希德、雷神、通用动力公司和麻省理工学院等“高科技”经济的中坚力量都是美国主要的军事承包商。工业工程师塞默·梅尔曼（Seymour Melman）哀叹以追求利益最大化为目标的典型资本主义的衰落，他将这种新经济布局称为“合同最大化”的“五角大楼资本主义”。在两次世界大战和冷战期间，美国、苏联、法国，以及英国和德国的技术重点都以不同的方式指向“破坏手段”。

单纯依靠军事技术的使用并不足以定义这个时代。令人胆寒的战车与巨型火炮曾主导文艺复兴时期的战争，蒸汽炮艇和恩菲尔德步枪则是帝国主义时代的典型武器。20 世纪的新现象在于技术创新的普遍性及其在军事规划中的核心地位——这一特征在 1939 年至 1945 年的第二次世界大战期间尤为显著，当时军官、科学家、工程师与具有技术思维的商人建立了新型合作关系，由此催生出“军工复合体”（该术语由曾任陆军将领的德怀特·艾森豪威尔总统提出）。在随后漫长的冷战时期亦是如此。各强国的大学、科技企业、政府研究机构与军事部门全力投入新技术的研发以及提供资金支持，期望在战场或错综复杂的外交博弈中取得优势。尤其对军官和研究人员而言，军事技术资助不仅是推进个人未来构想的方式，有时更成为职业晋升的阶梯。

由军事驱动的技术创新发展，并非没有代价。“专注于特定任务的研究大大加速了他们的成就，”艾伦·米尔沃德（Alan Milward）在谈及二战时写道，“但这始终以牺牲其他发展路线为代价。”冷战期间，“作为资助者的军方日益占据主导地位，”斯图尔特·莱斯利（Stuart Leslie）写道，“一套明确的优先事项给学术界和工业界的科学研究留下了不可磨灭的印记。”这种影响为随后数十年的科技发展定下基调。随着军方（出于各种原因）对核能、数字计算机和各类计算机控制设备等竞争技术方案的支持，太阳能、模拟计算机和人工操控机床等具有发展潜力的技术便逐渐衰落。因此，这些被选中的技术最终成为所在领域的主导方案。[1]

在这数十年间，军事资金对科学技术的渗透如此深入，或许只有在我们这个后冷战时代才能进行审慎的评估。但这绝非易事，因为每一个富有成效的军民融合“衍生品”，如聚四氟乙烯、微芯片和核能，都存在预算黑洞，那里从未诞生过任何军用或民用的实用装置。美国这些考虑不周的计划中必然包括鲜少宣传的列克星敦计划（Lexington）、莫霍计划（Mohole）和犁铧计划（Plowshare）。这些都是巨额投资项目，旨在建造核动力飞机（1946—1961 年），钻穿地壳（1957—1966 年），以及利用原子爆炸建造大型土坝和港口（1959—1973 年）。为了列克星敦计划，美国空军花了 10 亿美元购买一架明显很荒谬的核动力飞机——10 亿美元啊！苏联核帝国同样不受常识和安全问题的约束，它在核潜艇、核爆土方工程和导致 1986 年切尔诺贝利灾难的核能开发上耗费了无数资金。美国国家安全局的预算和技术至今仍处于保密状态，我们或将永远无法评估这个技术“谜题”。批评家们将价值 350 亿美元的战略防御计划（1985—1994 年）——被大众称为“星球大战”的“技术梦想”——视为预算黑洞。[2]

创新之战

将两次世界大战区分开或许显得奇怪——它们本就因不稳定的地缘政治与债务经济而紧密相连。但是，从技术角度看，与其说第一次世界大战是一场创新之战，不如说它是一场规模化生产之战。当时的技术在很大程度上决定了这场“终战之战”的爆发、性质和结果。虽然电报和铁路在当时已经司空见惯，但在1914年7月的外交破裂和8月的战争爆发中仍发挥了重要作用。实际上，电报谈判的狂热状态伴随着最后期限的不断迫近，简直压垮了双方的外交官。奥地利对塞尔维亚宣战的消息通过电报发出，随后，德国对墨西哥的计划又通过电报发送到美国（通过被截获的齐默尔曼电报）。铁路则按照一系列旨在击败法国和俄罗斯的精确步骤，将德国军队运送到战场。对于德国的决策者来说，法国人守住了巴黎附近的马恩河是一个棘手问题。双方僵持不下，漫长的战争由此开启。

机关枪和批量生产的炸药直接导致了令人毛骨悚然的一战堑壕战。机关枪发明于1885年，曾被帝国主义军队使用，对武器装备单薄的土著军队具有毁灭性打击。1896年，英埃联军在数小时内用机关枪屠杀了两万名冲锋陷阵的德尔维希士兵。但是，在双方都拥有机关枪之后，任何一方的冲锋士兵都会遭到对方无情扫射。要从用机关枪和铁丝网防御的敌军手中夺取领土几乎不可能，只要双方都可以批量生产火药和子弹，堑壕战的僵局就会持续存在。双方交战之时，骇人听闻的毒气也没有什么战略效果（见第5章）。坦克是战时投入实战的新技术之一，英国曾制定名为“1919计划”的坦克决胜方案。但该计划尚未实施，战争便于1918年11月结束。很大程度上，德国的战败与无畏号战舰、无线电、汽车甚至飞机等新技术无关，而是其工农业经济全面崩溃所致。[3]

阿道夫·希特勒是一个决心统治世界的疯子，他从第一次世界大战中吸取了现实的教训。希特勒在军队服役期间负伤两次，又被芥子气攻击导致短暂失明，他断定德国肯定会输掉另一场旷日持久的战争。德国在一战期间曾遭遇原材料封锁，希特勒决心在下一场战争中实现自给自足。掌权 3 年后，希特勒制订了自给自足快速重整军备的四年计划（1936—1940 年）。根据理想模式，一场重大战争所需要的一切将由德国自行生产，包括利用国内丰富的煤炭生产汽油和橡胶。由于德国缺乏军火制造所需的铜和锡，以及装甲设备所需的镍和铬，因此这种理想模式永远无法完全实现。早在 1937 年 11 月，希特勒就意识到德国早期的军备重整只带来了短暂的技术和军事优势。德国越晚参战，优势就越弱。希特勒在霍斯巴赫会议上告诉高级顾问们，战争的枪声很快会打响，这是必然的。与此同时，德国空军在西班牙进行轰炸和扫射，秃鹰军团最终摧毁了格尔尼卡。

1939 年 9 月希特勒入侵波兰，他为避免堑壕战而选择的战术昭然若揭。他发动的“闪电战”大致类似于英国的“1919 年计划”。一场闪电战以大规模的空中轰炸拉开序幕，随后，一队坦克在战斗机的掩护下突破了敌人防线，切断了补给线。闪电战不仅是一种军事战术，从根本上说，它更是一种“战略综合”，发挥了德国在机动技术方面的卓越优势，尤其是飞机和坦克，同时避免了持续动员的经济压力。通用机床在军用和民用生产之间灵活切换，德国国内工业经济得到了非凡的发展。刻意缩短的闪电战攻势为充足的民用生产和大量的战略原材料储备提供了条件。日本在战争初期就出现极端战时困境——当时日本军方接管了经济并将所有生产转向军事用途，导致民用经济岌岌可危——德国在战争的最后几个月才开始经历。德国军队穿越波兰、法国、比利时，最后一路深入苏联，在 1942 年至 1943 年冬季的斯大林格勒战役之前，德国军队一直立于不败之地，似乎战无不胜、所向披靡。但当德国被迫转入防御的那一刻，败局已定。希特勒的战略综合行动宣告瓦解。[4]

幸好，希特勒没有预见所有必要的教训。首先，盟军在战时宣传中将德国描绘成统一、高效、专注的“战争机器”，但事实并非如此，而且德国也没有和英国一样完全动员经济。且不说非纳粹公务员创造性的“拖延战术”，纳粹党内部派系之间的斗争就常常使希特勒和顾问们的宣传沦为笑柄。在战争的大部分时间里，德国技术人员在创新竞赛中与盟军技术人员不相上下。正如军事历史学家马丁·范·克里费德（Martin Van Creveld）所指出的，双方都保持着快速的技术创新步伐，所以彼此都无法研发出制胜武器。盟军率先使用了雷达防空系统，制造出最强大的内燃机飞机引擎，并研发了最复杂的电子设备。德国人则研发出先进的轰炸导航设备，且在喷气式飞机和火箭发动机方面领先世界，并始终拥有先进的坦克、大炮和机关枪。[5]

在 1944 年 4 月之前，德国的科学家和工程师始终与盟军并驾齐驱。当月，工厂技术的持续变革带来了经济危机，纳粹德国在盟军的轰炸下遭遇重创，所以只能从实际出发，叫停研发工作并冻结技术方案。他们希望通过这一重大举措生产大量现有的弹药、飞机和武器——这是一战大规模生产风格的回归，这一决定终结了德国喷气式飞机对战争的贡献。只有那些能在短时间内取得军事成果的研究项目才能继续推进，其中就包括德国的原子能计划。

面临人力、材料和资金短缺的原子能计划从一开始就希望渺茫。德国物理学家奥托·哈恩（Otto Hahn）和弗里茨·施特拉斯曼（Fritz Strassmann）在1938年成功分裂了铀原子核。1940年到1942年，包括赫赫有名的维尔纳·海森堡（Werner Heisenberg）在内的几位德国物理学家，试图把原子弹计划兜售给德国陆军和帝国研究委员会，但都没有成功。自1942年起，海森堡和同事们用于建造原子能反应堆的资金少得可怜。很快，德国经济陷入动荡状态，军事形势不断恶化。在这种情况下，德国已无力组织建造反应堆所需的工业化规模投入，更遑论建造原子弹。希特勒掀起了反犹太狂潮，德国的犹太科学家被驱逐，其中包括很多顶尖的原子物理学家，这进一步阻碍了原子能计划的推进。德国没有浓缩铀，没有原子物理学家，也没有制造原子弹所需的政府资源。1945年3月初，维尔纳·海森堡在柏林南部一个地下掩体中拼凑了一台"铀机"，周围的世界已经支离破碎，但他仍在探索自持原子链式反应。[6]

"将整个国家变为一个工厂"

1945年8月6日的一项行动揭示了德国和英美的原子能计划之间的差距。5月初，当苏联坦克进入柏林时，欧洲的战争已经接近尾声。盟军很快围捕了10名顶尖的德国物理学家，把他们带到英国的一处乡间庄园。当时，亚洲的战争形势仍旧胶着，盟军的情报人员仔细询问了这些物理学家原子能的研究情况。物理学家们在谈论战争成就时都带着一脸的傲慢自负——

直到美国向日本广岛投下原子弹的那天。原子弹着实让人大吃一惊。当得知广岛的爆炸相当于2万吨烈性炸药，且盟军的原子能工程雇用了12.5万人建造工厂，还另外雇用6.5万人从事生产，德国人惊呆了。反观德国的原子能工程，其人员配置不及美国的千分之一，而且收效甚微。对比之下，德国的努力显得苍白无力。德国的原子能计划不过是一次实验室试验，而且是一次失败的试验。[7]

如果一战被称为化学家之战是因为合成炸药和毒气在军事上的应用，那么二战被称为物理学家之战，就是因为曼哈顿计划。物理学家们在哥伦比亚大学、芝加哥大学和加州大学伯克利分校开启战时原子能的研究工作。早在1942年12月，恩里科·费米（Enrico Fermi）就在芝加哥建造了自持铀反应堆，超越了德国人在战争期间取得的所有成就。费米的成功为罗伯特·奥本海默（Robert Oppenheimer）的洛斯阿拉莫斯实验室铺平了道路。1943年春天，奥本海默招募的物理学家们抵达位于新墨西哥州偏远沙漠地带的实验室。在研究活动的高峰期，洛斯阿拉莫斯拥有2000名技术人员，其中有8名诺贝尔奖得主，他们攻克了制造炸弹所需的高深物理学原理和精妙技术。洛斯阿拉莫斯的科学家们聪明睿智、善于表达，对于创造历史有着强烈的自觉。他们后来在讲述自己的故事时，把原子弹项目的功劳据为己有，夸大其词地讲述了历史。实际上，洛斯阿拉莫斯只是原子弹的研发中心和组装场地。曼哈顿计划的绝大部分工作是在别处完成的——位于田纳西州和华盛顿州的两座规模庞大、绝密级别的工厂综合体。事实上，正是这两座工厂容纳了近 20 万名工作人员中的绝大多数，也几乎消耗了该项目全部巨额预算（洛斯阿拉莫斯所占的工厂建设和运营成本还不到总预算的 4%）。最重要的是，我认为可以公允地说，正是这两座工厂的架构决定了原子武器在日本的部署方式。人们还能从这些工厂的技术细节中，窥见一种延续至战后很久的原子武器发展理念。

在物理学家的传奇故事中，世界上最著名的物理学家说服了美国总统富兰克林·罗斯福支持原子弹计划。1939 年秋天，阿尔伯特·爱因斯坦与利奥·西拉德（Leo Szilard）合作，在给总统的信中阐述了原子裂变的科学潜力和政治危险。利奥·西拉德是一名从事原子研究的欧洲流亡物理学家，当时欧洲战争仍让他们记忆犹新。1939 年 10 月 11 日，经济学家、前罗斯福新政官员、罗斯福幕僚亚历山大·萨克斯（Alexander Sachs）亲自携带这封信函进行了游说。事实上，在阅读该信之前，罗斯福就意识到德国的原子计划具有威胁性，而美国需要立即采取行动。罗斯福批准了一个高优先级的秘密计划。这个项目落在科学研究与发展办公室（OSRD）肩上，这是一个由麻省理工学院工程师万尼瓦尔·布什（Vannevar Bush）领导的新政府机构。布什负责在全国范围内动员为战争服务的研究人才和工程人才。于是，美国的原子弹项目从一开始就获得了总统的大力支持、充足的预算、聪明且雄心勃勃的支持者，以及“绝密”烙印。

1942 年 6 月之后的几个月里，曼哈顿计划的工业工厂初步成型。在此之前，原子弹研发只是一门需重金投资的科学。计划由位于华盛顿的 OSRD 负责资助和协调，该机构将研究经费拨给了国内几所从事原子研究的大学。当年早些时候，物理学家亚瑟·霍利·康普顿（Arthur Holly Compton）在芝加哥大学联合了几个研究团队，包括哥伦比亚大学的费米，集中进行原子研究。于是，“冶金实验室”（Metallurgical Laboratory）这个刻意隐晦的机构诞生了。1942 年 6 月成为关键决策节点：美国是应该扩大实验室规模的研究，以建造原子能反应堆为目标保持适度投入，还是倾举国之力研制原子弹？罗斯福按照布什的建议，批准了一项大规模核弹研究项目。OSRD 的任务是开展军事研究和开发武器原型，而不是工业化生产，所以布什深知这项庞大工程将会导致 OSRD 不堪重负。罗斯福将核弹项目的建设阶段工作分配给美国陆军工程兵团，而陆军将曼哈顿工程区的指挥权分配给负责建造五角大楼的莱斯利·格罗夫斯（Leslie Groves）准将。这一安排实在再恰当不过。

被评价为极为自负、过于直率、盛气凌人的格罗夫斯赶赴现场（在第一次会面后，布什对这位将军是否“拥有胜任这项工作的足够机智”表示怀疑）。[8] 格罗夫斯在 9 月上任，几天之内就为曼哈顿计划争取到最高优先级的 AAA 采购评级，他从比属刚果采购了 1250 吨高纯度铀矿，并签署了陆军在田纳西州东部收购 5.4 万英亩土地的协议。12 月，也就是费米位于芝加哥的工厂陷入困境后不久，他争取到了罗斯福批准的 4 亿美元，用于建设两个大型工厂：一个在田纳西州的橡树岭进行铀分离，另一个在华盛顿的汉福德进行钚生产。从那时起，格罗夫斯最重要的任务就是动员大批承包商和分包商。陆军此前已经选定斯通 - 韦伯斯特公司作为主要承包商，这是一家大型工程、管

橡树岭铀工厂。文森特 · C. 琼斯（Vincent C. Jones），《曼哈顿：军队和原子弹》（*Manhattan: The Army and the Atomic Bomb*，华盛顿：政府印刷局，1985 年），第 147 页。

理和金融咨询公司。格罗夫斯亲自将分包合同授予伊士曼柯达、西屋电气、通用电气、克莱斯勒、阿里斯 - 查尔默斯、凯洛格、杜邦和联合碳化物等公司。

格罗夫斯在田纳西州需要 5.4 万英亩的土地，因为橡树岭工厂将极为庞大。橡树岭的关键任务是生产足够的浓缩铀来制造核弹，数量是 2 到 100 公斤，但没有人知道确切数量。普通铀中可裂变的 235 同位素含量不足 1%。由于从来没有人分离出如此大量的铀-235，格罗夫斯迅速授权对电磁分离和气体扩散这两种方法进行大规模研究，随后又引入了第三种热扩散法。电磁分离技术是欧内斯特·劳伦斯（Ernest Lawrence）的研究结晶，他还在伯克利实验室研发出了粒子加速器。当时大家意识到，原子粒子被加速得越快，相反方向的粒子流相撞时产生的物理现象就越有趣。劳伦斯的特别天才之处在于，他只通过一个简单技巧就将带电粒子流加速到令人难以置信的高能量——利用精确定位的磁铁使带电粒子流沿着椭圆形“轨道”移动，同时通过一个精确调谐的振荡电场，在粒子每次绕过时对其加速，使其越来越快。这有点像推秋千上的孩子，每次经过都推得更高一点。凭借劳伦斯在筹措资金和机械制造方面的惊人能力，到 1932 年，他的实验室已经将氢原子加速到 100 万伏特。1939 年，劳伦斯利用一台 1600 万伏特的强大机器发现了亚原子并一举荣获诺贝尔奖。之后，他争取到洛克菲勒基金会的资金，在伯克利山建造了一个真正庞大的加速器。直径 184 英寸的磁体是当时世界上最大的，这台机器的造价高达 150 万美元。

劳伦斯，这位一贯干劲十足的乐观派，向格罗夫斯保证他的回旋加速器原理能够将两种铀同位素干净利落地分离开来。劳伦斯深知，他强大的磁铁能够使带电粒子（包括带电的铀原子）的运动路径发生偏转。他解释道，当带电粒子通过恒定磁场时，较轻的、可裂变的铀-235 会比更重的、稳定的铀-238 偏转得稍多一点，偏转幅度可达几分之一英寸。为此，他发明了一种 C 形装置电磁型同位素分离器，原理类似于将回旋加速器切成两半，专门用于分离同位素。尽管电磁分离法在理论上极其精妙，但实际效果却仅限实验室规模。1941 年，劳伦斯利用伯克利一台较小的机器，经过一个月的密集努力，也只生产出了 100 微克部分浓缩铀。而一枚铀弹所需的浓缩铀量，至少是这个数字的一亿倍以上——大约需要 40 公斤的高度浓缩铀。

1943 年 2 月，在格罗夫斯的指导下，斯通 - 韦伯斯特公司的田纳西州基地破土动工。8 月，2 万名建筑工人在 20 个足球场大小的场地上建造原子轨道和加速器。当所有必要的基础配套设施完工时，这里将矗立起 268 栋建筑。（在那年春天的一次视察中，即使是劳伦斯本人，也被这项工程的庞大规模所震撼。）制造大量磁铁线圈需要获得海量的铜线，这看起来希望渺茫。危急关头，美国财政部伸出了援手，提供了其储备的白银。格罗夫斯借用了 13540 吨白银——这种通常以盎司计量的贵金属——价值高达 3 亿美元，并用它替代铜来缠绕磁铁线圈，以及制造用于传导强电流的实心银母线。在此期间，恼人的真空泄漏、危险的火花以及数不清的实际问题，迫使劳伦斯和他的助手们马不停蹄地解决问题。面对磁铁线圈难以克服的困难，格罗夫斯将首批 48 个巨大的银线圈磁铁全部运回了密尔沃基的阿里斯 - 查尔默斯工厂，导致田纳西伊士曼公司的 4800 名生产工人整整停工一个月。铀-235 的生产最终于 1944 年 1 月恢复。

橡树岭尝试的第二种铀浓缩工艺需要更庞大的设备。气体扩散法通过微小的效应实现巨大的成果，方法基于一个既定事实：较轻的分子比较重的分子更容易穿过多孔阻隔膜。在这种情况下，可裂变的铀-235 原子形成的六氟化铀气体，会比更重的铀-238 更快地穿过阻隔膜。哥伦比亚大学和贝尔电话实验室的研究人员初步研究表明，一种镍阻隔膜既能有效分离同位素，又能承受强腐蚀性的六氟化铀气体。格罗夫斯授权凯莱克斯公司在橡树岭建造数英亩的扩散管，但前期结果有些不尽如人意。1943 年秋，凯莱克斯公司的工程师克拉伦斯·约翰逊（Clarence Johnson）突发奇想，将金属镍粉末烧结以制作阻隔膜，烧结涉及将镍粉压制成半多孔的块体，这需要公司手工制作新的阻隔膜，成本高得惊人。格罗夫斯毅然决定废弃现有的镍阻隔膜，连同为生产它们而在伊利诺伊州迪凯特市建造的工厂也一并舍弃，并继续推进改进后的气体扩散工厂建设。这让物理学家哈罗德·尤里（Harold Urey）等人相信，格罗夫斯是在建造一座传世工厂。橡树岭工厂不只是战时的临时工厂，更是长期的核弹生产基地。

原定于 1944 年底造出炸弹的目标眼看要落空，所需的浓缩铀量也遥遥无期，格罗夫斯将第三种分离工艺引入了橡树岭。热扩散法是最简单的方式。它的主要支持者菲利普·阿贝尔森（Philip Abelson）曾为海军工作了 3 年——独立于陆军主导的原子弹项目——致力于铀浓缩，目标是为潜艇制造原子反应堆。1941 年，阿贝尔森完善了制造液态六氟化铀的方法。接着，他利用热扩散管进行浓缩：将液态六氟化铀约束在热表面和冷表面之间，较轻的铀-235 会上浮，较重的铀-238 则会下沉。

为了利用这种分离效应，阿贝尔森在海军研究实验室建造了一个 36 英尺高的实验性分离塔，让液态六氟化铀在 400 华氏度的蒸汽与 130 华氏度的冷却水之间循环。工作人员只需从顶部撇取浓缩的铀-235 即可。1944 年 1 月，经海军批准，阿贝尔森开始在费城海军船厂的蒸汽工厂旁建造一座拥有 100 个分离塔的试点工厂。阿贝尔森从未承诺过要像劳伦斯回旋加速器一样完成一步到位的分离，但他建造的设备运行可靠，能产出可观数量的中度浓缩铀。6 月中旬，格罗夫斯与 H. K. 弗格森工程公司签订了合同，在橡树岭建设了一个大型工厂基地，该基地包含 21 个与费城工厂一模一样的工厂，总共建设 2100 个分离塔。到 1945 年，3 种工艺被整合起来：热扩散法为气体扩散法和电磁分离法提供了初步浓缩的原料。关于为制造一颗原子弹而获取足够铀-235 所付出的巨大努力，丹麦物理学家尼尔斯·玻尔（Niels Bohr）对曼哈顿计划中的另一位物理学家同事爱德华·泰勒（Edward Teller）说："我告诉过你，不把整个国家变成一座大工厂，这事就办不成。你们真的做到了。"[9]

橡树岭基地拥有由设计师、承包商、制造商和运营商组成的网络，但对这个巨型国家工厂而言，它也只是一个小部门。汉福德基地占地 40 万英亩，几乎是橡树岭基地的 8 倍。格罗夫斯选择在偏远的华盛顿州中南部建立基地，原因有以下几点。一方面，哥伦比亚河为核反应堆提供了水；另一方面，大古力水坝和博纳维尔水电站大坝可以提供现成的电力。最重要的是，即使不是原子物理学家，大家也意识到大型钚工厂将是一个严重的安全隐患，而汉福德远离主要的人口中心。从原理上讲，钚的制造并非难事。只需利用中子流轰击普通的铀-238（原子序数为92）就可以制造出镎（原子序数为93），镎很快就衰变为钚（原子序数为94）。在一次为原子弹寻找新型可裂变元素的过程中，伯克利的物理化学家格伦·西博格发现了钚，他将其命名为plutonium，以延续用太阳系外层行星——天王星（Uranus，铀的词源）、海王星（Neptune，镎的词源）和冥王星（Pluto，钚的词源）——命名元素的模式。经过漫长的谈判，格罗夫斯在1942年12月说服杜邦公司成为汉福德基地的主承包商，负责设计、建造和运营一个全面的钚生产和分离工厂。橡树岭的试验工厂也是钚项目的一部分。当时，杜邦公司在原子领域毫无经验，但它在扩大化工厂规模方面确实拥有丰富经验。从辐照铀中分离钚需要建立一个极其庞大的化学分离工厂，涉及多步骤的磷酸铋工艺。

汉福德基地最紧迫的问题是工程问题。西博格在伯克利的实验室只生产了几微克钚，而杜邦公司在汉福德的工程师们不仅需要将产量扩大百万倍才能生产出数克钚，还要在此基础上再扩大成千倍才能生产出数千克钚，而这才是公认的制造核弹所必需的数量。“试验工厂”介于实验室和工厂之间，是一个可以测试理论计算并收集设计数据的地方。在试验工厂进行研究一般是工业科学家或工程师的任务，但芝加哥大学冶金实验

汉福德基地钚工厂。汉福德基地由 7 个大型工厂组成，安全起见，工厂之间相距超过 6 英里。文森特 · C. 琼斯，《曼哈顿：军队和原子弹》，第 216 页。

室的科学家坚持由他们管理反应堆。格罗夫斯勉为其难地答应了他们的要求，指示科学家们进行试验，看看能否大量生产钚。与此同时，在试验工厂数据出来之前，杜邦公司的工程师就在汉福德设计好了一个全规模钚工厂。科学家和工程师之间的关系从一开始就剑拔弩张。当杜邦公司的项目经理要求芝加哥科学家在数千份蓝图上签字时，这些科学家才噤声，不再有任何批评意见。直到那时，科学家们才意识到钚工厂的规模之大。钚工厂包括 3 个用来生产钚的大型铀反应堆和 4 个用来分离和提纯这种致命元素的大型化学分离工厂。建设工作在 1944 年 6 月达到高峰期，雇用了 42000 名熟练的焊工、管工、电工和木匠。

1944 年 9 月中旬，汉福德工厂准备第一次试运行。铀堆达到了预期的临界状态，然后却逐渐停息了。几个小时后，反应堆可以重启，但没有任何链式反应能持续很长时间。汉福德的失败代价高昂，士气一落千丈。部分故障排查表明，氙-135 是一种半衰期很短的强中子吸收体，它正在毒害反应堆。氙-135 衰变后，反应堆重新启动，却无法长时间运行。格罗夫斯命令冶金实验室的科学家们将他们的试验工厂反应堆全功率运行，假如他们遵照执行，氙效应将会真相大白。可惜科学家们并没有全功率运行。幸运的是，杜邦公司的工程师们在设计中为额外添加铀燃料棒预留了空间（芝加哥的科学家们曾谴责这一看似愚蠢的做法）。有了更多的铀棒——在原有的 1500 根基础上增加了 500 根——中子数量也随之增加，从而抑制了氙中毒。杜邦公司工程师的谨慎设计拯救了这座工厂，它在 12 月中旬成功达到临界状态。[10]

在物理学家们讲述的故事中，下一章便是洛斯阿拉莫斯，在那里最顶尖的物理学家们研制出了实用的原子弹。故事的高潮围绕着 1945 年 7 月 16 日三位一体核试验爆炸那令人难以置信的紧张气氛，以及成功后的解脱与惊叹。故事的标准尾声是 1945 年 8 月 6 日对广岛的原子弹轰炸，以及 8 月 9 日对长崎的原子弹轰炸。

对于这一事件，存在多种解读。而我们的公共记忆所铭记的，是最令人慰藉的版本——哈里·杜鲁门总统的版本——即向日本投掷原子弹是为了结束第二次世界大战，尽管当时就存在反对的声音。德怀特·艾森豪威尔曾对战争部长亨利·斯廷森说："日本人已经准备投降了，没必要用那个可怕的东西打击他们。"[11] 关于这些重大事件的争论自此从未停止。在此，我想探讨的是原子弹项目背后已累积起来的、势不可挡的推进动力。对原子弹不持敌视态度的温斯顿·丘吉尔写道："关于是否应该使用原子弹，从未有过哪怕一刻的讨论。"[12]

许多评论者，甚至包括艾森豪威尔和丘吉尔，都忽略了一个关键问题，即向日本投下的两颗原子弹从技术上截然不同：广岛原子弹使用了橡树岭生产的铀，而长崎原子弹使用了汉福德生产的钚。投放在日本广岛的原子弹代号为"小男孩"，是一种简单的枪式结构，其原理是将一块次临界的铀-235 射入另一块，形成更大的临界质量。设计者们对此信心十足，因此从未对这种炸弹进行过测试，广岛爆炸是世界上首次铀爆炸。长崎原子弹则完全不同。3 天后投下的代号为"胖子"的原子弹，是一种通过内爆引爆的钚弹。内爆法依赖于高爆炸药的精确引爆，产生球形冲击波，以极高的速度和精确的力量向内压缩空心钚球体。当这个保龄球大小的钚球被压缩到葡萄柚大小时，榛子大小的核心会释放出启动中子，钚便达到临界状态并爆炸。这就是 7 月中旬在三位一体试验场测试过，并于 8 月投在长崎的那颗原子弹。

那年春天，一个由高级军官组成的委员会起草了向日本投放原子弹的目标计划。广岛、小仓、新潟和长崎是首选目标。批准该计划的命令由莱斯利·格罗夫斯起草，由战争部长亨利·斯廷森和参谋长联席会议主席乔治·马歇尔分别批准。但杜鲁门什么也没有签。格罗夫斯回忆说："我没有必要让总统按下这个按钮。"[13] 陆军的空军部队计划使用现成的任何原子弹。两枚原子弹被运往位于太平洋提尼安岛的前沿基地，第三枚原子弹仍在洛斯阿拉莫斯进行最后组装，将于 8 月 12 日或 13 日运往提尼安岛。但在运出之前，杜鲁门想到在广岛遇难的"那些孩子们"，便下令停止原子弹轰炸。他在 8 月 10 日发出命令，日本天皇的投降条款也在同一天送达华盛顿。第三枚原子弹就这样留在了洛斯阿拉莫斯。当杜鲁门和他的顾问们就日本投降的具体条款争论不休时，对日本的炮火轰炸仍在继续。哈普·阿诺德将军下令派出 800 架 B-29 轰炸机，由 200 架战斗机护航，于 8 月 14 日对本州岛进行最后一轮全面的燃烧弹轰炸。就在 1200 万磅燃烧弹和高爆炸弹倾泻而下的同时，天皇接受盟军条件公开投降的决定正送往华盛顿。第二天，战争正式宣告结束。

长崎医科大学附属医院，1945 年 10 月。距离爆炸中心大约 700 码的长崎医科大学附属医院大楼恰好位于完全毁灭区之外。大楼内部被烧毁，这片区域的木结构在刹那间化为灰烬。第一枚原子弹摧毁了广岛中心大约 2000 码的区域。照片由 Hayashi Shigeo 拍摄，经其妻子 Hayashi Tsuneko 许可使用。

匆忙向日本投下两颗原子弹必定会是一个永存的谜团。杜鲁门总统的理由虽然能令人感到安慰，但并不能正确地说明事实。在4月12日罗斯福去世前一直担任副总统的杜鲁门甚至对原子弹项目一无所知，正如格罗夫斯明确指出的，他到底能在多大程度上作出这个决定尚不清楚。另一种观点认为，原子弹虽然投在日本，但其实是“瞄准”苏联——当时苏联正在动员军队，准备履行早前承诺的对日本控制的满洲的进攻。根据物理学家布莱克特（P. M. S. Blackett）和历史学家加尔·阿尔佩罗维茨（Gar Alperovitz）的观点，与其说原子弹结束了第二次世界大战，倒不如说它开启了冷战。毫无疑问，盟军希望把苏联挡在远东之外。然而，随着苏联在8月8日出兵，最快结束战争的方式本该是在10日接受日本提出的投降。（可能更早：7月11日，日本外相指示驻莫斯科的日本大使寻求苏联协助促成一项投降协议，美国情报部门截获并破译了这一信息。）而且，无论如何，这些地缘政治考量并不能真正解释为何投下第二颗原子弹。

我们知道，预算问责的压力无情地压在格罗夫斯肩上。“如果这个武器哑火了，”1944年平安夜格罗夫斯对部下说，“你们每个人的余生就准备在国会调查委员会面前作证吧。”罗斯福的“副总统”、杜鲁门的国务卿詹姆斯·伯恩斯（Jimmy Byrnes）告诉利奥·西拉德：“我们投入20亿美元研发核弹，国会想知道我们用这些钱得到了什么。”[14] 曼哈顿计划的总成本为20亿美元，是1945年美国联邦预算（因战争造成通货膨胀）的2%，按当前国内生产总值计算，约合500亿美元。

虽然不愿意承认，但投在日本的两颗原子弹在一定程度上也“瞄准”了美国国会。历史学家理查德·罗兹（Richard Rhodes）写道：“核弹其实也是为自己买单，向国会证明20亿美元投资的合理性，让格罗夫斯和斯廷森不至于被关进莱文沃斯监狱。”毕竟，两座原子工厂的投入不菲。事实上，在广岛投下铀弹后，尽快投下钚弹的压力反而增加了。根据“胖子”的一名组装人员回忆：“投下广岛原子弹后就要准备更复杂的内爆装置，这带来的压力犹如酷刑。”[15] 钚弹试验计划的时间被削减，目标日期提前了整整两天（从8月11日提前到8月9日）。杜鲁门在8月10日发出停止命令，而“胖子”则被抢先一步投放，这似乎不是偶然。就这样，日本遭受了促使其投降的致命打击，苏联被排除在远东事务之外，而曼哈顿计划的两座巨型原子工厂也通过战争逻辑获得了正当性。玻尔关于原子计划将“把整个国家变成一座工厂”的观察，不仅在物质和组织层面显而易见，在道德层面也颇具洞见。

战时原子研究的体系具有长期影响，远远超出了广岛和长崎的争论范畴。美国陆军主导的曼哈顿计划有效地将美国海军排除在外。虽然海军已经开发出了前景广阔的热扩散铀浓缩方法，并资助费城海军船厂开展这种方法的早期试验，但当该项目被转移到橡树岭时，海军就被边缘化了。美国陆军不仅在战争期间控制了原子弹计划，亚拉巴马州亨茨维尔基地还招募了令人敬畏的沃纳·冯·布劳恩及其德国火箭团队，因此在战后拥有了最先进的火箭项目。与此同时，新组建的空军正凭借远程轰炸机在原子时代确立自己的地位。

不同军种之间的竞争粉碎了海军的威望。当陆军和空军昂首阔步跨入大有可为的新原子时代时，海军似乎还停留在过时的战列舰和超大型航空母舰上。一位名不见经传的海军上校采纳了为潜艇研发专用核反应堆的建议。海曼·里科弗（Hyman Rickover）上尉原是驻扎在橡树岭的低级别海军代表团的一员，他拥有电气工程硕士学位，在电子设备采购管理方面颇具经验。这位即将晋升为海军上将的里科弗，后来成为“核海军之父”。

里科弗进取心十足，他既有格罗夫斯的政治才智，又有劳伦斯的技术天赋。1947 年，里科弗接管了美国海军的核能部门以及原子能委员会（名义上是民用性质）的海军反应堆管理部门。他与西屋电气和电船公司的合作最为密切，也最为成功。西屋电气致力于新型压力轻水冷却核反应堆的研究，与此同时，电船公司准备在康涅狄格州格罗顿的建造厂自行建造潜艇。（通用电气同期开展的钠冷却反应堆建设项目远远落后于原定计划。）1955 年初，美国海军第一艘核潜艇鹦鹉螺号通过了初期海上试航，并达到了前所未有的速度。它在水下航行 1300 英里到达波多黎各圣胡安，航程是当时任何柴油动力潜艇的 10 倍。

事实证明，鹦鹉螺号为美国海军开创了先例，这艘能够发射核弹头的核动力潜艇让美国海军追上了其他军事部门。1953 年，鹦鹉螺号仍处于开发过程中，艾森豪威尔总统在此时宣布了“原子和平”倡议。他希望通过强调民用应用，消除国家核项目浓厚的军事色彩。他将电力生产列为民用应用的首选。艾森豪威尔对速度和经济性的坚持让美国原子能委员会别无选择，只能充分利用里科弗正在筹划的反应堆方案。事实上，除了其他几项职责，里科弗还主导了民用反应堆项目。里科弗再次与西屋电气合作，迅速将潜艇反应堆设计为可运行的民用反应堆。这个反应堆被安装在宾夕法尼亚州希平波特的一处归原子能委员会所有的基地里，其产生的蒸汽通过管道输送并出售给杜肯电力公司用以驱动发电涡轮。在前 12 个民用反应堆中，有 10 个完全沿袭希平波特设计，实为潜艇反应堆的翻版。

然而，在军事背景下完全合理的设计决策，并非总是能适合民用商业用途。在这两个领域，安全性是首要关注的问题，但潜艇反应堆的设计者并不太考虑安装或运行成本，而这对盈利性公司来说明显很重要。希平波特的成本大约是西屋电气和通用电气商业可行性标准的 5 倍。希平波特潜艇反应堆的“点火区—转换区”设计，是为了最大化两次换料之间的运行时间——这对潜艇至关重要——但并未考虑维护的简便性、快速性或经济性。民用需求与军事优先事项之间的错配进一步推高了项目成本。[16]

除了对核能研究的贡献，曼哈顿计划的持久遗产是它建立了一个核武器复合体，导致了美苏之间多年的激烈竞争。与物理学家爱德华·泰勒（Edward Teller）大力推崇的聚变核弹相比，裂变式原子弹显得不值一提。裂变式原子弹会发生原子裂变，而聚变核弹会发生原子聚变。聚变核弹的威力是广岛和长崎原子弹的上千倍，其爆炸当量相当于几百万吨 TNT。（相比之下，美国陆军航空军在整个二战期间投放了大约 300 万吨炸药。）技术差距和军备竞赛的周期性循环始于原子裂变炸弹（美国和苏联分别在 1945 年、1949 年成功爆炸），并随着聚变核弹

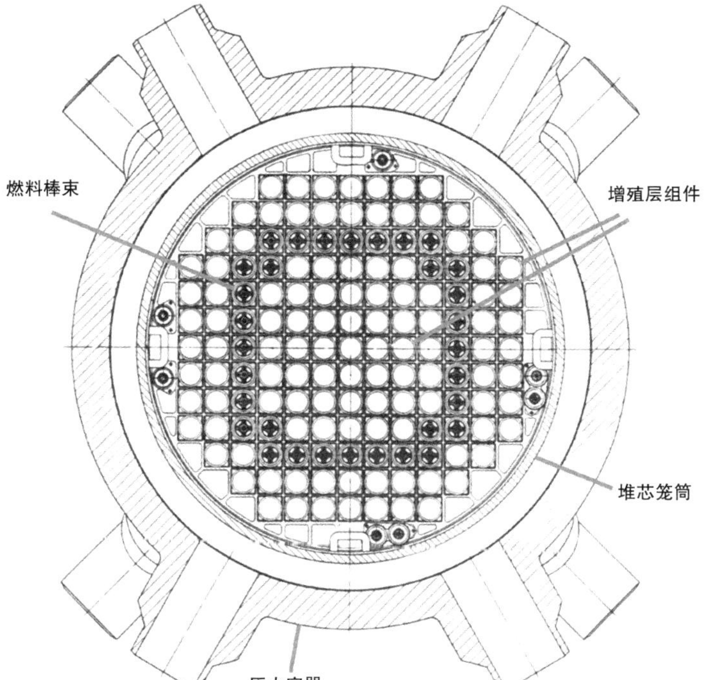

希平波特核反应堆，海军船用反应堆管理部门的重绘图（华盛顿：原子能委员会，1958 年）。

的出现而加速（两国分别在 1952 年和 1953 年试验成功）。结果是，核军备竞赛导致两个超级大国的高科技产业陷入较量，竞相发明、开发、生产和部署一系列聚变核弹，制造更大的“投射重量”，追求更快、更精确的运载工具。

在核时代的技术竞赛中，进攻往往更具优势。双方的远程轰炸机、洲际核导弹，以及最后的多弹头分导式导弹，都是真正可怕的大规模杀伤性武器。双方针对彼此而部署的防御技术——预警系统和反弹道导弹系统——在任务面前显得力不从心。事实上，惊人的成本却无法带来更多的安全性。鉴于此，美国关闭了位于北达科他州的价值 210 亿美元的“卫兵”反弹道导弹安全防御系统（1969—1976 年）。高昂成本依旧是核军备竞赛的一部分，导致两个竞争对手的财政都捉襟见肘。从 1940 年到 1986 年，美国核武库的成本估计为 5.5 万亿美元。[17] 没有人知道苏联核武库的确切成本是多少，但当时濒临崩溃的状态——核技术人员已被告知另谋高就，与此同时，铀和钚储备的安全管理却十分松弛——构成了严峻且迫在眉睫的危险。

指挥与控制：固态电子学

曼哈顿计划是迄今为止最广为人知的战时技术项目，但在战争期间，原子弹的成本投入与雷达、近炸引信和固体燃料火箭的总成本投入旗鼓相当。在技术影响力方面，原子弹计划的绝对竞争对手是一项耗资 15 亿美元的高频雷达开发项目。这个雷达项目以麻省理工学院的辐射实验室为中心，在其鼎盛时期雇用了美国五分之一的物理学家。项目的主要工业承包商包括贝尔实验室、西屋电气、通用电气、喜万年和杜邦，以及宾夕法尼亚大学和普渡大学的研究人员。雷达为盟军的作战行动提供了帮助，辐射实验室也为冷战时期军工复合体的 3 个典型元素埋下了种子：数字电子计算、高性能固态电子学和任务导向型合同研究。20 世纪 50 年代，随着数字计算和电子技术的发展，美国军方的影响力也不断扩大。当时，军队享有无限制的研究预算，冷战也为快速反应指挥控制系统带来新的紧迫感。军方在众多技术领域中明确了优先级，不管是直接资助新技术，还是将新型电子技术应用于导弹制导、反导系统、核武器和射击控制，核心都是军方对指挥与控制的追求——首先是 20 世纪 50 年代的轰炸机预警系统，其次是在越南战争中测试的电子战方案，最后是现代的战略防御计划（1984—1993 年）。

二战期间，辐射实验室的研究人员专注于 3 个技术步骤。雷达的工作原理是，首先发射出强烈而短促的无线电波，这些电波遇到路径上的物体会反射，然后，接收器检测回波信号，最终结果会显示在屏幕上。第一步和第三步为研究人员提供了宝贵的高频电子设备设计经验（这对构建数字计算机很有用），而第二步则引发了半导体研究的热潮。真空管只对低频信号敏感，所以当战时雷达项目致力于更高的微波频率（3000 兆赫至 30000 兆赫）时，研究人员便需要一种新型电子探测器。雷达研究人员发现，探测设备——类似于业余无线电爱好者使用的“猫须”晶体接收器（他们使用方铅矿、硅或碳化硅）——可以处理雷达所需的大功率和高频率。在战争期间，固态物理学的研究主要集中在半导体材料锗和硅，以及其提纯方法的设计。“战时半导体的发展为晶体管的发明奠定了基础，重要性怎么强调也不为过。”历史学家查尔斯·韦纳（Charles Weiner）写道。[18] 1941年至1945年，贝尔实验室将四分之三的员工和设备用在大约1500个军事项目上，包括雷达研究的大量工作。

1945年7月，就在战争结束之际，贝尔发起了一项影响深远的固态物理学研究。贝尔的研究主任默文·凯利（Mervin Kelly）筹备了一个新的固态研究部门，以获取“可用于开发通信系统全新改进组件和设备部件的新知识”。[19] 1946年1月，这个部门的半导体小组召集了后来共同发明晶体管的3位物理学家——威廉·肖克利（William Shockley）、沃尔特·布拉顿（Walter Brattain）和约翰·巴丁（John Bardeen）。具有讽刺意味的是，这个小组中没有人拥有雷达项目半导体研究的直接经验。这个小组致力于研究锗和硅——这些材料因战时研究而为人所熟知。在接下来的一年半时间里，小组实验人员仔细研究了锗的表面特性，理论研究人员则努力阐释常令人困惑的实验结果。与金属依靠带负电的电子传导电流不同，在硅和锗材料中，似乎存在某种带正电的电子载体传导电流。基于这一发现，该团队于1947年12月中旬成功研制出首个晶体管。

贝尔实验室的晶体管小组探索了数种不同的器件。1947年12月诞生了第一个晶体管，这是一种点接触晶体管，它脱胎于业余无线电使用的晶体（探测器）。两年后发明的结型晶体管是20世纪50年代使用最广泛的晶体管类型。它是一个3层半导体“三明治”结构，其中薄薄的中间层就像一个阀门，控制着电流的流动。第三种器件是场效应晶体管，其概念于 1945 年 4 月在一个实验室的笔记本中被勾勒出来，但直到 20 世纪 50 年代末才首次被制造出来。它利用了金属板与半导体之间的电子相互作用。从 20 世纪 60 年代开始，这种场效应晶体管，或称 MOS 晶体管，成为集成电路的基本元件，其衍生技术如今被用于几乎所有计算机芯片之中，几家知名公司通过制造结型晶体管进入这个新领域。雷神公司在陆军和海军研究合同的帮助下提高了产量，截至 1953 年 3 月，公司每月生产一万个晶体管，用于无线电、军事应用和助听器。同年，德州仪器公司建立了自己的研究实验室，由贝尔公司前研究员戈登·蒂尔（Gordon Teal）领导。德州仪器公司贡献了 3 项成果。第一项是硅晶体管，它能够在高温和高辐射通量下运行，因此被军方大量购进。第二项是十分畅销的袖珍版晶体管收音机，它于 1954 年圣诞节上市，售价 49.95 美元。第三项是硅的大量提纯技术，于 1956 年取得突破。后来被命名为硅谷的地方，也是在这几年间形成的。在贝尔实验室工作的威廉·肖克利在 1955 年搬回家乡加州帕洛阿尔托。肖克利是一位杰出的理论物理学家，但却是个糟糕的管理者，其初创公司的员工从一开始就对他很不满。两年后，有 8 人离开肖克利的公司，创办了仙童半导体公司。仙童公司不仅掌握了制造晶体管的“平面”工艺——这项技术在 20 世纪 60 年代推动了集成电路的大规模生产，更成了硅谷发展的摇篮。20 世纪 70 年代初，仙童公司的很多员工再次创业，在该地区创办了 40 多家公司，其中就包括将微处理器（“单晶片计算机”）商业化的英特尔。

虽然贝尔实验室内部资助了发明晶体管的研究人员，但在 20 世纪 50 年代，晶体管的开发得益于贝尔与军方之间密切且紧张的合作关系。晶体管的故事和希平波特核反应堆一样，我们可以看到，军事和商业需求之间的紧张关系如何促成一项广泛应用的技术的出现。贝尔实验室认为晶体管可以替代电话系统中的机械继电器，军方却对其设备微型化、降低功耗、高速数据传输及计算领域的潜力产生了极大的兴趣。这项发明于 1948 年 6 月 30 日首次公开，此前一周，贝尔实验室向军队简要介绍了晶体管的情况。由于晶体管的军事意义非凡，军方考虑对这项技术实行全面保密禁令，但最终仅对部分军事应用保密，未对整个晶体管领域实施广泛的信息管制。

事实上，军方非但没有对晶体管进行信息管制，反而积极宣传其在军事领域的应用。贝尔实验室在 1949 年签订了第一份军事合同，并在 1951 年就具体任务与军方共同举办了为期 5 天的研讨会。300 名来自大学、工业公司和武装部队的代表出席了研讨会，会议宣传了晶体管在军事装备中的优势——尺寸、重量和功耗优势，并普及了这种新型器件的电路设计理念。研讨会的材料组成了一本 792 页的教材。1952 年 4 月，贝尔实验室为专利授权方举办了第二场为期一周的研讨会。高达 25000 美元的入场费作为晶体管专利的预付款，授权人得以清晰了解晶体管的物理原理和制造技术。每个授权人都带回了一本两卷本教材，其中整合了第一次研讨会的材料。这部被称为《晶体管工艺》（*Transistor Technology*）的教材，成为业界的“圣经”。最初，政府将这本教材归为“保密文件”，但是在 1953 年，教材被解密。4 年后，一份贝尔实验室内部报告称，这些教材“首次，也是唯一一次全面详述晶体管的全部材料、工艺和结构技术”。报告补充说，这些教材“让每个授权人能够迅速、顺利地进入军事承包业务”。[20] 为了宣传新发明的扩散基极型晶体管，贝尔公司在 1956 年 1 月举行了研讨会，并在会上发表了《晶体管工艺》系列教材的第三卷。扩散晶体管使用氧化物掩膜和气体扩散技术，以制造构成晶体管元件的超薄半导体层（这后来成为仙童公司平面工艺的基础）。几年来，贝尔公司只将这些高性能扩散晶体管卖给军队。

除了这些宣传工作，军方还直接资助了研究、开发和生产技术。从 1953 年到 1955 年，军方对贝尔公司的晶体管研发资助上升到该公司晶体管总投入的 50%。贝尔公司的第一份军事合同（1949—1951 年）专注于应用和电路研究，而第二份军事合同（1951—1958 年）明确规定需将服务、设施和材料投入具有军事价值的研究。贝尔的军事系统部门在反导系统领域开展大型项目时，会具体说明定制晶体管的开发用途。1948 年至 1957 年，军方为贝尔公司 2230 万美元的晶体管开发费用提供了 38% 的资金支持。

1951 年，美国陆军通信兵团被任命为领导机构，负责军用晶体管开发。20 世纪 30 年代末，位于新泽西州蒙茅斯堡的通信兵团工程实验室设计了战时使用的便携式无线电。战争刚刚结束，通信兵团就宣布启动一项重大电子设备研发计划，旨在应用部分战时经验教训。设备小型化是这项工作的主要目标，而晶体管完全符合这个要求。1953 年，美国陆军通信兵团出资为西部电气公司（贝尔公司的制造部门）在宾夕法尼亚州劳雷尔代尔建造一座大型晶体管工厂。除了西部电气，通用电气、雷神、美国无线电和喜万年同样得到了军事支持。陆军总共投入 1300 万美元建设试验工厂和生产设施。

美国陆军通信兵团还通过“工程开发”项目引导晶体管领域发展，该项目将原型推进到可量产阶段。1952 年至 1964 年，陆军为此耗资巨大的流程签订了总额达 5000 万美元的合同（年均 400 万美元）。工程开发基金创造了符合军方要求的特定类型的晶体管技术。1956 年，当贝尔公司向业界公开扩散工艺时，通信兵团签订了价值 1500 万美元的工程开发合同。据通信兵团史料记载，该项目旨在“为军事用户提供能够在甚高频范围内运行的新设备，这对通信兵团的通信项目特别有意义”。[21]

贝尔实验室并非不再关注晶体管在电话系统的商业应用，只是商业应用被几项高优先级的军事项目挤占了资源。1954 年，贝尔计划全力实现电话网络的晶体管化。仅就“农村载波”和“线路集中器”这两个大型电话项目而言，它们在 1955 年本应使用 50 万个晶体管，次年再使用 100 万个，电话项目要使用的晶体管总数是军事项目的 10 倍。但这些美好蓝图最终成为冷战的牺牲品。1955 年 2 月，陆军军械部指定贝尔公司开始设计“奈基Ⅱ型”反弹道导弹系统，这是一项长达 20 年的任务，被称为贝尔系统为军方开展的“规模最大、技术深度和广度均最高的项目”。[22] 贝尔公司的许多晶体管开发工程师和晶体管生产设备都调离电话项目，转向一系列指定的“首选”军事项目。其中包括贝尔公司关于弹道导弹预警系统以及“奈基 - 大力神”

导弹和“奈基-宙斯”导弹的研发；其他公司承担的“宇宙神”“泰坦”和“北极星”导弹的研发；以及几个最先进的军事计算机项目，包括“斯特雷奇”和“闪电”。鉴于军事项目的压力，贝尔公司别无选择，只能将电话网络的晶体管化推迟到20世纪60年代。贝尔公司用了20年的时间才实现其1945年的愿景，即“采用全新改良元件构建通信系统”。

在很大程度上，集成电路也算是一项军事产物。集成电路采用贝尔-仙童平面工艺制造晶体管。常规生产流程中，工人先在半导体晶圆单侧制作多个晶体管，再将晶圆切割分离，最后为单个器件焊接引线。1959年，德州仪器公司的杰克·基尔比（Jack Kilby）和仙童公司的罗伯特·诺伊斯（Robert Noyce）另辟蹊径，实现在单块晶圆上集成多个晶体管。在早期，集成电路广泛应用于军事领域。德州仪器公司的第一个集成电路是军方的定制电路。1961年10月，该公司向空军交付了一台小型计算机。1962年，德州仪器公司获得了一份大型军事合同，为“民兵”导弹项目研制22套专用集成电路。仙童公司从一份大合同中获利，为NASA供应集成电路。1965年，仙童公司在25家集成电路制造企业中已处于领先地位。尽管硅谷后期的推广者更倾向于强调民用电子，但军事市场对众多先驱企业的重要性不言而喻。

美国集成电路产量及价格，1962—1968年

年份	总产量（百万美元）	平均价格（美元）	军事生产占总生产的百分比（%）
1962	4	50.00	100
1963	16	31.60	94
1964	41	18.50	85
1965	79	8.33	72
1966	148	5.05	53
1967	228	3.32	43
1968	312	2.33	37

资料来源：约翰·蒂尔顿（John Tilton），《国际技术扩散：以半导体为例》（*International Diffusion of Technology: The Case of Semiconductors*，华盛顿：布鲁金斯学会，1971年），第91页。

随后，在20世纪五六十年代，军方一方面加快了固态电子技术的发展，另一方面通过鼓励（特定类型的）晶体管技术的广泛传播，以及协助制定行业标准，为整个产业构建了发展框架。对军事应用的侧重催生了多种晶体管变体的研发——这些型号因性能特点符合军事需求而被选用，尽管成本更为高昂。部分最初仅供军用的晶体管技术（如硅晶体管、扩散平面工艺）后来获得了广泛应用，而另一些军事专用技术却走到了穷途末路（如金键二极管和被集成电路淘汰的小型化方案）。20世纪五六十年代的导弹和太空项目产生了巨大需求，这导致贝尔实验室的商业（电话）项目晶体管工程师人手不足。这些竞争性需求将晶体管在电话系统中的大规模应用推迟了至少6年（从1955年到20世纪60年代初）。正如艾伦·米尔沃德所指出的："专注于特定任务的研究大大加速了他们的成就，但这始终以牺牲其他发展路线为代价。"

指挥与控制：数字计算

固态电子学领域的主要军事影响源自最高优先级应用的需求，相比而言，军方在数字计算领域的资助更直接地体现为对研究和工程工作的资助。许多数字计算领域先驱，要么致力于以开发数字计算机为目标的军方资助项目，要么将其研发的初代机器卖给军方。从 20 世纪 40 年代到 60 年代，密码破译、火炮测距、核武器设计、飞机和导弹控制、反导预警等主要军事项目对数字计算领域的发展产生了影响。肯尼思·弗拉姆（Kenneth Flamm）发现，这些年来，在计算机技术的 25 项主要发展中——如晶体管、集成电路等硬件组件，以及存储程序代码、索引寄存器、中断机制、图解显示和虚拟内存等设计元素——至少有 17 项不仅获得了政府研发基金，而且被优先卖给军方、国家安全局、原子能委员会下属的利弗莫尔 / 洛斯阿拉莫斯武器设计实验室。此外，微程序设计、浮点硬件和数据信道都受益于政府的不同支持模式。内存技术、计算机硬件和软件（分时和批量操作系统）的许多具体进展，通过导弹和航空项目军事承包商网络，得到了政府研发基金或直接采购的大力支持。[23]

早期计算机领域的传奇人物大多以某种形式接受过军方资助并完成重要工作。"存储程序"这一基本概念源于二战期间和战后完成的关于密码破译、火炮距离探测和核武器设计的研究成果。在哈佛大学，霍华德·艾肯（Howard Aiken）与 IBM 联合设计的“马克 1 号”（Mark Ⅰ）继电器计算机，在战争期间获得海军资助。宾夕法尼亚大学摩尔商学院的 J. 普雷斯珀·埃克特（J. Presper Eckert）通过麻省理工学院辐射实验室的分包合同，积累了存储技术和高速电子学的经验。不久后，凭借陆军军械部的资金，他和约翰·W. 莫奇利（John W. Mauchly）研制出电子数字积分计算机（ENIAC）和离散变量自动电子计算机（EDVAC），他们雇用了 200 名女性作为“计算员”，承担手工计算火炮射程表的工作。战后，埃克特和莫奇利努力将工作成果商业化，与诺斯洛普飞机公司签订了分包合同，制造用于控制空军鲨蛇导弹的数字计算机，以此维持项目运转。在普林斯顿高等研究院，约翰·冯·诺依曼启动了重大计算机开发项目。战争期间，冯·诺依曼曾与洛斯阿拉莫斯的物理学家合作，就原子弹设计进行烦琐的手工计算。战争一结束，他便与美国无线电公司合作，参与由陆军和海军联合资助的项目，目标是造出一台通用数字计算机。普林斯顿项目的机器复制品供政府在 6 个指定地点使用：马里兰州的阿伯丁试验场、洛斯阿拉莫斯、芝加哥附近的阿贡国家实验室、橡树岭、兰德公司（空军智库）和伊利诺伊大学代号为 ILLIAC 的陆军机器计算机。[24]

哈佛大学、宾夕法尼亚大学和普林斯顿高等研究院的计算机项目因开创数字计算的基本概念而被载入史册。相比之下，麻省理工学院的旋风计划以开发计算机硬件——尤其是快速磁芯存储器而备受瞩目——但是因耗费巨额资金而声名狼藉。这个项目还表明，除了能计算方程式，计算机还可以提供极具影响力的指挥与控制范式。旋风是由海军资助的项目，初步形成于战争期间，旨在建造一架飞行模拟器。在麻省理工学院的伺服系统实验室，杰伊·弗雷斯特（Jay Forrester）使用万尼瓦尔·布什发明的模拟微分分析器第二代版本，尝试实现飞机实时飞行模拟。弗雷斯特当时还是一名高年级研究生，他利用一系列机电设备解决了大量模拟飞机飞行的微分方程。1945 年 10 月，麻省理工学院开会讨论了摩尔商学院的 ENIAC 和 EDVAC 计算机，弗雷斯特自此着迷于数字化，深陷其中。数月后，他和麻省理工学院的研究人员放弃了模拟项目的研究，并说服新成立的海军研究局为一台数字计算机提供资金。这是一台真真切切的通用计算机，标价 240 万美元。尽管当时海军研究局是全美军方的主要研究部门，但弗雷斯特这个昂贵的宏大计划仍给其带来了财务压力（海军、陆军、空军以及美国国家科学基金会的独立研究室也即将成立）。旋风计划一年的资金需求是海军研究局其他重点计算机项目——冯·诺伊曼的项目——的 5 倍。

海军开始质疑能否真正获得可用的飞行模拟器。面对这些怀疑，弗雷斯特转而提出另一个构想，将旋风计算机打造为通用计算机，作为具备自动防御能力的协同作战信息中心核心系统，以应对“火箭与导弹战争”的需求。他预言，计算机将促进飞行控制、雷达跟踪和火控、导弹稳定性、鱼雷、伺服装置和水面舰艇等“动态系统”的军事研究。[25] 弗雷斯特希望旋风这个大型项目能够成为另一个辐射实验室或曼哈顿计划。海军对这一设想望而却步，并大幅削减了旋风计划的资金。尽管如

旋风计划计算机控制中心。由麻省理工学院博物馆特别收藏。

此，海军研究局在整个20世纪50年代仍继续为麻省理工学院的机器计算中心提供大量资金。空军越来越重视对苏联轰炸机的防御，所以最终接受了弗雷斯特关于指挥与控制的宏伟愿景。1950年，旋风获得了将近100万美元的充足资金——大部分来自空军——麻省理工学院的其他教职工启动了一系列空军委托的防空研究。这些研究最终催生出空前复杂的轰炸机防御系统——“半自动地面防空系统”（SAGE）。

虽然在部署之前，SAGE在操作上已经过时，但它依旧是一个重要纽带，让麻省理工学院在计算机和系统管理方面的研究走向更宽广的世界。（苏联在1957年发射“斯普特尼克1号”人造卫星，一年后，SAGE首次运行，而在那时，飞行速度快到无法拦截的导弹已经取代了低速轰炸机，成为防空的主要关注点。）SAGE计划从北美各地的雷达站点收集持续的实时数据流，以便指导空军应对苏联轰炸机的袭击。如此庞大的尝试已然超出弗雷斯特的能力范围，正如布什曾将曼哈顿计划从其领导的科学研究与开发办公室分离出来，麻省理工学院管理层为此专门成立了林肯实验室作为独立机构来管理SAGE项目。弗雷斯特的旋风计划团队因此成为林肯实验室的第六分部。美国顶尖的计算机和电子制造商都是SAGE的承包商，包括美国无线电公司、宝来公司、本迪克斯、IBM、通用电气、贝尔实验室和西部电气。这一复杂项目所需的几十万行计算机代码由刚成立不久的系统开发公司完成编写。SAGE的总成本估算范围非常惊人，从40亿美元到120亿美元（20世纪50年代的美元币值）。[26]

这个宏大计划的核心是弗雷斯特旋风计算机的继任者，更准确地说，是56台这样的机器。为了生产用于SAGE的旋风计算机第二代产品，林肯实验室在1952年选用了一家中型商业机器制造商，这家公司此前因向新成立的社会安全局供应价值数十亿元的制表机和穿孔卡片而扬名。这家公司有个相当气派的名字——国际商业机器公司（IBM）。在参与SAGE项目之时，IBM已经遥遥领先于计算机领域的其他竞争对手，包括美国无线电公司、斯佩里·兰德公司和宝来公司。IBM充分利用这一军事孵化机会，成为计算机领域的佼佼者。IBM成功为海军军械实验室研制出一台实验性研究计算机，并着手研发它的第一台电子计算机——IBM 701国防计算器。IBM在参与SAGE项目期间获得了总计5亿美元的可观收入。20世纪50年代，IBM在全美的电子数据处理收入中，一半都来自这两个军事项目：SAGE和为B-52轰炸机研发的模拟计算机。这些可观的收益让IBM的总裁小托马斯·沃森（Thomas J. Watson Jr.）坚定地将公司推向计算机时代，并为IBM S/360计算机的重要研发工作提供了资金支持。

除了5亿美元的收益，IBM还获得了最前沿的计算概念。通过参与SAGE项目，IBM收获了麻省理工学院磁芯存储器的第一手知识，以及计算机印刷电路板大规模生产的宝贵经验。它将SAGE系统的计算机网络和数据处理概念纳入其SABRE航空订票系统，该系统于1964年开始运行。IBM的另一项军用任务是“斯特雷奇计划”。从1956年开始，IBM因斯特雷奇计划与国家安全局和原子能委员会的洛斯阿拉莫斯核武器实验室合作。这两个机构对计算的需求截然不同。原子能委员会实验室需要进行高精度的数值计算，而国家安全局则需匹配文本字符串以进行密码破解。国家安全局的斯特雷奇计算机于 1962 年交付使用，作为数据处理综合体的核心，一直为美国国家安全局服务，直至 1976 年被著名的“克雷 1 号”（Cray Ⅰ）超级计算机取代。[27]

IBM 并不是唯一一家涉足利润丰厚的计算机军事市场的公司。克里斯托夫·莱库耶（Christophe Lécuyer）对硅谷进行研究并发现，该地区最初的领头羊曾向军方和宇航局出售微波电子产品、大功率雷达和早期半导体设备。玛格丽特·奥玛拉（Margaret O'Mara）则指出，位于森尼维尔的洛克希德公司是“几十年来硅谷最大的高科技雇主”，而且斯坦福大学也从军事研发经费中分得一杯羹。史蒂夫·沃兹尼亚克（Steve Wozniak）的父亲就是洛克希德公司数千名工程师中的一员。在波士顿充满活力的高科技地区，麻省理工学院与雷神公司均扮演着核心角色。前者是美国顶尖的大学军事承包商，后者是由麻省理工学院的万尼瓦尔·布什创办的领先高科技军工企业。从 SAGE 项目衍生出来的林肯实验室及其分拆公司迈特公司、空军剑桥研究实验室和汉斯科姆空军基地，进一步强化了该地区的军事科研实力。在明尼苏达州，计算机巨头——工程研究协会、通用自动计算机（Univac）、控制数据公司和西摩·克雷的几个超级计算机企业——为军事和情报机构研发了最瞩目的计算机，行业巨头霍尼韦尔公司则致力于导弹、火箭、飞机的制导控制系统开发。[28]

尽管 IBM S/360 系统在 20 世纪 60 年代及之后所取得的商业成功让计算活动处于更加主流化的活跃状态，但军方依旧在计算和计算机科学领域拥有显著地位。无限制的研究预算、冷战产生的迫切性应用，以及一群有技术头脑的军官共同塑造了这种状态。军方进行计算研究工作的中心是一个小办公室，即信息处理技术办公室，位于五角大楼的高级研究计划局。成立于 1959 年（继斯普特尼克 1 号人造卫星危机之后）的高级研究计划局资助了一系列军事课题研究，包括弹道导弹防御、核试验探测、反游击战，以及行为科学、先进材料和计算机等领域的研究。从 1962 年成立到 20 世纪 80 年代初，信息处理技术办公室一直是美国高级计算机科学的最大资助者。它的研究项目增强了麻省理工学院和卡内基梅隆大学计算中心的实力，并在斯坦福大学、加州大学洛杉矶分校、伊利诺伊大学、犹他大学、加州理工大学、南加州大学、伯克利大学和罗格斯大学建立了新的计算“卓越中心”。信息处理技术办公室资助的计算机科学取得了根本性进展，包括分时系统、交互式计算机图形和人工智能研究。在军方支持下，分时系统催生了最初的计算机安全概念。作为 20 世纪 60 年代初信息处理技术办公室的项目负责人，利克里德（Licklider）还发起了计算机网络研究，并在经历了许多曲折之后，最终发展为互联网。

20 世纪 60 年代中期，信息处理技术办公室的预算危机将至。它资助的每个研究中心都想要一套昂贵的电脑，就连五角大楼也无法满足它们持续增长的预算要求。解决方案显而易见：让研究人员能远程使用异地专用计算资源。从 20 世纪 60 年代到80年代，信息处理技术办公室的项目经理们非常精明，他们向军方推销了一系列互联网衍生技术，作为建立可靠军事通信网络的必要手段。1962年古巴导弹危机让军方意识到，需要在全球作战区域内实现快速、可靠的沟通。脆弱的通信网络一旦中断，就可能导致战场指挥官与总部失联（正如1964年上映的电影《奇爱博士》中所讽刺的那样），并造成各种危险灾祸。又或者，苏联只需使用炸弹袭击某个集中式交换设施就可能摧毁整个通信系统。1964年，兰德公司一份“关于分布式通信”的报告提出了一个可靠的理论依据，即利用“信息块”——也就是后来的“分组交换”——构建分布式通信系统。兰德公司之所以支持这项新技术，是因为它有希望确保军事通信网络承受住核攻击。即使部分分布式网络被破坏，网络本身也能识别替代路径并将消息传递到目的地。[29] 这些概念构成了互联网的概念核心。

在世界大战和冷战的几十年里，军事技术的各个领域（东方和西方）对许多局外人来说似乎是自成一体的世界，与更广阔的社会之间屹立着一堵墙。军事技术所涉科学的深奥本质——处理最短的波长和最大的数值——强化了这一现象。无处不在的安全机制吞噬了整个科学和技术领域（包括一些不太明显的军事领域，如深海海洋学）。西方批评人士指责“军工联合体”或“国家安全型国家”与开放、透明的民主社会理想背道而驰，甚至构成危害。

在军事主导的时代，西方以个人为中心的意识形态与由政府驱动的技术发展之间存在着令人不安的紧张关系。自由市场和开放民主的愿景，在曼哈顿计划的保密体制、奥本海默和泰勒围绕氢弹的冲突、艾森豪威尔总统的“军工复合体”、精心策划的越南战争骗局（肯尼迪、约翰逊和尼克松政府的煽动），以及里根时代围绕“战略防御计划”展开的技术政治博弈中屡屡受挫。整个冷战期间，“国家安全”这张王牌可以让批评人士噤声。

总而言之，西方之所以能够侥幸摆脱冷战，是因为（就像在许多冲突中一样）沾染了敌人的一些糟糕特征。狂热的敌人受冷酷的逻辑驱使，而且不受民主化细节的约束，面对这一形象，西方政府经常试图“中止”开放进程，镇压捣乱分子。相比之下，苏联人发现，尽管与环境相关的批评是被允许的，但是针对军事和核问题进行批评是危险的。苏联以国家为中心的意识形态和技术体系比西方国家更“符合”冷战的需要。但苏联没能创造足够的经济盈余来支付巨额军事开支。“苏联解体的原因之一，”根据西摩·梅尔曼（Seymour Melman）的批判性分析，“是他们过度专注制造军事装备，导致他们的工业机器分崩离析。”[30]

军事技术的广泛性和普遍性让人大为震惊。科学家尼尔斯·玻尔评论说，原子弹计划正在“把整个国家变成一个工厂”。除了无数军官和政府官员，研发原子弹还动员了全国顶尖企业的管理者与工人。类似的配套企业名单和参与人员名录，几乎适用于冷战时期每个大型军事项目。总之，与其说这些军事探索是对技术的“外部影响”，不如说它们构成了定义技术问题本质、如何解决这些问题，以及由谁来买单的无处不在的环境。

军事时代的典型特点是封闭式的指挥与控制技术形态，而后冷战时代的全球化则催生了更具开放性、消费者导向和网络化的技术形态。

第 8 章　全球文化的前景（1970—2001 年）

“全球化……是我们这个时代最重要的现象。这是一个具有争议性的复杂话题，而它的每一个特定元素——从所谓的全球文化美国化，到民族国家的终结，再到全球化公司的胜利——本身就是这场广泛争论的核心。”[1] 依我之见，理解全球化的一个有益方式，是将其视为一场当代的工业革命——社会、经济和文化发生的一系列令人不安的变化，其中技术似乎处于主导地位。如果仔细观察的话，我们会发现，全球文化时代的技术和以往时代的技术并无不同，它有力地塑造了政治、社会、文化和经济的发展，同时也深受这些发展的决定性影响。

全球化的争论主要是围绕对未来的不同看法，就像许多与技术有关的争论一样。有关技术的争论基本不会围绕电线和容器，而是会围绕这些技术细节可能对社会和文化造成的促进或阻碍。我们将会在本章了解到，传真机和互联网的核心技术细节体现了全球化的积极愿景，而这类技术的商业化进程——连同其他因素——确实推动了经济与文化领域的全球化浪潮。

50 年来，全球化这个概念一直争议不断。一系列事件表明，全球化浪潮在 20 世纪 70 年代出现了显著高涨，如后文详述。随着停滞性通货膨胀引发的经济危机、阿拉伯石油禁运、越南战争导致的长期痛楚，以及理查德·尼克松水门事件带来的政治动荡，“美国世纪”走向落幕。倘若苏联没有解体，它同样会面临内部经济问题，领导层不得不与西方国家缓和，暂时缓解超级大国之间的紧张关系。1978 年，中国领导人提出改革开放，农业政策变革，外国投资大量涌入，中国开始了一场“长征”，让数亿人口脱贫。2001 年，中国加入了全球化的世界贸易组织。同样在 20 世纪 70 年代，欧洲见证了最后的独裁统治（在葡萄牙和西班牙）的终结，欧盟作为一个经济和政治集团实现了扩张。号称亚洲“四小龙”的中国香港、新加坡、韩国和中国台湾积极参与全球化，印度尼西亚、马来西亚、菲律宾、泰国和越南也加入了技术驱动型和出口导向型的经济增长竞赛。从 20 世纪 70 年代到造成毁灭性打击的 2001 年 9 月 11 日，这段时期具有深远的历史意义，其间关于全球化本质的激烈辩论始终相伴。

全球化的拥护者指出，世界贸易的增长提高了世界各国的平均收入，特别是自 20 世纪 70 年代以来。从经济发展的角度看，对全球化持开放态度的国家通常比拒绝全球化的国家成绩更好。在此观点中，全球化让亚洲和拉丁美洲大约 10 亿人脱离了贫困（非洲距离脱贫还很远）。此外，支持者认为，对于缺乏适当劳工和环境法律的国家来说，全球的密切关注让工作条件和环境法规得到了改善。支持者们有时还会声称——以一种现代版的技术原教旨主义观点——全球经济是唯一的出路。“管理者和决策者共同参与的全球经济……拥有自身的现实、规则与逻辑。大多数民族国家的领导人都很难接受这种现实，遵循这些规则或适应这种逻辑。”商业专家大前研一（Kenichi Ohmae）写道。[2]

批评人士反驳说，全球化不仅未能减轻世界贫穷人口的沉重负担，还加剧了污染。例如，煤炭资源丰富的中国曾因水泥厂、重金属污染以及汽车的激增造成空气污染。能源密集型的经济增长推动了全球化进程，加速了全球变暖。同样重要的是，跨国公司为所欲为的形象再次引发了抵制资本主义过度扩张的批判。批评人士指责全球化造成了全球贫富差距扩大，美国媒体和麦当劳等快餐店体现出的文化帝国主义，以及世界银行和世界贸易组织等国际实体的反民主力量。理查德·巴尼特（Richard Barnett）和约翰·卡瓦纳（John Cavanagh）写道：“卫星、电缆、随身听、录像机、光盘和其他娱乐技术的奇迹创造了一条要道，通过它，现代娱乐集团实现了全球文化的均质化。”今天，围绕文化帝国主义的争论并没有减少分毫，只是不再那么以美国为中心。全球的注意力要么集中在印度著名电影行业的大众媒体明星身上（印度电影产量是好莱坞的两倍，票房也是好莱坞的两倍），要么集中在“韩流”这股多媒体潮流中。YouTube 视频网站上第一个点击量超过 10 亿次的视频是韩国流行音乐《江南 Style》。《福布斯》杂志称：“宝莱坞的沙鲁克·汗是世界上最大牌的电影明星。”此外，有史以来最热门的 3 款电子游戏——《我的世界》《侠盗猎车手 5》《俄罗斯方块》——分别来自瑞典、苏格兰和俄罗斯。[3]

围绕全球化的持续性争论是有益的，争论本身恰到好处地改变了全球化的“本质”。在 1999 年西雅图召开的世界贸易组织峰会上，激烈的街头抗议凸显了全球化与经济发展之间的差距。事后看来，西雅图、华盛顿、布拉格和热那亚向反全球化示威者投出的催泪瓦斯终结了全球化主义者不切实际的想法，促进了制度实践的适度变化。几十年来，世界银行一直在实施狭隘的经济发展衡量标准。它唯一关心的是国内生产总值（GDP）水平，而且常常要求受援国对其宏观经济政策进行艰难的“结构调整”。世界银行所要求的结构调整通常需要削减政府开支或增加税收，所以在很多受援国，世界银行“声名狼藉”。但是，围绕全球化的争论让世界银行采纳了更宽泛的社会发展评价指标，并给予教育、公共卫生、地方基础设施和环境保护更多的重视。[4]

不管全球化会带来何种经济和政治后果，文化同质化的后果让许多评论家忧心忡忡。看福克斯新闻、游迪士尼、喝可口可乐、吃麦当劳，似乎全球化时代的每一个人都离不开这些。也许，世界公民越发相似了？这样的“趋同”现象得到了若干佐证，以酒精和工业化进程为例。在第一次工业革命期间，酒精消费是一个备受争议的“问题”：工厂老板希望工人保持清醒和高效，工人却更喜欢把余钱拿去买啤酒。就在20世纪60年代中期，一个法国、意大利或葡萄牙公民每年要喝掉120升葡萄酒，西班牙人紧随其后。但在全面工业化的德国，一个公民每年消费的葡萄酒只有20升，其生产的葡萄酒主要用于出口。然而，到了20世纪90年代末，4个南欧国家的葡萄酒消费量都骤降了一半以上，德国人的葡萄酒消费量却保持稳定。这似乎表明，北方的工业传统和效率模式侵蚀了南方的饮酒习惯。倘

欧洲可口可乐化？荷兰一家平常的流动小吃店，供应薯条和蛋黄酱。风车村，2001 年。照片由马可·奥胡胡森（Marco Okhuizen）拍摄，经 Hollandse Hoogte 许可使用。

若南欧的工业效率得到提高，整个欧洲却在文化多样性方面有所损失。

在关注“趋同”现象的同时，我认为有充分证据支持一个相反的假说——姑且称之为“持久多样性”（persisting diversity）。狂热的全球化支持者《经济学家》杂志引用了大众媒体中的文化多样性作为有力证据，驳斥了“趋同”一说。20世纪90年代，美国电视节目填补了大多数国家本土内容的空白，但各地收视率最高的往往仍是本土节目。在南非，当地制作的多民族肥皂剧《历代记》（*Generations*）收视率最高；在法国，法语警匪片《朱莉·莱斯科》（*Julie Lescaut*）收视率最高；在巴西，环球电视台制作的电视剧《克隆人》（*O Clone*）拔得收视头筹。而标榜“同一个世界，同一个形象，同一个频道”的音乐电视台（MTV），根据当地偏好和语言习惯，在35个不同频道（仅欧洲地区就有15个）制作了不同的节目。即使是作为全球化象征的麦当劳，其文化内涵也远比表面看起来复杂——它本质上是本土文化对全球化的主动诠释。互联网看似有着全球统一的架构，但只要仔细观察欧洲的电子商务或中国蓬勃发展的社交媒体就会发现并非如此。[5]

此前的时代也存在“持续多样性”。如第3章和第5章所述，各国在第一次和第二次工业革命中所采取的发展路径因政治制度结构、社会文化偏好以及原材料可获得性的差异而有所不同。值得一提的是，日本在20世纪成功地实现了工业化和现代化，但却没有“西化”。正如日本独特的政治体制、产业模式和金融运作方式所体现的，这种情况至今仍困扰着到访的西方人。一个典型的例子是，日本人直至今日仍然对传真机情有独钟。[6]本章首先概述全球经济的起源，再对传真机、麦当劳和互联网的案例进行研究。

第三次全球化经济

20世纪末的全球化经济并非我们在本书中讨论的第一次或第二次全球化经济，而是第三次全球化经济。第一次是在商业时代（见第2章）。荷兰在17世纪通过多中心贸易、交通和运输行业创造了第一个实质上的全球经济体系，将印度的棉花、印度尼西亚的香料、非洲的奴隶、加勒比的甘蔗与郁金香投机者、股票交易员、造船工人、糖厂和本国工匠联结在一起。直到18世纪，法国和英国才彻底颠覆了这种早期的全球经济体系。英国早期的工业化——尽管它从国外进口原材料（如瑞典钢铁、美国棉花），也出口了棉纺织品、机床和机车——并没有形成一个多中心的荷兰式贸易体系。

第二次全球化经济在19世纪60年代开始形成，并持续到一战前后，与帝国主义时代重合（见第4章）。第二次全球化经济涉及大规模资金、人员和货物的国际流动。拥有庞大海外帝国的英国是其中的主角。远洋汽船是一项关键的技术突破，在19世纪70年代，它可以低成本、高效率地运送人员和货物。就复式蒸汽机而言，第一组汽缸排出的“废汽”被导入第二组低压汽缸，以榨取额外的机械动力。19世纪90年代，远洋汽船使用了最先进的三胀式蒸汽机，一些造船商甚至尝试建造了四胀式蒸汽机。在这些超高效的发动机中，燃烧两张纸所产生的热量就可以把一吨重的货物运送一英里。高效的蒸汽船与全国性铁路网相结合，大大降低了货物的运输成本，就算是中等价位的产品也能打开全球市场——新西兰的黄油、澳大利亚的绵羊、远东的黄麻和北美的小麦都大量流入欧洲港口。[7]

全球产品的贸易、仓储、运输、保险和营销等复杂环节催生了一个庞大、专业的金融上层建筑体系。在第二次全球化经济时期，芝加哥成为世界粮食交易中心，纽约成为专营棉花和铁路证券交易的城市，伦敦则成为世界的投资银行中心。如第3章和第4章所述，伦敦拥有世界上最复杂的金融市场，并积累了第一次工业革命带来的大量出口财富。英国的国际投资者十分活跃，1880年至1913年，英国平均资本净流出量占GDP的5%，峰值达到惊人的10%（相比之下，日本在20世纪80年代的资本净流出量占GDP的2%—3%，被认为“过多”）。在一战之前的10年里，英国富人的外国直接投资（在工厂和其他有形资产上）几乎等同于他们在国内的直接投资，欧洲的投资者也表现出类似的投资行为。事实上，英国、法国、德国和荷兰1914年的外国直接投资占GDP比重远远超过20世纪90年代中期的水平。美国、加拿大、阿根廷和澳大利亚是欧洲投资的主要接收国。

金本位制的广泛使用促进了资金的国际流动，而无须护照的世界促进了人员的国际流动。北美城市的工业化和大平原农业的扩张，吸引着欧洲那些面临经济困境、宗教迫害或家庭变故的农民、小农和手工业者背井离乡。19世纪下半叶，约6000

万人离开欧洲前往美洲。随着第一次世界大战的爆发，大西洋上遍布着敌对的船只和致命的潜艇，横跨大西洋的巨大交通流量戛然而止。20 世纪 20 年代初，美国出台了一系列赤裸裸的歧视性法律，彻底切断了来自南欧和东欧的移民通道——这些地区正是当时最新一代移民的来源地。直到 20 世纪 90 年代，美国的移民人数才达到 1914 年前的水平。

20 世纪 20 年代的战争压力和美国本土主义削弱了第二次全球化经济，20 世纪 30 年代的经济民族主义则使其走向衰落。希特勒统治下的德国正是一个极端例子（见第 7 章）。在工业化国家中，关税的提高、信贷的减少以及各类贸易限制终止了资金和商品的国际流通。臭名昭著的《斯姆特 - 霍利关税法》在 1930 年颁布，将美国的平均进口关税提高到近 60%，使进口限制达到了顶峰。当时，美国是世界上最主要的债权国，这些限制给世界贸易带来了致命一击。美国的高关税致使欧洲债务国无法通过商品贸易换取美元，从而无法偿还贷款（第一次世界大战的后遗症）。75 个主要国家之间的贸易数据在 1929 年 1 月就已经疲软，在接下来的 4 年里，贸易额更是急剧下降到不足三分之一。各国接连出现债务违约，并放弃金本位制。1910 年，人口、资本和商品在全球的流动极为强劲，但这一趋势在 20 年后便趋于消亡。甚至在纳粹实施 1936 年“四年计划”之前，第二次全球化经济就已经消亡。

1970 年前后，全球经济和社会力量重新崛起，但如同所有事物的运行规律，第三次全球化经济也是历史的产物。世界银行、国际货币基金组织和世界贸易组织等负责全球经济运行的机构皆由人类创造，而非自然现象。第三次全球化经济的洪流中也出现了异乎寻常的逆流。20 世纪 90 年代，新加坡和菲律宾等国因开放贸易和投资而成为全球化的宠儿，与此同时，另一些国家的全球化程度却有所下降。根据科尔尼管理咨询公司制定的一项指数，马来西亚、墨西哥、印度尼西亚、土耳其和埃及的全球化均出现倒退。麦当劳在 20 世纪 90 年代退出百慕大和巴巴多斯，在随后几年又退出了玻利维亚、冰岛、牙买加、马其顿和黑山。近年来多国民族主义抬头、贸易战再度爆发以及各国独立互联网的兴起，都表明自 2001 年后承受重压的第三次全球化经济体系正面临着存亡之战。本章将清楚地展现，传真机、互联网和麦当劳如何实现并显著巩固了全球文化理念。

传真机和全球标准

最早的机电传真机在 19 世纪中期成为一项全球技术，而其电子化后代机器在 20 世纪七八十年代的迅速商业化，在很大程度上要归功于国际技术标准的确立。如同科学和系统时代的地理格局变迁，消费电子产品的地域分布也随着全球化浪潮发生转变。晶体管收音机、电视机、盒式录像机和电脑游戏机是日本制造商全面主导的消费性电子产品，传真机也是其中之一。[8]许多美国公司都接受了军用电子产品的必要性，日本公司则欣然接受了消费性电子产品的可能性。有人认为，美国的军事市场取代了消费市场，而战后日本的情况正好相反。消费性电子产品从日本向外辐射到韩国、中国台湾和其他抓住出口驱动型全球化机遇的亚洲“四小龙”地区。

某种程度上，日本人拥有使用传真交流的文化动机。方便图片传输的传真机尤其适合日语一类的表意文字。事实上，在 1868 年中国清政府电报考察团访问波士顿之后，年轻的托马斯·爱迪生就认识到难以将汉字融入莫尔斯电码的编码结构之中，于是开始研究早期的机电传真机。只有 26 个字符的英语很容易转换成一系列点划符号（或阿拉伯数字 1 和 0），而标准的日文汉字系统有 2000 多个文字，外加 46 个用于表示外来词的片假名。中文的汉字数量甚至更多。爱迪生认为，通过电报传输图像是这种表意文字语言的理想选择。

其他传真机通常使用特定形式的凸起字模［包括苏格兰人亚历山大·贝恩（Alexander Bain）在 1843 年获得专利的第一台传真机］，而且经常使用十余根电线，但爱迪生的传真机只使用一根电线。爱迪生的投资方黄金股票公司认为该发明前景可观，为此投入了 3000 美元。这台精巧的机器可以“读出”用标准石墨铅笔写在纸上的信息。导电的石墨在钟摆上两根紧密排列的电线间形成闭合电路，钟摆沿着信息扫描，把编码信息的电脉冲从发送端传输至接收端。20 世纪 30 年代，威廉·芬奇（William Finch）的无线电传真采用了相同原理（包括钟摆和经化学处理的纸张），成功地传输了图文信息。芬奇的机器还利用硒光电池（1900 年前后投入使用）读取待传输的图像。萨克拉门托、弗雷斯诺、得梅因等近 20 个美国城市的电台尝试将小报通过无线电波直接送达订户家中。1939 年在纽约世界博览会上发出的 2000 份报纸，让芬奇大获成功。

从20世纪20年代到60年代，传真一直是针对特定用户的小众产品。美国无线电公司、西联电报公司和美国电话电报公司的开发方案主要面向致力于提高新闻图片发行量的大众报纸。其中最著名的项目是美联社在1934年设立的有线电传真服务，它与赫斯特集团、斯克里普斯·霍华德报业集团以及《纽约时报》《纽约每日新闻》和《芝加哥论坛报》展开了竞争。另一个不受传真高昂成本限制的特定用户是军方。第二次世界大战期间，德国和盟军都通过传真传送地图、照片和天气数据。甚至在战后，《纽约时报》旗下的纽约时报传真公司的最大销路仍然在军事领域。西联电报力图保护过时的电报网络免受电话的冲击，它在1960年售出了4万台桌面传真机，这些传真机被称为"独立电报局"，能够直接连通中型企业与最近的西联电报公司总部。但同年，该公司就停止了桌面传真机的生产。

20世纪60年代，米罗华公司和施乐公司开始销售通用型模拟传真机，与市场主导者斯图-华纳公司展开竞争。这种传真机销售不佳，利润微薄，主要是因为它们的传输速度慢，电话成本高昂。此外，由于缺乏公认标准，大多数传真机只能配合同品牌的机器才能运作。另一个阻力是，受监管的垄断企业贝尔电话公司禁止用户将非贝尔设备接入其电话线路。（贝尔公司坚称，此类限制确保了电话系统的"完整性"，尽管此举为其制造工厂西方电气公司巩固了垄断地位。）出售一台用于公共电话系统的电传复印机，施乐需要加装一个西部电气公司生产的专用配电箱以实现安全连接。1968年的一项法规——《卡特风判决》——放宽了这一限制，允许传真机和计算机调制解调器直接接入电话系统。日本也发生了类似的变革。

全球技术标准的建立带动了传真机的爆炸性增长，并让不同制造商的传真机实现了“交互操作”。在20世纪60年代，米罗华公司、施乐公司、斯图-华纳公司和印艺科学（施乐公司的分支）等领先的传真机制造商都有各自标准，但这些标准只是勉强符合普遍的美国标准。因此，在不同品牌的机器之间发送信息简直会“错漏百出”。由于担心利于竞争对手或者损害自身利益，各企业紧紧坚守自己的标准，尽管不兼容的标准明显限制了整个行业发展。国际电报电话咨询委员会（CCITT）是制定传真标准的主要机构，它是总部位于瑞士日内瓦的联合国国际电信联盟的一个分支。

CCITT作为国际组织，自20世纪50年代开始主导制定全球电信标准，基于委员会机制制定标准始终是它的特殊优势。在某些情况下，仅当生产商、市场或国家强大到足以引领整个行业时，这样的主导角色才有资格制定标准。例如，IBM的S/360计算机在20世纪60年代取得了惊人的成功，该公司的专利计算机标准因此成为事实上的国际标准。政府也时常制定标准，如北美的电视采用525线，而欧洲的电视采用625线。但在许多通信技术领域，没有某个公司或国家能够制定持久的国际标准，传真机领域也不例外。标准割裂的问题日益凸显。在网络技术领域，共同标准可以显著带来集体利益（如增加确定性、规模效益，降低交易和法律成本），对制造商和用户同样具有吸引力。正是在这种情况下，CCITT——通过4年一届的全体会议、持续研究的正式机构、大量的工作委员会和小组委员会，以及非正式的咖啡闲聊时间——制定了传真技术的标准。

标准制定起步很缓慢，历经两代不够完善的标准后，G3标准获得了突破性进展。按照历史教授乔纳森·库珀史密斯（Jonathan Coopersmith）的说法，这成了“电信史上最成功的标准之一”。当国际合作、跨国技术、全球标准成为各界关注的焦点，并且随着全球化达到全盛时期（1977—1980年），G3标准应运而生。与美国传真机制造商一样，日本传真机制造商最初也提供了一堆不兼容的标准，存在至少6种不同的规定。1977年，日本邮电部召集各方代表督促制定统一标准，从政府层面强制进行干预。最终，经各方协商的日本国家标准由英国电信公司提交，在1980年的CCITT全体大会上被采纳。

1980年，CCITT通过G3标准取得了成功，将传真技术发展为一项全球技术，并将产业重心转移至日本。1980年以前的标准明确了使用调幅（AM）信号处理的全球标准，每页3分钟的传输时间已接近理论最大值。1980年的G3标准推动了向数字处理的转变，提供了一种“压缩”扫描图像的方法。例如，针对一处空白，压缩程序无需重复编码36次，而是将重复空白处36次的指令进行编码。传真机内部的调制解调器将压缩后的数字信息转换成模拟信号，并通过电话系统发送出去。符合数字标准的传真机可以在一分钟内传输整个页面的内容。全球标准、数字压缩技术和灵活的信号交换，以及公共电话系统的开放接入，都为传真机创造了巨大的潜在市场。20世纪90年代末，在日本和美国之间的话务量中，传真传输占了一半。

日本电子制造商准备生产数字传真机，而美国制造商却拒绝做出转变。早在20世纪60年代末，松下电器就率先使用玻璃纤维开发出电子管扫描技术和平头扫描技术。1971年，公司开始研究固态扫描和高速（数字）扫描，当时它已经申请了296项传真专利，还拥有110名工程师从事各环节的技术开发。松下电器崛起的早期信号是，曾经作为传真机主要出口商的美国利顿公司在1968年停止自行研发传真机，转而开始进口松下的产品。1971年，理光公司大约50名工程师组成了3个团队，启动高速传真的研发。1973年，理光推出一款数字传真机，每分钟可传输一页。松下也在两年后推出了一款传输速度达到60秒/页的传真机（1986年，松下推出了12秒/页的传真机）。在日本，技术合作与市场竞争的独特结合造就了一批尖端企业。松下和理光位居前列，佳能、日本电气公司和东芝紧随其后。到20世纪80年代末，全球90%以上的传真机都产自日本公司。[9]

很快，传真机深入日本人的工作和生活之中，他们为传真着迷。2011年，西方的老式纸张传真机大多已停止流通或捐赠给博物馆，而日本几乎所有的办公室和45%的家庭仍在照常使用。某家公司的外卖配送业务没有转变为网上订购，每天仍通过传真获取3万份订单，呈现出良好的发展势头。老板表示："手写传真可以传递温暖的个人情感，这是日本文化所需要的。"值得注意的是，政府工作人员、银行及银行客户，甚至有组织的犯罪团伙也依旧偏爱使用传真。然而，日本人对传真机的独特情结却因新冠肺炎而在2020年触礁。当"正式的"合同和政府文书需要加盖个人印章时，当手写的住院通知和病历需要通过传真提交时，远程办公变得费力劳心。据报道，申请远程办公政府补贴的公司需要打印 100 页的文档并亲自交付。2020 年 5 月，日本的公共卫生诊所获准通过电子邮件上报新冠感染病例。[10]

传真机在 20 世纪 80 年代末多用于传统商业活动，如发送价目表和产品信息（午餐订单更是不必多说），然而欧洲一群有创意的中学教师和学生却挖掘了这项技术更加令人振奋的可能性——把传真机用于更广泛的政治和文化用途。这个由学生、教师、新闻记者和政府官员组成的网络十分成功，不仅因为他们创造性地使用了传真技术，还因为他们对技术赋能文化创造的实践进行了明确的理论阐释。欧洲各地参与“传真！计划”（The Fax！Programme）的学生们合作制作了一系列报纸，这些报纸会在一天内完成汇编并通过传真分发。[11]

“传真！计划”体现出“将欧洲理想转化为现实”的共同愿望。法国教育部教育与媒体联络中心提出利用传真机构建欧洲认同与青年文化的构想，当时该中心正在进行一项为期 4 年的计划，旨在提高公众对远程信息处理和视频文本的认识。（法国著名的公共信息网终端同样是在政府支持的背景下诞生的。）法国媒体中心特别看重传真技术“能以低廉成本覆盖广大公众”的特性，而且传真格式可以让“参与者轻松地编辑（特有的）文本和图像”。此外，由于通用的传真机“随处可见”且具有“最大的兼容性”，跨国校际联动成为可能。他们的设想是让欧洲各地的学生群体各自制作报纸版面，然后通过传真发送到中央编辑团队。传真——“神奇的小机器”——是这个计划的核心。同一天，编辑团队会把投稿汇编成一份多语种报纸，就选定的主题撰写一篇社论，并通过传真和传统印刷形式进行分发。1989 年 11 月 3 日，来自 12 个国家的 30 个学生团队在法国雷恩编辑团队的协调下汇编和发行了第 1 期报纸，主题为“中学生的一天”。

“传真！计划”很快迸发出独特的生命力。第 5 期（主题为“20 岁，生活在欧洲”）是第一次完全由学生创作、以欧洲为主题的刊物，而西班牙巴斯克地区毕尔巴鄂的学生们汇编的第 6 期刊物则成了一个国际里程碑。这份毕尔巴鄂特刊成为地方日报的增刊，并成为一个大型教育展览的组成部分，印数多达 8 万份。在最初的 3 年里（1989—1992 年），“传真！计划”共制作了 30 期刊物，来自 40 个国家的 5000 名学生参与其中。一般情况下，一份刊物由 6 个不同国家的学生们撰写，他们通常会利用学校、地方政府和专业记者的资源。虽然这个计划明确以欧洲为中心——从葡萄牙到俄罗斯，从英国到乌兹别克斯坦（包括法属西印度群岛）——但也吸纳了来自亚洲、非洲和美洲等 16 个国家“特邀嘉宾”的努力。

学生们的主要成就是用心制作的一份融合多种文化的多语种报纸。每个参与团队都用母语撰写材料，再以主办国的语言提供摘要。学生们会使用推荐模板设计好文本和图片，并撰写合订报纸中属于他们的版面，然后再将其传真到中央编辑团队。除了主要的欧洲语言，报纸还收录了阿拉伯语、汉语、日语、韩语、尼日利亚方言、欧西坦语和越南语的文章。由于小学教师的关注推动，促成了 4 期“少年版”报纸，聚焦小学生感兴趣的主题（如我们喜欢的运动和游戏）。尽管许多选题比较轻松愉悦，但组织者有时也会选定沉重的话题，如海湾面临的环境挑战（第10期）、《南极条约》影响下的南极洲（第24期）和人权议题（第26期）。在维也纳筹办的第28期刊物邀请了60名学生撰稿人，请他们思考——什么人、什么事对他们而言是“陌生的”。“传真！计划”是构建“欧洲认同的一种重要的原创载体”，学生们没有机械重复某些官僚的观点，而是“表达自己对欧洲的构想，对差异的认识，以及对彼此的好奇心”。

今时今日，互联网已经渗透到我们生活的方方面面，而在20世纪80年代，出版一份国际学生报纸的理念显然具有空前的开创性。“传真！计划”至今仍引人注目的，是学生们在当时那种由商业活动主导的技术领域中识别并发展新文化形态的能力。传真技术的全球性特点以及（尤其是）将各国学生联结起来的可能性，让对欧洲一体化充满好奇的学生们产生了共鸣。他们和下文即将介绍的互联网先驱们一样，都成功地将自己对社会和技术的理想主义转化为实实在在的成果。传真是一项根据CCITT标准被明确设计为全球性技术的成果，欧洲学生们恰当地运用了它。

麦世界或麦咖喱？

全球文化的前景多姿多彩，但论名气，没有一个能比得上罗纳德·麦当劳（Ronald McDonald），甚至连圣诞老人的名气都无法超越他。麦当劳作为全球化的有力象征，一直都是无可比拟的。麦当劳诞生于20世纪50年代的加州汽车文化，与婴儿潮一代并肩成长，成为国际快餐丛林中的巨无霸。全球最大的牛肉、土豆和鸡肉采购商非麦当劳莫属，其巨大的影响力塑造了大约120个国家的文化、饮食习惯和食品行业。1995年，美国境外的销售额占麦当劳公司总收入的50%。事实上，麦当劳本身就是全球化的产物。1970年，它只在3个国家开设分店，但到2001年，经营足迹已经遍布100个国家和地区（不包括海外领土和属地，如关岛、库拉索岛或直布罗陀）。其苦心经营的企业“体系”包括特殊的快餐技术、严格的培训、特许经营模式、声势浩大的广告宣传和积极的公共关系，而这一体系催生了大量研究其商业实践的衍生行业。多个以“麦”字开头的词语反映了些许不安情绪：“麦工作”（McJobs）代表低工资、没有工会组织的服务业岗位；“麦世界”（McWorld）特指遭到全球化批判者谴责的文化同质化以及泛滥的美国化现象；“麦当劳化”（McDonaldization）指可预见、可计算和可控制的传播——快餐业是马克斯·韦伯（Max Weber）著名的合理性理论的现代范例。无论在任何地方，无论是批判者、拥护者或真正的困惑者，凡谈及全球化，麦当劳总会成为话题焦点。

全球化批判者紧咬住麦当劳这个强有力象征。1999年，一名退休在即的46岁法国牧羊人荷西·波夫（José Bové）成了国际名人。他盯上了附近一家麦当劳，用拖拉机掀翻了餐厅的半个屋顶，并在残垣瓦砾中潦草地涂鸦：“麦当劳滚出去，我们只要罗克福奶酪。”虽然他的抗议只针对一家麦当劳，但目标远不止于此。波夫的抗议体现出许多法国人对美式影响力的不满——美国对波夫心爱的罗克福奶酪等高档法国食品征收100%的惩罚性进口关税，美式流行文化对更为悠闲和传统的生活方式发起了挑战。巨无霸汉堡和高档奶酪之争只是跨大西洋贸易争端的冰山一角。欧洲禁止进口激素处理的美国牛肉，这是一场旷日持久的贸易争端，与麦当劳关系不大。波夫被关进监狱的时候还挑衅地挥舞着双拳，他声称坚持“对抗全球化，捍卫按照自己的意愿选择食物的权利”。法国总统雅克·希拉克（Jacques Chirac）公开表示，他“讨厌麦当劳的食物”。[12]

每每面对此类抗议活动，麦当劳都会强调它们的餐厅由当地人所有和经营，不仅雇用本地员工，还销售本土食材。但在英国“审判麦当劳”一案中，其精心打磨的公关策略却适得其反。1990年，麦当劳指控伦敦一个抗议组织的两名成员在一份措辞强烈的反麦当劳宣传册中发表虚假的误导性声明。正如娜奥米·克莱因（Naomi Klein）在《拒绝名牌》（*No Logo*）一书中所写：“这个早期案例体现了如何利用一个品牌，串联起社会议题中的所有要点。”活动人士谴责麦当劳破坏雨林、造成第三世界贫困、屠杀动物、倾倒废料垃圾、引发健康问题、剥削劳工以及发布针对儿童的剥削性广告。虽然麦当劳最终赢得了官司，但在1997年，反麦当劳活动也获得了大量的电视和报纸宣传。仅在英国，他们就派发了约300万份《麦当劳的罪状》（*What's Wrong with McDonald's*）抗议册子。抗议者建立了“麦聚焦”（McSpotlight）网站，展示了十几种语言版本的册子内容，以及相关视频、采访、文章、审判记录等2500多份文件，还为麦当劳员工设置投诉聊天室，并更新反全球化新闻动态。25 年过去了，“麦聚焦”仍展示着麦当劳在法庭上的荒唐言论，如宣称可口可乐是“营养”食品，主张“倾倒垃圾也有好处，要不然全国都是空空如也的砾石坑”。[13]

全球化拥护者则表示，那些在麦当劳门口排起长龙的人群正用实际行动投下赞成票。麦当劳曾盛赞 1994 年海湾战争结束后，其位于科威特城的餐厅开业，当时有 15000 名顾客前来排队。《凌志汽车和橄榄树》（*The Lexus and the Olive Tree*）一书的作者托马斯·弗里德曼（Thomas L. Friedman）将麦当劳进驻战火纷飞的中东地区视为好消息。在这部充满激情的全球化宣言中，他提出了“防止冲突的金拱门理论”。弗里德曼身为《纽约时报》专栏作家自然少不了各种国际差旅，他离不开芝士汉堡和薯条，并从中总结出一套理论：“任何两个开设了麦当劳餐厅的国家都不会向彼此开战。”他乐观地认为，当一个国家的领导人清楚发动战争会危及外国投资并削弱国内中产阶级的支持时，他们必定会三思而后行。他声称：“在有麦当劳的国家中，人们不希望发生任何大规模战争，他们宁愿排长队买汉堡。”然而，真实的历史则好坏参半。英国和阿根廷在 1982 年就马尔维纳斯群岛的主权问题开战，4 年后，即 1986 年，麦当劳进入阿根廷市场。该理论也不能解释南斯拉夫解体和 20 世纪 90 年代末印巴克什米尔冲突，以及 2008 年的格鲁吉亚战争和 2014 年的俄罗斯 - 格鲁吉亚战争——冲突双方都有大量麦当劳餐厅。弗里德曼十分支持美国在全球化世界中的主导作用，他曾公开对全球化批判者表示蔑视：“在大多数社会，人们再也无法区分美国强权、美国出口商品、美国文化侵略、美国文化输出和纯粹的全球化。”[14]

麦当劳堪称展现全球化经济与文化维度的典型案例。麦当劳的历史经过完美包装后，在公司网站上展示。故事要从 1954 年说起，当时雷·克罗克（Ray Kroc）在加州圣贝纳迪诺发现了麦当劳兄弟的汉堡摊，他看到 8 台自己卖的奶昔搅拌机正在为排队的顾客高效运转。他马上与兄弟俩签约，一年之内就在伊利诺伊州的德斯普兰斯开了第一家特许经营店——“一切开始的地方”。网站强调企业成长过程中的人文色彩——用活泼的语言介绍麦当劳的诞生、巨无霸、开心乐园套餐和公司的慈善事业——却鲜少提及融资扩张、特许经营和选址策略等商业话题，更完全回避其成功的真正原因：打造绝对标准化的汉堡和薯条的“系统化生产体系”。1970 年，公司在荷兰开设试点，由此开拓海外业务，并且在 5 年内，将业务全面拓展到日本、澳大利亚、德国、法国、瑞典、英国和中国香港。为了聚焦讨论，我们可以探究俄罗斯和远东地区的麦当劳，并提出以下问题：麦当劳体系的核心元素是什么？它是如何将其输出到其他国家的？麦当劳如何改变其他国家的饮食习惯、食品行业和文化生态？反过来，全球业务又是如何改变了麦当劳？

1990 年 1 月 31 日，随着当时世界上最大的麦当劳在莫斯科开业，俄罗斯进入跨国资本主义时代。从一开始，麦当劳进军俄罗斯市场的尝试就与冷战时期的博弈紧密交织。在一个缺乏西式餐饮工业体系的国家，如何提供标准的麦当劳汉堡，因种种实际问题而变得困难。乔治·柯洪（George Cohon）是身处故事核心的重要人物，《真理报》打趣他为“资本主义劳工的英

东欧地区的麦当劳。捷克共和国布拉格市区中心的麦当劳，1999 年 5 月。照片由马林 · 丹尼尔斯（Marleen Daniels）拍摄，经 Hollandse Hoogte 许可使用。

雄”。1976年，作为麦当劳加拿大分公司负责人，柯洪在蒙特利尔奥运会上接待了苏联官员代表团，自此，企业家的眼睛便瞄准了俄罗斯市场。1979年，柯洪试图为麦当劳争取1980年莫斯科奥运会的餐饮服务合同，但无奈失败了，他对加拿大民众说：“如果像麦当劳这样的公司能与俄罗斯人建立商业关系，那在一定程度上将会打破共产主义和资本主义之间的意识形态壁垒。”[15] 历史进程总是充满戏剧性——西方国家抵制莫斯科奥运会，以抗议苏联入侵阿富汗。在接下来的10年里，柯洪凭借广泛的人脉以及高层外交斡旋，最终获得了莫斯科政府对麦当劳的批准。

随着米哈伊尔·戈尔巴乔夫在20世纪80年代中期的开放政策和改革倡议，柯洪的探索很顺利。在莫斯科开一家麦当劳可以表明苏联对“开放”和“重组”的重视。柯洪团队的首要工作重点是，在一个缺乏完善市场机制的社会中寻找高人流量的门店地点（“苏联人本能地要把我们的门店安置在酒店电梯井后面。”），并确定房产价格。接下来，他们致力于构建符合麦当劳严格标准的食品供应链，苏联晚期的农业系统处于严重衰朽状态，所以这项工作尤其困难。肉类工业的情况让人担忧。“屠宰场和加工设施……和厄普顿·辛克莱（Upton Sinclair）[①] 在书中描述的现象如出一辙。”[16] 他们一度考虑从西德杜伊斯堡的大型麦当劳配送基地进货，但最后还是决定在莫斯科郊区从零开始搭建本地供应链体系。

---

①厄普顿·辛克莱在《屠场》（*The Jungle*）一文中揭露了芝加哥肉类工厂令人震惊的肮脏黑暗。

这个占地10万平方英尺的“麦工厂”耗资2100万美元，复制了西餐食品工业全套基础设施。工厂有加工肉类、乳制品、土豆和烘焙食品的专用生产线，还有干库、冷库，以及生产番茄酱、芥末和巨无霸酱料的设备。麦工厂雇用了400名工人，每天加工57吨食品，践行了麦当劳“尽可能使用本地食材”的政策。当又小又圆的传统俄罗斯土豆很难制作出像样的薯条时，公司便从荷兰进口了个头较大的褐色土豆，并鼓励俄罗斯农民种植此类品种。麦工厂还体现了麦当劳一贯的反工会实践，这进一步激怒了反全球化的劳工维权人士。

麦当劳进入莫斯科市场时，苏联经济已经摇摇欲坠，成群结队的莫斯科人似乎已准备好投出表决票。麦当劳最初计划招聘630名员工，却收到了27000份书面申请。1990年，普希金广场的麦当劳在开张当天接待了创纪录的30567名顾客，他们一直排队到午夜。这家餐厅的俄罗斯经理卡姆扎特·卡斯布拉托夫对电视台工作人员说道：“很多人嘴上谈论着改革，但对他们来说，改革只是一个抽象概念。现在，改革对我而言是看得见摸得着的东西，我可以触摸它、品尝它。巨无霸就是改革。”尽管俄罗斯的文化保守派哀叹麦当劳对年轻人的支配，反资本主义左派谴责它对环境、工作条件和当地稀缺食品供应造成的影响，但总体而言，麦当劳并未被广泛视为具有侵蚀性的外来势力。1991年8月，苏联保守派军官发动了一场未遂政变，在那些动荡的日子里，莫斯科街道上挤满了“焦虑的群众”，麦当劳却安然无恙。“麦当劳？”人们议论道，“这是一家俄罗斯公司，它没问题。”[17]

尽管麦当劳部署了自己的“体系”——在经营西餐厅的同时，对员工进行管理和培训，并建立完整的西餐供应链——但俄罗斯的经营挑战明显给公司带来了变化。麦当劳为这家俄罗斯合资公司的启动投入了巨额资金，大约 5000 万美元。长达 10 年的筹备工作让麦当劳高管直接卷入了一场高层外交纠纷，包括苏联犹太人移民以色列的争议。深度的参与改变了这家公司。在世界其他地方，麦当劳依靠去中心化的独立承包商网络，供应从肉类到奶昔的所有食品。而莫斯科的麦工厂截然不同。“这样的垂直一体化我们也从未见过。”柯洪坦言。[18] 麦当劳加拿大公司的特许权使用费为总销售额的 5%，而它却不得不将全部收益再投资于俄罗斯业务，直至卢布最终实现与西方货币的自由兑换。

1971 年，麦当劳在日本开启了东亚业务，虽然没有普希金广场和苏联改革的戏剧性，但它却参与了东亚地区复杂的政治和动态文化。人类学家詹姆斯·沃森（James Watson）在《东方金拱门》(*Golden Arches East*) 中提出：“要理解全球化，就需要认真审视像麦当劳这类无处不在的日常现象。”[19] 基于沃森及其同事们在中国、韩国、日本的实地调查，他得出的结果和文化帝国主义批评者的观点并不一致，即麦当劳正在腐蚀当地文化，将本土文化变成美国文化的苍白副本。相反，沃森和同事们发现了一个错综复杂的文化融入过程，麦当劳只是众多参与者之一，而其本身也在这个过程中经历了蜕变。

无疑，麦当劳改变了亚洲人的饮食习惯。它于 1971 年进入东京，1975 年进入香港，1984 年进入台北，1988 年进入首尔，1992年进入北京。麦当劳进入这些市场之前，几乎没有人听说过汉堡牛肉饼，除了热爱吃牛肉的首尔人。受麦当劳的影响，台湾地区的年轻人兴致勃勃地吃着炸薯条。在东京，麦当劳的食客打破了“站着吃饭”的饮食禁忌。通过推广活动，麦当劳将“过生日”的（西方）概念带入亚洲。麦当劳还教会了亚洲和世界各地的顾客如何排队、如何自主就座、如何把自己的餐后垃圾带走。

但是，麦当劳并非不可撼动。在美国，“快餐”指在11分钟内出餐并迅速吃掉的食物，但亚洲消费者颠覆了这个概念。在人口密集的香港，麦当劳顾客的平均用餐时间为20分钟到25分钟，而在非高峰时间的北京，顾客平均用餐时间为51分钟。从下午3点到6点，香港的麦当劳餐厅——包括全球10家最繁忙门店中的7家——挤满了学生，他们想要一个和朋友放松的避风港，一段远离老师和父母的时间，一个令人愉快的空间。“合理的策略是将潜在的麻烦转化为优势，学生创造了一种对我们生意有利的良好氛围。”一位经理看着一群穿着统一校服的青少年涌入餐厅时感慨道。[20]北京的麦当劳额外雇用了10名女员工为顾客协调座位，这与麦当劳普遍的节约人力做法截然相反。（难以置信的是，在很久以前的冷冻薯条时代，新鲜土豆的储存、清洗、去皮、切条、浸泡、脱水和油炸都在一个餐厅的后厨完成。）

麦当劳的本土化战略不仅适应了当地的自主性和情感，还消解了批评人士的敌意。麦当劳国际公司持有每家海外餐厅50%的股权，当地合作伙伴持有另外50%。当地合作伙伴可以将一半的利润收入囊中，拥有相当大的经营自主权（设定工资标准和制定菜单），还能驾驭当地商业环境的复杂局面。在这种情况下，关于经济或文化帝国主义的指责自然难以让人信服。一名具有民族主义倾向的韩国市场经理坚称，本地的麦当劳是一家韩国企业，而不是美国跨国企业，因为它完全由韩国人经营，具备应对韩国复杂银行体系和政府官僚机构的必要智慧。可见，本地化并非机会主义或偶然选择，而是企业长期奉行的核心政策。麦当劳努力地“融入当地文化”，麦当劳国际公司总裁表示：“大家把我们定义为跨国公司，但我喜欢称我们为多元本地化公司。”一群在海外旅行的日本童子军也表达了同样的观点，他们“惊喜地在芝加哥发现了一家麦当劳”。[21]

即使出现了标准的“美式”菜单，乃至完全按比例配备的腌黄瓜，我们也不能想当然地将麦当劳的扩张归为文化霸权行径。北京的麦当劳有意维持一个标准的美式菜单，因为当地经营商希望传递“正宗的”美国体验。（沃森的人类学研究团队指出，亚洲地区的美式文化由当地文化构建，这是一个远比许多文化帝国主义理论家所宣称的单向控制更复杂、更开放的过程。）在日本，传奇人物藤田田（Den Fujita）是创立了麦当劳日本公司的耀眼企业家，他将自己的新事业定位为一家地道的日本公司，同时提供标准的美式菜单。按照藤田田的策略，所有汉堡都被包装成了“革命性”食品，而不是可能会刺激日本人情绪的美国舶来品。这个策略导致了一些滑稽的宣传——“日本人两千年来只吃鱼肉和米饭，所以他们个子矮小、皮肤发黄，”他在接受记者采访时表示，“如果我们吃上一千年的麦当劳汉堡和土豆，我们将会长高，皮肤会变白，并长出一头金发。”

在本地化扩张进程中，藤田田违背了麦当劳标准化的开店模式。他从一开始就把第一家麦当劳开在东京寸土寸金的银座购物区，而非麦当劳惯常经营的郊区地段。凭借此前进口奢侈品包积累的人脉，他从一家黄金地段的老百货商店获得了 500 平方英尺的宝贵空间。藤田田设法把麦当劳塞进这个小地方，他定制了一个迷你厨房，而且只提供立式餐桌，餐厅大小只有标准尺寸的五分之一。餐厅的装修才是真正的挑战，这项繁杂的工作通常需要 3 个月的时间，而他与百货商店签订的合同却要求他在 39 小时内完成。根据合同，藤田田必须在百货商店周日晚上关门之后开始装修，并在周二上午商店开门营业之前完成。70 名工人在一个场外仓库进行了 3 次全流程演练，最终将工时压缩至 36 小时。(“但是店面在哪里？” 1971 年 7 月 20 日，就在藤田田准备开业的前两天，一位麦当劳经理困惑地问道。)藤田田不仅在接下来的 18 个月里开了 18 家餐厅，还创立了汉堡包大学东京校区。日本人对麦当劳那套“标准化体系”的精通程度让麦当劳总裁弗雷德·特纳（Fred Turner）感到震惊。“在叮嘱日本厨师摊肉饼的注意事项时，你只需要讲一次，他们就会照做不误。30 年来，我一直在寻找百分之百的标准化流程，终于让我在日本见识到了，这让我很兴奋。”[22]

我们是更有可能得到同质化的“麦世界”，还是混合型的“麦咖喱”？这在一定程度上取决于麦当劳及其店经理的行为，但更多的是取决于消费者对产品的适应甚至改造。如果公司的本土菜单和产品只是作为临时开局，那最后多半会得到一个文化趋同的“麦世界”。澳大利亚的麦当劳就是这种模式。麦当劳在20世纪70年代初进入澳大利亚市场，当时，经销商根据当地人的口味定制了菜单，包括英式炸鱼薯条、一种在美国鲜为人知却占澳大利亚销售额30%的特色炸鸡，以及符合澳大利亚人偏好的生菜、西红柿和蛋黄酱汉堡，只是酸黄瓜摆放得不太完美。（经销商回忆说，当他们把标准汉堡卖给顾客时，“店里到处都是酸黄瓜——它们都被放得远远的”。）然而，随着时间的推移，麦当劳成功用标准美式菜单赢得了澳大利亚人的青睐——本土化产品被束之高阁。[23]

另一方面，我们或许希望看到一个活力充沛的“麦咖喱”世界。例如，在日本，符合当地口味的照烧汉堡成为常驻菜品。素食汉堡在荷兰的某些高端麦当劳店很受欢迎。而在不吃牛、猪等肉类的国家，麦当劳则提供牛肉汉堡和猪肉早餐香肠的替代品。在印度，麦当劳供应以羊肉为主的麦王公套餐和素麦乐鸡。在马来西亚和新加坡，麦当劳严格遵循清真标准，不供应猪肉。通过实地调查，我发现德国、丹麦、瑞典和荷兰的麦当劳普遍供应啤酒，西班牙的麦当劳则供应西班牙凉菜汤。在一个真正的“麦咖喱”世界里，本地化的多元创新也会传播到美国。巴黎迪士尼乐园面临严重的经济损失，在这种情况下，这家典型的美国式企业不得不向顾客出售葡萄酒、啤酒和香槟。佛罗里达州的华特迪士尼乐园自1971年开业后一直全面禁酒，2012年开始效仿巴黎迪士尼乐园向公众提供酒精，加州迪士尼乐园也在2019年开始提供酒水单。在美国，喝着冰啤酒，吃上一个素食汉堡、一份日本酱油风味薯条，是否还是奢望？

互联网文化

“审判麦当劳”一案让麦当劳陷入失意，而此时，公共舆论已经转移到了互联网。包括麦当劳、耐克、壳牌和孟山都在内的跨国公司们幡然醒悟，在报纸或电视上刊登昂贵的广告已无法博得公众的青睐。作为网站的先锋代表，“麦聚焦”引领的维权网站浪潮，挑战了曾占据主导地位的商业权威。“这个针对跨国企业组建的最全面的抗议资料库正在获得全球关注，且完全不受麦当劳控制。”约翰·维达尔（John Vidal）指出。[24] 要厘清互联网盘根错节的脉络并评估其与全球文化的互动，并非易事。“互联网”包含许多不同的组成部分——电子邮件、聊天室、网站、内联网、电子商务和社交媒体。

只有弄清关于互联网起源和本质的两种对立观点，才有可能理解互联网的影响力。在很多广为流传的故事里，互联网是“平民出身”。凯蒂·哈夫纳（Katie Hafner）和马修·里昂（Matthew Lyon）的开创性著作《术士们熬夜的地方：互联网络传奇》（*Where Wizards Stay Up Late: The Origins of the Internet*）将其根源追溯至20世纪60年代的民用计算机科学亚文化圈，并断然否认军事力量的重大影响力。“这个项目具有最和平的初衷……与战争毫无关系，从来都没有。”他们写道。[25]

尽管哈夫纳和里昂不考虑军事力量的影响，但是互联网的军事渊源依旧不容忽视。许多重要的技术里程碑——兰德公司的“分组交换”概念（1964年）、催生以太网的海军资助项目“阿罗哈网”（Alohanet，1970—1972年）、国防部的“阿帕网”（ARPANET，1972年）、多样化军事通信需求催生的“网络互联”概念（1973—1974年），以及如今无处不在的TCP/IP网络互联协议的普及应用（1983年）——都是由军方资助、推动甚至授权的。保罗·巴兰（Paul Baran）1964年发表的著名的兰德报告的开篇之句是：“假设有这样一个通信网络系统，有了它，数以百计的主要通信站在遭受敌人攻击后依旧能够互联互通。”另一位顶尖研究人员回忆道：“每次写提案的时候，我都要阐明它与军方应用的相关性……但这并非强加在我们身上的要求。”首屈一指的计算机科学家温顿·瑟夫（Vinton Cerf）是公认的互联网“共同发明人”，他对军事资助的两面性进行了思考。历史学家珍妮特·阿巴特（Janet Abbate）总结了他的观点：“尽管大学的研究者充当了研究生和国防部之间的缓冲层，让学生们可以专注于研究而不必面对军事应用，但这只是掩盖了军事需求推动研究的事实，并非否认事实。”美国国防部高级研究计划局的一位高级官员说：“我们很清楚自己在做什么，我们正在为核战争建立一个具备生存能力的指挥系统。”[26]

总体上看，互联网的故事可以分为3个阶段：（1）20世纪60年代到80年代中期的早期起源阶段，以军方需求为主。（2）从20世纪80年代开始的转型10年，美国国家科学基金会在此期间成为支持互联网发展的主要政府机关。（3）20世纪90年代的商业化阶段，互联网在此期间完成了私有化，万维网诞生。在上述每一个阶段，主导者都希望互联网成为一项“全球”

技术，不仅要覆盖全球，还要连接各类网络和社群，实现世界各地人们的互联互通。

在以军方需求为主的阶段，军方以构建全球性通信系统为目标，致力于建立强大的全球通信网络。哈夫纳和里昂在关于“平民出身”的故事阐述中，直接跳过了保罗·巴兰在 1960 年发表的一篇论文。保罗·巴兰是兰德公司的研究员，也是分组交换概念的提出者，他在论文中描述了一个“高度存活性的”通信系统：“核战争将导致地球末日的悲观态度，正在从许多人的脑海中消散……我们应该竭尽所能，让这场浩劫的幸存者抛开灰烬，迅速重建经济。”[27]（并非每个人都喜欢这种老派的兰德公司式言论。）正如第 7 章所述，美国国防部高级研究计划局运用巴兰的概念建立了一个分布式网络，连接起美国境内计划局资助的 15 个计算机科学研究中心。由此诞生的阿帕网是互联网的概念雏形和原型机。当新兴的网络社群将阿帕网视为计算机科学领域激动人心的实验时，计划局却认真地向五角大楼和国会证明了它的经济和军事合理性。1969 年，局长告诉国会：“每投入一美元，阿帕网能将实际计算能力提升 10 至 100 倍。”两年后，他向国会传达的信息是，若能通过阿帕网传输“后勤数据库、军力部署规模和各种人事档案”，军事效能将获得巨大提升。[28]

不同网络互联的基础建设工作在计划局的指导下进行，其初衷在很大程度上源于军事目标。20 世纪 70 年代中期，除了阿帕网，计划局还运营着另外两个基于分组交换技术的网络：分组无线网（PRNET）和卫星网络（SATNET）。分组无线网源于计划局通过“无线电分组交换网络”（即通过无线电广播发送离散数据包）连接夏威夷大学7个校区的项目。在该项目后，计划局在旧金山地区构建了无线电分组交换网络，即分组无线网。（分组无线网为以太网奠定了概念基础。以太网最初通过物理电缆连接计算机，现在普遍通过本地无线网络传输数据包。[29]）卫星网络是计划局的第三个重要网络，它负责利用卫星链路将收集自挪威的地震数据实时传输到马里兰州和弗吉尼亚州的分析站点。对于卫星网络而言，速度至关重要，因为这些数据可能会预示苏联的核试验。计划局面临的矛盾在于，阿帕网作为点对点网络，具有近乎完美的可靠性保证数据传输顺序；分组无线网作为广播式网络，可靠性较低；卫星网络的数据包在地面和卫星之间传输时，会出现无法预测的延迟。

互联网的互联概念源于军方对整合多样化通信网络的需求。温顿·瑟夫是斯坦福大学的计算机科学家，他在设计阿帕网协议的过程中与计划局项目经理罗伯特·卡恩（Robert Kahn）进行了密切合作，“互联网”概念便源于这次合作。1973年，他们提出了关键理念——网络内的通用主机协议、网络间的专用网关以及覆盖全域的公用地址空间。次年，两人联合发表了题为《分组网络互联协议》的经典论文。虽然有人认为这篇论文是爱迪生式“顿悟时刻”的范例，但实际并非如此。瑟夫和卡恩多年来一直与国际网络研究团队深度合作，不断发展完善他们的理论体系。1976年，瑟夫出任计划局网络研究主管。一年后，卡恩和瑟夫成功在加州分组无线网、挪威—伦敦—弗吉尼亚卫星网络和多节点阿帕网之间完成了互联网测试。“我们的所有演示都有相应的军事应用场景，”瑟夫后来谈道，“战略空军司令部一度参与进来，当时，我们实地部署了机上无线电分组交换网络，利用机载系统将模拟核攻击下的碎片化互联网连接在一起，实现互相通信和地面通信。”[30]

卡恩和瑟夫将互联网作为军事问题的解决方案加以推进，军方也大力推广他们为网络运作提出的“网络互联”概念。在当时，用于连接不同计算机的网络协议至少有 3 个，它们互相竞争，但卡恩和瑟夫的互联网协议——如今无处不在的传输控制协议（TCP）和互联网协议（IP），合称 TCP/IP ——凭借国防部的大力支持最终胜出。阿帕网作为单网络，是基于 NWP 协议构建的。美国国防部通信局接管阿帕网的运营工作后，出于打造综合军事通信系统的考量，于 1982 年强制要求转换为 TCP/IP 协议。此举堪称强制性技术选择的典型案例。1983 年 1 月 1 日起，通信局指示网络运营商必须拒绝任何不符合新协议的传输请求。1983 年，IP 协议引入了法国研究员路易斯·普赞（Louis Pouzin）的“数据报”（datagram）概念。数据报是构成电子邮件、图像等信息的独立数据包，它们以“无连接”模式通过多条路径进行传输，有助于将分散的网络可靠地整合为单一的“全球”网络。美国国防部高级研究计划局直接提供资金，资助 Unix 操作系统计算机实施 TCP/IP 协议，还另外投入 2000 万美元资助其他计算机制造商进行同类开发。历史学家谢恩·格林斯坦（Shane Greenstein）指出：“美国军方可以扣留资金，所以拥有强大的话语权，事实证明，这种强制手段在推动 TCP/IP 协议方面颇有成效。”[31]

建立阿帕网并培育互联网概念的直接军事动力无法持续到20世纪80年代。就计划局而言，它早在1975年就把阿帕网的日常运营移交给了通信局，转而投入里根时代的战略防御计划。1983年，军队将高度敏感的机密业务划归新创建的美国军事专用网络平台（MILNET），该网络重新接入了当时由高校主导的阿帕网。计划局对计算机网络互联的关注，最终完美应对了20世纪80年代计算机领域的两次大规模突破——个人计算机革命将计算能力从数千研究者的专属领域拓展至百万民众的日常应用；而美国国家科学基金会推动的互联网民用化进程，创造了全民共享的网络体验。这两项突破深刻塑造了互联网文化。

20世纪60年代，计算机指的是占据整个房间的“大型机”；70年代，计算机发展为冰箱大小的“小型机”；到了80年代，计算机逐渐发展为体积小、价格便宜、适合个人拥有的微型机或个人电脑。普通人需要运气和耐心才能买到睿侠（Radio Shack）推出的TRS-80s小型机，而随着IBM在1981年进入个人电脑领域，以及随之涌现的众多仿制机，计算机彻底进入大众视野。许多大学、政府机构和大大小小的企业发现，只要购买数十、数百甚至数千台个人电脑，它们的计算需求就可以得到满足——无需再像阿帕网最初构想的那般，依赖联网主机租用算力。随着以太网等局域网的迅速普及，个人电脑可以在本地联网，从而实现共享软件和文件。20世纪90年代中期，以太网的数量达到500万个，每个都可以接入互联网。专有网络也在同步扩张——如基于IBM的BITNET或Unix衍生的

USENET——增加了更多的潜在互联网用户。

电子邮件的发明与计算机的大规模普及密切相关，多年来一直是互联网的主要应用。电子邮件这个例子，很好地阐述了计算机用户如何将阿帕网改造为研发者都始料未及的应用。有人回忆说，阿帕网的设计初衷是共享数据文件以及高效使用昂贵的计算机。计划局的早期蓝图明确摒弃了电子邮件：用户之间的信息传输“不是科学计算机网络的重要目标”。然而，来自麻省理工学院的一些异常数据表明，计划局的构想存在疏漏。连接麻省理工学院和阿帕网的小型交换机终日处于忙碌状态，但出乎意料的是，通过阿帕网传输的文件其实很少。原来，麻省理工学院的用户通过阿帕网交换机传输的是电子邮件。不久，得益于局长斯蒂芬·卢卡西克（Stephen Lukasik）的积极推动，计划局内部也开始使用电子邮件沟通。卢卡西克把电子邮件作为与助手沟通的首选方式，助手们也马上领悟：要想和老板对话，就必须也使用电子邮件。开始时，电子邮件依托既有的文件传输协议实现数据传递。与此同时，专业主题的电子邮件列表（email lists）的出现——通过一台计算机维护用户地址文件——催生了“虚拟社区”（virtual community）概念，志趣相投的人们只需通过计算机就能进行互动。在这一过程中，阿帕网实际上并未得到充分利用，而且诸如庞大的“科幻爱好者”等大型邮件列表产生的大量网络流量提供了有价值的实验数据，所以计划局默许了所有这些未曾预见的网络活动。从 20 世纪 80 年代初开始，互联网社群正式制定了至今仍广泛沿用的简单邮件传输协议（SMTP）。[32]

20世纪80年代，互联网的第二大发展是“民用化”。尽管阿帕网的授权用户仅限于美国国防部高级研究计划局在顶尖计算机研究中心的合作机构（除军用网MILNET外，仅约70个节点），但20世纪70年代美国国家科学基金会对计算技术和计算机科学的资助已培育出庞大的潜在网络用户群体。1980年，基金会批准了一项500万美元的提案，鼓励计算机科学家在计划局体系之外启动计算机科学网络（CSNET）建设。该网络起初计划采用欧洲主流的X.25协议，但温顿·瑟夫提出，如果该网采用TCP/IP协议，他可以为其与阿帕网建立连接。计算机科学网络建设在1982年启动，由18个全时运作的主机和128个通过电话拨号联网的PhoneNet主机组成，所有设备均接入阿帕网。该系统随后迅速连接了日本、韩国、澳大利亚、德国、法国、英国、芬兰、瑞典和以色列的新兴计算机科学网络。然而，网络的商业用途却被严格禁止，这强化了“网络空间是自由的个体集合，而非布满广告的购物中心”这一理念。[33]

计算机科学网络仅仅是基金会主导的互联网阶段的开始。在计划局“大规模计算设施联网”的构想指导下，基金会在20世纪80年代中期启动了超级计算机项目。基金会计划建立6个超级计算中心以及9个区域中心，并通过一个超高速互联网“主干网”连接起来。国家科学基金会网络（NSFNET）由基金会耗资两亿美元打造，最终成为“信息基础设施”的枢纽。很快，该网络开始接入规模较小的区域网络。例如，新英格兰地区的40所大学组建了区域联盟；美国东南部、西北部、落基山各州和纽约州等地的大学也组建了独立区域联盟。这些联盟通常在基金会的支持下运作，它们最终也都接入了国家科学基金会网络。该网络开始时采用非计划局协议，但在 1987 年启动的 5 年升级计划期间，转而采用 TCP/IP 协议。作为联邦政府的产物，国家科学基金会网络进一步加强了网络空间的非商业属性。

互联网获得“全球性”特征的另一个例证是域名系统（DNS）。大多数用户都是通过 20 世纪 80 年代中期出现的电子邮件地址感知到该系统——通用“@”符号连接“用户名”和“主机域名”。早期电子邮件用户想必不会忘记，常常要尝试不同的地址、通过不同的网关，才能联系到其他网络用户。在这个时期，中央“主机文件”记录了所有授权主机名及其对应的数字地址。随着主机数量的增加，主机文件变得难以管理，单是更新主机就可能导致网络崩溃。随着域名系统的普及，用户仅需单一地址即可实现全球通信。更重要的是，域名系统建立了一个可无限扩展的地址空间，而且可以在脱离中央管控的情况下实现高效管理。

为了取代阿帕网使用的默认域名“.arpa”，互联网虚拟社区创建了 6 个确定的一级域名（.edu、.gov、.mil、.net、.org 和 .com）。每个域名由联盟机构管理，并负责在域内分配域名。以一级 .edu 域名为例，每个教育机构都会分配到一个子域名，并可自主分配更次级名称。子域名犹如郊区的大草原蔓延开来。1997 年，最长的官方主机名是“challenger.med.synapse.uah.ualberta.ca”。有了域名系统，就不需要通过中央的“主机列表”来连接所有主机名与数字地址，各域和子域自主管理其辖内主机名。尽管激怒了一些非美国用户，域名系统还是通过双字母国家域名，轻松实现了对“外国”的覆盖（例如，苏联的计算机用户在 1990 年注册了 .su 域名，俄罗斯的科研机构在 4 年后注册 .ru 域名）。如果没有这种去中心化寻址方案，互联网很难真正实现“全球性”。

20 世纪 90 年代后，TCP/IP 和域名系统的应用产生了两个后果，这既加强了互联网的全球性，也埋下了严峻却又不易察觉的隐患。当时没有人能预见互联网的庞大规模——1983 年设计的初始寻址方案可以容纳 40 亿左右的用户，这个数字在当时令人惊叹（IPv4 的地址空间长度为 32 位，即 2^{32}）。大量的地址组被预留为管理用途，再加上各大公司的超额抢占（姑且不论它们是否真的使用），40 亿个地址很快就所剩无几。因此，1998 年，扩展版本 IPv6 首次推出（IPv6 的地址空间长度为 2^{128}），目前两个版本 IP 并行运行。IPv4 的单个数据包长度有限，导致“根服务器”的数量受到限制——这些实体服务器如同互联网的电话簿，负责将如“www.tjmisa.com”的域名解析为“23.229.129.165”之类的数字地址。美国本土拥有 10 个根服务器，另外 3 个在斯德哥尔摩、阿姆斯特丹和东京。一段时间以来，这个以美国为中心的系统使全球互联网呈现出异常集中化的态势。即使在今天，任播技术（anycasting）实现了根服务器的分布式部署——全球镜像服务器的数量已经超过 1000 个——黑客仍通过攻击域名系统来瘫痪目标网站。

这个全面民用、杜绝商业化的互联网持续了 5 年零 2 个月。成立 20 年的阿帕网在 1990 年 2 月停用，由政府所有和运营的国家科学基金会网络接管了互联网。紧接着，1995 年 4 月，国家科学基金会网络又被如今的营利性“互联网服务提供商”（ISP）所取代。自始至终，将互联网作为科研基础设施才是美国国家科学基金会的兴趣所在。随着越来越多的企业和商业项目接入网络，执行美国国会要求的严格禁止商业活动的“可接受使用”政策变得日益困难。1987 年，基金会与密歇根州的区域联盟 MERIT、私营企业伙伴 IBM 和美国世界通信公司签订了一份为期 5 年的升级和运营合同，互联网自此踏上了私有化道路。1990 年，MERIT 分拆出一家名为高级网络服务的非营利机构，后者又衍生出一家营利公司，开始提供商业网络服务。其他的区域网络也制订了类似的私有化计划，其中 3 家网络在 1991 年联合成立了商业互联网交换中心。最终，包括美国世界通信公司、斯普林特公司和美国电话电报公司在内的大型电信公司也开始提供商业互联网服务。[34]

1995 年发展出了两个平行互联网。一个由国家科学基金会网络主干网连接，没有商业活动；另一个则由营利性公司构建，各种赚钱（和赔钱）的项目蜂拥而至。1995 年之后，真正意义上的“互联网”诞生了——ISP 不仅为家庭、学校和企业接入宽带，还搭建了承载远程数据传输的高速主干网。与此同时，网关和交换机将私营电信公司的网络与海外网络连接起来。这些网络、主干网、交换机和网关共同构成了广义上的互联网。

“全球”互联网随着万维网（World Wide Web）的出现而腾飞，这场多媒体盛宴不仅创造了大众化的互联网体验，为电子商务铺平了道路，还为社交媒体奠定了基础。至少从概念上讲，万维网本质上是一种复杂的发送和接收数据（文本、图像、声音或视频）的系统。其核心要素包括：超文本传输协议（http）实现联网计算机收发文件；统一资源定位系统（URL）构建远程计算机访问文件的地址空间；超文本标记语言（html）将文本、图像、格式等元素整合在一个页面上；以及能解析和显示文件的网页浏览器。万维网依赖于既有的互联网基础设施，1991 年公开发布后，迅速成为主流流量来源——1994 年取代了远程登录协议（telnet），1995 年超越文件传输协议（ftp）。（至 2010 年，流媒体视频流量占美国互联网流量的半壁江山，超过了网页流量，“点对点”传输流量位居第三。）万维网的“全球性”在很大程度上要归功于其创造者蒂姆·伯纳斯 - 李（Tim Berners-Lee）的远见和有力指导。

蒂姆·伯纳斯 - 李的一生顺风顺水，没有经历创办公司的劳神费力，却可以把一个绝妙的想法变成全职事业，无须奋力撰写博士论文，却成为麻省理工学院和牛津大学的著名教授。（他拥有无数荣誉博士学位，并于 2016 年获得图灵奖，以表彰“他发明万维网、第一个网络浏览器，以及允许网络扩展的基本协议和算法”。）出生于 1955 年的伯纳斯 - 李自小与电脑为伴。他父母都是数学家，曾参与费兰梯马克 1 号（Ferranti Mark 1）的研发工作，这是当时英国最先进的计算机，也是最早的商用计算机之一。他说，是父母让他第一次了解到人类创造和控制计算机的能力。1976 年，他获得了牛津大学皇后学院的物理学荣誉学位，并打造出自己的第一台计算机，之后从事了一系列软件开发和咨询工作。1980 年，他在瑞士日内瓦的欧洲核子研

阿姆斯特丹过磅房内的网吧。过磅房（Waag）建于 1488 年，是阿姆斯特丹现存最古老的城门建筑。它于 1617 年改建为该市的海关大楼，200 年来为城市行会提供办公场所。近年来，这里先后被用作博物馆和新媒体中心，并发展成为欧洲领先的无线互联网接入实验基地。照片由 Hollandse Hoogte 提供。

究委员会工作了6个月。在那里，他编写了“Enquire”试验程序，用于存储信息并轻松创建超文本链接。这正是万维网概念的核心。1984年，他重返委员会，5年后正式提出一个宏伟的全球超文本项目，最终成就了万维网的诞生。不到一年时间，委员会就在其网络上运行了万维网的第一个版本。1991年，委员会向全球开放万维网。伯纳斯-李于1994年来到麻省理工学院，此后一直领导万维网联盟，为网络用户和开发者社区制定标准。

从一开始，伯纳斯-李就将一套全球普世价值观植入了万维网，这些理念被深度融入系统设计中。他阐释道：“万维网设计的核心价值在于普适访问原则——无论硬件或软件平台、网络基础设施、语言、文化、地理位置、身体或精神障碍。”这不仅是确保所有计算机都能够访问网络的问题。“家庭和工作的协作需求是原始驱动力，”他写道，“通过建立一个超文本网络，任何规模的群体都将强制使用通用词汇，以消除误解，并实时在万维网上运行其计划和逻辑的模型。”虽然早期的超文本系统［如苹果的超卡（HyperCard）］支持用户在图像、文本和音频文档间创建链接，但仅限于本地文件系统中的文档。这类系统通常采用中央数据库来管理所有链接，形成了可靠但封闭的体系——外部无法建立链接。正如伯纳斯-李所言：“这类系统无法扩展以允许外部贡献信息……我舍弃了（集中存储、可靠链接）一致性要求，从而让万维网实现全球互联。”[35]

在两项技术突破和巨额政府补贴的推动下，电子商务成为一种全球现象，进一步扩大了全球化的影响。1998年，美国出台了《互联网税收自由法案》，为克林顿 - 戈尔政府关于高科技未来的愿景提供了支持。在最初的 3 年里，该法案禁止各州对跨境网络商品或服务销售征收销售税，并全面取消互联网接入服务征税。当然，实体零售商依旧要缴纳销售税，所以该法案及其修订法案明显偏向亚马逊、eBay 和普利斯林（Priceline）等早期电商平台。经过多次延期，该法案于 2015 年被纳入《贸易便利及贸易执法法案》，实现永久化。

20 世纪 90 年代早期，网页是“静态的”，任何内容都需要手工编写 HTML 文档，所以任何修改也都需要额外的手工编码。Perl 编程语言被誉为“维系整个互联网的黏合剂”，让联网计算机能够实现基本功能，包括执行计算、输出成果、自动化任务、连接不同程序、连接不兼容计算机，以及数据库查询。Perl 语言与通用网关接口（CGI）协同工作——后者规范了网络服务器响应客户端请求的机制——由此创建出可被任意浏览器调用的短程序（即“脚本”）。这样的“cgi.bin”脚本使网页浏览器能够执行数据库检索，以及数据查询、计算、格式化等功能，并基于结果生成“动态”网页——无论是旧金山的实时温度，法兰克福的股市报价，还是价格、订单、发票和运输等数据库核心交易信息——这些是促使电子商务崛起的基本信息基础设施。20 世纪 90 年代末的“互联网泡沫”正是其直接产物，而动态网页技术的全球普及则成为持久遗产。中国电商巨头阿里巴巴和京东均成立于 1998—1999 年，这并非偶然。[36]

这些例证——全球金融流动、传真机、麦当劳和互联网——综合表明，全球化既是当代生活的事实，也是经年累月形成的历史建构。多年来，全球化作为一种强大力量引导人们去思考技术、思考文化。在某种程度上，只要人们相信它是真的，它便真实存在。

无论是过去还是现在，全球化都通过技术实现。传真机、麦当劳和互联网都清晰传递出“全球”世界的愿景。凭借开放标准、国际规范设置和日本制造商的推动，传真技术创造出惊人的能力，能够在不同电话系统和文化系统之间实现高效运转，但这并非与生俱来——电子传真在近半个世纪（20 世纪 30 年代至 70 年代）里都是一种封闭的专有技术。类似地，麦当劳通过本土化战略与文化适应机制，践行了企业资本主义全球化。互联网自 20 世纪 60 年代发端，经历 20 世纪 90 年代万维网和电子商务的发展，全球性价值观始终贯穿其中。

全球化是既定事实，也是新兴创造——这种双重属性既构成悖论，也带来了挑战。悖论之处在于，企业、政府和非政府组织都在积极引导消费者的价值标准，理论上“消费者至上”的信念已成为全球共识，但与此同时，许多国家的公民依旧无力应对不断变化的世界。跨国公司、国际机构以及商品、劳动力与资本的无序流动，往往成为全球化的替罪羊。

20 世纪 90 年代，人们对全球化的积极性似乎跨越了国界，但却随着 2001 年 9 月 11 日的袭击和随之而来的政治动荡而画上了句号。反恐战争使得民族国家实权大幅扩张，但与全球化者的乌托邦梦想背道而驰。麦当劳无法在地铁和机场提供安全保障。更关键的是，正如 20 世纪 90 年代冷战后军费开支的削减迫使科技公司转向民用市场（包括全球媒体娱乐和制造业），美国在 2002 年启动的大规模军事建设也突然扭转了这一趋势。[37] 多么讽刺，以反现代意识形态的名义发动的“9·11”袭击，却因西方国家以国家安全为核心、以国家机器为主导的应对方式，终结了全球现代性的这一发展阶段。

自 2016 年至今，“全球文化的前景”看起来似乎更遥不可及，却莫名更有吸引力。显著的经济收益是新自由主义资本主义的成就之一——自 1990 年以来，全球贸易减少了一半的极端贫困人口。在 20 世纪 80 年代中期的中国，人均国民收入每天不足 1 美元，极端贫困现象普遍存在；2020 年，中国人均国民总收入超过 1.1 万美元，贫困人口大幅减少。在印度和印度尼西亚，极端贫困人口的减少也取得了瞩目的成绩。但是，这个全球化时代的某些缺点在太多国家造成了不平等现象，民族主义死灰复燃，同时伴随着威权主义和危险的仇外情绪。2016 年，在民粹主义和民族主义的推动下，美国和英国的威权主义和反全球化领导人上台。全球化并非这些问题的“始作俑者”，哥斯达黎加前贸易部长在 2016 年提出了一个发人深省的问题：“开放的全球经济能否抵御民粹主义挑战者？”[38] 将全球化视为“唯一解”的论调经不起考验，但在当前世界局势下——损害利益的贸易战、不人道的移民限制、独裁统治以及全球“富人”和“穷人”之间的持续分化——要让人们对当前世界格局抱以热忱属实困难。全球化时代的技术设计初衷是连接不同国家和文化背景的人类，但今时今日，太多的技术却被用于分裂、分散和规训。

第 9 章　不安之路（2001—2010 年）

谁知道什么时候会发生一些轻微震动，

让城市里的摩天大楼轰然坍塌，

扰乱社会秩序和炽热渴望之间的微妙平衡？

——理查德·赖特，《土生子》（*Native Son*）

理查德·赖特（Richard Wright）在密西西比州出生，20 世纪二三十年代在芝加哥长大，他这一代人已经远离了祖父母辈曾经历的奴役，“摆脱了南方压迫的日常环境”，他在著名的处女作《土生子》中刻画了文化压迫的痛苦。在那个时代，摩天大楼是现代社会无处不在的卓越象征，它们强劲有力，似乎传递着无限的乐观和无穷力量。睿智的赖特一眼洞悉了摩天大楼的脆弱性。他曾在芝加哥医院担任研究技术员，亲身体会到摩天大楼的运转要依赖大量低薪的清洁工、垃圾车司机、报童、电梯操作员，甚至还有厨师和餐厅服务员。[1]

虽然建筑工通常是白人，但摩天大楼也需要钢铁厂和挖掘队的黑人劳工。芝加哥市中心等地的摩天大楼也依赖于庞大的技术网络。快速的交通系统——有轨电车、通勤列车、地铁和罕见的汽车——早上载着以白人为主的秘书、文员、会计、律师、银行家和经理们去上班，晚上又把他们送回家。信息系统将摩天大楼变成金融、批发、运输、零售和大众媒体的节点。能源系统输送煤炭、天然气或电力，这些建筑则向城市环境排放了大量的烟雾、灰烬和热量。[2]

然而，除了唤起城市历史中的紧张时刻，赖特想借这段文字传递的还有更多。通过“炽热渴望”和“社会秩序”形成的紧张对比，赖特构建了一个充满对立力量碰撞的讽喻。小说主角比格·托马斯是众多怀有抱负的年轻黑人男子的综合体。赖特本人亦有结识这类人，也曾密切观察过他们。他们很叛逆，许多人不得善终，全然不符合白人主流社会所描绘的卑躬屈膝的形象。比格在从众的压力之中崩溃，最终犯下了谋杀罪和强奸罪，成为一个潜逃犯。有那么短暂的一瞬间，他体验到了一种陌生而激动的自由感。但他很快就被追捕归案，犹如困兽。《土生子》中描绘的“社会秩序”是一种赤裸裸的种族主义、群众暴力和难以忍受的不公，民权时代遥不可及。由于缺乏协调秩序和手段，赖特将摩天大楼视作现代社会的脆弱象征：一边是建设摩天大楼的现代资本主义力量，一边是维持摩天大楼的更广泛的社会，而摩天大楼就悬置在这种“微妙平衡”之中。比格的律师指着芝加哥环区的摩天大楼说：“你知道是什么让它们岿然不动的吗？是人类的信念……比格，这些建筑是从人们心中拔地而起的，是像你这样的人。”

20 世纪不断出现经济动荡、社会混乱、世界大战、冷战和后殖民战争等各种冲击。但是，众所周知，摩天大楼并未倒塌。摩天大楼最初象征企业骄傲和政府雄心，后来成为全球社会和经济秩序的载体。今天，全球最高写字楼名单凸显出各城市和国家在“全球社会”中的位次争夺。2020 年，全球最高的 25 座摩天大楼中，有 3 座在马来西亚，12 座在中国大陆，1 座在中国香港，1 座在中国台北，迪拜、韩国、沙特阿拉伯、俄罗斯和越南各有 1 座，还有 3 座在曾经的摩天大楼之都纽约和芝加哥。

正如第 8 章所述，随着全球贸易和美国帝国主义之间的联系日益紧密，“炽热渴望”瞄准世贸中心双子塔也就不足为奇了。甚至可以推测，1993 年和 2001 年直接袭击世贸大厦的恐怖分子或许也知道世贸大厦是极其危险的建筑。纽约和新泽西港务局，即在 20 世纪 60 年代负责建造这两座建筑的政府机构，无视纽约市建筑规范的许多条款，最终建成两座 110 层的摩天大楼。这两座大楼的楼梯井数量不足、电梯存在安全隐患、防火措施不到位、实验性钢结构存在风险。事实上，一个世纪以来，我们好不容易积累了把高楼设计得坚固又安全的经验，但就这样被抛诸脑后。2001 年 9 月世贸中心双子塔遭受的恐怖袭击，在某种程度上印证了赖特的观点。

港务局对“世界最高建筑”的渴望让 2001 年的灾难雪上加霜。为了实现这一宏伟的目标，港务局要求建筑师在原设计的基础上再增加 20 层楼。多年以来，双子塔的整个楼层都处于空置状态。当然，世界最高建筑的争夺赛甚少涉及理性经济学。为了将最高的吹嘘资本紧握手中，整个 20 世纪的比赛轰轰烈烈——伍尔沃斯大厦（1913 年）、克莱斯勒大厦（1930 年）、帝国大厦（1931 年）、世界贸易中心（1972—1973 年）、西尔斯大厦（1974 年）、双子星塔（1998 年）、台北 101 大楼（2004 年），再到如今最高的迪拜塔。160层高的迪拜塔在2010年1月4日正式落成，并更名为哈利法塔，以纪念为迪拜提供250亿美元紧急融资的阿布扎比酋长。2008年，泛滥的房地产投机引发了全球经济衰退，在这种糟糕情形下，将集超豪华酒店、900套公寓和37层高端写字楼于一体的综合建筑引入房地产市场可谓雪上加霜。哈利法塔在2010年"基本上是空置状态，而且在可预见的未来可能会一直空置"。一位住户在几年后写道："永远不用等电梯，健身房和游泳池通常都没人……也许你能看到我在76楼阳台上的按摩浴缸里挥手。别担心，你肯定能看到我——我是那里唯一的住户。"[3]

今天的社会有没有类似赖特笔下的讽喻式建筑，既维持着"微妙平衡"，又面临轰然倒塌的危险？本章将审视那些催生"系统性风险"、急需我们积极应对的技术。尽管核扩散问题依然令人担忧，但核战争等系统性风险已基本成为历史，[4]而石油泄漏、空气污染和气候变化等问题已经赫然出现在公众议程上。我真正担心的是由技术系统产生并传播的系统性风险——当多个系统或网络相互连接时，一个环节的故障就可能波及整个系统，蔓延至广袤地域。[5]

2003年8月，美国东部互联电网因电力过载自动断电，引发了一次大面积停电，导致加拿大和美国5500万人无电可用。[6]自2003年以来，类似的大面积停电还波及了巴西、巴拉圭、意大利和爪哇的2.15亿人。此外，2006年11月4日席卷葡萄牙到克罗地亚的欧洲大停电影响了1500万户家庭。2012年7月，由于"印度电网系统的重大技术故障"，印度北部的两次大面积停电导致6.7亿人断电，占印度总人口的一半，给铁路、医院、水处理厂甚至煤矿带来了灾难性后果。[7]艾默里·洛文斯（Amory Lovins）恰如其分地将这种紧密耦合的庞大电力系统称为“脆弱的能源”。

仔细审视当代社会，会发现其高度依赖于无数的技术结构、系统和网络，尤其是那些构建和引导全球能源、信息和商品流动的信息基础设施，它们脆弱不堪。用赖特的话说，只是表面看起来强劲有力而已。通常情况下，这些基础设施在设计、建造、实施和投入使用时，关于抵御轻微或严重冲击的安全性问题并没有得到足够重视。本章所探讨的技术——能源系统、信息网络、全球航运——并没有留给消费者太大的选择空间。这些技术主要由企业和政府机构组成的复杂网络进行选择、推广和塑造。它们应运而生并成为持久结构，但从未有人真正考虑过它们的长期安全性。今天，我们的唯一“选择”就是要么依赖于它们，要么退出主流社会。

我们需要构建全新的技术话语体系，以便更敏锐地洞察并建设性地应对当前关切的系统性风险。我们建立了一个依赖于技术系统和网络的全球社会经济秩序，这完全是无心插柳。依我之见，这些体系都是“脆弱的”，一如理查德·赖特所言。要解决和纠正这种非自愿形成的现状，需要新一代公民和技术专家共同参与其中。

发生在巴黎的系统性风险，1895年。由于列车超速、培训不充分、西屋电气的空气刹车失灵，以及拥挤的城市空间，格兰维尔—巴黎快车在蒙帕纳斯车站撞死了一名卖报纸的女摊贩（1895年10月22日）。

不可持续能源

美国明尼苏达州的美国购物中心每年会接待4000万个快乐的购物者，鲜少有人知道这里并非该州最重要的购物中心。人们从邻近各州乘飞机前来，在520家零售店铺中度过悠长周末，而当地居民大多只需将车停在12550个停车位之一。购物、娱乐、休闲和琳琅满目的优惠随处可得。有一份指南将美国购物中心标注为“主要景点”，并估计有40%的游客至少驱车150英里来到此处。但事实上，它只是美国最大的购物中心。加拿大阿尔伯塔省的西埃德蒙顿购物中心是北美地区最大的购物中心。全球最大的购物中心分布在亚洲——吉隆坡、中国（含台湾），以及菲律宾——而最重要的购物中心则是明尼苏达州伊代纳的南谷购物中心。[8]南谷购物中心建于20世纪50年代中期，是全球封闭式室内购物中心的原型，是大众消费的核心空间。（美国人口普查局的最新统计显示，电子商务仅占美国零售总额的4%，而圣路易斯联邦储备银行估计，2020年1月的电子商务数据为11.8%，疫情限制措施可能进一步推动电商发展。）[9]南谷购物中心完美地阐释了技术如何推动并巩固特定社会和文化形态——在此案例中，催生出低密度住宅与远郊发展的高能耗范式。可以说，在通往不可持续能源的发展道路上，南谷购物中心是早期里程碑。

南谷购物中心的设计师是维克多·格伦（Victor Gruen），这位出生于奥地利的建筑师和规划师深受现代主义的影响（见第6章）。[10]彼时，建筑师和规划师信奉“功能性”城市规划，他们将居住、工作和购物等典型城市活动分开，用专门规划的交通走廊实现空间连接。传统城市拥有密集的历史核心区，往往难以实施大规模的现代城市规划，这需要拆除现有的大片城市结构并进行重新设计。当今世界上，许多城市都建有紧凑的现代化辖区，巴西利亚、昌迪加尔等按现代理念规划的首都城市堪称典范。现代主义功能规划在各大城市外围的新兴开发区域得以完美实现。[11]战后郊区呈现出独特风貌：工厂分布在城市边缘，商业活动仍集中在核心区域，广袤的住宅区中点缀着购物中心等商业绿洲。这种分散式生活方式导致通勤和购物距离遥远，加之许多战后郊区缺乏完善的公共交通系统，使汽车几乎成为唯一的出行方式。如果说19世纪是“步行城市”或“有轨电车郊区”的时代，那么20世纪的城市则演变为“汽车友好型城市”。20世纪50年代，许多欧洲城市在修建环城公路和停车场时都借鉴了美国的交通工程理念。近年来，上海和北京也修建了大型高架高速公路，如今已车满为患。如果美国真的垄断过汽车行业，如今这种垄断也已不复存在。2009年，中国汽车总销量为1360万辆，轻松超过美国的1040万辆，成为全球最大的汽车市场。[12]

现代主义大师格伦把南谷购物中心设计成一个严格管控的环境。从早期的照片来看，购物中心里挤满了白人，仿佛远离了都市的多元和喧嚣。南谷购物中心首创的购物中心模式是由两家以上的大型百货公司充当“主体商店”，小型零售商要支付溢价租金，以换取大店吸引过来的客流量。在此之前的购物中心都有独立的店铺和出入口，当顾客离开一家商店后，可能会直接开车去野餐。格伦创造了一个封闭的室内设计，这是他有意为之。在今天，你可以穿过宽敞的门道进入南谷购物中心，走过门厅，就能看到壮观的购物中心全景。格伦希望眼前的景象可以吸引住每一个顾客。无论是过去还是现在，顾客离开一家商店后，马上就会面临大量诱人的选择：适合认真购物的大型百货商店、特色小店、快餐店，或者只是来一场兴致盎然的闲逛。格伦设计了一个恒温空间，让顾客有充分的理由待在购物中心。

将购物中心及其周边的郊区看作沉闷的大众消费场所，可能过于悲观。研究郊区的历史学家所揭示的图景远比简·雅各布斯、约翰·济慈和刘易斯·芒福德等社会批评家所抨击的那种单一化的趋同现象和大众文化更为复杂。并非所有郊区都是千篇一律，即使看起来一模一样的房子，也有可能是业主为适应不同生活方式而专门改造的，如纽约长岛莱维敦开发项目建造的 10600 套新住宅。[13] 此外，虽然批评人士仍在抨击莱维敦的限制性种族条约（条约明文禁止“白人以外的任何种族人士入住”，以至于 1970 年美国郊区人口中有 97% 是白人），但最终，白人、黑人和棕色人种的家庭都搬到了郊区，尽管并不总是住在同一处。[14] 只要对郊区进行深入研究，我们不难发现郊区的多样性和差异。然而，仅仅注意到这种非均一性，并不能揭示系统性风险。犹如所有内燃机用户要依赖于化石燃料，所有郊区居民——无论其住宅是科德角风格还是殖民地时期风格，是牧场式住宅还是庄园式平房——都要依赖于长途公路网络和平价的能源供应。

南谷购物中心内部，2009 年。

无论如何，低密度郊区都离不开廉价且充足的能源。正如格伦所指出的："真正的购物中心将成为连锁店选址的利润巅峰……它将吸引人们长途驱车前来享受其便利服务。"[15] 无论家庭如何改造他们的房子，郊区发展的结构性特征是根深蒂固的，而且不仅仅是在美国，这一点毋庸置疑。[16] 每个家庭都喜欢更大的房子和耗水量巨大的草坪，廉价的石油和电力则塑造了"富足文化"。在 20 世纪 70 年代的能源危机之前，大大小小的房屋都需要在冬天通过暖气取暖，在夏天用风扇和空调降温。紧接着是令人眼花缭乱的汽车文化的普及。正如一位评论家所说，任何一个郊区的母亲都可以简要描述其职责："孩子的接生和接送——一次产科分娩、无数次路上接送。"[17] 美国人的汽车越来越大，学校、办公室、工厂和购物中心周边的停车场也越建越大。这意味着汽车越来越多。罗伯特·布鲁格曼（Robert Bruegmann）在《城市蔓延简史》(*Sprawl: A Compact History*）中指出："毫无疑问，低密度居住模式伴随着更多的驾驶里程和人均能源消耗，进而导致了更多的温室气体排放。"[18]

郊区扩张是一个复杂的产物，是国家住房政策、税收法律、监管法规、文化规范和专业标准，以及家庭对居住地的选择共同塑造的结果。尽管并非有意为之，但这些选择、政策和实践加剧了国际石油经济体系中的系统性风险。1973 年石油输出国组织（OPEC）实施石油禁运期间，理查德·尼克松总统忧心忡忡，当时美国 30% 的油耗量来自海外进口。而在 2008 年，美国人每天消耗的 2000 万桶石油中有 62% 都是海外进口。（2009 年，美国原油进口最大来源国依次是加拿大、沙特阿拉伯、墨西哥、委内瑞拉、尼日利亚和伊拉克。)[19] 美国人将自己的命运与地缘政治动荡的地区挂钩，但他们对此并未多想，依旧继续大肆消耗化石燃料。自 2010 年以来，美国有几个州兴起利用“水力压裂法”开采页岩油的生意，他们以灾难性的环境影响为代价，减少了石油进口。

与郊区生活如影随形的高油耗 SUV 汽车，以及为规避油耗标准而归类为“轻型卡车”的车型，只是能源浪费的冰山一角。[20] 现有的工业化农业模式同样依赖高能耗与石油资源。在美国，草坪上的草是主要“作物”，其种植面积超过小麦、玉米或烟草。虽然通过促进本土植物自然生长可以实现环保养护，但这种低技术含量的方法并未普及。为了修剪 4000 万英亩的草坪，美国人部署了一支由两亿台内燃机割草机，以及不计其数的除草机、吹叶机和链锯组成的机械大军。超高科技的高尔夫球场加剧了干旱地带的缺水问题。随着收入增加，人们对户外娱乐日益渴望，用于船只、雪地摩托、高性能越野车、摩托车和私人船艇的内燃机数量也在激增。[21] 这些以消费为导向的技术增加了尾气排放、加剧了全球变暖，加强了对进口石油的依赖，增加了地缘政治不稳定性的风险。

美国人对廉价石油的渴望阻碍了理性处理能源问题的努力。美国没有通过提高化石燃料税收来提高能源效率、减少对进口石油的依赖、降低系统风险，而是制定了政策和补贴，反常地鼓励更多化石燃料的消费。联邦政策和各州补贴的结合创造了一个庞大的玉米燃料乙醇产业。《2005 年能源政策法案》和《2007 年能源独立与安全法案》共同规定，到 2022 年，美国每

阿尔伯塔卡尔加里的郊区，2007 年。

年可再生燃料的使用量将达到360亿加仑，即该行业规模要整整翻两番。尽管2007年的法案鼓励“先进的生物燃料”，如从非粮食作物中提取乙醇或从油料作物中提取生物柴油，但是玉米乙醇是唯一可行的现实选择。豆基生物柴油的产量是玉米燃料乙醇的十分之一，2016年约有12%的大豆收成用于生产生物柴油。乙醇在美国中西部玉米种植带的各州越发受欢迎，市场对乙醇的巨大需求使每蒲式耳玉米的价格几乎翻了一番。[22]

乙醇燃料之所以受到汽车制造商青睐，关键在于它能以低成本满足联邦燃油效率标准。很多大型皮卡和SUV都装配了弹性燃料发动机，可以兼容85%的乙醇和普通汽油。根据1988年《替代机动车燃料法案》，制造商卖出去的每一辆弹性燃料汽车，无论是否使用E-85乙醇汽油，“均可获得相当于实际油耗里程两倍的积分”。汽车制造商必须符合27.5英里/加仑（mpg）的平均汽车燃油效率（轻型卡车的标准略低）。1975年，在OPEC实施石油禁运后，企业平均燃料经济性指标（CAFE）确立，立法者希望通过提高平均燃油效率减少石油消耗。这些年来，油耗标准虽然有所提高，但幅度不大。制造商每售出一辆高油耗汽车，都需要再售出一辆低油耗汽车进行抵消。随着时间推移，全国汽车的平均燃油效率将得以上升，总汽油消耗量也会如愿逐步下降。

虽然弹性燃料“轻型卡车”的制造成本增加了大约100美元，但是制造商却可以在销售高油耗汽车的同时，通过获取积分人为地虚增平均油耗。低燃油效率的弹性燃料汽车摇身一变为高燃油效率汽车。《替代机动车燃料法案》做出了一个牵强的假设：所有 E-85 汽车一半时间使用汽油，一半时间使用 E-85 乙醇汽油；计算时先用 E-85 的油耗数值“除以 0.15”，再取这两个数值的平均值。如果一辆弹性燃料汽车的汽油油耗为 20 英里 / 加仑，乙醇汽油油耗为 15 英里 / 加仑，那么就可以视为一半时间 20 英里 / 加仑，一半时间 100 英里 / 加仑，两个数值的平均值就是 60 英里 / 加仑。在任一年，超过 CAFE 标准的“超额”燃油效率积分可以在 3 年内使用。因此，制造商可以使用乙醇汽油积分来规避因平均燃油效率未达标而面临的罚款。迄今为止，相关罚款已经达到了 7.5 亿美元，其中大部分由欧洲豪华汽车制造商承担，如宝马和奔驰。近年来，美国本土汽车制造商没有支付任何此类罚款。通用汽车公司的一位高管称：“这些积分是一个激励因素。”[23]

2010 年，我们在美国中西部偏北地区的一次度假旅行中发现，虽然玉米燃料乙醇 E-85 的应用很广泛，但并不划算。当时在全国 2000 家 E-85 汽油加油站中，大部分都集中在“玉米带”的 9 个州。[24] 通过大量的联邦混合燃料补贴、多项联邦税收减免和州补贴政策（如明尼苏达州向乙醇汽油生产商提供每加仑 20 美分的补贴），E-85 加油站的成本降低了。但是以我们租来的 E-85 汽车为例，油耗表现很糟糕，每加仑行驶里程比普通汽油车下降了大约 25%，这与其他弹性燃料汽车一致。[25] 按实际行驶里程计算，我们在 E-85 加油站花了更多的钱。所以，从单纯经济学的角度来看，使用乙醇汽油显然得不偿失。

纵观整个能源循环，玉米燃料乙醇的处境更加堪忧。虽然玉米被标榜为进口石油的国内替代品，但它本身并非真正的石油。玉米转化乙醇的过程需要消耗大量能源：用于玉米田的石油基化学肥料，以及用于耕种、播种、收获和运输的燃料，更不用说将玉米转化为乙醇的能源密集型化学加工过程了。（一些分析人士估计，生产 10 加仑乙醇需要投入 7 加仑乙醇用于种植和加工玉米。）[26] E-85 充其量只是对减少进口石油有微小的正面影响。当然，它人为地提高了政府规定的燃油效率数字，增加了允许上路的超大油耗汽车的数量，更助长了美国人消耗更多汽油的消费倾向。

美国能源政策的批评人士还指出，这些政策在不知不觉中导致了全球安全局势的恶化。美国的玉米种植农户收获了利益，与之形成鲜明对比的是，用于制作玉米饼的玉米淀粉价格上涨了 4 倍，墨西哥消费者深受其害。在墨西哥，一个四口之家平均每天要消耗 1 公斤（约 2.2 磅）的玉米饼。由于 1994 年签署的《北美自由贸易协定》，墨西哥开放了边境，进口了当时价格低廉的美国玉米，结束了对国内供应的依赖。2007 年 1 月，一路上涨的玉米价格在墨西哥各地引起了粮食骚乱。“玉米用于生产乙醇的工业需求急剧上升……这势必会抬高食品价格，”一名美国经济学家评论道，“使用另一种重要而有限的资源（玉米）来摆脱对石油的依赖，这并非良策。”[27]

玉米价格上涨让美国玉米种植户赚得盆满钵满，却让墨西哥数百万玉米消费者蒙受利益损失。2006 年，大约 20% 的美国玉米收成用于生产乙醇，而不是生产食品或动物饲料。2010 年，在乙醇补贴全面实施后，39% 的玉米收成流向了乙醇生产。全美五分之二的玉米似乎注定要被运往 E-85 加油站，尽管地球政策研究所的计算表明，“装满一辆 SUV 的乙醇汽油所需的谷物足以养活一个人一整年”。[28] 墨西哥国内的持续经济困境，促使墨西哥人冒着走私风险穿越边境进入美国，这笔账则由美国纳税人买单。随着《安全边境计划》(2005—2011 年)的出台，美国计划投入数十亿元在 1969 英里长的美墨边境沿线建设 670 英里围墙，每英里的建设费用达到 750 万美元。2016 年之后，美国新一届总统政府重新启动了筑墙工程，完全不顾十多年来所面对的“项目挑战、管理漏洞，成本、工期和履约风险”。[29]

根据美国国会预算办公室的数据，截至 2009 年，将玉米转化为乙醇已经给美国消费者带来了更高的食品价格。[30] 这一情况在未来可能更甚。为了达到联邦政府规定的 2022 年 360 亿加仑乙醇的目标，美国需要将更多的耕地改为玉米田，以种植用于生产乙醇的玉米，这将减少用于粮食作物生产的土地，从而推高国内粮食成本。玉米片、玉米糖浆以及玉米饲养的牛肉和猪肉的价格将面临上涨压力。2009 年的《美国平价食品和燃料法案》获得了牛肉、猪肉生产商的支持，他们希望控制乙醇补贴，从而降低饲养场的玉米采购成本，但该法案在委员会中被否决。“现如今，粮食价格与石油价格挂钩，”莱斯特·布朗(Lester Brown)表示，“在这种新形势下，一旦石油价格攀升，世界粮食价格将会参照石油价格上升。如果粮食的燃料价值超过其食品价值，市场将会把这种商品转化为能源经济。”[31] 的确，玉米燃料乙醇将能源消耗、农业补贴、国际能源和粮食经济，与地缘政治不安全加剧的不幸后果联系在一起，这实在是种悲哀。

不安全信息

20 世纪 70 年代，约翰·德雷柏（John Draper）的行踪飘忽不定。虽然他身处加州湾区的一个电话亭里，但只需要一角硬币和麦片盒子附赠的塑料哨子，他就可以呼叫全世界。他发现了破解电话系统的钥匙，任意操纵系统让他如痴如醉。但同时，这是非法行为，所以他要频繁流转。每次来到一个付费电话亭，德雷柏会先投入一枚一角硬币，再拨打那些免费热线电话（很多公司都会提供这种电话服务）。电话接通后，硬币哗啦一声就会被退回。他只需快速吹响塑料哨子，就能让电话亭与公司的免费应答系统断开，导致线路彻底中断。这个操作实际上让他获得了整个电话交换系统的开放访问权限。要在这庞大的电子空间中游刃有余，仅靠塑料哨子可不够。经过仔细研究，并请教其他电话黑客后，他设计并制造了一个能发出特定音调的"蓝盒子"。这些音调组合可以直接控制电话系统：一组音调能拨通数英里外的朋友电话；另一组能实现"开放中继"，建立群组电话会议；还有些音调能拨到纽约、伦敦或巴黎的某个电话亭。凭借在早餐麦片盒子里发现的塑料口哨，德雷柏获得了"咔嚓船长"的绰号，他可以将一通电话打遍世界，最后再打回给自己。当这种"电话飞客"变得普遍时，美国电话电报公司只得下令回收并销毁所有发行于 1960 年 11 月的《贝尔系统技术》期刊。该期刊里一篇名为《控制电话系统的信号系统》的文章详尽描述了所有操作细节。文章指出："这些（交换）频率在语音波段内，它们可以像语音电流一样轻松通过线路设备进行传输。”两名加州青少年对这些信息求知若渴，并在斯坦福大学的计算机图书馆找到了这份期刊。他们不仅为朋友们制作了“蓝盒子”，还拿出去销售。在这对搭档中，史蒂夫·沃兹尼亚克（Steve Wozniak）是技术天才，而史蒂夫·乔布斯（Steve Jobs）是营销天才：他们联合缔造了苹果电脑。[32]

当时的电话系统内部结构单一，所以德雷柏完全有可能利用漏洞。数十年来，美国电话电报公司一直是美国政府批准的长途电话垄断企业。在地方层面，电话系统呈现出极大的多样性。俄勒冈州克纳帕地区建立了一个非企业性质的合作机构，以便农村地区的居民互通电话，但如果要打到旧金山或芝加哥，还是需要通过贝尔长途系统。全球的电话系统由许许多多的本地电话公司组成，它们相互连接组成区域或全国性网络，再经由国际交换站实现跨国互联。然而，正如德雷柏所展示的，电话系统可以像一个单一的系统一样，很容易被玩弄于股掌之中。加州用于转接本地电话的音频序列，在其他有自动呼叫切换功能的地区一样适用。梵蒂冈是这个全球综合系统的一部分，所以电话飞客可以设法致电教皇，但是他们却无法打给缅甸或博茨瓦纳的居民，因为这些地方的电话仍然离不开人工接线员。顺便一提，如今的电话系统在交换和传输电话呼叫时使用的是完全不同的信道和信号，所以德雷柏的哨子已经无法发挥魔力。

不可思议的是，德雷柏的黑客行为在今天的互联网上仍然存在。互联网系统在很大程度上呈现出高度整合的单一架构特性：管理电子邮件、社交媒体或 YouTube 视频的计算机通信协议在世界各地惊人地统一。阿帕网是互联网的前身，最初采用单一协议处理所有通信。早期网络规模的不断扩大并不是催生互联网的真正原因，正如第 8 章所讨论的，连接具有不同运行特性的多样化网络需求才是原因。阿帕网是一个快速且高度可靠的网络，而夏威夷等地的其他网络使用嘈杂的无线电信号，速度慢、稳定性差。通过卫星在北大西洋传递军事敏感信息的网络虽然快，但信号在地面接收站和卫星之间来回传递时，会出现不可预测的延迟。其他计算机网络则采用各种专有标准或 X.25 协议，这些协议创建了类似于电话线的虚拟电路。

罗伯特·卡恩和温顿·瑟夫构想的互联网，本意是将这些不同的网络真正地连接在一起，允许每个网络保留自己的消息路由协议。他们合理推断，如果互联网能成功应对这种多样性，那么它将可以处理几乎任何类型的网络通信。矛盾在于，卡恩和瑟夫发明的特定协议——传输控制协议（TCP）和互联网协议（IP）——是为了适应多样性而生的，但最终却形成了一个单一网络，运行着如今普遍存在的 TCP/IP。20 世纪 80 年代 TCP/IP 的普及，以及 90 年代电子商务的蓬勃发展，都成为增加系统性风险的额外进程，但当时几乎没人意识到。根本问题在于，互联网在设计、构想或构建之初，并未考虑安全性。

在任何集成的单一系统中，高效、安全都是艰巨任务。一旦效仿德雷柏找到了进入信息“高速公路”的方法，就会畅通无阻。实际上，TCP/IP 的普适性创建了一个庞大而统一的系统——这是一条单一的信息高速公路，这条路上标识清晰的出入口随处可见。这是小偷的理想场所：没有边境、没有检查站、没有护照，以及形同虚设的身份识别。几年前，我在家安装了兄弟牌激光打印机，当时通过 TCP 协议发送指令就完成了设置，让我颇感意外。只要掌握正确的代码，我甚至能从我的工作电脑或任何一台联网设备来远程操控家里的打印机。任何有心的黑客都可以做出这种事，而更糟糕的是，我的家庭网络除了设有安全性很低的“防火墙”，没有任何防护。

控制他人的激光打印机是一回事，真正的胜利是控制整个电脑。最简单的方法就是利用自我传播的病毒或蠕虫程序攻破秘密的计算机网络，利用它们发送垃圾信息，从而窃取信用卡信息或进行其他恶作剧。某些计算机操作系统——特别是那些内置远程访问程序用于故障排查的系统——简直就是活靶子。如蓝宝石（SQL Slammer）蠕虫，它利用微软服务器软件中的缓冲区溢出漏洞，曾在 2003 年导致一座核电站瘫痪了 5 个小时。而危害性极强的愚人飞客（Conficker）蠕虫则感染了 190 个国家大约 1000 万台微软电脑。在 2020 年新冠疫情期间，华盛顿州启动了失业保险支付，但不幸的是，系统被尼日利亚的一个国际网络欺诈组织骗取了“数亿美元”。

更严重的问题是，我们已经将一系列需要最高安全性的复杂技术系统与明显不安全的互联网连接了起来。尽管令人难以置信，“电网、水处理和供水系统、大型水坝、石油和化学炼油厂如今都由联网的计算机控制”。[33]

联网计算机存在安全漏洞，因此，由联网计算机控制的所有技术系统也都存在缺陷。下一代互联网协议 IPv6 难以解决安全问题。IPv6 诞生于 20 世纪 90 年代，它的出现在某种程度上是出于对隐私的担忧，但耐人寻味的是，“该协议本质上并没

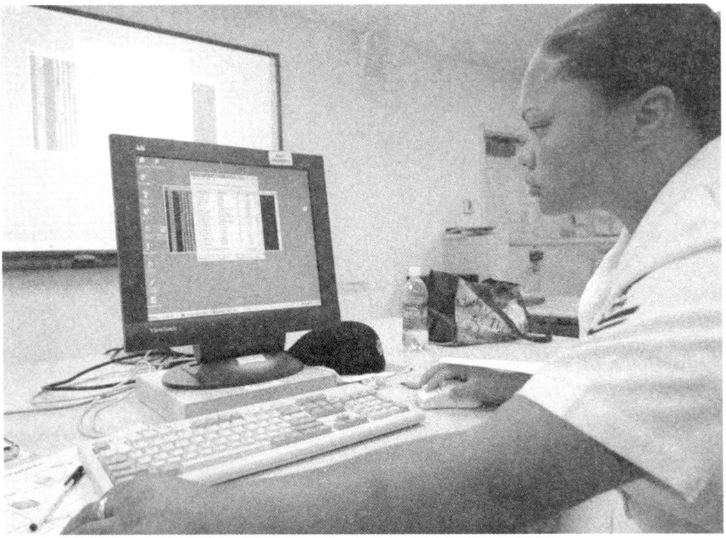

美国军方监控网络攻击，2009 年。在圣地亚哥空间和海战系统中心进行的网络战争训练期间，美国海军技术人员正在监控入侵。美国海军照片。

有涉及安全问题”。IPv6 和上一代 IPv4 一样，都很容易遭受互联网攻击。[34] 本节列举的系统性风险案例，看似是某些偏执狂的臆想产物，但实际上，这些关于空中交通管制（ATC）、电力供应网络和网络战争的案例，均来自政府官方报告或知情人士披露。

2001 年 9 月 11 日，北美的空中交通管制系统完美运作，迅速有效地停飞了约 4500 架飞机，但由城市控制塔、航路飞行控制中心和地方机场交通指挥组成的复杂系统，实际上充满了系统性风险。2004 年 9 月，微软服务器的一处“设计异常”导致南加州的空中交通管制无线电系统关闭，800 架飞机与空中交通管制失联长达 3 个小时。这台运行在戴尔硬件上的微软 Windows Advanced 2000 服务器被设定为每 49.7 天自动关闭一次，以防止数据过载和致命错误，因此技术人员每隔 30 天就需要手动重启。然而，还是出现了故障——技术人员未能正确重置服务器，导致其毫无预警地崩溃，备份系统也同时宕机。结果，空中交通管制员无法直接与飞行员取得联系，紧张忙乱的他们至少目睹了 5 次未遂事故，只能使用个人手机向其他管制设施传递警报。[35] 而负责监管的美国联邦航空管理局，是在经历了数十年交通管制系统现代化的困难之后，才求助于微软和戴尔等商业供应商。

全国空中交通管制是 20 世纪 60 年代的产物。斯佩里 - 兰德公司凭通用自动计算机（Univac）获得了一份开创性合同，将一款军用计算机进行改造，用于联邦航空管理局的自动化雷达终端系统（ARTS-1）。该系统于 1964 年在亚特兰大首次测试。5 年后，该公司获得了下一代 ARTS-3 的合同，并在未来数年里将系统安装到 63 个城市，最终于 1975 年在达拉斯完成部署。针对 ARTS-3，斯佩里 - 兰德公司制造了 UNIVAC 8303 计算机，以取代原军用计算机，但仍保留了其专属的汇编语言来运行复杂的软件。因此，直到 1997 年，联邦航空管理局仍在采购 UNIVAC 8303。两年后，美国审计总署告诉国会议员：

> 自动化雷达终端系统（ARTS-IIIA）是全球约 55 个航管雷达终端控制设施的核心数据处理系统。该系统为交管人员提供关键的飞机位置和飞行计划等基础信息。ARTS-IIIA 仍然依赖于一台 20 世纪 60 年代的老式电脑……但如今家用电脑的内存已经是这种老式处理器的 250 倍。

正如《科学美国人》指出的，如果 UNIVAC 8303 是一台个人电脑，其“区区 256 千字节的内存……根本无法运行《微软模拟飞行》这个受欢迎的游戏”。[36]

用于航路交通的并行空中交通管制系统也是过时的硬件和软件拼凑之作。联邦航空管理局曾希望“高级自动化系统”（1981—1994 年）可以彻底革新航路计算，但由于收效甚微且成本激增至 73 亿美元（当时有上千名 IBM 软件工程师参与研发），管理局最终取消了与 IBM 的合同。一位软件经理称这个命运多舛的项目是“组织工作历史上最大的灾难”。当然，飞机仍在飞行。1997 年，IBM 设计的遗留主机系统仍运行着 50 万行用 Jovial 语言和汇编语言写的代码，这些代码可以追溯到近 30

年前，它们从20世纪60年代末的老IBM 9020计算机移植而来，用于适配新版IBM 3080计算机。“但主机最多只有16MB的运行内存，这是严重的限制，”《科技纵览》的作者指出，“它急需进行迭代。”NASA的研究人员在提到这个“几乎绝迹的编程语言”时指出：“能掌握Jovial语言的程序员已经很少了。”[37]在这两种情况中，20世纪60年代为第一代空中交通管制系统编写的软件，其寿命不仅长过了运行软件的计算机，也长过了维护软件的程序员。

在经历了计算机系统的种种挫折后，联邦航空管理局转向了商业软件和可定制的现成组件。管理局虽然也采用了网络计算技术，但交通运输部总监察长办公室在2009年开展的一项调查清楚地表明，网络计算存在严重的安全隐患。“用于支持空中交通管制系统的网络应用程序缺乏有效保护，无法抵御攻击或未经授权的访问。”[38]报告调查了70个面向公众的信息发布程序，以及支持联邦航空管理局8大操作系统的内部应用程序，包括航路跟踪、天气预测、库存管理、本地雷达监控和整体交通管理等。最令人担忧的“高风险”安全隐患有763个，包括攻击者“直接访问计算机系统的权限（如执行远程命令）”，以及许许多多的小问题。一个简单的事实是，这些基于网络的应用程序“通常充当着空中交通管制系统的前端接口”。

研究人员成功地入侵了朱诺天气系统、阿尔伯克基控制塔、6个航路控制中心（安克雷奇、波士顿、丹佛、奥克兰、盐湖城和西雅图），以及整体负荷管理系统。一旦侵入航路控制中心，黑客就能关闭整个系统的电力；而侵入负荷管理系统，黑客可能会释放计算机病毒或蠕虫程序。事实上，此类攻击事件已经发生了几起。2006 年，一种在公共互联网上传播的病毒感染了联邦航空管理局的空中交通管制计算机，迫使“关闭了阿拉斯加部分空中交通管制系统”。2008 年，“黑客控制了管理局的关键网络服务器（域控制器），并获取了关闭服务器的权限，这可能会对任务支持网络造成严重破坏”，然而当时并没有进行广泛报道。2009 年 2 月，黑客利用管理局的公共计算机，非法获取了 48000 名现任和前任管理局雇员的个人信息。尽管难以置信，但多年来，空中交通管制系统一直很容易受到各种网络攻击的影响。现在依旧如此。如今，管理局耗资 200 亿美元的“下一代”空中交通管制系统（2007—2025 年）用 GPS 取代雷达进行航路跟踪，并有望淘汰 20 世纪 60 年代的老式计算机系统，但是，数据通信和监视系统可能仍然存在安全漏洞。

将学校、办公室和家庭与核电站、热电厂或风力涡轮机连起来的电网也存在安全隐患。北美电网由许多区域电网构成，两大跨国电网（东部电网及西部电网）横跨美加边境，以及得克萨斯州、阿拉斯加州和魁北克省的小规模独立电网。东部电网跨越了边境，这就是为什么美国东北部地区在 1965 年和 2003 年发生的停电也会跨越边界。电网是巨大而复杂的系统架构。如第 5 章所述，电力最初都是通过交流电的长途线路输送的。但在近几十年里，人们修建了高压直流电线进行远距离输电，如 1970 年开通的太平洋直流电联络线，可将过剩的水力发电从俄勒冈州达尔斯附近输送到 846 英里之外的洛杉矶地区。1986 年开通的山间高压直流电线路将电力从犹他州的燃煤电厂输送到 488 英里之外的洛杉矶地区。在西欧，30 多条高压直流输电线路连接着各个变电站和用户，路径跨越了波罗的海以及地中海诸岛。2019 年，中国开通了全长 2000 英里的昌吉至古泉线，运行电压超过 100 万伏特，将位于西北边缘的新疆维吾尔自治区的水力发电与人口密集的东部沿海地区连接在一起。

高压直流电线路可以在区域电网之间（如美国东部电网和西部电网之间的 6 条直流线路），或在两个并不"同步"的交流电网之间高效传输电力。但通常来说，电网管理者会持续同步系统的电压和相位。这在本质上是一个实时处理海量数据的难题。电网运营商同样热衷于基于网络的联网计算技术。尽管具体细节与空中交通管制系统不同，但潜在隐患如出一辙——连接到联网计算机的复杂技术系统本身就容易遭受攻击。

2008 年，美国能源部委托爱达荷国家实验室对 16 项安全调查报告进行分析，试图找出"关键能源基础设施"（即电网）的常见漏洞。[39] 报告显示，这些设施存在 11 类共 28 种漏洞。部分漏洞源于常规的安全缺陷，如密码薄弱或缺失、授权用户岗位变更时未及时注销账户，以及防火墙保护不足。计算技术还会导致其他问题。常见的编程错误，如电网控制系统中的缓冲区溢出和整数溢出，可以追溯到 20 世纪 60 年代。打开计算器，将两个大数相乘后不断重复运算，直到计算器无法存储正确结果，这就是典型的溢出错误。当黑客获得计算机系统的部分访问权限后，可以用各种数据输入去"试探"它，直到一个溢出错误导致崩溃。而崩溃时，有时会暴露出获取完整访问权限的途径。（想象一下，你站在房子前面随意扔石头，但完全不知道窗户的位置，直到有一块石头砸到了窗户，这时才知道窗户在哪里。）电网也容易受到病毒或蠕虫的攻击，如向常用的 SQL 数据库服务器注入恶意代码的 SQL Slammer 蠕虫。

电网管理领域存在若干特殊安全漏洞。由于电网运营商需要实时协作，根据需求传输大量电力，他们普遍采用专有或非标准通信系统。令人遗憾的是，本应常规使用的加密技术（包括账号密码等信息）却鲜少使用。令人咋舌的是，运营商会通过 ftp、telnet 等不安全协议传输“明文”数据，这些信息极易被截获。更糟糕的是，部分电网运营商甚至未意识到自己身处互联网环境。一位电网安全专家曾与某大型燃气涡轮发电机的操作员进行了以下“无害”对话：“你担心网络威胁吗？”“不担心，我们是完全断网的。”“太好了！现在是用电高峰期，你怎么确定发电量？”“办公室收到独立系统运营商的指令，我们会在屏幕上看到消息。”“消息是通过互联网传过来的吗？”“是的，我们可以看到所有发送到公司内网的指令。呃，事情不太妙，是不是？”[40]

安全问题的核心是一种被称为控制中心间通信协议（ICCP）的常见（但不安全的）通信协议，它广泛应用于整个电力行业。用爱达荷国家实验室的话来说：

> ICCP 是国际电力行业所使用的开放协议，用于公共事业公司、区域传输运营商、独立发电厂等之间交换数据。明文数据交换可能为攻击者提供了许多拦截、掌握和篡改数据的机会。

危险的情况并不难想象。例如，恶意攻击者只需要简单重复一个真实、可靠的命令（以不加密的明文发送），就可以在两个区域电网之间传输大量电力。如此一来，电力过载很容易导致接收电网崩溃，正如2003年美国东部因各种原因出现的停电事件一样。

一些远远超出“明文”篡改的可怕情况已经发生。据《华尔街日报》报道，至少自2009年以来，俄罗斯黑客持续测试、探测和渗透到美国的能源系统中，包括电力系统。《纽约时报》在2018年报道称，俄罗斯人已经获得“进入发电厂关键控制系统的权限”，美国国土安全部和联邦调查局就迫在眉睫的威胁向电网运营商发出警告。被称为“活力熊”的俄罗斯黑客成功“攻破了电网、水处理设施，甚至是堪萨斯州等地的核电站”。一位安全专家表示：“我们现在有证据表明，他们通过接入工业控制基础设施，完全具备切断电力供应或实施破坏的能力。说白了，他们只是差点政治动机。”[41]

如今，网络战争已被视为陆地、海洋、空中和太空之外的“第五个”战争领域。美国军方在20世纪90年代中期高调推行“网络中心战略”，但这个过程存在诸多漏洞。一位分析人士观察指出：“美国（军队）高度依赖信息，严重依赖精密协调的后勤网络。”这种依赖性催生了安全漏洞。“2003年到2005年，一系列有组织的网络攻击对美国军方、政府和承包商网站进行了攻击，”据《政府计算机新闻》报道，“代号为‘泰坦雨’的系统性入侵攻击了数百台政府电脑。”随后在2006年，美国国家核安全管理局发现，一场持续了一年的网络攻击窃取了1500名员工的姓名等个人数据，其中许多人都身居高度机密的要职。[42]

2007 年 4 月，爱沙尼亚成了大规模阻断服务攻击的目标，政府、银行、大众媒体和政党网站集体瘫痪，全国电话交换系统、信用卡网络纷纷失灵。爱沙尼亚官员将攻击归咎于俄罗斯，但后续调查仅发现了一个松散的俄罗斯“激进黑客”网络和大批僵尸网络。2009 年 7 月，美国白宫、五角大楼以及韩国多个政府部门也接连遭受类似攻击。

网络战可能加剧地缘政治的不确定性并暴露系统性风险。与航空母舰或战地坦克不同，网络战争对于外部世界而言基本是无形的，而且鲜少有像禁止化学武器战争的《日内瓦公约》一样的具有约束力的行为准则。[43] 保密性占主导地位。例如，2007 年 9 月，以色列空军摧毁了叙利亚东部一处疑似核基地的设施，当时没有人公开讨论。以色列情报部门发现了可疑的施工活动和在场的大量工人。中央情报局的照片和联合国国际原子能机构的调查后来证实，这是一处核加工基地，明显违反了防止核扩散协议。尽管叙利亚的雷达操作员尽职地盯了整整一小时屏幕，却始终未发现敌方的喷气战机，以色列的夜间空袭大获成功。照理说，叙利亚的雷达本可以探测到以色列的老式喷气战机，但以色列以某种方式控制了叙利亚昂贵的俄制防空系统。“出现在（叙利亚）雷达屏幕上的是以色列空军故布的图像，图像里什么都没有。”即使紧急出动军机，他们也没有可以瞄准的目标。时至今日，没有人知道以色列人是如何做到的。

由于高度隐秘的行动，以色列政府直到 2018 年才公开承认 2007 年的袭击。当时美国军方猜测，以色列使用了类似美国的攻击系统，该系统允许“用户入侵通信网络，窥探敌方传感器信息，甚至接管系统管理权……从而隐藏飞机行踪”。美国这套系统通过向敌人的防空系统注入虚假目标、误导控制信号和其他电子干扰手段来实现军事目的。在挫败叙利亚防空系统时，以色列很可能也把目标对准了伊朗，因为伊朗也购买了同款俄制系统。俄罗斯的计算机系统仍有很多不足之处。1982 年 6 月，在罗纳德·里根总统领导下的冷战高峰期，一套苏联计算机系统出现了灾难性故障。美国情报人员曾在加拿大的一台电脑上安装了恶意软件，后来这台电脑被盗，并被安装了西伯利亚一条天然气管道的控制系统。一位前空军部长表示 :“管道控制软件被预先编程，其在一段时间之后会失控，会重置泵速和阀门设置，从而产生远超出管道接头和焊缝承受极限的压力。”按照计划，控制计算机引发了天然气管道的混乱，导致了“从太空都能看到的有史以来最严重的非核爆炸和火灾”。[44]

与大多数谍战剧情节一样，有关西伯利亚天然气管道爆炸的事实始终笼罩在迷雾之中。但不出所料，苏联否认事故是加拿大被盗电脑上安装的美国软件导致的。一些西方分析人士也对这种说法表示怀疑。然而，1996 年中央情报局一份解密材料显示，美国曾向苏联提供存在系统漏洞的技术方案，苏联方面则顺水推舟地窃取了这些技术。法国从一名苏联双面间谍处获得了“告别档案”，这份档案列出了苏联所渴望的先进技术清单。一名情报官员透露 :“伪造的电脑芯片被植入苏联的军事设备，存在缺陷的涡轮机被安装在天然气管道上，不完善的计划中断了化工厂和拖拉机厂的生产。”[45]

关于昂贵的武器系统存在惊人漏洞，还有一个典型案例，那就是美国军方在伊拉克、阿富汗和巴基斯坦部署的“捕食者”无人机。虽然部分捕食者确实发射了导弹，但它们主要用于前向监视，向轨道卫星发送实时视频图像流，然后下传到中继站，供情报筛选和分析。事实证明，一个售价 26 美元的商业软件工具就能轻而易举地读取无人机的“未加密下行链路”。该软件由一家俄罗斯公司设计，初衷是获取合法的非军事互联网内容，如足球比赛。在伊拉克被俘战士的笔记本电脑上，发现了重要的视频内容（“日复一日、夜以继日的证据”）。尽管这种视频漏洞早在 20 世纪 90 年代就被发现了，并且按理来说对视频链路进行加密是很简单的事情，但却成为长期存在的痼疾。捕食者无人机由通用原子航空系统公司制造，“它的一些通信技术是专有的，广泛使用的加密系统很难兼容”。美国空军最终用同样由通用原子公司制造、价值 1000 万美元的“死神”无人机取代了捕食者，但“新型无人机的视频源仍可能像之前一样被黑客入侵”。[46]

脆弱的航运

航运港口已全面信息化，但这并非它们成为国内安全“软肋”的原因。每年，大约有 1100 万个集装箱从世界各地抵达美国港口，一举一动都受到计算机的跟踪。全世界大约流通着 3500 万个集装箱，这些矩形钢箱的标准尺寸通常是 8 英尺高、8 英尺宽、20 英尺或 40 英尺长。一般而言，集装箱货运要采用高度标准化的设计，以便最大限度利用有限空间装载货物。装满易腐物品（如香蕉）或高价值物品（如电脑）的集装箱聚集在世界各地的港口，随后被装载到专用的集装箱货轮上。截至 2020 年，世界上最大的 70 艘集装箱货轮的长度均在 400 米（1312 英尺）以内，由中国、丹麦、法国、日本、韩国、瑞士的航运公司运营。这些巨轮的长度相当于 4 个标准足球场（1300 英尺），宽度略超过 1 个足球场（183 英尺）。装载量达 24000 标准箱（1 标准箱即 20 英尺标准集装箱单位），足够容纳 300 万台 29 英寸电视机。集装箱货轮常被形容为“和航空母舰一样大”，事实上，最大的货轮比顶级的尼米兹级核动力航空母舰还要长 200 多英尺。航空母舰需要配备 3000 多名工作人员，而即使是最大的集装箱货轮，船员也不到 20 人。

为了提高效率，整个集装箱港口和船舶系统都经过了精心设计，以便大型船舶在港口停留的时间尽可能短，将更多精力用在各港口间的高效运输上。显然，在经济效率高于一切的情况下，安全性往往很少受到重视。许多港口不仅规模庞大，还位于治安薄弱的历史区域，其种类之繁杂更是令人望而生畏，这些都让安全工作变得复杂。仅在美国就有 260 个内陆及沿海港口，包括洛杉矶、长滩和纽约—纽瓦克 3 大集装箱港，每个港口年吞吐量达 400 万到 500 万标准箱，涵盖国内和国际货物运输，以及船舶间的转运业务。休斯敦港需要处理 180 万个标准箱的石油产品，新奥尔良下游的南路易斯安那港则承担着全国粮食的出口重任（共有几十万个标准箱），因此这些港口有时被视为全美最大的港口。除了安克雷奇港（主要运输石油和散货），阿拉斯加还有 20 个较小的港口分布在 6000 英里长的海岸线上。[47]

集装箱航运体系诞生于战后数十年。长期以来，货主们一直在与港口码头工人联盟的强势地位作斗争，他们指出这种散装或开放式装卸系统不仅造成资源浪费、效率低下，还存在随意盗窃等问题。回想早期工业伦敦时期，仅有六分之一进入船厂的木材最终能顺利出海。集装箱运输大幅减少了所需的码头工人数量-——集装箱被锁闭密封，重物搬运也不再依赖码头工人的体力，而是改用机械起重机完成。集装箱运输还实现了“多式联运”的愿景：货物可通过卡车或火车运至港口，经跨洋运输后，再通过卡车或火车转运至最终目的地。这种运输方式对高价值商品的货主具有特殊吸引力——一旦集装箱在中国或新加坡的工厂完成“封存”，便保持封闭状态，直至指定收货方开启。1997 年，60 家消费电子和计算机制造商及零售商共同创立了技术资产保护协会，将这些目标制度化。为了减少运输过程中的盗窃，协会要求托运人遵守严格的规定，制定安全要求，并定期进行自我评估。[48]

2001 年 9 月 11 日的恐怖袭击极大地改变了全球航运业的安全目标。港务局不再担心货物盗窃或集装箱偏离方向，而是担心恐怖分子可能把集装箱作为袭击的“目标”或进入目标国家的“渠道”。在“9・11”事件之后的几个月里，炭疽恐慌进一步加剧了这些担忧。多家智库发布报告称，集装箱可能会被用于运送生物危害品、致命化学物质或核材料，必须警惕。“我们必须把每个集装箱都视为特洛伊木马。”前海岸警卫队指挥官、科学应用国际公司安全专家斯蒂芬·E. 弗林（Stephen E. Flynn）警告说。[49] 有几份报告提到了广岛原子弹的简单枪式设计。钚是一种不稳定的危险元素，如果恐怖组织能够获得足够的浓缩铀，就可能制造出简易炸弹。有人提出在邮轮等船只上安装炸弹的可能性，但这似乎是多此一举，因为只需将炸弹放在集装箱中，再运送到目的地，即可完成任务。2002 年至 2003 年，美国广播公司新闻频道将数罐 15 磅重的贫化铀（含有低浓度可裂变同位素铀-235 的天然铀）运往美国港口，全程未被察觉，港口系统的脆弱性可见一斑。尽管贫化铀不可能制成炸弹，但用于制造武器的高浓缩铀也不容易被检测到。事实上，最新使用的 X 射线和伽马射线扫描仪就是为了探测可能隐藏铀的屏蔽层。前几年，洛杉矶港口“几乎每周”都会发现藏有偷渡者的集装箱，这种诡计在 X 射线和伽马射线的检测之下无所遁形。美国国土安全部不得不作出决定：“为确保大规模杀伤性武器无法通过集装箱进入美国，改进检查程序势在必行。”[50]

位于全球最繁忙港口附近的大型人口密集区——包括上海、香港、新加坡、鹿特丹、纽约和洛杉矶——使危险的航运更加令人担忧。自“9·11”恐怖袭击以来，实施有效的港口安全措施并非易事，因为任何全面检查都会降低集装箱运输的速度和效率。关于实际接受检测的集装箱比例，各方数据都不相同，但所有数据都低得可怜，仅约 5%。2010 年，航空货运也出现了类似问题：尽管乘客的行李箱会经过大量的炸弹嗅探和 X 射线扫描，但同机运输的货物却很少受到仔细检查。

2006年春天，许多美国人对外国接管美国航运基础设施感到惊愕。实际上，美国的6个主要港口已经被英国航运巨头半岛东方轮船公司所持有。问题的症结在于，迪拜世界港口公司以68亿美元收购了历史悠久的半岛东方轮船公司。由此，纽约港和新泽西港的大量股权，纽约客运港、费城港，以及东海岸和墨西哥湾的15个货运设施，似乎即将从一家外国公司转移到另一家外国公司。当然，并非所有的外国公司都相同。“外国公司将在我们的港口扮演重要角色，尤其还是一个中东公司，这让我们的公众非常忧虑。”一名国会议员表示。[51]

历时数月的激烈政治博弈随之而来。为在安全议题上彰显强硬姿态，民主党和共和党政客都公开反对乔治·W.布什总统对港口交易的支持。布什认为迪拜港口协议至关重要——“为了赢得反恐战争，我们必须加强与中东地区温和派阿拉伯国家的友谊和关系。”[52]布什指出，在加强港口安全方面（通过数据共享和现场检查），迪拜是最合作的国家之一。最终双方达成折中方案。纽约州参议员查尔斯·舒默（Charles Schumer）称，迪拜世界港口公司向美国国际集团出售引发争议的港口资产是“恰当的终章”。舒默承认，尽管这家大型金融服务公司几乎没有（或根本没有）经营港口的经验，但他肯定美国国际集团“拥有企业管理的良好经验”。两年后，美国国际集团宣告破产，接受了850亿美元的政府救助。[53]

迪拜港口交易引发的恐慌推动了2006年《安全港法案》的诞生。[54]该法案扩展了之前的指导立法（即《2002年海上运输安全条例》），更将多个部门的常规操作提升至法律层面。《安全

新加坡港全景图，世界上“最繁忙的港口”。

港法案》为港口安全创造了法律环境，同时对由国土安全部监管的机构产生了切实影响，包括海关和边境保护局、海岸警卫队和运输安全管理局。该法案在参众两院以近乎全票通过，并于10月13日由布什总统签署生效。

《安全港法案》要求政府机构进行广泛合作，这绝非易事。当时，海岸警卫队刚刚将其高度分散的外勤机构（包括航空站和海事安全办事处）重组为35个综合区域指挥中心，但这些机构未能满足法案对跨部门协作的严苛要求。[55]海岸警卫队对与美国海军共管的4个指挥中心进行了改造，分别位于弗吉尼亚州汉普顿路、佛罗里达州杰克逊维尔、加州圣地亚哥，以及华盛顿西雅图。该法案还要求海岸警卫队与海关和边境保护局、移民与海关执法局、国防部、安全边境倡议网络，以及州和地方合作伙伴共同建立跨部门行动中心。其中南卡罗来纳州查尔斯顿的指挥中心由司法部管理。获得安全许可、建立工作关系、与当地伙伴合作，以及处理相互竞争的领导角色等跨部门活动，都是持续多年的重大挑战。[56]

自始至终，港口安全一直深受相互矛盾的集装箱检查制度所困扰。《安全港法案》建立了一套"基于风险"的检查制度，重点关注起运港（外国）和接收港（国内）的安全，前提是基于集装箱在跨越数千英里的海洋途中能够保持安全、不受干扰的假设。根据该法案的《集装箱安全倡议》，美国海关和边境保护局的工作人员被派驻国外港口，负责确认即将发往美国的特定货物是否需要额外检测或人工检查。尽管存在管辖权和主权争议，但这一倡议相当成功，甚至带动外国港口运营商主动来美国接受检查。《安全港法案》的风险检查机制的优点在于将稀缺的检查员资源分配给被认为存在风险的集装箱，但显然与另一项竞争性立法（后文将讨论）存在冲突。

《安全港法案》基于风险的“自动识别系统”依赖复杂的数学模型，该模型会评估每批到港货物的具体信息，并为每批货物分配“风险评分”，以识别出需要进一步检查的货物。大约 5% 的到港集装箱会接受 X 射线扫描，其中约 5% 要接受进一步的人工现场检查。这期间出现了很多问题。通常情况下，货运清单——记录每批货物内容的官方文件——在到港时会进行修改，随后的风险评分却难以及时校正。大多数“到港调整”都降低了风险评分，因此，基于“初始高风险评分”开展的检查浪费了检查员的有限时间。美国审计总署的一份评估报告建议美国海关和边境保护局升级这套系统，引入“智能功能”，利用“更复杂的算法和实时情报处理”。[57]

另一项立法则要求 100% 审查，虽然看起来更安全，却很难落实。这项强制措施源自 2007 年的《“9・11”委员会法案实施建议》，实际操作中存在诸多棘手难题，尤其是“部分港口的扫描设备距离货物集装箱几英里”。[58] 很少有港口可以建立集中的扫描站，所以这种审查方式很难奏效。转运集装箱则单独属于另一类情况。据估计，洛杉矶港（美国最大的集装箱港口）每班次至少需要 2000 名检查员才能应对审查需求，而该港口负责各种检查、海关等法定职责的工作人员大约只有 500 人。此外，《实施建议》要求外国港口对运往美国的每一个集装箱进行扫描，这引发了棘手的主权争议。[59] 美国审计总署在 2009 年 10

月发布了一份措辞强硬的批评报告。美国海关和边境保护局在所有港口实施的“100% 扫描”只取得了“有限进展”，仅有 3 个吞吐量较小的外国港口实现了大部分集装箱的扫描，而几个大型外国港口在试运行中仅扫描了不到 5% 的集装箱。参与的港口“存在后勤、技术和其他问题……导致无法实现 100% 扫描”。面对这一不理想的结果，国土安全部向所有外国港口下达“全面延期令”，以期在技术上符合法律条文规定。在 2016 年的后续审查中，美国审计总署发现“国土安全部尚未找到满足 100% 要求的可行解决方案”。[60]

在关于港口安全的讨论中，有一个基本事实很少被提及——大量集装箱既未纳入任何常规检查体系，也缺乏风险评估机制。每个港口都存在从未正式“上岸”的、实际目的地为他国的货物。这是一个神秘莫测的转运世界。从中国运往洛杉矶的电子产品中，可能包含运往巴西或其他国家，甚至另一个美国港口的集装箱。这种转运在航运业中司空见惯，特殊安排（最初是为了避免向过境国支付进口关税）亦不足为奇。转运货物被称为“保税货物”，其托运人需持有法律担保书以确保支付可能产生的进口关税及其他费用。这些货物潜藏巨大的安全隐患。保税货物可以在美国境内免检停留 15 至 60 天，直至到达最终港口，航运商完全可以在不通知海关和边境保护局的情况下擅自更改目的地。对于运往外国港口的货物，运输单据的常规变更是无人监管。令人惊诧的是，海关和边境保护局并未统计保税货物的数量和价值。（样本数据显示，每年约有 1000 万以上的保税交易量。）而据港口官员估计，保税转运占所有到港总量的 30% 至 60%。这些经过美国港口的保税货物本质上处于未知且未经检查的状态。美国审计总署得出的结论略有些克制，表示“海关和边境保护局对（保税）系统的管理阻碍了安全风险管理的努力”。[61]

构建安全

不可避免的是，我们需要在能源、信息、交通等技术系统中构建更完善的安全保障，而不是等到这些系统建成且成熟后才强行附加安全措施。在这个“炎热、扁平、拥挤”（引用自托马斯·弗里德曼的经典表达）的世界里，可持续能源与航运安全一样重要。“我们对石油的依赖不仅改变了气候系统，也改变了国际体系。”他写道，“我们的能源消费正在助长最不宽容、反现代、反西方、反妇女权利和反多元主义的势力。”根据这种观点，2001 年 9 月 11 日之后推出的安全措施，压根不能解决根本问题。[62] 兰德公司对全球航运业进行了深刻的分析，为全球安全面临的结构性困境作出了诊断。这项研究的洞见或许同样适用于交通、信息和能源系统领域。[63]

兰德公司的研究人员将全球航运业划分为 3 个基本独立的“层面”。首先，物流层面涉及货物的实体运输，无论是通过集装箱运输，还是整船散装运输（如铁矿石或煤炭），或通过零担运输（如大捆的黄麻）。这一层面包括卡车、铁路、远洋货轮、外国港口，以及客户在港口提货时的车辆。其次，在金融交易层面，航运商付款运输货物，产生了资金流动。这一层面包含了客户、零售商、外国供应商、货运整合商、无船承运人以及为全球贸易提供融资的各类进出口银行，他们是工业时代伦敦“中介、代理人、经纪人、承保人……和其他各种各样的货币交易商”的现代继承者（见第3章）。值得注意的是，资金的流动和商品的流动是两套独立系统。一旦在中国或其他地点发出货物，经手环节可能包括许许多多的航运商、仓库、货运代理、仓储设施等。在这个层面，金融交易与实际物流之间相隔甚远。最后一个层面是负责治理和监管的机构，它们更进一步远离了物流层面的运作。这些机构包括许多国际组织，如世界海关组织、国际海事组织和（美国的）监管机构，如海关和边境保护局、联邦海事委员会以及海岸警卫队。兰德公司的研究人员提出了一个关键见解——“监管机构在交易或物流层面的影响范围均有限。”[64]

在航运安全的具体案例中，这3个层面呈现出令人不安的独立运作状态。世界海关组织虽能在金融交易层面对境外供应商施加一定影响，但其影响力仅限于此。美国联邦贸易委员会等政府机构可对沃尔玛、塔吉特等零售商产生约束力（金融交易层面），美国海关和边境保护局则致力于影响国内外港口（物流层面）。海岸警卫队作为监管层，虽能对美国港口和海运承运商实施管控（物流层面），却出人意料地在金融交易层面毫无影响力，对国内铁路或卡车运输也束手无策。铁路和卡车运输公司逃脱了全球航运治理的监管，而金融交易层面的关键参与者（它们不拥有任何船只，但通常充当小型货物的航运商）基本上逃脱了任何全球监管。数十年来，金融交易层面和物流层面一直致力于提高效率和运输速度，薄弱的监管层面长期陷入困境也就不足为奇了。

这种失调的风险治理模式表明，重新评估“风险社会”是当务之急。乌尔里希·贝克（Ulrich Beck）和安东尼·吉登斯（Anthony Giddens）在20世纪90年代提出的“风险社会”理论，受到了许多学者、政策分析家和环保主义者的热情追捧。贝克和吉登斯认为，近几十年来，社会经历了根本性的转变：现代社会的重心不再聚焦商品的生产和管理，而是致力于风险管控。20世纪90年代的全球化正在侵蚀民族国家体系，而新的社会秩序即将建立。他们指出了一个矛盾现象，即新社会的出现并没有伴随任何明显的社会变革，这表明“强劲的经济增长、快速的技术革新和高就业保障即将释放风暴，推动工业社会航行到新时代”。他们的乐观看法表明，包括社会阶级理论在内的传统社会学学说可以搁置一旁了。即使是社会中最富裕的成员也会受到污染的影响，而这些人可能拥有或管理造成污染的工厂，因此自然会采取减少污染的措施。在他们的理论中，这种对风险的担忧受到了整个社会的广泛关注，并深深扎根于未来规划中，现代社会因此获得了“反思现代化”的能力。[65]

贝克转向了声势浩大的德国环保运动，吉登斯则得到了英国工党领袖托尼·布莱尔的赏识。有一段时间，风险社会理论似乎是一条令人振奋的通往崭新现代化的道路。然而，鉴于本章的研究结果，这个论点似乎站不住脚：荒谬的乙醇补贴让高油耗汽车继续行驶在路上；有漏洞的互联网允许空中交通管制、电网和军事情报系统的入侵行为；致力于将安全措施引入全球航运业面临长期困难。无论哪一个方面，现代社会“预测”风险的表现显然都是一塌糊涂，一些解决风险的尝试甚至加剧了更大范围的地缘政治不稳定。

这些由技术网络和系统产生并传播的系统性风险案例，也对贝克和吉登斯提出的通过风险反思性预判实现社会学“能动性”与“个体化”的理论构成了挑战。面对技术诱发的系统性风险，目前尚不存在某种准自动化或反射性的社会应对机制。一个根本问题在于，“风险社会”与“反射性现代化”理论竟忽视了那些构成并创造现代社会的技术本身。[66]理解这些系统、网络与结构，对于理解社会文化发展进程至关重要，因为技术既能制约，也能赋能，同时塑造着这些进程。本章探讨了当代社会核心技术的变革历程：多年来，个人、企业与政府共同构建了社会技术的刚性“结构”。要创建更安全的世界，就必须改造这些根深蒂固的结构与系统。所有必要的变革都不会自动或反射性地发生。我渴望生活在一个安全的现代世界，但我深知，要重塑当下世界，必须付出巨大的努力并发挥非凡的创造力。

第 10 章　技术问题

不管发生了什么，它已经摧毁了我们的技术。这个词本身对我来说已经过时了，怅然若失……我们就只能干坐着哀悼自己的命运吗？

——唐·德里罗（Don DeLillo），

《沉默》（*The Silence*）

关于当代技术的议题评论往往呈现两极分化的态势。比尔·麦吉本（Bill McKibben）和温德尔·贝里（Wendell Berry）等作家从整体性、环保主义甚至精神的角度对现代社会和现代技术进行了尖锐的批判。透过他们，我们可以了解当下的“问题”所在，他们对技术持坚决怀疑的态度也引发了我的思考。在《足矣：在工程学时代保持人性》（*Enough: Staying Human in an Engineered Age*）一书中，麦吉本主张反对基因工程、纳米技术和机器人技术。贝里深深扎根于土地，他在著名文章《我为什么不打算买电脑》中描述了自己对传统的热爱：“作为一名农民，我几乎所有的农活都离不开马。作为一名作家，我的写作又离不开笔和纸。”近来，技术怀疑论者将注意力投向人工智能，麦吉本警告说：“即使人工智能可以发挥作用……它们势必会取代人类成为衡量世界意义的标准。这到底图什么？”站在对立面的是技术乌托邦主义者，如乔治·吉尔德（George Gilder）、雷·库兹韦尔（Ray Kurzweil）、凯文·凯利（Kevin Kelly），以及庆祝技术突飞猛进的人工智能推动者。[1] 我很赞赏他们的热忱，但我也认为我们能够而且应该做得更好，至少是在技术可持续性和安全性的层面。有观点认为，“技术”必然会将社会推向某个终点（奇点），对此我并不认同。本书对技术表达了一种积极中立的立场，既抵制某些作家的过度悲观，也调和了另一些人的天真乐观。本章评估了各种试图界定技术本质的尝试——探讨技术的本质、用途，以及它何时、如何改变社会——这些尝试或许还揭示了社会和未来发展中某些根本性的重要问题。

“技术”一词有其特定的历史，但在本书中，我关于“技术”的阐述是开放包容的。[2] 我致力于呈现不同类型的技术，描述它们随时间而变化的过程，并解析它们与不同社会文化形态的互动关系。技术的定义很复杂，既要充分表达出技术形式的多样性，又要强调技术与社会文化的联系及其深远影响。我认为后者是我们理解技术的必要条件。关键在于，技术始终深刻塑造着社会政治的未来走向。正如历史发展没有“唯一路径”，技术演进亦是如此。[3]

科学与经济

自科学与系统时代以来，人们普遍认为科学是技术发展的基础，科学发现是技术创新的主要驱动力。颇具影响力的“线性模型”主张科学进步和技术创新之间存在理想且必然的联系。我们不妨回想一下，电学基本定律与托马斯·爱迪生电灯照明系统之间的联系，有机化学理论与合成染料工业的碰撞，以及成千上万的物理学家和化学家与原子弹研发之间的联系。在现代主义当道的数十年间，许多规划者和有识之士将科学、技术和社会进步梳理成一个整体概念，正如意大利未来主义者宣称的那样：“科学发展的胜利决定了人类将面临深刻的变革。”社会变革始于科学及其技术应用的理念，正是现代主义思想的关键原则。

然而，在工业、商业和宫廷时代，科学理论和洞见与技术创新关系不大。科学发现没有推动文艺复兴时期的火药武器或宫殿建造，也没有推动荷兰商业时代的造船或制糖技术，甚至没有推动工业革命时期的蒸汽工厂。事实上，蒸汽机的发明更多依赖于建立在经验之上的工程实践，而后来的热力学则离不开蒸汽机的测量分析结果。正如科学家历史学家L·J.亨德森（L. J. Henderson）的名言：“蒸汽机对科学的贡献远远大于科学对蒸汽机的贡献。”

即使在今天，大学研究和产业创新之间也存在着深度交融的互动关系，这种互动绝非单向线性。正如政策学者基思·帕维特（Keith Pavitt）所言，一个极端情况……就是罕见的“线性模型”，即大学研究人员的基础研究成果按部就班地转化为产业创新。但另一种情形是，抛开科学发现，大学培养了大量受过训练并融入国际网络的毕业生，这被许多实业家认为是大学对工业界“最大的贡献”。虽然在化学或制药领域，科学研究可能直接催生新的合成分子或工艺——如辉瑞与莫德纳分别将合成信使 RNA 研究转化为新冠疫苗的商业化应用，但在机械工程等领域，科学研究的价值主要体现在对学生进行仿真建模、测试验证、设计管理等方面的系统训练。[4]

物理学至上的预设，使得洛斯阿拉莫斯精明的原子科学家们得以独占曼哈顿计划的功勋。事实上，橡树岭和汉福德的大型原子能工厂，以及伊斯曼柯达公司、美国联合碳化物公司、阿里斯·查尔默斯公司、杜邦和其他工业承包商开展的工程建设和大规模生产活动，消耗了原子弹项目的大部分预算（约 96%）。科学只是微电子和计算技术的一部分，除此之外还有工程技术、经济因素和军事补贴。然而，即使在今天，1933 年芝加哥世界博览会的直白宣传语——“科学发现—工业应用—人类顺应”——仍然成为许多科学家和政策分析师的信条，并成为大众的老生常谈。[5]

戈登·摩尔早期坚持认为，“只需要投入工程努力”就可以实现摩尔定律的技术轨迹，这实际上反驳了线性模型理论。然而，科学家也发挥了关键作用——摩尔本人是加州理工学院培养的化学博士。在过去的 40 年里，晶体管越变越小，生产设备也从光学波长缩小到今天的超短“极紫外线”。在这个过程中，全套化学设备需要进行刻绘、掩膜、抗蚀、蚀刻，最终生产出极小的硅微结构，这需要成千上万的化学家辛勤劳动。晶体管器件尺寸从数千纳米缩小到今天的 5 纳米左右，其中的每一次变化都需要投入大规模劳动力，类似德国为构建化学生产体系而投入的大规模科学劳动力。

纳米级晶体管的制造既涉及“材料科学”，也涉及“纳米技术”，但切勿认为它们之间是简单的线性关系。巨磁电阻效应是支持“线性模型”的一个实例，它为两名学者赢得了2007年诺贝尔物理学奖。颁奖词特别强调：“如果没有巨磁电阻效应，iPod不可能问世。”该效应使得磁盘驱动器传感器能够可靠地读取磁场的微小变化，让iPod的1.8英寸硬盘得以存储10GB数据，最终引发价值300亿美元的产业转型。由此诞生的自旋电子学领域有望创造同样的奇迹，而“随之涌来的大量研究资金让纳米技术成为现代科学和工程领域中资金最充足、研究最积极、推广最广泛的领域之一”。

然而，在巨磁电阻效应的案例中，科学并不是“一成不变的推动者”：诺贝尔物理学奖得主依靠名为分子束外延的工业级技术，构建了具有惊人磁效应的精确原子层结构。材料科学与纳米技术这两个学科本身，很大程度上是由政府科研管理者为寻找前沿领域而创立的。材料科学出现于20世纪60年代，当时美国国防部高级研究计划局创建了资金充足的跨学科中心。纳米技术兴起于20世纪90年代，同样由美国国防部高级研究计划局和能源部资助。“纳米技术……是一种将半导体行业的制度性创新延伸至整个科学领域的工具。”历史学家赛勒斯·莫迪（Cyrus Mody）如是说。[6]

相较于线性“科学—产业—社会”模型，另一种互补观点将技术视为经济增长的理想工具。在商业、工业、科学与系统、全球化及数字主导的时代，技术确实推动了经济增长。17世纪荷兰造船业的核心关切是财富创造，进出口贸易行业更是以此为首要目标。英国工业革命围绕纺织、金属和动力技术体系展开，工程师与企业家精心优化这些技术以提高产量、增加利润。科学与系统时代则以电力、合成化工等新兴科学型产业为标志。全球化则得益于各国削减贸易壁垒，以及集装箱运输大幅降低了国际物流成本。近年来的数字技术与互联网经济更创造了巨大财富——尽管其分配显然既不广泛也不均衡。

伴随技术变革而来的社会、政治和文化变迁，重要性不亚于经济变革。一方面，文艺复兴时期的宫廷文化创造和塑造了许多技术，如大规模的建筑工程、武器制造和宫廷形象展示工程；另一方面，这些技术也塑造了这一时期的文化。“艺术市场的财富流动改变了社会结构，”理查德·戈德斯韦特（Richard Goldthwaite）在研究佛罗伦萨建筑业时写道，“简而言之，这种流动是推动文艺复兴的重要力量。”[7] 虽然只有棉纺业和银行业在文艺复兴时期出现了可量化的经济增长，但以宫廷为核心的技术体系对文艺复兴时期城市与文化的崛起至关重要。

类似地，商业技术不仅促进了荷兰经济的发展，也促进了荷兰文化的形成。商业渗透到荷兰社会各阶层，从顶层的商人和金融家，到中层的厂主和船主，一直到为奶酪出口挤奶的农业工人。精英们投资了大型贸易公司的股票，购买了雅致的联排别墅，而普通的荷兰市民也拥有精美的油画，并一度冒险投机郁金香期货。

与荷兰商业时代相比，文艺复兴时期的宫廷文化和早期工业文化的财富分配都更为集中。荷兰的孤儿每天有定量啤酒，而文艺复兴时期佛罗伦萨的孤女每天只能吃到半盎司（15 克）的肉。尽管英国在工业革命时期已是相对富裕的国家，但普通工人直到 19 世纪 40 年代才真正分享到财富增长——英国孤儿期盼能吃上几碗稀粥，大概是每品脱水加 3 勺燕麦片。[8] 此外，我们对经济增长的关注突出了工业时代的经济成就，但也忽视了那个时代被污染的河流、拥挤的住房和恶臭的厕所。这些环境代价也体现在工业社会的各个方面。

当代经济学者更关注财富总量，忽视并淡化了全球化带来的让人揪心的文化冲突和环境破坏。发展机构只着眼于经济总量指标（如人均国内生产总值），持续漠视“不发达”地区或“第三世界”国家的环境危害和文化压力。世界银行、国际货币基金组织和世界贸易组织对技术引发的社会和文化变革熟视无睹，这引发了诸多不满和抵触。[9] 技术变革引发了经济、社会和文化变革的交织融合，无论是在 17 世纪的荷兰、19 世纪的印度，还是在 21 世纪的泰国。

多样性与文化

技术到底有哪些利好？简言之，技术是大有裨益的，且伴随着各种各样的社会和文化影响。这种未被充分认知的多样性，揭示了技术改变社会文化的潜力。但是，关于技术变革和社会文化变革之间的相互作用，我们向来没有建立起长期的观察视角。要获得这种见解并非易事。那些曾真实存在、如今看来注定失败的旧技术替代方案已难觅踪迹，同样难以察觉的，是那些决定技术路线成败的多层次选择进程。多数情况下，我们只能看到极其复杂的社会进程的最终结果，进而错误地认为现状就是唯一可能。正因如此，那些“未被选择的技术路径”常遭忽视甚至刻意压制。[10]

从长远的角度看，我们可以看到历史行动者为了不同的目标拥抱技术，包括建设宏伟宫殿或维护文艺复兴时期的王朝；创造财富、完善行业或维护广泛的帝国财产；拥抱现代文化、冷战博弈甚至抵抗全球化浪潮。某些技术应用——如建造文艺复兴风格的建筑或雕塑来强化统治合法性——可能会让那些认为技术仅关乎经济增长与物质丰裕的读者感到震惊。同时，技术还牵扯到现代社会的主要道德争议——商业时代跨大西洋的蔗糖和奴隶贸易、帝国主义时代对原住民的机枪屠杀、纳粹德国工程师建造的毒气室。技术的目的以及深植的愿景呈现出惊人的多样性，这表明，“技术问题”深刻且棘手。

事实上，在不淡化经济因素的前提下，我认为更紧迫的问题是理解技术带来的各种社会、政治和文化影响。[11] 正如我们一再看到的，变革的推动者会运用技术来促进、加强或维护某些社会和文化秩序。加布里埃尔·赫克特（Gabrielle Hecht）在研究法国核能时，提出了“技术政治”的概念。她指出，技术政治是指“设计或使用技术来制定、体现或实施政治目标的战略实践”。当法国工程师主动建造一个能够生产武器级钚的民用核反应堆时，他们并非被动地调整反应堆技术以实现既定的政治目标（当时并不存在此类公开目标），而是主动让反应堆去实现某种政治愿景——塑造法国未来的核能发展蓝图。在 20 世纪50年代和60年代初，法国既未就发展核武器进行政策辩论，也未引发公众讨论。事实上，法国的文官政客乐得让工程师悄悄行动，让他们制造核弹并将法国变为一个核大国。[12]

欧洲数十年来一直在进行一项宏大的实验，试图通过技术手段重塑政治结构与社会实践。尽管政治理论界对此反应迟缓，但欧洲一体化进程实际上始终由无数技术系统与网络塑造并构成。事实上，无论是欧洲持续变化的外部边界，还是动态的内部结构，都通过技术基础设施得以展现。在20世纪，一个国家的铁路轨距直接决定了其是否真正融入欧洲经济体系。欧洲大陆的大多数国家采用4英尺8.5英寸（1435毫米）的“标准”轨距，西班牙因采用超宽铁路轨距（1668毫米）——乘客和大部分货物必须在法国与西班牙的边界换乘倒装——显然被排除在外。同样地，苏联也刻意选择了非标准轨距1524毫米，因为军事领导人担心西欧军队可能会利用铁路将部队送进领土。西班牙在20世纪90年代采用欧洲标准轨距修建了高速客运线路，而俄罗斯和大多数苏联解体后的继承者则保留了先前的轨距。冷战期间，欧洲大陆的能源和通信网络被划分为东方区域和西方区域。

即使欧盟成员国扩大到近30个，但仍有意外发生。2006年11月的欧洲大面积停电事故反映了欧洲能源基础设施的状况。停电始于德国北部，在短短20秒内就蔓延到几乎所有欧洲西部国家和非洲部分地区——西起葡萄牙，南至北非边缘，东至罗马尼亚和克罗地亚。克罗地亚、摩洛哥、阿尔及利亚和突尼斯这几个受影响的国家当时都不是欧盟的一部分，但从电力供应上看，它们显然属于“电力欧盟”。斯堪的纳维亚半岛、波罗的海国家、不列颠群岛和独联体国家没有受到停电的影响。原东欧的核心地区仍然运行着一个基本独立于西欧的电网——直到 2006 年，前东西欧之间仅存在一条瑞典与波兰的联网线路。斯堪的纳维亚地区通过高压直流电缆与欧洲大陆相连，这种技术既能隔离交流频率扰动，又实现了区域电网的解耦运行。[13]

从这些观察中可以看出，技术并非中立的工具。某种技艺或技术的出现，既可以改变社会的发展目标，又能重塑人们的思维方式。某些代表性技术彻底改变了人类的交流方式，包括文艺复兴时期的几何透视法、活字印刷，以及今天的互联网。[14]许多技术引发了重要的文化运动，包括早期的宫廷文化和近代的“网络文化”。

至此，我们已经探讨了不少实例。在这些例子中，技术的部署是为了满足相对明确的经济或社会需求，但这并非全貌。通过技术变革的过程，技术与社会目标相互作用。通常，积极且强大的行动者会创造需求，并开发新技术来满足需求，而不是简单回应社会设定的静态“需求”。发明家、工程师、实业家、政府官员，甚至社会运动组织等变革推动者，常常通过市场营销或游说活动，并借助政府的推广、采购和管理活动来创造新需求。爱迪生不仅发明了灯泡，还利用了政府力量，把竞争对手的交流电系统打上了“死亡电流”的烙印。当然，国家本身——无论是文艺复兴时期动荡的城邦，还是军事时代强大的民族国家，抑或是风险交织的当代政体——同样可以成为技术变革的重要推手。

创新甚至可能成为塑造社会文化的重要象征，并为技术发展开辟广阔的发展空间。在《创新者的迷思》（*Innovation Delusion*）一书中，历史学家李·文塞尔（Lee Vinsel）和安德鲁·拉塞尔（Andrew Russell）观察到，近年来对数字技术和颠覆性创新的热忱似乎不受控制地席卷了整个社会。他们写道：“为了敬畏硅谷之神，我们调整了价值观，甚至重新定义民主理念。”对既有社会结构的创新和破坏成为“海盗党”的灵感源泉，他们在捷克、德国、冰岛、瑞典和美国等 30 多个国家和地区的政治体系边缘徘徊。此外，与 17.5 万名狂热爱好者一起参观每年 1 月在拉斯维加斯举行的消费电子展，也是展望未来的另一种方式。展会上陈列着最前沿的科技产品，近年主打“物联网”概念。2020 年的参展者目睹诸多新奇事物，包括可以联网的牙刷、智能马桶、宠物喂食器乃至成人玩具等。[15]

当今的互联网时代绝不是首个以技术为驱动力的“新社会”。在 19 世纪中期，打破距离限制的技术已经带来了变革。“日复一日，世界明显被缩小至眼前。在蒸汽和电力的推动下，我们与整个世界为邻。我们尚未对政治策略进行、调整，以适应已经在时间和空间上发生的革命。”19 世纪 80 年代中期伦敦一家著名报纸写道。另一名作者说：“科学赋予政治有机体新的血液循环（即蒸汽），以及新的神经系统（即电力）。这些新形势让我们有必要重新探讨殖民地问题。”[16]

蒸汽动力与电力技术消除了英国控制海外领地的障碍，包括遥远的距离与不稳定的通信条件。抗疟药奎宁的发现为帝国主义扫清了另一道障碍，即热带流行病。许多英国官员目睹电报在 1857 年的印度兵变中“挽救”殖民统治后，开始深信无论是面对国内需求还是外部压力，横跨大陆的铁路、海底电缆、大型公共工程及其他帝国技术对于维持殖民现状都是不可或缺的。

有了这些打破距离限制的技术，帝国主义的扩张变得易如反掌，从而掩盖了关于其本身是否明智的一系列政治社会议题讨论。在《帝国主义及其敌人》(*The Imperial Idea and Its Enemies*）一书中，A·P. 桑顿（A. P. Thornton）记录了帝国主义反对者所面临的困境——尽管经历了印度兵变、代价高昂的布尔战争、灾难性的第一次世界大战以及海外民族主义和国内民主主义的兴起。“政治家、记者和传教士在处理每一个政策或道德问题时，都受到潜在思维的束缚——‘不管发生什么，我们都必须拯救帝国。’”[17] 其他欧洲国家满腔热情地追随英国的步伐，尤其是在臭名昭著的土地掠夺中，以英国为首的帝国主义国家将非洲大陆分割成欧洲殖民地。1898 年美西战争之后，美国将古巴、波多黎各、关岛和菲律宾纳入势力范围，美帝国主义得到了发展。

然而，电报、铁路、蒸汽船和奎宁等技术成果不仅是帝国主义的“起因”，也是帝国主义活动的结果。既有的技术不会“导致”帝国主义，相反，某些特定技术是殖民地官员以及热衷在殖民地寻找市场的工程师或实业家进行选择、开发和推广的结果。因此，帝国时代的技术既是帝国主义的产物，也是帝国主义的推手。同样地，帝国既是持续演进的帝国技术所创造的产物，也是推动这些技术发展的力量。帝国主义时代清楚地印证了本书所探讨的每个时代的共同特征——技术与社会、文化和经济制度之间存在着深刻的相互作用。[18]

帝国主义还产生了一个问题，即，谁可以轻易获得并切实控制技术？在帝国主义时代，英国成为工业强国，印度仍保持农业地位（从而沦为原材料来源国和英国工业品的倾销市场）的决定，并非通过公开议会辩论作出。相反，接触决策者以及政治权力中心的机会，存在着明显的不对称性，这种不对称性不仅体现在形式方面（在伦敦游说议会或购买印度铁路股票），还体现在铁路设计、接受技术教育的机会，以及技术教育的内容上。在早期，获取技术也存在着重重正式和非正式障碍，尤其在宫廷、工业和军事时代，政府或统治者在技术人员周围竖立起层层壁垒。[19] 在军事时代，保密性尤为重要。20 世纪 80 年代，一位美国海军安全官员曾调侃道："我们有 5 个安全级别：保密、机密、绝密，还有另外两个级别，我连名字都不能说。"相比之下，商业和全球文化时代对技术的限制更少，人们获取技术的渠道更广。面对系统性风险，一些富裕的西方国家对所谓的不稳定或不可靠国家施加了严格的准入限制，防止它们获得核与化学技术。

技术内容的获取对技术发展很重要，甚至与政策决策一样重要。这种重要性可以从那些试图跨越政治、社会经济或文化边界"转移"技术的真诚尝试中看出。屡见不鲜的失败案例强烈表明，技术不可能像圣诞礼物一样被装箱送出去，并且可以随时打开包装并立即投入使用。仔细审视不难发现，为了适应新环境，“转移”的技术往往需要进行微妙调整，这是原设计者从未预见到的。因此，那些未能赋予技术本土实施者自主权的社会制度，注定会走向失败。

这些技术转移问题与阿诺德·佩西（Arnold Pacey）提出的“技术对话”概念密切相关。阿诺德·佩西发现，当技术成功跨越文化或社会障碍时，往往会伴随互动过程，他称之为“技术对话”。[20] 文艺复兴时期的意大利、商业时代的荷兰和工业时代的英国都缺乏完善的民族国家体系，但这些背景下的技术转移却大获成功。一些人认为，工业时代的英国技术专家发明了新纺织机器，但从“技术对话”的视角来看，更准确的说法是，他们巧妙地改进了早期（意大利、法国和印度）的机器和技术，以适应英国特有的条件，包括低薪劳动力、进口棉花，以及庞大的国内和出口市场。将目光转向美国，麦当劳将本土化作为明确的企业战略，致力于成为高度契合文化特质与饮食偏好的“多元本地化”公司。

取代与改变

技术如何改变社会？历史和事后经验有助于我们识别那些与社会、政治和文化选择密切相关的技术选择。取代效应是技术与文化互动中的重要现象——当围绕现有或预期技术形成的实践排挤了替代方案，或压制了替代方案的公开讨论时，这种现象就会发生。取代效应会导致平等的竞争环境发生扭曲。类似的现象就出现在英国帝国主义的激烈讨论中，当时的普遍观点是“必须拯救帝国”。可以说，对大英帝国的巨额投资阻碍了对替代方案的公开讨论，最终导致英国直至 1947 年仍在苦苦维系对殖民印度的统治。

在军事时代，特别是在美国、法国和苏联，对核能的大量投资取代了风能和太阳能等替代能源。[21] 美国于 1957 年颁布的《普莱斯 - 安德森法》为发展核能保驾护航。该法案设置了核电站所有者所需承担的赔偿上限——即使出现灾难性事故、盗窃或破坏，甚至是核燃料或废料运输过程中的事故。2005 年颁布的《能源政策法案》将《普莱斯 - 安德森法》中的条款延长至 2025 年底。即使在今天，为支持核能开发而设计的宽容制度框架依旧产生了深远影响。德国、丹麦和中国昔日对核能兴趣索然，如今却走在太阳能和风能技术开发的前沿，也许并非偶然。

技术的未来也是政治的未来。一些批评人士认为，核能运动不仅取代了“可替代”能源，也颠覆了传统的民主社会。他们认为，鉴于制造、运输和储存核燃料和废料的极端危险性，一个核动力社会（无论其政治形式如何）需要一个强大的国家在超长时期内拥有强制性安全力量。美国内华达州和芬兰建造高放射性核废料储存设施的结果证明，他们确实需要在未来数千年都采取特殊管控措施。即使在未来，成熟的移动计算技术和高效的替代能源可以促成社会的去中心化变革，但在核时代国家安全的长久需求下，去中心化的社会也不可能实现。实际上，这种观点认为，核能普及的决定要求中央政府必须保持永久的安全，这一选择实际上打乱了社会进化的自然模式。武器级钚的半衰期（略高于两万四千年）限制了社会进化的速度和方向。

就本书所探讨的不同时代而言，取代效应也给它们赋予了某种持久性与特质。文艺复兴时期的赞助人将达·芬奇等技术专家束缚在宫廷技术活动中，这实际上阻碍了他们改善工业或创造财富的机会。荷兰的技术人员将精力集中在商业技术上，取代了以宫廷为中心的社会模式，同时促进了资本主义经济增长和文化发展范式。英国的帝国官员和实业家通过精心规划的铁路、公共工程和技术教育，扼杀了印度的工业发展轨迹——迫使其转向农业化道路，而非发展制造能力。[22]

在与技术相关的美学领域，人们甚至不屑于为取代效应创造一个实用理由。现代主义建筑师及其赞助人对玻璃、钢铁和混凝土等"现代"建筑材料的着迷，创造了无数千篇一律的城市街道、办公大楼和公共建筑。现代主义者以技术和进步的名义发起了一场精心策划的运动，试图用他们的知识和制度成果塑造一种现代文化。在大约半个世纪的时间里，现代建筑的某种形式化观点取代了其他可能路径。当然，后现代主义的兴起欣然拥抱了多元的色彩、丰富的材质以及对历史风格的戏谑引用——曾经占据主导地位的现代主义遭到了反向取代。

在所有这些例子中，当技术被赋予特定使命时——随后就会引导社会文化的发展方向——其他技术目标和社会发展方向就会被取代。总之，"取代"是社会通过技术进行未来定向的过程，引导自身走向特定的社会文化发展路径而摒弃其他路径。当然，这个过程并不是一帆风顺或自发完成的。发展路径与技术选择常常引发争议，有时表现为公开的政治辩论或社会抗议，如工业革命时期曼彻斯特地区的动荡，或是近年来的反全球化示威活动。社会还经常面临技术决策带来的意外后果，如诞生于军事用途的互联网最终催生了无国界的全球文化。但并非所有发展路径都会持续引发争议，也并非所有后果都是意外。在漫长的时间跨度中，技术、社会与文化会形成持久的发展模式。这些长期存在的技术模式（或称技术时代），可被视为文化规范的根基之一。

正如前文所述，取代不是在公平的竞争环境中发生的，因此我们必须再次探讨技术与权力的关系。卡尔·马克思在《资本论》中指出，可以写出整整一部历史，展现 1830 年以来的许多发明都是作为资本镇压工人暴动的武器而出现的。那段历史少不了英国技术专家的成就，譬如詹姆斯·内斯密斯和理查德·罗伯茨，他们发明并强制推广“不会罢工讨薪”的“自动化”机器，以对抗“顽固”的工人阶级。马克思特别提到安德鲁·尤尔（Andrew Ure）在《制造业哲学》（*Philosophy of Manufactures*）中对自动式走锭纺纱机的观察。它的“使命是恢复工业阶级秩序……这一发明证实了我们已经阐述的理论：资本迫使科学（或现代技术）为自己服务，从而迫使反叛的工人就范”。[23]

权力有多种形式，而资本家并没有垄断技术。在文艺复兴时期，半封建性质的宫廷（而非资本主义的羊毛商人）最有效地运用了技术，并将其融入宫廷文化。工业革命期间，资本主义的酿酒商、棉纺工和机械制造商（而非在家里纺线的妇女或庄园里的贵族）动员了那个时代的技术人员。在军事时代，强大的民族国家主导了原子武器和指挥控制系统的议程，而科学家、工程师和工业管理者则紧跟国家的资金和方向。在全球化的早期阶段，也就是2001年之前，资本家获得了权力，而民族国家似乎日渐式微。在系统性风险时代，民族国家作为技术的积极推动者和塑造者重新崛起。

尽管存在许多强势的参与者，非主导的参与者有时也可以利用技术来推进他们的替代议程。首先，历史上的许多参与者在当时的权力显然是不稳定的，他们需要利用技术项目来加强或维持文化或政治权力。在文艺复兴时期，赞助建造教堂、宫殿或其他高调的公共工程往往会为政权不稳的统治者强化政治合法性。科西莫·德·美第奇的许多建筑都“配得上加冕的国王”，一位佛罗伦萨的宫殿建造者宣称。[24]但科西莫并非加冕的国王，事实上他的统治很不稳定，其家族被流放了近20年。斯福尔扎家族治下的米兰到处弥漫着不安，丑闻缠身的教皇们则向达·芬奇等人提供赞助。英属印度时期的重大公共工程或许也存在类似情况。当然，没有人会对孟买的维多利亚车站，或者对如今的“世界最高建筑”竞赛作出一个功利主义的解释。事实上，这些行为主体和实体机构也许希望通过支持伟大的技术和壮观的公共工程，以巩固和合法化其不稳定的权力。

再回到我们的话题上来，不妨重新探讨一下20世纪80年代末传真机的故事，这个例子集合了主导和非主导群体的技术使用情况。欧洲学生将传真机用于探索国际社会，不失为一种真正的文化创新。1992年，《马斯特里赫特条约》的出台在制度上推动了“建设欧洲”项目，欧洲委员会加大对该项基层活动的宣传力度以塑造统一欧洲的积极概念，也就不足为奇了。今天，欧盟通过大力赞助壮观的公共工程、实施广泛的教育计划，以及开展娴熟的宣传活动，坚持不懈地谋求政治合法性。[25]每一个参与者都是通过技术的开发和展示来创造、增强或维持自身权力。可以说，他们通过调动技术，不断谋求着统治地位。

在当今社会，非主导群体也可能有效地调动技术。[26]自马克思时代以来，工人们很少将选择性接纳技术作为实现自身目标的手段。20 世纪 50 年代，一些美国工会对企业管理层部署自动化技术的权力提出了质疑。在钢铁行业为期 116 天的大罢工中，工会示威者高喊“人与机器竞争”的口号。然而，到了 20 世纪 60 年代，大多数美国工会已将工作场所控制权让与管理层，以换取丰厚的薪水和就业保障的承诺。斯堪的纳维亚的汽车工人便是工人拥抱技术的典范，他们对工厂环境进行重构，以打破福特制的单调流水线模式。[27]

展开思路，你的脑海里一定会浮现出非主导群体利用技术推进非精英议程的例子。在现代主义时代，多个国家的家庭主妇协会塑造了家庭技术的形态和现代厨房的设计。自 20 世纪 60 年代以来，许多国家的消费者运动不仅推动政府和行业提供更安全的汽车、更清洁的饮水、更广泛的医疗服务，还提高了政府决策的透明度。几十年来，妇女团体始终是避孕技术领域强大而有效的游说力量。很多政治和社会运动借助互联网避开昂贵的传统媒体渠道，它们通过移动电话和社交网络来计划、开展和协调活动。毫无疑问，非精英群体正在运用技术塑造社会和文化的发展，并影响着未来。面对唐·德里罗的困境（见本章题词），我们根本不需要“干坐着哀悼自己的命运”。

“信息和通信技术促进发展”就是致力于塑造未来的积极运动。这个运动摒弃了硅谷“技术驱动发展”的老套说法——这是高科技公司通过自家产品向我们兜售的愿景。取而代之，正如拉梅什·斯里尼瓦桑（Ramesh Srinivasan）最近提出的主张，“通过关注世界各地的机构……我们可以认识到大众战略性地运用技术来发声和推进议程的潜力。”在计算机科学领域，该运动在 2010 年前后兴起，催生了一系列活跃的国际跨学科研究会议，并在权威的美国计算机协会数字图书馆发表了 500 多篇期刊论文。1000 多名与会者从世界各地赶来参加会议，会议地点包括南非开普敦、肯尼亚内罗毕、美国芝加哥、印度海得拉巴、赞比亚卢萨卡、乌干达坎帕拉。会议主题很广泛，既涵盖技术变革与社会理论等深刻的哲学伦理思考，也涉及为田野实验选择手机等实务操作。显而易见，这场运动正在引发重要变革。[28]

环保运动也改变了人们对现代技术的认知。20 世纪 60 年代，环保主义者将污染问题直接归咎于资本主义和技术，他们通常出于原则性立场，全盘否定科学、技术和资本主义。许多环保主义者仍然秉持着“小即是美”的立场，与现代技术保持距离。但近来，在“生态现代化”的旗帜下，一些环保主义者转向了选择性地拥抱技术和市场机制。生态现代化的倡导者认为，科学、技术、工业和民族国家等现代性制度“既是造成环境问题的主要原因，又是生态改革的主要工具”。自然保护协会和世界野生动物基金会实施了许多令人印象深刻的保护项目，其中不乏企业的支持身影。整个现代工业正在为成千上万的人提供环保有机食品。[29]

在“自由模式”下，自由市场资本主义理应在整个社会广泛传播财富，公民才会有坚实的经济基础来拥护政治经济体系。这一模式似乎有点过于理想化，但现代化确实在许多国家都行之有效，至少在某些时期内是如此。而在帝国主义或殖民主义统治下，现代化的成本和收益出现失衡，所以这种方法并不奏效。新自由资本主义引发了对无节制全球化的抗议。斯奈德指出，如果不加以控制，“市场力量对社会和政治造成的破坏性影响”将引发激烈冲突，外部（民粹主义）政客将煽动群众抗议那些被描绘成出卖国家的精英。在一些最富有的国家中，大部分人口正在经历经济衰退，我们应该作何感想呢？高科技产业的亿万富翁们作为“赢家通吃”经济体系的主要受益者，似乎难以拯救我们。随着机器人、自动化和人工智能的逐渐逼近，这种经济压力似乎无法避免。“这是一个伟大的时代，”某自然语言 AI 程序写道，“唯一的问题是，人工智能将在未来 5 年内取代数百万个工作岗位。”[30]

在本书中，技术被描述为推动社会、政治或文化变革的有力手段。以荷兰为例，正是印刷机、商用和军用帆船，以及火绳枪等技术的有效运用，让他们打败了当时欧洲最强大的西班牙帝国。或者以非洲南部德兰士瓦地区的总统保罗·克鲁格的“铁路共和主义”为例，他曾利用自筹资金修建的铁路来对抗大英帝国。在印度，英国修建殖民铁路需要与当地统治者达成协议。“我勉为其难地答应了。”一位印度原住民统治者如此描述允许铁路穿越其领地的决定。[31] 我们可能认为技术是强者的仆人，但即使是最强大的人，也并非总能事事如愿。

我们今天同样能看到针对精英议程的类似挑战。问问世界贸易组织——那些通过电子邮件组织的街头抗议曾扰乱西雅图和热那亚峰会，让原本由精英主导的全球化议程脱轨。再提醒强大的麦当劳——那些反对含有牛肉提取物的“素食”薯条的运动，或者在互联网上有迹可循的“审判麦当劳”一案。社交媒体已经扰乱了世界各地的政府运作、选举和决策进程，非主导群体正有效地利用技术来对抗主导群体。我们有必要再次强调，技术绝非中立的工具。远离技术的社会运动（就像几十年来的环保运动一样）正在失去关键的战略资源。

脱节与分裂

我们对技术的期待与我们对周边世界的观察和体验之间存在着令人不安的脱节，这是造成技术焦虑的一个原因。我相信，我们之所以认为技术正在迅速变化，是因为我们一直面临与技术相关的社会、文化和经济变化。“技术”一词，常被用作指代推动变革的诸多复杂社会政治进程的简略表达。[32] 然而，单纯将变革归因于技术本身的观点是错误的，正如前文所述，技术不仅是社会文化变革的力量，而且是社会文化变革的产物。

曾经泾渭分明的技术时代在 20 世纪层层叠压。在宫廷、商业、工业和帝国主义时代，要确定技术的主要用途及核心价值是相当容易的。但在 20 世纪，我们很难确定技术究竟服务于科学、现代主义、战争，还是全球文化。正当全球化时代看似即将稳固成型之际，2001 年 9 月 11 日的恐怖袭击发生了，世界随之滑向系统性风险与全球性动荡的深渊。

以美国为首的西方国家对“9·11”恐怖袭击作出了积极而广泛的回应，标志着 20 世纪 90 年代开放与和平的全球文化观的终结。尽管全球经济依旧如火如荼地开展，但随着民族国家的国内外权力大幅扩张，理想主义的全球化版本已然落幕。2001 年之后的几年里，民族主义的贸易政策不断升温，世界各地由技术造成的深刻分歧日益尖锐。全球贸易继续快速发展，但通过信息技术编织起来的世界和平、经济一体化和文化和谐的美好愿景已经一去不复返。

技术在世界地理、经济及文化领域中引发了更广泛的结构性脱节。核心关切即富裕社会与贫困社会间持续存在的“数字鸿沟”——前者能便捷获取计算机、通信及互联网，后者却长期匮乏。这个由 2000 年世界经济论坛提出的概念，在联合国主导的信息社会世界峰会（2003 年的日内瓦会议、2005 年的突尼斯会议）中成为焦点议题。各项指标均揭示了严峻现实：无论是电话线路、移动设备、网络接入量，还是数据流量或带宽，非洲参与全球经济与世界共同体的进程都面临着巨大障碍。峰会数据显示：整个非洲大陆（53 国 /10 亿人口）的互联网用户数，竟低于法国（6000 万人口）。当加拿大每百人拥有 107 条电话线路（含固话与移动电话，西方富裕国家典型水平）时，非洲 9 国每百人不足两条——埃塞俄比亚（8000 万人口）仅 0.77 条，乍得（1000 万人口）仅 0.58 条。2019 年世界银行统计显示：全球平均网络普及率为 49%，而普及率不足 10% 的 14 国全部位于非洲（按字母排序：布隆迪、中非共和国、乍得、科摩罗、厄立特里亚、几内亚比绍、利比里亚、马达加斯加、尼日尔、尼日利亚、索马里、南苏丹及刚果地区两国）。

自日内瓦—突尼斯峰会以来，许多分析家已经放弃了计算电话线路数量，转而关注信息技术的特点和功能——探究这些技术可能催生的社会形态。80% 的万维网都采用英文，有人称之为“白人世界网络”。“新技术革命既不是全球性的，也不是跨文化的，”拉梅什·斯里尼瓦桑（Ramesh Srinivasan）写道，“它主要由欧洲和北美的大型公司和机构，及其全球合作伙伴塑造。如今我们把 Facebook、推特或谷歌等商业平台视为公共空间和系统，忽视了它们首先必须对股东负责的事实。”问题核心不在于固定电话、移动电话或联网计算机的数量，而在于信息系统的倾斜和不对称分布。世界上大多数公民“被排除在互联网和数字技术未来的决策之外”。作为被动用户，大多数公民——无论来自北方还是南方——面临着这样一个世界：他们可以在有限范围内选择技术（如在推特，可以从 6 种颜色、5 种字号和 3 种背景中选择），但却难以彻底改变现有技术或设计全新的技术。而且，比以往更甚的是，拒绝此类系统即意味着脱离现代世界，其所付出的经济、社会和政治代价，实际上已经成为固化不平等与不公正关系的机制。[33]

即使在工业发达的西方国家，富裕家庭和贫困家庭之间也存在着“数字鸿沟”，在网络发达的大都市和通信设施匮乏的农村之间也是如此。受新冠疫情影响，美国在 2020 年开始转向居家线上学习，15% 至 20% 的美国公立学校学生家中缺乏基本的宽带网络，而农村学生的情况往往更糟。一名官员表示："疫情暴露出数字鸿沟的严峻性，宽带接入是多么不平等。"学生和老师、校车司机、公共图书馆、州立公园，甚至一些友善的麦当劳门店，都在努力地填补缺口。从更广泛的角度看，虽然非洲的手机普及率急剧上升（2005—2019 年，普及率从 12% 增加到 80%），但移动宽带和固网宽带的普及率仍远远落后于世界其他地区。[34] 对高速网络接入和快速移动计算技术的持续追逐意味着，在全球任何角落，"穷人"都可能永远在追赶的道路上挣扎。

然而，冰冷的数据可能无法说明全部问题。以印度的信息技术为例，尽管印度仍然深陷贫困泥潭，电信普及率也不高，但是在这个国家，渔夫们使用手机奋力讨价还价，将一船鱼获卖了个好价钱；在这里，不是每家每户都有能力购买电脑，许多家庭或整个村庄只能共享网络服务站（或手机）；在班加罗尔、浦那、海得拉巴、德里和孟买等城市，一流科技产业已经稳固地建立起来；由印度 20 多所技术院校组成的全国性网络，为从事科学和工程职业的男男女女提供教育（值得注意的是，印度是少数几个女性广泛参与计算机科学的国家之一）。事实上，软件工程师在印度、硅谷和其他世界科技中心之间的持续流动，本身就构成了一场令人印象深刻的高科技对话。虽然并非所有印度公民都能随时获得技术，但印度却未陷入数字鸿沟的绝望境地。[35]

相比之下，从巴勒斯坦延伸至动荡的中东地区，再到存在争议的印巴边界，再向东至印尼的人口稠密地带，这片广袤弧状区域正面临着更为严峻的割裂——其文化传统与21世纪的科技发展之间存在巨大断层。鉴于该地区充斥着政治冲突与观念分歧，我们难以一概而论。显然，部分国家正经受着传统文化政治形态与现代科技全球化浪潮之间的剧烈撕裂。

在过去的10年里，非洲、亚洲和拉丁美洲的技术和社会研究出现了惊人的发展。我们现在对这些丰富的技术实践有了更多了解，并窥见了现代技术与动态社会互动的规律。但前行之路依旧充满挑战。我们仍然需要解决迈克尔·阿达斯（Michael Adas）在《作为人类衡量标准的机器》（*Machines as the Measure of Men*）一书中提出的问题。[36] 阿达斯揭示了欧洲人是如何逐渐对非洲、印度和中国等文明形成了文化优越感。尽管前工业化时代的欧洲人一直好奇甚至尊重这些民族和文化（游历者很少提及物质文化或技术层面的差异），但随着19世纪的工业化进程，工业革命催生了物质文化与技术鸿沟，欧洲人逐渐陷入沙文主义的偏见和轻蔑态度之中。最终，鉴于明显的技术领先地位，欧洲人开始相信自己拥有文化和社会优越感（这是非常有问题的想法）。此外，帝国主义不可避免地在非洲、亚洲和美洲人民心中种下了怨恨，他们大多被强行纳入西方国家的技术现代化之中。

莫汉达斯·甘地在印度殖民地末期发起了著名的“抵制英国货运动”，以回应这种文化冲击。和同时代其他批评西方国家的人士一样，他没有把工业化、西方化和现代化分开，只将它们看成一个有毒的整体，并全盘拒斥。在1909年首次出版并于30年后被翻译成英文的《印度自治》(*Hind Swaraj*)一书中，甘地对现代文明发起了猛烈抨击。“印度正在衰败，不是由于臣服于英国人的统治，而是由于现代文明的影响，”他说，“在现代文明这头巨兽的可怕重压下，她呻吟喘息。”他把反击对象瞄准了律师、医生、铁路、城市，尤其是现代机械。律师们加强了大英帝国当局对印度的控制，医生则传播罪恶，助长恶行，践踏宗教传统，削弱个人自制力：“学习欧洲医学就是加深我们的奴役。”铁路让饥荒和黑死病蔓延，玷污了印度这片神圣大地，加剧了“人类的邪恶本性”。甘地还指责道：“机器是现代文明的主要象征，它是一桩大罪恶。”尽管甘地在晚年缓和了自己的观点，也容得下诸如胜家缝纫机这样的人性技术，但他对现代文明的“严厉谴责”从未改变。他有一个著名的号召，即印度人应该采用传统的手工纺纱和织布方法，不需要机器制造的“火柴、别针和玻璃制品”，并抵制有害的现代诱惑。[37] 甘地的怨恨从未消失，近年来，全球多个突出的原教旨主义运动也出现了类似的反现代情绪。

空想乌托邦主义者和全球化主义者对技术的无限乐观，向来都有些过度渲染，但我们也不该滑向对技术问题的犬儒式疏离。取代、脱节和分裂的变化说明我们面前的挑战有多严重。在发展政策、技术哲学与环境思维领域，既有值得探索的技术新思维范式，也涌现出诸多创新实践案例。[38] 这些实践堪称典范，充分展现了如何运用技术手段推动理想的文化社会变革。

对于天真且不加批判地拥抱技术的做法，我们完全可以提出有力反驳：只需回顾历史上这类做法曾酿成的诸多祸端。有时候，我们不能操之过急："当人们想要开发一种技术、真切渴望一种可能的新玩具时，这种欲望便会变成一股失控之力。"[39] 如果缺乏对技术问题的审慎审视，那么面对可持续发展、安全、隐私和贫困等紧迫问题，努力会变得毫无意义。如今是时候让改革家、社会运动推动者和公民团体明智地拥抱技术了，努力激活这一塑造未来的有力手段。技术可以成为让世界变得更美好的强大力量。试着从以下几方面开始：让电网和能源管道远离互联网；将不安全的技术系统连接到任何网络之前，请三思；朝着可持续能源的未来迈出实质性一步；在计算机上，从头开始创建一些有用的东西：不使用任何"模块""模板"或"库"。重要的是保持警觉：眼下正发生着诸多变化。

注 释

前言

1. 参考 web.archive.org/web/20200529050651/www.thoughtco.com/wernher-von-braun-v-2-rocket-4070822。顺带提下本书的架构：当时我穿过芝加哥街道准备去上课，以广义的"时代"概念（类似于格式塔理论）作为组织原则的念头突然浮现在脑海。"正如帝国技术……曾经为维多利亚时代的科学家和工程师界定了相关的研究项目，冷战时期的军事驱动技术为战后一代的美国科学家和工程师界定了关键问题。"摘自 Stuart W. Leslie's *The Cold War and American Science: The Military-Industrial-Academic Complex at MIT and Stanford* (New York: Columbia University Press, 1993), quote on 9。
2. 美国科学发展协会（AAAS）的数据显示，美国 2003 年至 2009 年的军事研发预算远远超过了 1987 年冷战时期的峰值，at web.archive.org/web/20130618113321/www .aaas.org/spp/rd/trdef09p.pdf。
3. Alice Gordenker, "Japan's Incompatible Power Grids," *Japan Times* (19 July 2011) at web.archive.org/web/20201122192559/https://www.japantimes.co.jp/news/2011/07/19/reference/japans-incompatible-power-grids/; 以及 Peter Fairley, "Why Japan's Fragmented Grid Can't Cope," *IEEE Spectrum* (6 April 2011) at web.archive.org /web/20201103071058/https://spectrum.ieee.org/energy/the-smarter-grid/why-japans-fragmented-grid-cant-cope。
4. David Miller, "Anthropological Studies of Mobile Phones," Technology and Culture 60 no. 4 (2019): 1093–97, quotes on 1093 at doi.org/10.1353/tech.2019.0103; Kate O'Flaherty, "This New Facebook Tool Reveals How You Are Being Tracked Online," Forbes (28 January 2020) "apps and websites" at web.archive.org/ web/20200614055354if_/https://www.forbes.com/sites/kateoflahertyuk/2020/01/28/this-new-facebook-privacy-feature-is-surprisingly-revealing/; Geoffrey A. Fowler, "Facebook Will Now Show You Exactly How It Stalks You—Even When You're Not Using Facebook," Washington Post (28 January 2020) "cameras...always on" at web.archive.org/web/20200129160247/https://www.washingtonpost.com/technology/2020/0 1/28/off-facebook-activity-page/.
5. 美国信息交换标准代码（ASCII）由美国标准协会（今天的 ANSI）标准化，并于 1963 年公布，用于表示计算机中有限"空间"内的数字和字符：标准的 8 位"字符"通常只有一个"奇偶校验位"，所以 7 个可用的二进制"数字"就形成了一个 128 个字符的体系（27）。姑且不论控制字符（如打印机换行），10 个数字只有 94 个可打印字符和 52 个大小写字母（二进制 1101101 是"m"）。ASCII 包含了所有的算术运算符，但没有足够的变音符号来书写正确的法语、瑞典语或西班牙语，更不用说汉语或波斯语了。ICANN, "ICANN Bringing the Languages of the World to the Global Internet" (30 October 2009) "non-Latin characters" at web.archive.org/web/20201109022914/https://www.

icann.org/news/announcement-2009–10–30-en.

第 1 章

1. 美第奇王朝由乔瓦尼·比奇·德·美第奇（1360—1429 年）建立，他是教皇的银行家，积累了大量的财富。1434 年，美第奇家族开始统治空有其名的佛罗伦萨共和国，一直持续到 1494—1512 年美第奇家族"被流放"。1513 年，美第奇家族的第一位教皇当选，美第奇再次统治佛罗伦萨。美第奇家族第二位教皇的继任者在 1537 年任命美第奇王朝的首领为佛罗伦萨第一任公爵，并在 1569 年任命其为托斯卡纳第一任大公爵。1495 年，马基亚维利加入父亲的兄弟会，为自己在 3 年后当选为该市第二任议长并开启公职生涯奠定了基础；1512 年，随着美第奇家族的回归，他的政治生涯结束了。
2. Arnold Pacey, *Technology in World Civilization* (Cambridge: MIT Press, 1990), 82–88, quote on 82.
3. Paolo Galluzzi, "The Career of a Technologist," in Paolo Galluzzi, ed., *Leonardo da Vinci: Engineer and Architect* (Montreal Museum of Fine Arts, 1987), 41–109, quote on 41.
4. Ross King, *Brunelleschi's Dome* (New York: Penguin, 2001); Anthony Grafton, Leon Battista Alberti (New York: Hill & Wang, 2000), quote on 72.
5. Galluzzi, "Career of a Technologist," 50.
6. Galluzzi, "Career of a Technologist," quote on 62 (letter to Ludovico); Pamela Taylor, ed., *The Notebooks of Leonardo da Vinci* (New York: NAL, 1971), quote on 207 ("time of peace"). 克劳迪奥·乔尔乔内生动地描绘了达·芬奇在米兰时期的军事工程，ed., *Leonardo da Vinci: The Models Collection* (Milan: Museo Nazionale della Scienza e della Tecnica Leonardo da Vinci, 2009), 66-83。
7. Martin Clayton, *Leonardo da Vinci* (London: Merrell Holberton, 1996), quote on 50.
8. Galluzzi, "Career of a Technologist," quote on 68 ("injury to friends"); Taylor, *Notebooks of Leonardo*, quote on 107 ("evil nature").
9. Galluzzi, "Career of a Technologist," quote on 80.
10. Bert S. Hall, *Weapons and Warfare in Renaissance Europe* (Baltimore: Johns Hopkins University Press, 1997).
11. 马丁·坎普引用了马泰奥·班戴洛（Matteo Bandello）的故事，*Leonardo da Vinci: The Marvellous Works of Nature and Man* (Cambridge: Harvard University Press, 1981), 180。
12. David Mateer, ed., *Courts, Patrons, and Poets* (New Haven: Yale University Press, 2000), quotes on 136 ("propaganda") and 138 ("seven boys"); Mark Elling Rosheim, "Leonardo' s Lost Robot," *Achademia Leonardi Vinci* 9 (1996): 99–108; Kemp, *Leonardo da Vinci*, 152-53, 167-70.
13. Galluzzi, "Career of a Technologist," quote on 83 ("duke lost"); Irma A. Richter, ed., *The Notebooks of Leonardo da Vinci* (Oxford: Oxford University Press, 1952), quote on 326 ("flooding the castle").
14. 达·芬奇与马基亚维利的合作在罗杰·D. 马斯特斯（Roger D. Masters）的作品中得以再现，*Fortune Is a River* (New York: Free Press, 1998); Jerry Brotton, *The Renaissance Bazaar: From the Silk Road to Michelangelo* (Oxford: Oxford University Press, 2002), quote on 68。
15. Martin Clayton, "Leonardo' s Anatomy Years," *Nature* 484 (18 April 2012): 314–316 at web.archive.org/web/20200709231734/https://www.nature.com/articles/484314a.
16. Richter, *Notebooks of Leonardo da Vinci,* quote on 382; Clayton, Leonardo da

Vinci, 129.
17. Galluzzi, "Career of a Technologist," 91.
18. Kemp, *Leonardo da Vinci*, 347-49.
19. The artist Raphael, quoted in Peter Burke, *The European Renaissance: Centres and Peripheries* (Oxford: Blackwell, 1998), 69.
20. Grafton, *Leon Battista Alberti*, 3-29, 71-109, 189-224, quote on 28.
21. Grafton, *Leon Battista Alberti*, quote on 84. 格拉夫顿（Grafton）指出，阿尔贝蒂家族被驱逐出佛罗伦萨的命令直到 1428 年才解除，一段时间后莱昂·巴蒂斯塔第一次进入这座城市。因此，他不太可能亲眼看到布鲁内列斯基描绘展示箱的场景；但他确实把他的绘画专著的意大利版本献给了布鲁内列斯基。
22. Joan Gadol, *Leon Battista Alberti* (Chicago: University of Chicago, 1969), 26 n9, 205 n82.
23. Stephen F. Mason, *A History of the Sciences* (New York: Collier, 1962), 111.
24. Lynn White, "The Flavor of Early Renaissance Technology," in B. S. Levy, ed., *Developments in the Early Renaissance* (Albany: SUNY Press, 1972), quote on 38.
25. Printing in the Far East follows Maurice Daumas, ed., *A History of Technology and Invention* (New York: Crown, 1962), 1:285–89. 书中对远东印刷术是否影响了欧洲古腾堡的证据进行了评估：Albert Kapr, *Johann Gutenberg: The Man and His Invention* (Aldershot, England: Scolar Press, 1996), 109-22。
26. Colin Clair, *A History of European Printing* (London: Academic Press, 1976), 6-14; Daumas, History of Technology and Invention, 2:639 (on typography). 关于日期，我引用自 Kapr, *Johann Gutenberg*, 29-99, quote on 84（"use of a press"）。
27. Kapr, *Johann Gutenberg*, 142-79, 197-210, 259-66, quote on 259.
28. Clair, *History of European Printing*, quotes on 13 and 14.
29. Elizabeth L. Eisenstein, *The Printing Revolution in Early Modern Europe* (Cambridge: Cambridge University Press, 1983), 145–48.
30. Eisenstein, *Printing Revolution*, 170–75.
31. Elizabeth L. Eisenstein, *The Printing Press as an Agent of Change*, 2 vols. (Cambridge: Cambridge University Press, 1979), 1:408.
32. 关于普朗坦，参考 Clair, *History of European Printing*, 195–206; Francine de Nave and Leon Voet, "The Plantin Moretus Printing Dynasty and Its History," in Christopher and Sally Brown, eds., *Plantin-Moretus Museum* (Antwerp: Plantin-Moretus Museum, 1989), 11–53; Eisenstein, *Printing Press*, quote on 1:444。
33. Eisenstein, *Printing Revolution*, 43.
34. Pacey, *Technology in World Civilization*, quote on 7.
35. 参考 Dieter Kuhn, *Science and Civilisation in China*, vol. 5 part 9: *Textile Technology: Spinning and Reeling* (Cambridge: Cambridge University Press, 1988), 161, 184, 210, 348, 352, 356, 363, 366–68。相比之下，达·芬奇的一幅画（164 页）则以立体的真实感跃然纸上。对于其他关于纺纱关键技术的不完整说明，参考 Francesca Bray, *Technology and Gender: Fabrics of Power in Late Imperial China* (Berkeley: University of California Press, 1997), 45, 214, 227; and Arnold Pacey, *Technology in World Civilization*, 27。
36. Eugene Ferguson, *Engineering and the Mind's Eye* (Cambridge: MIT Press, 1992), 107–13.
37. Pamela O. Long, "The Openness of Knowledge: An Ideal and Its Context in Sixteenth-Century Writings on Mining and Metallurgy," *Technology and Culture 32* (April 1991): 318–55, quote on 326 at doi.org/10.2307/3105713. 另参考 Long's *Openness, Secrecy, Authorship: Technical Arts and the Culture of Knowledge from Antiquity to the Renaissance* (Baltimore: Johns Hopkins University Press, 2001),

chap. 6。
38. Long, "Openness of Knowledge," 330–50.
39. Agricola quoted in Eisenstein, *Printing Revolution*, 193.
40. Ferguson, *Engineering and the Mind's Eye*, 115.
41. 伽利略引用自爱森斯坦，*Printing Revolution*, 251. 关于伽利略和美第奇家族，参考 Mario Biagioli's *Galileo, Courtier* (Chicago: University of Chicago Press, 1993)。
42. David Landes, *Revolution in Time: Clocks and the Making of the Modern World* (Cambridge, Mass.: Belknap Press, 1983), quote on 70; Luca Molà, *The Silk Industry of Renaissance Venice* (Baltimore: Johns Hopkins University Press, 2000), quote on 37, 121. 参考玻璃制造、造船和宫廷技术的出处说明。
43. Pacey, *Technology in World Civilization*, 82-88; Noel Perrin, *Giving Up the Gun: Japan's Reversion to the Sword, 1543–1879* (Boston: Godine, 1979).

第 2 章

1. Richard A. Goldthwaite's *Private Wealth in Renaissance Florence* (Princeton: Princeton University Press, 1968), 40–61. 在 15 世纪 20 年代和 30 年代，极其富有的斯特罗齐家族的资产主要是房地产：父亲西蒙尼的财产包括房地产（64%）、商业投资（23%）和国家基金（7%）；他的儿子马特奥的财产是房地产（70%），另外还投资了国家基金（13%）和羊毛制造（17%）。马特奥的儿子菲利波在欧洲各地的银行和商业领域积累了大量财富；1491 年至 1492 年，他的财产包括房地产（14%）、家具和贵金属等个人财产（11%）、现金（45%）和商业投资（30%）。
2. 1575 年和 1596 年，以及随后的一个世纪，西班牙王室至少 4 次宣布破产；1572 年至 1607 年，西班牙军队共发动了 46 次兵变。相对的衰落影响了意大利城邦和宫廷的命运。17 世纪 20 年代，瑞典皇室失去了王室的财务控制权，由荷兰铜商接手。
3. Karel Davids and Jan Lucassen, eds., *A Miracle Mirrored: The Dutch Republic in European Perspective* (Cambridge: Cambridge University Press, 1995), quote on 1. 关于长线的"长期趋势"，参考 Fernand Braudel, *The Perspective of the World* (New York: Harper & Row, 1984), 71-88。
4. Jonathan I. Israel, *Dutch Primacy in World Trade, 1585-1740* (Oxford: Clarendon Press, 1989), quote on 13. 本章多处引用伊斯雷尔的作品。
5. William H. McNeill, *The Pursuit of Power* (Chicago: University of Chicago Press, 1982), 126–41, quotes on 137-39.
6. Joel Mokyr, *Industrialization in the Low Countries, 1795-1850* (New Haven: Yale University Press, 1976), quote on 9.
7. 关于德·吉尔和瑞典的铁铜工业，参考 Jonathan I. Israel, *The Dutch Republic* (Oxford: Clarendon Press, 1995), 271–75; E. E. Rich and C. H. Wilson, eds., *Cambridge Economic History of Modern Europe* (Cambridge: Cambridge University Press, 1977), 5:245–49, 484–87, 495. 关于埃斯基尔斯蒂纳，参考 Maths Isacson and Lars Magnusson, *Proto-industrialisation in Scandinavia: Craft Skills in the Industrial Revolution* (Leamington Spa, U.K.: Berg, 1987), 89–108。
8. Rich and Wilson, *Cambridge Economic History*, 5:148–53; Israel, *The Dutch Republic*, 16–18, 116–19; Jan Bieleman, "Dutch Agriculture in the Golden Age, 1570–1660," in Karel Davids and Leo Noordegraaf, eds., *The Dutch Economy in the Golden Age* (Amsterdam: Netherlands Economic History Archives, 1993), 159–83.
9. Israel, *Dutch Primacy in World Trade*, 21.

10. Richard W. Unger, *Dutch Shipbuilding before 1800* (Assen, Netherlands: Van Gorcum, 1978), 29–47, quote on 25.
11. 关于背景和图像，参考 www.vasamuseet.se/en (May 2020); 关于尺寸，参考 web.archive.org/web/20151017033410/http://www.vasamuseet.se/en/The-Ship/Vasa-in-numbers/。
12. Karel Davids, "Technological Change and the Economic Expansion of the Dutch Republic, 1580–1680," 79–104, in Davids and Noordegraaf, *Dutch Economy*, 81–82; Arne Kaijser, "System Building from Below: Institutional Change in Dutch Water Control Systems," *Technology and Culture 43* (2002): 521–48 at doi.org/10.1353/tech.2002.0120.
13. Israel, *Dutch Primacy in World Trade*, 21-22; Leo Noordegraaf, "Dutch Industry in the Golden Age," in Davids and Noordegraaf, Dutch Economy, 142–45; Carlo Cipolla, *Before the Industrial Revolution*, 3rd edition (New York: W. W. Norton, 1994), 254.
14. John E. Wills, Jr., *Pepper, Guns and Parleys: The Dutch East India Company and China, 1622–1681* (Cambridge: Harvard University Press, 1974), 10, 19–21, quote on 20.
15. Israel, *Dutch Primacy in World Trade*, 75–76, quote on 75.
16. Israel, *Dutch Primacy in World Trade*, 73–79, quote on 73 n8.
17. Peter M. Garber, *Famous First Bubbles: The Fundamentals of Early Manias* (Cambridge: MIT Press, 2000), 82.
18. Paul Zumthor, *Daily Life in Rembrandt's Holland* (Stanford: Stanford University Press, 1994), quote on 173 ("so many rules"); Mike Dash, *Tulipomania* (New York: Crown, 1999), quote on 141 ("intoxicated head"). 1590 年，哈勒姆的居民每人每年消耗大约 300 升啤酒；参考 Richard W. Unger, "The Scale of Dutch Brewing, 1350–1600," *Research in Economic History* 15 (1995): 261–92. 1639 年至 1659 年，阿姆斯特丹一家孤儿院的啤酒配额是每人每年 270 升；参考 Anne McCants, "Monotonous but not Meager: The Diet of Burgher Orphans in Early Modern Amsterdam," *Research in Economic History* 14 (1994): 69–119。一幅 1660 年前后的油画描绘了喂养孤儿的画面，画面中啤酒桶很显眼；参考 Richard W. Unger, *A History of Brewing in Holland, 900-1900* (Leiden: Brill, 2001), 248。
19. Israel, *The Dutch Republic*, 318–27.
20. P'eng Sun-I, "Record of Pacification of the Sea" (1662–64) quoted in Wills, *Pepper, Guns and Parleys*, quote on 29; Israel, *Dutch Primacy in World Trade*, 71–73, 76, 86.
21. Israel, *Dutch Primacy in World Trade*, 101–6.
22. Israel, *Dutch Primacy in World Trade*, 171–87, quote on 177.
23. 参考 Noel Perrin, *Giving Up the Gun: Japan's Reversion to the Sword, 1543–1879* (Boston: Godine, 1979)。
24. Israel, *Dutch Primacy in World Trade*, 156–60; Pieter Emmer, "The West India Company, 1621–1791: Dutch or Atlantic?" in his *The Dutch in the Atlantic Economy* (Aldershot, England: Ashgate, 1998), chap. 3.
25. Israel, Dutch Primacy in World Trade, 160–70, quote on 163, 186, 255, 319–27; Pieter Emmer and Ernst van den Boogart, "The Dutch Participation in the Atlantic Slave Trade, 1596–1650," in Emmer, *The Dutch in the Atlantic Economy*, chap. 2; Carla Rahn Phillips, *Six Galleons for the King of Spain: Imperial Defense in the Early Seventeenth Century* (Baltimore: Johns Hopkins University Press, 1986), 3–7.
26. Mokyr, *Industrialization in the Low Countries*, quote on 2; Israel, Dutch Primacy in

World Trade, 114–16; Cipolla, *Before the Industrial Revolution* (3rd ed.), 249–59.

27. Israel, *Dutch Primacy in World Trade*, 187–91, quote on 188.
28. Israel, *Dutch Primacy in World Trade*, 35–36, quote on 36 (on linen bleaching), 116–17, 190–96, quote on 194 ("technical innovations"); Carla Rahn Phillips and William D. Phillips, Jr., *Spain's Golden Fleece* (Baltimore: Johns Hopkins University Press, 1997), 260, 303.
29. Israel, *Dutch Primacy in World Trade*, 260–64, quote on 262.
30. Phillips and Phillips, *Spain's Golden Fleece*, 169–78, 193–209, quote on 204.
31. Israel, *Dutch Primacy in World Trade*, 116, 264–66.
32. Israel, *Dutch Primacy in World Trade*, 266–69; Karel Davids, "The Transformation of an Old Industrial District: Firms, Family, and Mutuality in the Zaanstreek between 1840 and 1920," *Enterprise & Society* 7 no. 3 (2006): 550–80, on 557 at www.jstor.org/stable/23700836.
33. Israel, *Dutch Primacy in World Trade*, quote on 269. 以下图书评估了荷兰行会、学术团体和城镇的各种活动：Karel Davids, "Shifts of Technological Leadership in Early Modern Europe," in Davids and Lucassen, *A Miracle Mirrored*, 338–66。
34. The Dutch economic decline is detailed in Israel, *The Dutch Republic*, 998–1018.
35. Davids, "Technological Change," 81–83.
36. Israel, *Dutch Primacy in World Trade*, 102, 292–358.
37. Zumthor, *Daily Life in Rembrandt's Holland*, 194–99, quote on 195; Cipolla, *Before the Industrial Revolution* (3rd ed.), 259.

第 3 章

1. E. J. Hobsbawm, *Industry and Empire* (London: Weidenfeld & Nicolson, 1968; reprint, London: Penguin, 1990), quote on 34; David S. Landes, *The Unbound Prometheus* (Cambridge: Cambridge University Press, 1969), quote on 1–2. 关于行业增长速度，参考 Maxine Berg, *The Age of Manufactures, 1700–1820*, 1st edition (Oxford: Oxford University Press, 1986), 28。
2. Berg, *Age of Manufactures* (1986), quote in (unpaged) preface. 关于行业增值数据，参考 Maxine Berg, *The Age of Manufactures*, 2nd edition (London: Routledge, 1994), 38. 关于手摇纺织机织工，参考 Geoffrey Timmons, *The Last Shift* (Manchester: Manchester University Press, 1993), 25–28, 110, 220。
3. Raymond Williams, *Culture and Society,* 1780–1950 (New York: Harper & Row, 1966), xi–xvi and passim.
4. L. D. Schwarz, *London in the Age of Industrialisation: Entrepreneurs, Labour Force and Living Conditions*, 1700–1850 (Cambridge: Cambridge University Press, 1992), quotes on 1 (Braudel), 231 ("a storm"). 以下图书对"绅士资本主义"的论点进行详述：M. J. Daunton, "'Gentlemanly Capitalism' and British Industry, 1820–1914," Past and Present 122 (1989): 119–58; 以下图书对该论点进行辩护：P. J. Cain and A. G. Hopkins, *British Imperialism*, 1688–2000, 2nd edition (Harlow: Longman, 2002), 114–50, passim。
5. 1800 年前后，伦敦共有 290 台蒸汽机，数量超过了曼彻斯特、利兹和格拉斯哥（分别有 240 台、130 台和 85 台）；参考 Richard L. Hills, *Power from Steam: A History of the Stationary Steam Engine* (Cambridge: Cambridge University Press, 1989), 299 n78。
6. 数据提取自 Eric J. Evans, *The Forging of the Modern State: Early Industrial Britain, 1783–1870* (London: Longman, 1983), 407–9; E. A. Wrigley, "A Simple Model of London's Importance in Changing English Society and Economy 1650–1750," Past and Present 37 (1967): 44–70; David R. Green, *From Artisans to Paupers:*

Economic Change and Poverty in London, 1790–1870 (London: Scolar Press, 1995), Defoe quote on 15. 1851 年人口（单位：千）：伦敦 2362、利物浦 376、格拉斯哥 345、曼彻斯特 303、伯明翰 233、爱丁堡 194、利兹 172、谢菲尔德 135、布里斯托尔 137、布拉德福德 104、纽卡斯尔 88、赫尔 85、普雷斯顿 70。

7. Roy Porter, *London*: A Social History (Cambridge: Harvard University Press, 1994), 134.
8. M. Dorothy George, *London Life in the Eighteenth Century* (New York: Capricorn Books, 1965, orig. 1925), quote on 323 n2; 1851 年的人口普查数据来自：Schwarz, *London in the Age of Industrialisation*, 255–58。
9. Michael W. Flinn, *The History of the British Coal Industry* (Oxford: Clarendon Press, 1984), 2:217, table 7.2; Defoe quoted in Porter, London, 138.
10. George, *London Life*, quote on 167.
11. This section relies on Peter Mathias, *The Brewing Industry in England, 1700–1830* (Cambridge: Cambridge University Press, 1959).
12. Mathias, *Brewing Industry in England*, 53–62, quotes on 61, 62.
13. T. R. Gourvish and R. G. Wilson, *The British Brewing Industry, 1830–1980* (Cambridge: Cambridge University Press, 1994), 30–35. 古尔维什和威尔逊假设 15 岁以下的儿童（占人口总数的 35%）和禁酒者（在 1899 年有 300 万）不喝酒，并估计女性的饮酒量是男性的一半，以此计算得出，在啤酒消费最高纪录年份 1876 年，成年男性平均每年消费 103 加仑啤酒（每周 16 品脱）。
14. Gourvish and Wilson, British Brewing Industry, 87, 226–66; Mathias, *Brewing Industry in England*, 554–58.
15. Mathias, *Brewing Industry in England*, 36, 551–58.
16. Eric Robinson and A. E. Musson, *James Watt and the Steam Revolution* (New York: Kelley, 1969), quote on 88 (Watt); Mathias, Brewing Industry in England, 78–98.
17. Mathias, *Brewing Industry in England*, 41–42, 48–53, 106–9. 关于附属产业，参考 Philip Scranton, *Endless Novelty: Specialty Production and American Industrialization, 1865–1925* (Princeton: Princeton University Press, 1997)。
18. Mathias, *Brewing Industry in England*, 102–6, 117–33.
19. Gourvish and Wilson, *British Brewing Industry*, 30–35, quote on 12. 1820 年至 1824 年，英格兰和威尔士的人均啤酒消费量为 28.4 加仑，1835 年至 1839 年为 35.4 加仑，1840 年为 30.5 加仑（30.5 加仑这个数目一直维持到 1860 年）。
20. *Report on Handloom Weavers* (1840) quoted in Ivy Pinchbeck, *Women Workers and the Industrial Revolution*, 1750–1850 (London: Frank Cass, 1930), quote on 179.
21. George, *London Life*, quotes on 74 and 345 n32; Linda Clarke, *Building Capitalism: Historical Change and the Labour Process in the Production of the Built Environment* (London: Routledge, 1992), 82–84, 174–77, 207–17, 243–48; Hermione Hobhouse, *Thomas Cubitt: Master Builder* (London: Macmillan, 1971), 23–25, 96–102.
22. Keith Burgess, "Technological Change and the 1852 Lock-Out in the British Engineering Industry," *International Review of Social History* 14 (1969): 215–36, on 233; Green, From Artisans to Paupers, 27–32, 59 n30.
23. Peter Linebaugh, *The London Hanged* (Cambridge: Cambridge University Press, 1992), 371–401, quote on 380; Carolyn Cooper, "The Portsmouth System of Manufacture," *Technology and Culture* 25 (1984): 182–225 at doi.org/10.2307/3104712.
24. David Jeremy, *Transatlantic Industrial Revolution* (Cambridge: MIT Press, 1981), 67.
25. V. A. C. Gatrell, "Labour, Power, and the Size of Firms in Lancashire Cotton

in the Second Quarter of the Nineteenth Century," *Economic History Review* 30 (1977): 95–139, statistics on 98; Steven Marcus, *Engels, Manchester, and the Working Class* (New York: Random House, 1974), quote on 46 n30 ("only one chimney"); W. Cooke Taylor, *Notes of a Tour in the Manufacturing Districts of Lancashire* (London: Frank Cass, 1842; reprint, New York: A. M. Kelley, 1968), quote on 6 ("mighty energies").

26. Sidney J. Chapman, *The Lancashire Cotton Industry* (Manchester: Manchester University Press, 1904), quotes on 2 (Defoe), 13 (George Crompton).

27. 参考家庭和工厂纺纱的典型描述：Pinchbeck, Women Workers, 129–56, 183–201。平奇贝克介绍了很多最新的加工方法，包括 Sally Alexander, *Women's Work in Nineteenth-Century London* (London: Journeyman Press, 1983); Deborah Valenze, *The First Industrial Woman* (New York: Oxford University Press, 1995); and Katrina Honeyman, *Women, Gender and Industrialisation in England, 1700–1870* (London: Macmillan, 2000)。

28. Ian Miller and John Glithero, "Richard Arkwright' s Shudehill Mill: The Archaeology of Manchester' s First Steam-Powered Cotton Mill," Ind*ustrial Archaeology Review* 38 no. 2 (2016): 98–118 at doi.org/10.1080/03090728.2016.1266214.

29. Pinchbeck, *Women Workers*, quote on 148.

30. Pinchbeck, *Women Workers*, 157–82; 关于曼彻斯特工厂的数据，请参考 Roger Lloyd Jones and M. J. Lewis, Manchester and the Age of the Factory (London: Croom Helm, 1988)。

31. Lloyd-Jones and Lewis, *Manchester and the Age of the Factory*, 67.

32. Pinchbeck, *Women Workers*, 186（1834 年兰开夏郡 151 家棉纺厂的数据）; Mary Freifeld, "Technological Change and the 'Self-Acting' Mule: A Study of Skill and the Sexual Division of Labour," *Social History* 11 (October 1986): 319–43; G. N. von Tunzelmann, *Steam Power and British Industrialization to 1860* (Oxford: Clarendon Press, 1978), 185 (employees and horsepower); Lloyd-Jones and Lewis, *Manchester and the Age of the Factory*, Gazette quoted on 201. 1833 年，曼彻斯特最大的 3 家工厂分别雇用了 1400 名工人，8 家工厂雇用了 500—900 名工人，另外 8 家雇用了 300—500 名工人，还有 17 家雇用了 100—300 名工人；参考 Chapman, *Lancashire Cotton Industry*, 58。

33. Martin Hewitt, *The Emergence of Stability in the Industrial City: Manchester, 1832–67* (Aldershot, England: Scolar Press, 1996), 31 (employment data); Timmons, The Last Shift, 20, table 1.1 (on power looms).

34. Samuel Smiles, *Industrial Biography* (1863) at web.archive.org/web/20190505215120/www.gutenberg.org/ebooks/404; Freifeld, "Technological Change."

35. Nasmyth quoted in L. T. C. Rolt, *A Short History of Machine Tools* (Cambridge: MIT Press, 1965), 113.

36. A. E. Musson and Eric Robinson, *Science and Technology in the Industrial Revolution* (Toronto: University of Toronto Press, 1969), quote on 507 (from Nasmyth); *Lloyd Jones and Lewis*, quote on 134 (on unrest over price of labor); Chapman, *Lancashire Cotton Industry*, quote on 198 ("social war").

37. Marcus, Engels, M*anchester, and the Working Class*, 30–44, quote on 46 ("chimney of the world"); Taylor, *Notes of a Tour in Lancashire* [1842], quote on 2 ("forest of chimneys"); Harold L. Platt, *Shock Cities: The Environmental Transformation and Reform of Manchester and Chicago* (Chicago: University of Chicago Press, 2005), 24–56; John Kasson, *Civilizing the Machine* (New York:

Grossman, 1976), 59–60.

38. Marcus, *Engels, Manchester, and the Working Class,* 30–44; Disraeli quoted in Robert J. Werlin, *The English Novel and the Industrial Revolution* (New York: Garland, 1990), 74, 84 n1.

39. 引用自以下片段：Friedrich Engels, *The Condition of the Working Class in England* (1845)，翻译和编辑为 W. O. Henderson and W. H. Chaloner (Stanford: Stanford University Press, 1958)。

40. W. O. Henderson and W. H. Chaloner, "Friedrich Engels in Manchester," *Memoirs and Proceedings of the Manchester Literary and Philosophical Society 98* (1956–57): 13–29; Karl Marx and Friedrich Engels, "Manifesto of the Communist Party" (1848), in Robert C. Tucker, ed., *The Marx-Engels Reader,* 2nd edition (New York: W. W. Norton, 1978), quote on 476.

41. Nathaniel Hawthorne, *Our Old Home* (1863), in Sylvia Pybus, ed., "*Damned Bad Place, Sheffield*" (Sheffield: Sheffield Academic Press, 1994), quote on 126.

42. Pinchbeck, *Women Workers, 275–76*; Evans, Forging of the Modern State, 165.

43. Geoffrey Tweedale, *Steel City: Entrepreneurship, Strategy and Technology in Sheffield, 1743–1993* (Oxford: Clarendon Press, 1995), 49–50.

44. Tweedale, *Steel City*, 53.

45. 杰弗里·特威代尔（Geoffrey Tweedale）在《谢菲尔德的钢铁和美国》（*Sheffield Steel and America*）（坎布里奇：剑桥大学出版社，1987）指出，格里夫斯耗资 50000 英镑建于 1823 年的希夫工作坊是网络或集群模式的明显例外，据说"最后的成品被放在看得见的地方，在现场集中的所有铁器必须经过各种加工……直到形成剃刀、铅笔刀或其他物品"。

46. Tweedale, *Sheffield Steel*, 63–67, quote on 64（摘自：Bessemer, *Autobiography*).

47. Sidney Pollard, *A History of Labour in Sheffield* (Liverpool: Liverpool University Press, 1959), 50–54, quote on 51.

48. Pollard, *History of Labour in Sheffield,* 53–54, 83.

49. John Charles Hall, "The Sheffield Grinders," *British Medical Journal* 1 no. 12 (March 21, 1857): 234–236, quote on 235 at www.jstor.com/stable/25191141.

50. Pollard, *History of Labour in Sheffield,* 62–65, 328; John Charles Hall, "The Sheffield File-Cutters," *British Medical Journal* 1 no. 19 (9 May 1857): 385–87 (colic and paralysis) at jstor.org/stable/25191274; Hall, "The Sheffield Grinders" (21 March 1857), quote on 235（"very old man"）at jstor.org/stable/25191141; Hall, "Remarks on the Effects of the Trades of Sheffield," British Medical Journal 2 no. 824 (14 October 1876): 485–86 at jstor.org/stable/25243013.

51. Pollard, *History of Labour in Sheffield,* 14–15.

52. Pollard, *History of Labour in Sheffield,* 5–23, 93–100.

53. Fiorenza Belussi and Katia Caldari, "At the Origin of the Industrial District: Alfred Marshall and the Cambridge School," *Cambridge Journal of Economics* 33 no. 2 (March 2009): 335–355 at doi.org/10.1093/cje/ben041.

54. Donald E. Thomas, Jr., "Diesel, Father and Son: Social Philosophies of Technology," *Technology and Culture* 19 no. 3 (1978): 376–393 at www.jstor.com/stable/3103371.

55. Jeremy, *Transatlantic Industrial Revolution*; Ken Alder, *Engineering the Revolution: Arms and Enlightenment in France, 1763–1815* (Princeton: Princeton University Press, 1997); Thomas J. Misa, *A Nation of Steel: The Making of Modern America, 1865–1925* (Baltimore: Johns Hopkins University Press, 1995).

56. Maths Isacson and Lars Magnusson, *Proto-industrialisation in Scandinavia: Craft Skills in the Industrial Revolution* (Leamington Spa, U.K.: Berg, 1987); Svante

Lindqvist, *Technology on Trial: The Introduction of Steam Power Technology into Sweden, 1715–1736* (Stockholm: Almqvist & Wiksell, 1984), 23–33.

57. Sven Beckert, "Cotton and the Global Origins of Capitalism," *Journal of World History*28 no. 1 March (2017): 107–120, quotes on 107, 109 at doi.org/10.1353/jwh.2017.0004; Peter A. Coclanis, "King Cotton: Sven Beckert, *Empire of Cotton*," *Technology and Culture* 57 no. 3 (2016): 661–667, quote on 663, at doi.org/10.1353/tech.2016.0076.

第 4 章

1. Charles Bright, *Telegraphy, Aeronautics and War* (London: Constable, 1918), 56.
2. Daniel Headrick, *The Tools of Empire: Technology and European Imperialism in the Nineteenth Century* (Oxford: Oxford University Press, 1981).
3. Lance E. Davis and Robert A. Huttenback, *Mammon and the Pursuit of Empire: The Economics of British Imperialism* (Cambridge: Cambridge University Press, 1988).
4. 关于印度蒸汽，参考 Headrick, *Tools of Empire*, 17–57, 129–56。
5. Zaheer Baber, *The Science of Empire: Scientific Knowledge, Civilization, and Colonial Rule in India* (Albany: SUNY Press, 1996), 138–53.
6. Satpal Sangwan, "Technology and Imperialism in the Indian Context: The Case of Steamboats, 1819–1839," in Teresa Meade and Mark Walker, eds., *Science, Medicine, and Cultural Imperialism* (New York: St. Martin' s Press, 1991), 60–74, quote on 70.
7. Headrick, *Tools of Empire*, quote on 50.
8. Martin Booth, *Opium* (New York: St. Martin' s Press, 1996), 103–73, quote on 146.
9. Encyclopaedia Britannica, 11th edition (1910), 14:389; Shrutidev Goswami, "The Opium Evil in Nineteenth Century Assam," *Indian Economic and Social History Review* 19 (1982): 365–76.
10. Ellen N. LaMotte, *Peking Dust* (New York: The Century, 1919), 124–81, 233–37, at archive.org/details/in.ernet.dli.2015.158280; The International Anti Opium Association, *The War Against Opium* (Peking: Tientsin Press, Ltd., 1922), quote on iv (vast quantities) at archive.org/details/in.ernet.dli.2015.157162.
11. Bright, *Telegraphy, Aeronautics and War*, 56.
12. 本节取自 Mel Gorman, "Sir William O' Shaughnessy, Lord Dalhousie, and the Establishment of the Telegraph System in India," Technology and Culture 12 (1971): 581–601 at doi.org/10.2307/3102572; Saroj Ghose, "Commercial Needs and Military Necessities: The Telegraph in India," in Roy MacLeod and Deepak Kumar, eds., *Technology and the Raj: Western Technology and Technical Transfers to India, 1700–1947* (New Delhi: Sage, 1995), 153–76, quote on 156。
13. Edwin Arnold, *The Marquis of Dalhousie's Administration of British India* (London, 1862) 2:241–42, as quoted in Michael Adas, *Machines as the Measure of Men* (Ithaca: Cornell University Press, 1989), 226.
14. Vary T. Coates and Bernard Finn, *A Retrospective Technology Assessment: Submarine Telegraphy* (San Francisco: San Francisco Press, 1979), quotes on 101.
15. Ghose, "Commercial Needs and Military Necessities," quote on 168. 战场指挥官可能会对电报所带来的控制感到不满，原因各不相同。普鲁士陆军元帅兼参谋长 H.K. 莫尔特克（H. K. Moltke）在描写奥普战争（1866 年）时写道："最不幸的指挥官莫过于背上插着一根电报线的人"[引用 Martin van Creveld, *Command in War*(Cambridge: Harvard University Press，1985）, 146]。感谢艾

德·托德（Ed Todd）对本处引证的贡献。

16. Daniel Headrick, *The Invisible Weapon: Telecommunications and International Politics, 1851–1945* (Oxford University Press, 1991), 17–115; Headrick, Tools of Empire, 130.

17. Peter Harnetty, *Imperialism and Free Trade: Lancashire and India in the Mid-Nineteenth Century* (Vancouver: University of British Columbia Press, 1972), quote on 6.

18. K. N. Chaudhuri, "The Structure of the Indian Textile Industry in the Seventeenth and Eighteenth Centuries," in Michael Adas, ed., *Technology and European Overseas Enterprise* (Aldershot, England: Variorum, 1996), 343–98; Harnetty, *Imperialism and Free Trade*, 7–35.

19. Harnetty, *Imperialism and Free Trade*, quotes 66–67.

20. Arun Kumar, "Colonial Requirements and Engineering Education: The Public Works Department, 1847–1947," in MacLeod and Kumar, *Technology and the Raj*, 216–32; Daniel Headrick, *The Tentacles of Progress: Technology Transfer in the Age of Imperialism, 1850–1940* (Oxford: Oxford University Press, 1988), 315–45; George Tomkyns Chesney, *The Battle of Dorking* (London: Grant Richards, 1914; original 1871) at archive.org/details/battleofdorking00chesrich/page/92/.

21. Daniel Thorner, *Investment in Empire: British Railway and Steam Shipping Enterprise in India, 1825–1849* (Philadelphia: University of Pennsylvania Press, 1950), quote on 11.

22. Thorner, *Investment in Empire*, quotes on 49（"first consideration"）, 96（"extension"）. 军事和行政优先事项也决定了后来的航线路径；关于案例研究，参考 Bharati Ray, "The Genesis of Railway Development in Hyderabad State: A Case Study in Nineteenth Century British Imperialism," Indian Economic and Social History Review 21 (1984): 45–69, on 54–55; Mukul Mukherjee, "Railways and Their Impact on Bengal' s Economy, 1870–1920," *Indian Economic and Social History Review* 17 (1980): 191–209, quotes on 193–94。

23. Headrick, *Tentacles of Progress*, quote on 71.

24. Ian Derbyshire, "The Building of India' s Railways: The Application of Western Technology in the Colonial Periphery, 1850–1920," in MacLeod and Kumar, *Technology and the Raj*, 177–215.

25. Daniel Thorner, "Great Britain and the Development of India' s Railways," *Journal of Economic History* 11 (1951): 389–402, quote on 392.

26. John Hoyt Williams, *A Great and Shining Road* (New York: Times Books, 1988), 152 (killed in next war); Creed Haymond, *The Central Pacific Railroad Co.* (San Francisco: H. S. Crocker, 1888), quote on 43 (Indian problem).

27. Donald W. Roman, "Railway Imperialism in Canada, 1847–1868," and Ronald E. Robinson, "Railways and Informal Empire," in Clarence B. Davis and Kenneth E. Wilburn, Jr., eds., Railway Imperialism (Boulder: Greenwood, 1991), 7–24, 175–96; A. A. Den Otter, *The Philosophy of Railways: The Transcontinental Railway Idea in British North America* (Toronto: University of Toronto Press, 1997), quote on 204.

28. William E. French, "In the Path of Progress: Railroads and Moral Reform in Porfirian Mexico," in Davis and Wilburn, *Railway Imperialism*, 85–102; Robinson, "Railways and Informal Empire," quote on 186（"tariff regulations"）; David M. Pletcher, *Rails, Mines, and Progress: Seven American Promoters in Mexico, 1867–1911* (Port Washington: Kennikat Press, 1972), quote on 1（"our India"）.

29. Pletcher, *Rails, Mines, and Progress*, 313.

30. M. Tamarkin, *Cecil Rhodes and the Cape Afrikaners* (London: Frank Cass, 1996), 8.
31. 印度的王子邦海德拉巴也使用了类似的策略——直接从伦敦私人资金中筹集资金来建设替代线路，挑战帝国主义的铁路计划；参考 Ray, "Genesis of Railway Development," 56–60。
32. Kenneth E. Wilburn, Jr., "Engines of Empire and Independence: Railways in South Africa, 1863–1916," in Davis and Wilburn, *Railway Imperialism,* 25–40.
33. W. Travis Hanes III, "Railway Politics and Imperialism in Central Africa, 1889–1953," in Davis and Wilburn, *Railway Imperialism*, 41–69; John Edward Glab, "Transportation' s Role in Development of Southern Africa" (PhD diss., American University, 1970), 62–69.
34. 关于贾雷德·戴蒙德的《枪炮、病菌与钢铁》(*Guns, Germs, and Steel*)，参考以下评论性综述：Suzanne Moon in *Technology and Culture* 41 no. 3 (2000): 570–71 at doi.org/10.1353/tech.2000.0123; Mohandas K. Gandhi, *Indian Home Rule or Hind Swaraj* (Ahmedabad: Navajivan Publishing, 1938) ("harm that Manchester") section 19 Machinery at web.archive.org/web/20200725161303/https://www.mkgandhi.org/hindswaraj/hindswaraj.htm。
35. E. J. Hobsbawm, *Industry and Empire* (London: Weidenfeld & Nicolson, 1968; reprint, London: Penguin, 1990), 178–93; Patrick K. O' Brien, "The Costs and Benefits of British Imperialism, 1846–1914," *Past and Present* 120 (1988): 163–200.

第 5 章

1. 参考我的文章 "The Compelling Tangle of Modernity and Technology" in Thomas Misa et al., eds., *Modernity and Technology* (Cambridge: MIT Press, 2003), 1–30。在《技术：一个概念的批判史》(*In Technology: Critical History of a Concept*) 中，埃里克·沙茨伯格（Eric Schatzberg）认为文化变迁发生在 20 世纪 30 年代。
2. Peter Mathias, *The Brewing Industry in England*, 1700–1830 (Cambridge: Cambridge University Press, 1959), quote on 65.
3. Henk van den Belt, "Why Monopoly Failed: The Rise and Fall of Société La Fuchsine," *British Journal for the History of Science* 25 (1992): 45–63.
4. Jeffrey Allan Johnson, *The Kaiser's Chemists: Science and Modernization in Imperial Germany* (Chapel Hill: University of North Carolina Press, 1990), 216 n7.
5. Henk van den Belt and Arie Rip, "The Nelson-Winter-Dosi Model and Synthetic DyeChemistry," in Wiebe Bijker, Trevor Pinch, and Thomas Hughes, eds., *The Social Construction of Technological Systems* (Cambridge: MIT Press, 1987), 135–58, quotes on 143–44.
6. Van den Belt and Rip, "Nelson-Winter-Dosi Model," quotes on 151.
7. Johnson, *Kaiser's Chemists*, 33.
8. Carl Duisberg, *Meine Lebenserinnerungen* (Leipzig, 1933), 44; also in van den Belt and Rip, "Nelson-Winter-Dosi Model," quote on 154.
9. Johnson, *Kaiser's Chemists,* quote on 34.
10. Van den Belt and Rip, "Nelson-Winter-Dosi Model," quote on 155.
11. John Joseph Beer, *The Emergence of the German Dye Industry* (Urbana: University of Illinois Press, 1959), 134.
12. Wilfred Owen, "Dulce et Decorum Est" (1917) at web.archive.org/web/20201105231900 /https://www.poetryfoundation.org/poems/46560/dulce-et-decorum-est.
13. L. F. Haber, *The Poisonous Cloud: Chemical Warfare in the First World War* (Oxford: Clarendon Press, 1986), 22–40, 217, 228, 243.
14. Peter Hayes, Industry and Ideology: *IG Farben in the Nazi Era* (Cambridge:

Cambridge University Press, 1987), 17 (1930 stats), 359, 361, 370.

15. Paul Israel, *From Machine Shop to Industrial Laboratory: Telegraphy and the Changing Context of American Invention, 1830–1920* (Baltimore: Johns Hopkins University Press, 1992), quote on 138.
16. Thomas P. Hughes, *American Genesis* (New York: Viking, 1989), 29.
17. Thomas P. Hughes, *Networks of Power: Electrification in Western Society, 1880–1930* (Baltimore: Johns Hopkins University Press, 1983), 24.
18. Edison to Puskas, 13 November 1878, Edison Archives, as quoted in Hughes, *Networks of Power*, 33.
19. Robert Friedel and Paul Israel, *Edison's Electric Light: Biography of an Invention* (New Brunswick: Rutgers University Press, 1986), 137.
20. Edison patent 223,898 (granted 27 January 1880), from Friedel and Israel, *Edison's Electric Light*, quote on 106.
21. Hughes, *Networks of Power*, 33–38, 193.
22. Friedel and Israel, *Edison's Electric Light,* quote on 182.
23. Hughes, *Networks of Power*, quote on 45.
24. Louis Galambos and Joseph Pratt, *The Rise of the Corporate Commonwealth* (New York: Basic Books, 1988), 10–11.
25. Hughes, *Networks of Power*, 46.
26. W. Bernard Carlson, *Innovation as a Social Process: Elihu Thomson and the Rise of General Electric, 1870–1900* (Cambridge: Cambridge University Press, 1991), quote on 284 n20. The next paragraphs draw on Carlson' s book.
27. Carlson, I*nnovation as a Social Process*, 253–57, 290.
28. Hughes, *Networks of Power*, 107–9; Carlson, *Innovation as a Social Process*, 261–63, 285.
29. Carlson, *Innovation as a Social Process, 290–301, quotes on 292* (Edison) and 297–98 (Fairfield).
30. 美国多数大的公司是在 1880—1930 年成立，参考 Harris Corporation, "Founding Dates of the 1994 Fortune 500 U.S. Companies," *Business History Review* 70 (1996): 69–90。
31. 引 自 George Basalla, *The Evolution of Technology* (Cambridge: Cambridge University Press, 1988), 128。一项综合性研究是指 David A. Hounshell and John Kenly Smith, Jr., *Science and Corporate Strategy: Du Pont R&D, 1902–1980* (Cambridge: Cambridge University Press, 1980)。
32. George Wise, "A New Role for Professional Scientists in Industry: Industrial Research at General Electric, 1900–1916," *Technology and Culture* 21 (1980): 408–29, quote on 422 at doi.org/10.2307/3103155.
33. Karl L. Wildes and Nilo A. Lindgren, *A Century of Electrical Engineering and Computer Science at MIT, 1882–1982* (Cambridge: MIT Press, 1985), 32–66, quote on 43. W. Bernard Carlson, "Academic Entrepreneurship and Engineering Education: Dugald C. Jackson and the MIT-GE Cooperative Engineering Course, 1907–1932," *Technology and Culture* 29 (1988): 536–67 at doi.org/10.2307/3105273.
34. Vannevar Bush, *Pieces of the Action* (New York: William Morrow, 1970), quote on 254; Wildes and Lindgren, *Electrical Engineering at MIT*, 48, 70.
35. Wildes and Lindgren, *Electrical Engineering at MIT*, quote on 57. 1933 年，电气工程课程被重组，聚焦于电子学、电磁理论和能量转换等基本的共同概念（参考第 106 页）。
36. Wildes and Lindgren, *Electrical Engineering at MIT*, 49–54, 62–66, quote on 63.

37. Wildes and Lindgren, *Electrical Engineering at MIT*, 75–77, 96–105, quote on 100 (on GE’ s Doherty), 103 (on terminating the network analyzer).

第6章

1. Umberto Boccioni, Carlo Carrà, Luigi Russolo, Giacomo Balla, and Gino Severini, “Manifesto of the Futurist Painters” (1910) at web.archive.org/web/20191117230744/http://391.org/manifestos/1910-manifesto-of-futurist-painters-boccioni-carrarussolo-balla-severini/. 以下图书分析了古代世界和近代世界之间的“巨大鸿沟”: Thomas Misa et al., *Modernity and Technology* (Cambridge: MIT Press, 2003); Bruno Latour, *We Have Never Been Modern* (Cambridge: Harvard University Press, 1993), chap. 2; and Jeffrey L. Meikle, “Domesticating Modernity: Ambivalence and Appropriation, 1920–40,” in Wendy Kaplan, ed., *Designing Modernity: The Arts of Reform and Persuasion, 1885–1945* (New York: Thames & Hudson, 1995), 143–67。
2. Bruno Taut, *Modern Architecture* (London: The Studio, 1929), quote on 4; Reyner Banham, *Theory and Design in the First Machine Age* (Cambridge: MIT Press, 1980), 94 (Loos citations).
3. 关于混凝土，参考 Amy Slaton, *Reinforced Concrete and the Modernization of American Building, 1900–1930* (Baltimore: Johns Hopkins University Press, 2001)。
4. 关于1900年前后工人人工吹制玻璃的精彩照片，参考 Edward Noyes, “The Window Glass Industry of Omro, Wisconsin,” *Wisconsin Magazine of History* 43 no. 2 (1959–1960): 108–118 at jstor.org/stable/4633478; 关于吕贝尔斯在20世纪20年代发明的机械垂直工艺，参考 Richard O’ Connor, “Perfecting the ‘Iron Lung’ : Making the New Window Glass Technology Work,” *IA: Journal of the Society for Industrial Archeology* 23 no. 1(1997): 6–24 at jstor.org/stable/40968380。关于人工吹制玻璃到机械吹制玻璃的变迁，参考 Pearce Davis, *The Development of the American Glass Industry* (Cambridge: Harvard University Press, 1949); Ken Fones-Wolf, *Glass Towns: Industry, Labor, and Political Economy in Appalachia, 1890–1930s* (Urbana: University of Illinois Press, 2007); and Barbara L. Floyd, *The Glass City: Toledo and The Industry That Built It* (Ann Arbor: University of Michigan Press, 2015), 60–87 at jstor.org/stable/10.3998/mpub.5848800.7。以下图书分析了地理分布: Naomi R. Lamoreaux and Kenneth L. Sokoloff, “The Geography of Invention in the American Glass Industry, 1870–1925,” *Journal of Economic History* 60 no. 3 (2000): 700–29 at jstor.org/stable/2566435。
5. Taut, *Modern Architecture* (1929), 6.
6. R. W. Flint, ed., “The Birth of a Futurist Aesthetic” in *Marinetti: Selected Writings* (New York: Farrar, Straus & Giroux, 1973), 81.
7. Filippo Marinetti, “Founding Manifesto of Futurism” (1909), in Pontus Hulten, ed., *Futurismo e Futurismi* (Milan: Bompiani, 1986), quotes on 514–16; Boccioni quoted in Banham, *Theory and Design*, 102. 关于马里内蒂那辆翻进水沟里的汽车照片，参考 F. T. Marinetti, *The Futurist Cookbook* (San Francisco: Bedford Arts, 1989), 10。
8. Boccioni et al., “Manifesto of the Futurist Painters.”
9. Umberto Boccioni, “Technical Manifesto of Futurist Sculpture” (1912), in Hulten, *Futurismo e Futurismi*, 132–33, quotes on 433.
10. Antonio Sant’ Elia, “Manifesto of Futurist Architecture” (1914), in Hulten, *Futurismo e Futurismi*, 418–20.
11. Sant’ Elia, “Manifesto of Futurist Architecture,” 418–20; Banham, *Theory and Design*, 127–37, quotes on 129. 此处引用自圣伊利亚的原文（引用自班纳姆）；

后来，马里内蒂将“新”和“现代”改为“未来主义”，将“铁”升级为“钢”，并在开头和（著名的）结尾增加了几个段落。“新城市”的主要内容见：Vittorio Magnago Lampugnani, ed., *Antonio Sant'Elia: Gezeichnete Architektur* (Munich: Prestel, 1992), 7–55, 166–97。

12. R. J. B. Bosworth, *Mussolini* (New York: Oxford University Press, 2002), 123–69.
13. Marinetti, *Futurist Cookbook*, 119 (car crash menu); Hulten, *Futurismo e Futurismi*, 503–5 (lust). 尽管马里内蒂早期厌恶“博物馆、图书馆和各种艺术学院”，但他还是在 1928 年加入了意大利艺术学院，引用自 Walter L. Adamson, “How Avant-Gardes End—and Begin: Italian Futurism in Historical Perspective,” *New Literary History* 41 no. 4 (2010): 855–874 at jstor.org/stable/23012710。
14. Banham, *Theory and Design*, quote on 155. 特奥·凡·杜斯伯格的原名为克里斯蒂安·埃米尔·玛丽斯·库珀（1883—1931 年），引用自 Ludo van Halem, “Nota Bene: De Stijl,” *Rijksmuseum Bulletin* 65 no. 2 (2017): 122–127 at jstor.org/stable/26266311。
15. Carsten-Peter Warncke, *The Ideal as Art: De Stijl 1917–31* (Cologne: Taschen, 1998), Mondrian quotes on 66; Banham, *Theory and Design*, 148–53, quotes on 150, 151; James Scott, *Seeing Like a State* (New Haven: Yale University Press, 1998), quote on 392 n55 (“After electricity”).
16. Theo van Doesburg, “The Will to Style: The New Form Expression of Life, Art and Technology,” *De Stijl* 5 no. 2 (February 1922): 23–32 and no. 3 (March 1922): 33–41; reprinted in Joost Baljeu, *Theo van Doesburg* (London: Studio Vista, 1974), 115–26, quotes on 119 and 122.
17. Banham, *Theory and Design*, 139–47, quotes on 141 (“decoration and ornament”), 142 (“modern villa”), and 147 (“normal tool” and “old structural forms”).
18. Banham, *Theory and Design*, quotes on 158 (“I bow the knee”) and 160–62.
19. John Willett, *The New Sobriety, 1917–1933*: Art and Politics in the Weimar Period (London: Thames & Hudson, 1978), quote on 120.
20. Banham, *Theory and Design*, quote on 283.
21. Warncke, *De Stijl*, 120–45; Theo van Doesburg, “Towards Plastic Architecture,” *De Stijl*, ser. 12, nos. 6–7 (1924): 78–83; reprinted in Baljeu, *Theo van Doesburg*, 142–47, quote on 142.
22. Gropius quoted in Banham, *Theory and Design*, 281.
23. Gropius quoted in Banham, *Theory and Design*, 282.
24. Willett, *New Sobriety*, quote on 123.
25. Thomas P. Hughes, *American Genesis* (New York: Viking, 1989), 312–19; Willett, New Sobriety, 120–22.
26. 柏林建筑运动的图例见：Taut, *Modern Architecture*, 100–132。
27. Willett, *New Sobriety*, 124–26.
28. Willett, *New Sobriety*, 125–27; Louis H. Pink, *The New Day in Housing* (New York: John Day Company, 1928), quote on 50 (“Ford cars”) at archive.org/details/newdayinhousing00pinkrich.
29. Willett, *New Sobriety*, 127–29, quote on 128.
30. 关于现代艺术博物馆在 1939 年纽约世界博览会上创造和塑造国际风格及其表现的活动，参考 Terry Smith, *Making the Modern: Industry, Art, and Design in America* (Chicago: University of Chicago Press, 1993), 385–421。
31. Eric Mumford, *The CIAM Discourse on Urbanism, 1928–1960* (Cambridge: MIT Press, 2000).
32. 关于传记细节，参考 Lore Kramer, “The Frankfurt Kitchen: Contemporary Criticism

and Perspectives," in Angela Oedekoven-Gerischer et al., eds., *Frauen im Design: Berufsbilder und Lebenswege seit 1900* (Stuttgart: Design Center Stuttgart, 1989), 1:148–73。

33. Mary Nolan, *Visions of Modernity* (New York: Oxford University Press, 1994), quote on 208 ("the household").

34. 关于本段落及以下段落，参考 Susan R. Henderson, "A Revolution in the Women's Sphere: Grete Lihotzky and the Frankfurt Kitchen," in Debra Coleman, Elizabeth Danze, and Carol Henderson, eds., *Architecture and Feminism* (New York: Princeton Architectural Press, 1996), 221–53; and Martina Heßler, "The Frankfurt Kitchen: The Model of Modernity and the 'Madness' of Traditional Users, 1926 to 1933," in Ruth Oldenziel and Karin Zachmann, eds., *Cold War Kitchen* (Cambridge: MIT Press, 2009), 163–84; Nolan, Visions of Modernity, 206–26。

35. Pink, *New Day in Housing*, quote on 54 ("work of the housewife"); Oedekoven-Gerischer et al., Frauen im Design, 159–67, quote on 165; Peter Noever, ed., Die Frankfurter Küche (Berlin: Ernst & Sohn, n.d.), 44–46.

第 7 章

1. Alan Milward, *War, Economy, and Society*, 1939–1945 (Berkeley: University of California Press, 1977), 180. Stuart W. Leslie, *The Cold War and American Science* (New York: Columbia University Press, 1993), 8. 参考 Henry Etzkowitz, "Solar versus Nuclear Energy: Autonomous or Dependent Technology¿" Social Problems 31 (April 1984): 417–34。关于在 SAGE 项目中竞争的数字和模拟计算机，参考 Thomas P. Hughes, *Rescuing Prometheus* (New York: Pantheon, 1998), 40–47。关于军方在计算机控制机床中的作用，参考 David F. Noble, *Forces of Production* (New York: Knopf, 1984)。

2. Daniel Greenberg, *The Politics of Pure Science* (New York: NAL, 1971), 170–206; Paul Josephson, *Red Atom: Russia's Nuclear Power Program from Stalin to Today* (New York: Freeman, 2000); Sonja D. Schmid, *Producing Power: The Pre-Chernobyl History of the Soviet Nuclear Industry* (Cambridge: MIT Press, 2015); William J. Broad, *Teller's War: The Top-Secret Story behind the Star Wars Deception* (New York: Simon & Schuster, 1992); Christian Ruhl, "Why There Are No Nuclear Airplanes," *The Atlantic* (20 January 2019) at web.archive.org/web/20201108000551/https://www.theatlantic.com/technology/archive/2019/01/elderly-pilots-who-could-have-flown-nuclear-airplanes/580780/. James Bamford, *The Puzzle Palace* (New York: Penguin, 1983), 109, 据估计，美国国家安全局的密码学预算为 100 亿美元——5 万亿美元是自 1940 年以来美国核企业的估计成本，见 Stephen I. Schwartz, *Atomic Audit: The Costs and Consequences of U.S. Nuclear Weapons since 1940* (Washington, DC: Brookings Institution Press, 1998)。

3. 参考 William McNeill, *The Pursuit of Power: Technology, Armed Force and Society since A.D. 1000* (Chicago: University of Chicago Press, 1982), 262–345; and John Ellis, *Eye-Deep in Hell: Trench Warfare in World War I* (Baltimore: Johns Hopkins University Press, 1989)。

4. William Carr, *Arms, Autarky and Aggression: A Study in German Foreign Policy, 1933–1939* (New York: W. W. Norton, 1972); Milward, *War, Economy, and Society*, 23–30, 184–206.

5. Martin van Creveld, *Technology and War* (New York: Free Press, 1989), 217–32.

6. Mark Walker, *German National Socialism and the Quest for Nuclear Power, 1939–1949* (Cambridge: Cambridge University Press, 1989), 129–52. 正如记者托马斯·鲍尔斯（Thomas Powers）的《海森堡的战争》(*Heisenberg's*

War)（1993 年）和剧作家迈克尔·弗莱恩（Michael Frayn）的《哥本哈根》(*Copenhagen*) 中所猜测，几乎没有证据表明海森堡从内部破坏了德国的原子弹计划。

7. Walker, *German National Socialism*, 153–78.
8. Leslie R. Groves, *Now It Can Be Told* (New York: Harper & Row, 1962), 20.
9. Edward Teller, *The Legacy of Hiroshima* (Garden City: Doubleday, 1962), quote on 211.
10. 关于汉福德，参考 Richard G. Hewlett and Oscar E. Anderson, Jr., *The New World, 1939–1946*, vol. 1 of A *History of the United States Atomic Energy Commission* (University Park: Pennsylvania State University Press, 1962), 1:180–226; and David A. Hounshell and John Kenly Smith, Jr., *Science and Corporate Strategy: DuPont R&D, 1902–1980* (Cambridge: Cambridge University Press, 1988), 338–46。
11. Gar Alperovitz, *Atomic Diplomacy: Hiroshima and Potsdam* (New York: Simon & Schuster, 1965), quote on 14.
12. Winston S. Churchill, *Triumph and Tragedy* (Boston: Houghton Mifflin, 1953), quote on 639; Michael Sherry, *The Rise of American Air Power* (New Haven: Yale University Press, 1987), 330.
13. Sherry, *Rise of American Air Power,* quote on 341 (Groves).
14. Spencer R. Weart and Gertrud Weiss Szilard, eds., *Leo Szilard* (Cambridge: MIT Press, 1978), quote on 184 (Szilard); Groves, *Now It Can Be Told*, quote on 70; Hewlett and Anderson, *New World*, 339–40.
15. Richard Rhodes, *The Making of the Atomic Bomb* (New York: Simon & Schuster, 1986), quote on 697 ("prison); Bernard J. O' Keefe, *Nuclear Hostages* (Boston: Houghton Mifflin, 1983), quote on 97 ("excruciating").
16. Richard G. Hewlett and Jack M. Holl, *Atoms for Peace and War*, 1953–1961 (Berkeley: University of California Press, 1989), 196–98, 419–23, 493–95; Thomas P. Hughes, *American Genesis* (New York: Viking, 1989), 428–42.
17. "卫兵"和美国核计划的数据按 1996 年的美元计算（修正了通货膨胀率）。按照这个标准，核飞机项目花费了 70 亿美元。参考 Schwartz, *Atomic Audit*。
18. Charles Weiner, "How the Transistor Emerged," *IEEE Spectrum* 10 (January 1973): 24–35, quote on 28; Daniel Kevles, *The Physicists* (New York: Knopf, 1977), 302–20.
19. *Lillian Hoddeson*, "The Discovery of the Point-Contact Transistor," *Historical Studies in the Physical Sciences* 12, no. 1 (1981): 41–76, quote on 53; Mark P. D. Burgess, "Transistor History: Raytheon Part One" (2009) at web.archive.org/web/20201011231010/https://sites.google.com/site/transistorhistory/Home/us-semiconductor-manufacturers/raytheon-part-one-2.
20. Thomas J. Misa, "Military Needs, Commercial Realities, and the Development of the Transistor, 1948–1958," in Merritt Roe Smith, ed., *Military Enterprise and Technological Change* (Cambridge: MIT Press, 1985), 253–87, quote on 268. 比照 Mara Mills, "Hearing Aids and the History of Electronics Miniaturization," *IEEE Annals of the History of Computing* 33 no. 2 (2011): 24–45 at doi.org/10.1109/MAHC.2011.43。正如米尔斯（Mills）准确指出的，"助听器用户成了战后电子产品的第一个消费市场"，但来自军事、情报和太空市场的总体需求，以及大量的研究、开发和生产支持却淹没了这种消费效应。
21. Misa, "Military Needs," quote on 282.
22. M. D. Fagen, ed., *A History of Engineering and Science in the Bell System: National Service in War and Peace, 1925–1975* (Murray Hill, N.J.: Bell Telephone

Laboratories, 1978), quote on 394.

23. Kenneth Flamm, *Creating the Computer* (Washington, D.C.: Brookings Institution, 1988), 259–69.

24. Nancy Stern, *From ENIAC to UNIVAC* (Bedford, Mass.: Digital Press, 1981); William Aspray, *John von Neumann and the Origins of Modern Computing* (Cambridge: MIT Press, 1990); I. Bernard Cohen, "The Computer: A Case Study of Support by Government," in E. Mendelsohn, M. R. Smith, and P. Weingart, eds., *Science, Technology and the Military,* vol. 12 of *Sociology of the Sciences* (Dordrecht: Kluwer, 1988), 119–54.

25. Kent C. Raymond and Thomas M. Smith, *Project Whirlwind: The History of a Pioneer Computer* (Bedford, Mass.: Digital Press, 1980), Forrester quote on 42.

26. Hughes, *Rescuing Prometheus*, 15–67.

27. Charles J. Bashe et al., *IBM's Early Computers* (Cambridge: MIT Press, 1986); Emerson W. Pugh, *Memories that Shaped an Industry: Decisions Leading to IBM System/360* (Cambridge: MIT Press, 1984); Nicholas Lewis, "Purchasing Power: Rivalry, Dissent, and Computing Strategy in Supercomputer Selection at Los Alamos," *IEEE Annals of the History of Computing* 39, no. 3 (2017): 25–40 at doi.org/10.1353/ahc.2017.0021.

28. Christophe Lécuyer, *Making Silicon Valley: Innovation and the Growth of High Tech, 1930–1970* (Cambridge: MIT Press, 2006), 91–128; Margaret O' Mara, *The Code: Silicon Valley and the Remaking of America* (New York: Penguin, 2019) "largest high-tech employer" on p. 36; 以及最近的 Michael Barbaro, "Silicon Valley' s Military Dilemma," *New York Times* (6 March 2019) at web.archive.org/web/20201203221252/https://www.nytimes.com/2019/03/06/podcasts/the-daily/technology-military-contracts.html ; Thomas J. Misa, Digital State: *The Story of Minnesota's Computing Industry* (Minneapolis: University of Minnesota Press, 2013)。

29. Arthur L. Norberg and Judy E. O' Neill, *Transforming Computer Technology: Information Processing for the Pentagon, 1962–1986* (Baltimore: Johns Hopkins University Press, 1996), 160–61; Thomas J. Misa, "Computer Security Discourse at RAND, SDC, and NSA (1958–1970)," *IEEE Annals of the History of Computing* 38, no. 4 (2016): 12–25at doi.org/10.1353/ahc.2016.0041.

30. Jon Rynn, "More Power to the Workers: The Political Economy of Seymour Melman," *Counterpunch* (2 January 2018) ("Soviets were so focused") at web.archive.org/web/20201109021523/https://www.counterpunch.org/2018/01/02/more-power-to-the-workers-the-political-economy-of-seymour-melman/. 关于封闭世界假说对国家安全战略以及其他许多方面的影响，参考 Paul N. Edwards, *The Closed World: Computers and the Politics of Discourse in Cold War America* (Cambridge: MIT Press, 1996)。我们可以看出军事时代的“结束”，因为军事研发支出在 1987 年达到顶峰，在 20 世纪 90 年代早期下降了约三分之一，且下降趋势一直保持到 2000 年，而非联邦政府研发的支出（主要是工业）近年来一直处于上升趋势。关于数据信息，参考 National Science Foundation' s "National Patterns of R&D Resources" (2006) table 12 at web.archive.org/web/20071031195153/http://www.nsf.gov/statistics/nsf07331/。如导言所述，自 2001 年以来，美国军事研发预算大幅增加。

第 8 章

1. John Micklethwait and Adrian Wooldridge, *A Future Perfect: The Essentials of Globalization* (New York: Crown Business, 2000), viii.

2. Kenichi Ohmae, *The Evolving Global Economy* (Boston: Harvard Business School, 1995), quote on xiv. 大前研一（Ohmae）是咨询公司麦肯锡东京办事处的联合创始人。

3. Richard Barnet and John Cavanagh, "Homogenization of Global Culture," in Jerry Mander and Edward Goldsmith, eds., *The Case against the Global Economy* (San Francisco: Sierra Club Books, 1996), quote on 71 ("homogenizing"); Rani Singh, "Shah Rukh Khan—The Biggest Movie Star In The World," Forbes (26 December 2015) at web.archive.org/web/20200829230914if_/https://www.forbes.com/sites/ranisingh/2015/12/26/shah-rukh-khan-the-biggest-movie-star-in-the-world/; William Gruger, "PSY's 'Gangnam Style' Video Hits 1 Billion Views, Unprecedented Milestone," *Billboard* (21 December 2012) at web.archive.org/web/20200410031758if_/https://www.billboard.com/articles//1483733/psys-gangnam-style-video-hits-1-billion-views-unprecedented-milestone/; Jordan Sirani, "Top 10 Best-Selling Video Games of All Time," IGN (19 April 2019) at web.archive.org/web/20201009032130/https://www.ign.com/articles/2019/04/19/top-10-best-selling-video-games-of-all-time.

4. 参考 World Bank's "Assessing Globalization" (2000) at https://web.archive.org/web/20000823054433/http://www.worldbank.org/html/extdr/pb/globalization/index.htm。

5. "Think Local: Cultural Imperialism Doesn't Sell," *Economist* (13 April 2002) at web.archive.org/web/20201025210642if_/https://www.economist.com/special-report/2002/04/13/think-local.

6. Chico Harlan, "In Japan, Fax Machines Find a Final Place to Thrive," *Washington Post* (7 June 2012) at tinyurl.com/y5s2utyp or web.archive.org/web/20120614070137/https:// www.washingtonpost.com/world/asia_pacific/in-japan-fax-machines-find-a-final-place-to-thrive/2012/06/07/gJQAshFPMV_story.html.

7. Daniel Headrick, *The Tentacles of Progress: Technology Transfer in the Age of Imperialism, 1850–1940* (New York: Oxford University Press, 1988), 29.

8. 一项重要研究如下：Jonathan Coopersmith, *Faxed: The Rise and Fall of the Fax Machine* (Baltimore: Johns Hopkins University Press, 2016), quotes on 89 ("self contained telegraph") and 147 ("most successful standards")。

9 Coopersmith, *Faxed*, passim.

10. Martin Fackler, "In High-Tech Japan, the Fax Machines Roll On," *New York Times* (13 February 2013) ("handwritten fax") at web.archive.org/web/20201108000115/www.nytimes.com/2013/02/14/world/asia/in-japan-the-fax-machine-is-anything-but-a-relic.html; Ben Dooley and Makiko Inoue, "Japan Needs to Telework: Its Paper Pushing Offices Make That Hard," *New York Times* (14 April 2020) at web.archive.org/web/20201127212857/https://www.nytimes.com/2020/04/14/business/japan -coronavirus-telework.html; Julian Ryall, "Japanese Decry Boomer-Era Tech as Hospitals File Coronavirus Cases by Fax," *South China Morning Post* (5 May 2020) at web.archive.org/web/20201104174705/https://www.scmp.com/week-asia/health-environment/article/3082907/japan-hospitals-still-use-fax-machines-coronavirus.

11. 本节引用自以下评估报告：Jean Agnès, *The Fax! Programme; Three Years of Experimentation (June 1989–October 1992)*: A Teaching Aid for Opening Up to Europe (Strasbourg: Council of Europe, 1994)。

12. Roger Cohen, "Fearful over the Future, Europe Seizes on Food," *New York Times* (29 August 1999) at web.archive.org/web/20201023232123/https://archive.

nytimes.com/www.nytimes.com/library/review/082999europe-food-review.html; Suzanne Daley, "French See a Hero in War on 'McDomination,' " *New York Times* (12 October 1999) at web.archive.org/web/20201023232443/https://www.nytimes.com/1999/10/12/world/montredon-journal-french-see-a-hero-in-war-on-mcdomination.html.

13. Naomi Klein, *No Logo* (New York: Picador, 1999), quote on 388; John Vidal, *McLibel: Burger Culture on Trial* (New York: New Press, 1997). "砾石坑" 的引用详见以下网址：web.archive.org/web/20060526091239/http://www.mcspotlight.org/case/trial/transcripts/941205/29.htm；可口可乐是 "营养" 食物的说法详见以下网址：web.archive.org/web/20201023230157/https://www.mcspotlight.org/case/trial/transcripts/941208/54.htm。

14. Thomas L. Friedman, *The Lexus and the Olive Tree* (New York: Farrar, Straus and Giroux, 1999), quotes on 195, 196, and 309. Friedman blasted antiglobalization critics in his "Senseless in Seattle," *New York Times* (1 December 1999) at web.archive.org /web/20060502195214/www.nytimes.com/library/opinion/friedman/120199frie.html. 比照 Edward Luce, "The End of the Golden Arches Doctrine," *Financial Times*(10 May 2015) at web.archive.org/web/20200904004252/https://www.ft.com/content/1413fc26-f4c6–11e4–9a58–00144feab7de.

15. George Cohon, *To Russia with Fries* (Toronto: McClelland & Stewart, 1999), quote on 132.

16. Cohon, *To Russia with Fries*, quotes on 133 and 179–80.

17. Cohon, *To Russia with Fries*, quotes on 195 ("Big Mac is perestroika") and 281 ("Russian company"). 有关对俄罗斯麦当劳的批评，参考以下采访：Vadim Damier, "Moscow Left Demonstrates against McDonald's," *Green Left Weekly* 33 (30 October 1991) at web.archive.org/web/20200303134723/https://www.greenleft.org.au/content/moscow-left-demonstrates-against-mcdonalds。

18. Cohon, *To Russia with Fries*, quotes on 176. 麦当劳英国公司的垂直整合是因为现有食品行业不愿意接纳麦当劳，而不是没有能力这样做（和俄罗斯一样）；参考 John F. Love, *McDonald's: Behind the Arches* (New York: Bantam, 1995; original edition 1986), 440–41。

19. James L. Watson, ed., *Golden Arches East: McDonald's in East Asia* (Stanford: Stanford University Press, 1997), viii.

20. Watson, *Golden Arches East*, 56, 93, quote on 106. 2000 年，我住在芝加哥西北部的时候，每天下午在附近的麦当劳都能看到一大群从欧洲东南部搬过来不久的老年男性聚在一起愉快地聊天，享受悠闲的社交活动。他们只是忽略了（英文）标识，上面写着 "客人用餐时间不得超过 30 分钟"。

21. Watson, *Golden Arches East*, 141, quotes on 12 and 181.

22. Love, *McDonald's: Behind the Arches*, 423, 424, 426.

23. Love, *McDonald's: Behind the Arches*, quote on 432.

24. Vidal, *McLibel*, quote 178.

25. Katie Hafner and Matthew Lyon, *Where Wizards Stay Up Late: The Origins of the Internet* (New York: Simon & Schuster, 1996), 10.

26. Paul Baran, *On Distributed Communications*, RAND Memorandum RM-3420-PR volume 1 (August 1964), quote on 1 (enemy attack) at web.archive.org/web/20200424105653/www.rand.org/pubs/research_memoranda/RM3420.html; Janet Abbate, Inventing the Internet (Cambridge: MIT Press, 1999), quotes on 77; Paul Edwards, "Infrastructure and Modernity: Force, Time, and Social Organization in the History of Sociotechnical Systems," in Misa et al., *Modernity*

and Technology (on nuclear war).

27. Hafner and Lyon, *Where Wizards Stay Up Late*, 56; Paul Baran, "Reliable Digital Communications Systems Using Unreliable Network Repeater Nodes" (RAND report P-1995), quote on 1 （"cloud-of-doom"） at web.archive.org/web/20200806053834/https://www.rand.org/pubs/papers/P1995.html; Abbate, *Inventing the Internet*, 7–21.
28. Abbate, *Inventing the Internet*, 43–81, quotes on 76 (congressional testimony).
29. Urs von Burg, *The Triumph of the Ethernet: Technological Communities and the Battle for the LAN Standard* (Stanford: Stanford University Press, 2001).
30. Abbate, *Inventing the Internet*, 113–32, quotes on 131–32.
31. Abbate, *Inventing the Internet*, 133–45, 147–79; Shane Greenstein, *How the Internet Became Commercial* (Princeton: Princeton University Press, 2015), quote on 28 n6 （"coercive tactics"）. TCP/IP 的网络竞争对手是 X.25（由欧洲电信行业推广）和开放系统互连（由 ISO 标准制定机构支持）。
32. Abbate, *Inventing the Internet*, 83–111, quote on 108 （"not an important motivation"）; Craig Partridge, "The Technical Development of Internet Email," *IEEE Annals of the History of Computing* 30, no. 2 (2008): 3–29 at doi.org/10.1109/MAHC.2008.32.
33. This section follows Abbate, *Inventing the Internet*, 181–218.
34. Shane Greenstein, *How the Internet Became Commercial* (Princeton: Princeton University Press, 2015), 33–96.
35. Tim Berners-Lee, "Web Architecture from 50,000 Feet" (October 1999) （"universality of access"） at web.archive.org/web/20200222220950/www.w3.org/DesignIssues/Architecture.html; Tim Berners-Lee, "Realising the Full Potential of the Web" (3 December 1997) at web.archive.org/web/20200828094603/http://www.w3.org/1998/02/Potential.html); Herb Brody, "The Web Maestro: An Interview with Tim Berners-Lee," *Technology Review* (July 1996): 34–40.
36. Greenstein, *How the Internet Became Commercial*, 152, 296. 参考 US Congressional Research Service at www.crs.gov reports on "State Taxation of Internet Transactions" (7 May 2013 #R41853); "'Amazon Laws' and Taxation of Internet Sales" (9 April 2015 #R42629); "The Internet Tax Freedom Act" (13 April 2016 #R43772); Andrew Leonard, "The Joy of Perl: How Larry Wall Invented a Messy Programming Language—and Changed the Face of the Web," *Salon* (13 October 1998) （"duct tape"） at web.archive.org/web/20200922030013/https://www.salon.com/1998/10/13/feature_269/。
37. 美国科学促进会预测，2004 年的军事研发预算将创历史新高，甚至超过了冷战时期的高峰，见 web.archive.org/web/20130618121506/http://www.aaas.org/spp/rd/04pch6.htm。
38. "League of Nationalists," *Economist* (19 November 2016) at web.archive.org/web/20200804090721if_/https://www.economist.com/international/2016/11/19/league-of-nationalists; Anabel González, "Globalization Is the Only Answer," World Bank (8 August 2016) at web.archive.org/web/20160811225133/https://www.worldbank.org/en/news/opinion/2016/08/08/globalization-is-the-only-answer.

第 9 章

1. Richard Wright, *Native Son* (New York: HarperCollins, 1993), quotes on 402 (epigraph), 441. 在第 428—430 页中，赖特将芝加哥环路的摩天大楼视为现代

资本主义脆弱而短暂的表现。
2. 如果没有支持性的社会环境，摩天大楼甚至可能会变成不道德的空间，充满暴力且无法无天；参考 J. G. Ballard, *High-Rise* (London: Jonathan Cape, 1975)。关于"摩天大楼在塑造……种族物质历史上所起的作用，"参考 Adrienne Brown, *The Black Skyscraper: Architecture and the Perception of Race* (Johns Hopkins University Press, 2017), on Wright, 197–99。
3. Christopher Hawthorne, "The Burj Dubai and Architecture' s Vacant Stare," *Los Angeles Times* (1 January 2010) at web.archive.org/web/20200729181613/latimesblogs.latimes.com/culturemonster/2010/01/the-burj-dubai-and-architectures-vacant-stare.html; Shane McGinley, "Dubai' s Burj Khalifa Is 80% Occupied—Emaar," *Arabian Business*(4 July 2012) at web.archive.org/web/20190423133350/www.arabianbusiness.com/dubai-s-burj-khalifa-is-80-occupied-emaar-464637.html.
4. George Perkovich, *India's Nuclear Bomb: The Impact on Global Proliferation* (Berkeley: University of California Press, 1999); William Langewiesche, *The Atomic Bazaar* (New York: Farrar, Straus and Giroux, 2007).
5. 参考 Steven L. Schwarcz, "Systemic Risk," *Georgetown Law Journal* 97, no. 1 (2008) at web.archive.org/web/20200930184407/https://papers.ssrn.com/sol3/papers.cfm?abstract_id=1008326); and Charles Perrow, *Normal Accidents: Living with High Risk Technologies* (Princeton: Princeton University Press, 1999)。
6. David Nye' s *When the Lights Went Out: A History of Blackouts in America* (Cambridge: MIT Press, 2010) 提供了历史视角；Don DeLillo' s *The Silence* (New York: Scribner, 2020) 提出了后疫情时代的观点。
7. Erik van der Vleuten and Vincent Lagendijk, "Transnational Infrastructure Vulnerability: The Historical Shaping of the 2006 European 'Blackout,' " *Energy Policy* 38 (2010): 2042–52; Erik van der Vleuten and Vincent Lagendijk, "Interpreting Transnational Infrastructure Vulnerability: European Blackout and the Historical Dynamics of Transnational Electricity Governance," *Energy Policy* 38 (2010): 2053–62; Kartikay Mehrotra and Andrew MacAskill, "Singh' s $400 Billion Power Plan Gains Urgency as Grid Collapses," *Washington Post* (30 July 2012) ("India' s grid") at tinyurl.com/y29p3mwr or web.archive.org/web/20120805054944/http://washpost.bloomberg.com/Story?docId=1376-M7YDKA0YHQ0X0179TK1GQCDQF2C5AQ5A383U7QR; Gardiner Harris and Vikas Bajaj, "As Power Is Restored in India, the 'Blame Game' Over Blackouts Heats Up," *New York Times* (1 August 2012) at web.archive.org/web/20201112003103/https://www.nytimes.com/2012/08/02/world/asia/power-restored-after-india-blackout.html.
8. 参考 Aleksandar Jevtic, "15 Biggest Malls in the World" (26 August 2015) at web.archive.org/web/20151208063027/www.insidermonkey.com/blog/15-biggest-malls-in-the-world-367683/.
9. 2012 Statistical Abstract of the United States at web.archive.org/web/20201017000828/https://www.census.gov/library/publications/2011/compendia/statab/131ed.html. 值得注意的是，2011 年 10 月，人口普查局终止了《统计摘要》的数据收集；参考 web.archive.org/web/20201103034158/https://www.census.gov/library/publications/time-series/statistical_abstracts.html. Federal Reserve Bank of St. Louis, "E-Commerce Retail Sales as a Percent of Total Sales" (3 November 2020) at fred.stlouisfed.org/series/ECOMPCTSA。
10. M. Jeffrey Hardwick, *Mall Maker: Victor Gruen, Architect of an American Dream* (Philadelphia: University of Pennsylvania Press, 2004).

11. Mikael Hard and Thomas J. Misa, eds., *Urban Machinery: Inside Modern European Cities* (Cambridge: MIT Press, 2008), chapters 1, 4, 10.

12. 中国的销售数据包括 65 万辆重型卡车。日本国内汽车市场为 460 万辆（2009 年）。2008 年，日本是世界上最大的汽车和商用车辆生产国（1150 万辆），超过中国（930 万辆）、美国（870 万辆）、德国（600 万辆）和韩国（380 万辆），见 web.archive.org/web/20201112000659/http://www.oica.net/category/production-statistics/2008-statistics/。

13. Barbara M. Kelly, *Expanding the American Dream: Building and Rebuilding Levittown* (Albany: SUNY Press, 1993); and Samuel Zipp, "Suburbia and American Exceptionalism," *Reviews in American History* 36 no. 4 (2008): 594–601.

14. 早在 1940 年，都市圈的五分之一非裔美国人都住在郊区；参考 Andrew Wiese, *Places of Their Own: African-American Suburbanization in the Twentieth Century* (Chicago: University of Chicago Press, 2004)。关于排挤和不平等现象，参考 Lizabeth Cohen, *A Consumers' Republic: The Politics of Mass Consumption in Postwar America* (New York: A. A. Knopf, 2003), 194–256; Richard Rothstein, *The Color of Law: A Forgotten History of How Our Government Segregated America* (New York: Liveright Publishing, 2017)。

15. Hardwick, *Mall Maker*, quote on 1, 103.

16. Robert Bruegmann, *Sprawl: A Compact History* (Chicago: University of Chicago, 2005), 17, 149.

17. Peter de Vries, "Humorists Depict the Suburban Wife," *Life* (24 December 1956): 150.

18. Bruegmann, *Sprawl: A Compact History*, 19.

19. 美国能源部进口及消费数据，见 web.archive.org/web/20201109104835/https://www.eia.gov/energyexplained/oil-and-petroleum-products/imports-and-exports.php. Countries at web.archive.org/web/20201019213917/https://afdc.energy.gov/data/10621 以及 www.statista.com/statistics/201844/us-petroleum-imports-by-country-since-1985/。

20. 自 2008 年以来，美国"轿车"和"轻型卡车"（包括皮卡、SUV 和小型货车）的市场份额几乎持平。2010 年，销量最大的两款车型是福特 F 系列（市区 14—15 英里 / 加仑）和雪佛兰西尔维拉多（市区 14 英里 / 加仑）。参考 web.archive.org/web/20101207140904/online.wsj.com/mdc/public/page/2_3022-autosales.html; Keith Bradsher, *High and Mighty: The Dangerous Rise of the SUV* (New York: Public Affairs, 2002), 27–30。

21. Theodore Steinberg, *American Green: The Obsessive Quest for the Perfect Lawn* (New York: W.W. Norton, 2006); Paul R. Josephson, *Motorized Obsessions: Life, Liberty, and the Small-Bore Engine* (Baltimore: Johns Hopkins University Press, 2007), 194.

22. U.S. Environmental Protection Agency, *Biofuels and the Environment: The Second Triennial Report to Congress* (Washington, DC, EPA/600/R-18/195, 2018) at web.archive.org/web/20201030220816/https://cfpub.epa.gov/si/si_public_file_download.cfm?p_download_id=536328&Lab=IO.

23. Alexei Barrionuevo and Micheline Maynard, "Dual-Fuel Vehicles Open Mileage Loophole for Carmakers," *New York Times* (31 August 2006) ("vehicles get credit") and ("'motivating factor") at web.archive.org/web/20201109034912/www.nytimes.com/2006/08/31/business/31loophole.html/. 根据通用汽车汤姆·史蒂文斯（Tom Stevens）的说法，一个混合燃料发动机要多花 70 美元："通用汽车公司呼吁紧急增加乙醇加油站，" BusinessGreen (16 February 2010) at web.archive.org/web/20201113232152/https://www.businessgreen.com/business-

green/news/2257966/gm-call-urgent-increase。
24. 关于 2020 年各州的 E-85 加油站，参考 web.archive.org/web/20201028200601/https://afdc.energy.gov/stations/states。
25. 比较 2010 年车型的汽油和 E-85 里程积分（at web.archive.org/web/20100913010450/https://www.fueleconomy.gov/）："最优的"福特远征者在 E-85 上损失了 21%，"最差的"道奇公羊和达科他都损失了 33%。
26. "根据现有的最佳实践，种植玉米并将其转化为乙醇所需的能量为每加仑 57504 英国热量单位（BTU）。乙醇本身每加仑含有 84200 BTU"，见 web.archive.org/web/20100502195949/www.carbohydrateeconomy.org/library/admin/uploadedfiles/How_Much_Energy_Does_it_Take_to_Make_a_Gallon.html。
27. Jerry Garrett, "Ethanol and the Tortilla Tax," *New York Times* (6 September 2007) at web.archive.org/web/20201109074547/https://wheels.blogs.nytimes.com/2007/09/06/ethanol-and-the-tortilla-tax/; Manuel Roig-Franzia, "A Culinary and Cultural Staple in Crisis," *Washington Post* (27 January 2007) at web.archive.org/web/20081107060137/https://www.washingtonpost.com/wp-dyn/content/article/2007/01/26/AR2007012601896_pf.html.
28. Janet Larsen, "U.S. Feeds One Quarter of Its Grain to Cars While Hunger Is on the Rise," Earth Policy Institute (21 January 2010) at web.archive.org/web/20200805192736/http://www.earth-policy.org/data_highlights/2010/highlights6. Department of Agriculture, World Agricultural Supply and Demand Estimates WASDE-490–12 (12 January 2011)：玉米乙醇转化为燃料 =49 亿蒲式耳。玉米生产 =124.5 亿蒲式耳，或 39.4%；最近的 WASD-605（2020 年 10 月 9 日）显示，乙醇占美国玉米产量的比例为 37.5%（2018—2019 时节）、35.6%（2019—2020 年预测）、34.3%（2020—2021 年 10 月预测）。
29. 参考 GAO, "Secure Border Initiative: Observations on Deployment Challenges" (10 September 2008) at web.archive.org/web/20201027070816/https://www.gao.gov/products/GAO-08–1141T; and GAO, "Secure Border Initiative: DHS Has Faced Challenges Deploying Technology and Fencing Along the Southwest Border" (4 May 2010) at web.archive.org/web/20200918200753/www.gao.gov/products/GAO-10–651T。
30. Congressional Budget Office, "The Impact of Ethanol Use on Food Prices and Greenhouse-Gas Emissions" (8 April 2009) at web.archive.org/web/20201017210314/https://www.cbo.gov/publication/41173.
31. Lester Brown, "Cars and People Compete for Grain" (1 June 2010) at web.archive.org/web/20200805201751/http://www.earth-policy.org/book_bytes/2010/pb4ch02_ss6.
32. 约翰·德雷柏（咔嚓船长）的原始出处是 Ron Rosenbaum, "Secrets of the Little Blue Box," *Esquire* (October 1971) text at web.archive.org/web/20090317153042/www.webcrunchers.com/crunch/stories/esq-art.html。 参考 C. Breen and C. A. Dahlbom, "Signaling Systems for Control of Telephone Switching," *Bell System Technical Journal* 39, no. 6 (November 1960): 1381–1444, quote on 1418（"same ease"）at archive.org/details/bstj39-6-1381。
33. Paul Roberts, Jim Brunner, and Patrick Malone, "'Hundreds of Millions of Dollars' Lost in Washington to Unemployment Fraud Amid Coronavirus Joblessness Surge," *Seattle Times* (21 May 2020) at web.archive.org/web/20200728045538/https://www.seattletimes.com/business/economy/washington-adds-more-than-145000-weekly-jobless-claims-as-coronavirus-crisis-lingers/. Editorial, "Virtually Unprotected," *New York Times* (2 June 2005) at web.archive.

org/web/20140907040043/http://www.nytimes.com/2005/06/02/opinion/opinionspecial/02thu1.html.

34. Laura DeNardis, *Protocol Politics: The Globalization of Internet Governance* (Cambridge: MIT Press, 2009), 125–29, quotes on 128. 1990 年的 IPv6 设计原本加入了名为网际协议安全（IPsec）的加密协议，但在 1998 年的修订版中被删除了。

35. 参考 Matthew Broersma, "Microsoft Server Crash Nearly Causes 800-Plane Pile-Up," *Techworld News* (21 September 2004) at web.archive.org/web/20100225103354/news.techworld.com/operating-systems/2275/microsoft-server-crash-nearly-causes-800-plane-pile-up/。

36. GAO, "Year 2000 Computing Crisis: FAA Is Making Progress but Important Challenges Remain" (15 March 1999), quote on 6 at web.archive.org/web/20201027033456/https://www.gao.gov/assets/110/107788.pdf; Gary Stix, "Aging Airways," *Scientific American* (May 1994): 96–104, quote on 96 at jstor.org/stable/24942700.

37. Robert N. Britcher, *The Limits of Software: People, Projects, and Perspectives* (Reading MA: Addison-Wesley, 1999), 163–89, quote on 163 ("greatest debacle"); Tekla S. Perry, "In Search of the Future of Air Traffic Control," *IEEE Spectrum* (August 1997): 18–35, quote on 19 "16MB of RAM" at doi.org/10.1109/6.609472; Stix, "Aging Airways," quote on 99.

38. Office of Inspector General, "Review of Web Applications Security and Intrusion Detection in Air Traffic Control Systems" (4 May 2009) quotes on 3, 5, 6, and 7 at web.archive.org/web/20170219160230/https://www.oig.dot.gov/sites/default/files/ATC_Web_Report.pdf. 参考 FAA, "The Future of the NAS" (June 2016) at web.archive.org/web/20201024182149/www.faa.gov/nextgen/media/futureofthenas.pdf, 它含糊其词地表明"网络安全等不断演变的挑战"，同时承认"日益互联化的（下一代）系统带来了新的网络安全挑战。"

39. Idaho National Laboratory, "Common Cyber Security Vulnerabilities Observed in Control System Assessment by the INL NSTB Program" (November 2008) at web.archive.org/web/20201115235615/https://www.smartgrid.gov/files/documents/Common_Cyber_Security_Vulnerabilities_Observed_in_Control_Sy_200812.pdf.

40. 参考 S. Massoud Amin, "Securing the Electricity Grid," *The Bridge* [National Academy of Engineering] 40, no. 1 (Spring 2010): 13–20, quote on 15, Amin and Phillip F. Schewe, "Preventing Blackouts," Scientific American (May 2007): 60–67。

41. Siobhan Gorman, "Electricity Grid in U.S. Penetrated by Spies," *Wall Street Journal* (6 April 2009) at web.archive.org/web/20150322130328/https://www.wsj.com/articles/SB123914805204099085; Siobhan Gorman, "U.S. Plans Cyber Shield for Utilities, Companies," *Wall Street Journal* (8 July 2010) at web.archive.org/web/20201109034613/https://www.wsj.com/articles/SB10001424052748704545004575352983850463108; Nicole Perlroth, "Russian Hackers Targeting Oil and Gas Companies," *New York Times* (30 June 2014) at web.archive.org/web/20201112011946/http://www.nytimes.com/2014/07/01/technology/energy-sector-faces-attacks-from-hackers-in-russia.html; Nicole Perlroth and David E. Sanger, "Cyberattacks Put Russian Fingers on the Switch at Power Plants, U.S. Says" (15 March 2018) "critical control systems" and "effect sabotage" at web.archive.org/web/20201111090755/https://www.nytimes.com/2018/03/15/us/politics/russia-cyberattacks.html; Nicole Perlroth, "Russians Who Pose Election Threat Have Hacked Nuclear Plants and Power Grid," *New York Times* (23 October 2020) "breached the power grid" at web.archive.org/

web/20201115092631/https://www.nytimes.com/2020/10/23/us/politics/energetic-bear-russian-hackers.html.

42. Dawn S. Onley, "Red Storm Rising," *Government Computing News* (17 August 2006) at https://web.archive.org/web/20201022105528/https://gcn.com/Articles/2006/08/17/Red-storm-rising.aspx; "Cyberwar: War in the Fifth Domain," *The Economist* (1 July 2010) at web.archive.org/web/20201022155011/https://www.economist.com/briefing/2010/07/01/war-in-the-fifth-domain.

43. 详 见 Juha Kukkola, Digital Soviet Union: The Russian National Segment of the Internet as a Closed National Network Shaped by Strategic Cultural Ideas (Helsinki: National Defence University, 2020), quote on 67 at www.doria.fi/handle/10024/177157。

44. Richard A. Clarke and Robert K. Knake, *Cyber War: The Next Threat to National Security* (New York: HarperCollins, 2010), 1–11; Richard Clarke, excerpt from *Cyber War*, ABC News (5 March 2010) "image of nothing" at web.archive.org/web/20201128024527/https://abcnews.go.com/GMA/Books/cyber-war-richard-clarke/story?id=10414617; David A. Fulghum, "Why Syria' s Air Defenses Failed to Detect Israelis," *Aviation Week* (3 October 2007) 'users to invade' at tinyurl.com/y6snmbeg or web.archive.org/web/20131112114403/http://www.aviationweek.com/Blogs.aspx?plckBlogId=Blog%3A27ec4a53-dcc8–42d0-bd3a-01329aef79a7&plckPostId=Blog%3A27ec4a53-dcc8–42d0-bd3a-01329aef79a7Post%3A2710d024–5eda-416c-b117-ae6d649146cd; Oliver Holmes, "Israel Confirms It Carried Out 2007 Airstrike on Syrian Nuclear Reactor," *The Guardian* (21 March 2018) at web.archive.org/web/20200604110958/www.theguardian.com/world/2018/mar/21/israel-admits-it-carried-out-2007-airstrike-on-syrian-nuclear-reactor; "Cyberwar: War in the Fifth Domain," *The Economist* (1 July 2010); Eric J. Byres, "Cyber Security and the Pipeline Control System," *Pipeline and Gas Journal* 236 no. 2 (February 2009) "go haywire" at pgjonline.com/magazine/2009/february-2009-vol-236-no-2/features/cyber-security-and-the-pipeline-control-system (November 2020).

45. Gus W. Weiss, "The Farewell Dossier: Duping the Soviets," Center for the Study of Intelligence (1996) at web.archive.org/web/20201112010541/https://www.cia.gov/library/center-for-the-study-of-intelligence/csi-publications/csi-studies/studies/96unclass/farewell.htm.

46. Siobhan Gorman, Yochi J. Dreazen, and August Cole, "Insurgents Hack U.S. Drones," *Wall Street Journal* (17 December 2009) "encryption systems" at web.archive.org/web/20200320114038/https://www.wsj.com/articles/SB126102247889095011; Andrew Moran, "Insurgents Hack U.S. Drones Using $26 Software," *Digital Journal*(17 December 2009) "newer drones" at web.archive.org/web/20100201074042/www.digitaljournal.com/article/284027.

47. 集装箱港口统计数据(2019 年 8 月 2 日) 见 web.archive.org/web/20200926023547/https://largest.org/structures/ports-usa/。

48. 参考 Marc Levinson's *The Box: How the Shipping Container Made the World Smaller and the World Economy Bigger* (Princeton: Princeton University Press, 2006); Alexander Klose, *The Container Principle: How a Box Changes the Way We Think* (Cambridge: MIT Press, 2015); and Rose George, *Ninety Percent of Everything* (New York: Metropolitan Books, 2013)。

49. Eric Lipton, "Homeland Security Inc.: Company Ties Not Always Noted in Security Push," *New York Times* (19 June 2006) at web.archive.org/web/20201118224740/https://www.nytimes.com/2006/06/19/washington/

company-ties-not-always-noted-in-security-push.html.

50. Jonathan Medalia, "Terrorist Nuclear Attacks on Seaports: Threat and Response," Congressional Research Service (24 January 2005) at web.archive.org/web/20201109215740/https://fas.org/irp/crs/RS21293.pdf; and Lornet Turnbull, Kristi Heim, Sara Jean Green, and Sanjay Bhatt, "15 Days in a Metal Box," *Seattle Times* (6 April 2006) at web.archive.org/web/20201118225731/https://archive.seattletimes.com/archive/?date=20060406&slug=smuggling.

51. Carl Hulse, "G.O.P. Leaders Vowing to Block Ports Agreement," *New York Times* (8 March 2006) at web.archive.org/web/20180212122601/http://www.nytimes.com/2006/03/08/politics/gop-leaders-vowing-to-block-ports-agreement.html.

52. David Stout, "Bush Says Political Storm over Port Deal Sends Wrong Message," *New York Times* (10 March 2006) at web.archive.org/web/20180411230610/https://www.nytimes.com/2006/03/10/international/middleeast/bush-says-political-storm-over-port-deal-sends.html.

53. Heather Timmons, "Dubai Port Company Sells Its U.S. Holdings to A.I.G.," *New York Times* (12 December 2006) at web.archive.org/web/20190928163244/https://www.nytimes.com/2006/12/12/business/worldbusiness/12ports.html.

54. 关于美国审计总署（GAO）的分析，请参考"The SAFE Port Act and Efforts to Secure Our Nation' s Seaports" (4 October 2007) at web.archive.org/web/20201109220730/https://www.gao.gov/new.items/d0886t.pdf; and "The SAFE Port Act: Status and Implementation One Year Later" (October 2007) at web.archive.org/web/20170607115847/http://www.gao.gov/new.items/d08126t.pdf。

55. GAO, "SAFE Port Act: Status and Implementation," 11.

56. For GAO assessments, see "Supply Chain Security: Feasibility and Cost-Benefit Analysis Would Assist DHS and Congress in Assessing and Implementing the Requirement to Scan 100 Percent of U.S.-Bound Containers" (30 October 2009) at web.archive.org/web/20200721035411/https://www.gao.gov/new.items/d1012.pdf; and "Maritime Security: Coast Guard Needs to Improve Use and Management of Interagency Operations Centers" (13 February 2012) at web.archive.org/web/20201026163654/https://www.gao.gov/assets/590/588475.pdf.

57. GAO, "SAFE Port Act and Efforts," 28 n 37.

58. GAO, "SAFE Port Act and Efforts," 42.

59. "在外国港口装船的集装箱（无论是直达航线还是中间停靠其他国家港口）不得进入美国，除非该集装箱在装船前在外国港口（原文如此）通过非侵入式成像设备和辐射探测设备进行扫描"，该法案第 17 章"海上货物"第 1 段规定；参考 Implementing Recommendations of the 9/11 Commission Act of 2007, Public Law 110–53, 121 Stat 489 (p. 225) at web.archive.org/web/20201031053556/www.congress.gov/110/plaws/publ53/PLAW-110publ53.pdf。

60. GAO, "Supply Chain Security," 7, 20, 28, 31. 2010 年 7 月，除其他问题外，美国审计总署还发现"对所有货物集装箱进行扫描存在各种政治、物流和技术障碍"；参考 GAO, "Maritime Security: DHS Progress and Challenges in Key Areas of Port Security" (21 July 2010), quote on 3 at web.archive.org/web/20170606122134/http://www.gao.gov/new.items/d10940t.pdf。2016 年，美国审计总署发现了持续存在的问题，参考"Maritime Security: Progress and Challenges in Implementing Maritime Cargo Security Programs" (7 July 2016) at web.archive.org/web/20201031162245/https://www.gao.gov/assets/680/678249.pdf。

61. GAO, "SAFE Port Act and Efforts," 29.

62. 关于美国国土安全部的结构失效，参考 Charles Perrow, *The Next Catastrophe: Reducing Our Vulnerabilities to Natural, Industrial, and Terrorist Disasters* (Princeton: Princeton University Press, 2007), 68–129. Thomas L. Friedman, *Hot, Flat and Crowded* (New York: Farrar, Straus and Giroux, 2008), quote on 79。
63. Henry H. Willis and David S. Ortiz, "Evaluating the Security of the Global Containerized Supply Chain," TR-214 (Santa Monica, Calif.: RAND Corporation, 2004) at web.archive.org/web/20200721060051/https://www.rand.org/pubs/technical_reports/TR214.html.
64. Willis and Ortiz, "Evaluating the Security," quote on ix, 12, 32.
65. 关于"反思现代化"，参考 Ulrich Beck, Anthony Giddens, and Scott Lash, *Reflexive Modernization: Politics, Tradition and Aesthetics in the Modern Social Order* (Stanford: Stanford University Press, 1994), quote on 3; and Misa et al., Modernity and Technology (Cambridge: MIT Press, 2003), chapters 1, 3, 9, 11。
66. 在贝克等人的《反思现代化》(*Reflexive Modernization*）中，我们可以找到"专家""专业知识"和"专家系统"，而不是核扩散、石油、电力网络或汽车；在这里，斯科特·拉什（Scott Lash）关于"信息和沟通结构"的讨论具有启发性。但是，拉什声称"女性并没有被排除在（信息和沟通）结构之外"，这似乎很天真；参考 Thomas J. Misa, ed., *Gender Codes: Why Women Are Leaving Computing* (Wiley/IEEE Computer Society Press, 2010)。

第 10 章

1. Don DeLillo, The Silence (New York: Scribner, 2020), quote on 59 ("crushed our technology"); Annie Sneed, "Environmental Thinker Bill McKibben Sounds Warning on Technology," *Scientific American* (15 April 2019) at web.archive.org/web/20201108001835/https://www.scientificamerican.com/article/environmental-thinker-bill-mckibben-sounds-warning-on-technology/. *Contrast* Andrew Marantz, "The Dark Side of Techno-Utopianism," *New Yorker* (23 September 2019) at web .archive.org /web/20200616151400/https://www.newyorker.com/magazine/2019/09/30/the-dark-side-of-techno-utopianism.
2. 参考 Ruth Oldenziel, Making Technology Masculine: *Men, Women and Modern Machines in America, 1870–1945* (Amsterdam: Amsterdam University Press, 1999), chapter 1; Eric Schatzberg, *Technology: Critical History of a Concept* (Chicago: University of Chicago Press, 2018)。
3. 关于"技术"的含义变化，参考 Thomas J. Misa, Philip Brey, and Andrew Feenberg, eds., Modernity and Technology (Cambridge: MIT Press, 2003), 1–30; Thomas P. Hughes, Human-Built World: How to Think about Technology and Culture (Chicago: University of Chicago, 2004), 2–15, 175ff; and David E. Nye, Technology Matters: Questions to Live with (Cambridge: MIT Press, 2006), 1–15。
4. Keith Pavitt, "Innovation Processes," in *The Oxford Handbook of Innovation* (Oxford: Oxford University Press, 2005), ed. Jan Fagerberg, David C. Mowery, and Richard R. Nelson, 93.
5. Cheryl R. Ganz, The 1933 Chicago World's Fair: A Century of Progress (Champaign, Ill.: University of Illinois Press, 2008) at muse.jhu.edu/book/33490.
6. W. Patrick McCray, "From Lab to iPod: A Story of Discovery and Commercialization in the Post-Cold War Era," *Technology and Culture* 50 no. 1 (2009): 58–81, quotes on 58 ("iPod") and 60 ("research monies") at doi.org/10.1353/tech.0.0222; Matthew N. Eisler, "'The Ennobling Unity of Science and Technology': Materials Sciences and Engineering, the Department of Energy, and the Nanotechnology Enigma," *Minerva* 51 (2013): 225–51 at doi.

org/10.1007/s11024–013–9224-z; Cyrus C. M. Mody and Hyungsub Choi, "From Materials Science to Nanotechnology: Interdisciplinary Center Programs at Cornell University, 1960–2000," *Historical Studies in the Natural Sciences* 43 no. 2 (2013): 121–61 at jstor.org/stable/10.1525/hsns.2013.43.2.121; Cyrus C. M. Mody, *The Long Arm of Moore's Law: Microelectronics and American Science* (Cambridge: MIT Press, 2017), quote on 22 ("scientific landscape").

7. Richard A. Goldthwaite, *The Building of Renaissance Florence* (Baltimore: Johns Hopkins University Press, 1980), 425.

8. Nicholas Terpstra, *Abandoned Children of the Italian Renaissance: Orphan Care in Florence and Bologna* (Baltimore: Johns Hopkins University Press, 2005), 120–24; 关于"燕麦粥"的信息，参考 web.archive.org/web/20201112023744/http://cookit.e2bn.org/historycookbook/121-gruel.html。查尔斯·狄更斯在《雾都孤儿》中关于讨粥一幕的描写颇为精彩："对不起，先生，我还再要点"，这是由于"每天供应三餐（燕麦）稀粥，每周一个洋葱，分两次发放，周日增发半个面包卷"，参考 www.gutenberg.org/ebooks/730。

9. 参考 Amartya Sen, *Development as Freedom* (New York: Knopf, 1999); and Haider Khan, "Technology, Modernity and Development" in Misa et al., *Modernity and Technology* (Cambridge: MIT Press, 2003), 327–57。

10. 长跨度的历史研究往往是了解技术选择如何影响文化形态和社会发展的最佳途径，参考 Otto *Mayr, Authority, Liberty, and Automatic Machinery in Early Modern Europe* (Baltimore: Johns Hopkins University Press, 1986); Cecil O. Smith Jr., "The Longest Run: Public Engineers and Planning in France," *American Historical Review* 95 (1990): 657–92; and Francesca Bray, *Technology and Gender: Fabrics of Power in Late Imperial China* (Berkeley: University of California Press, 1997)。关于"错过的旅途"，参考 David Noble, Forces of Production: *A Social History of Industrial Automation* (New York: A. A. Knopf, 1984); Ken Alder, *Engineering the Revolution: Arms and Enlightenment in France, 1763–1815* (Princeton: Princeton University Press, 1997); and Eric Schatzberg, *Wings of Wood, Wings of Metal: Culture and Technical Choice in American Airplane Materials, 1914–1945* (Princeton: Princeton University Press, 1999)。

11. 参考 Thomas J. Misa, *A Nation of Steel: The Making of Modern America, 1865–1925* (Baltimore: Johns Hopkins University Press, 1995), 262–82。近年来对技术和经济的思考总结，参考 W. Brian Arthur, *The Nature of Technology* (New York: Free Press, 2009)。

12. Gabrielle Hecht, *The Radiance of France: Nuclear Power and National Identity after World War II* (Cambridge: MIT Press, 1998), 88–102, 127–29, quote on 15.

13. 关于技术和欧洲的研究，参考 publications of the Tensions of Europe and Inventing Europe networks, including Thomas J. Misa and Johan Schot, "Technology and the Hidden Integration of Europe," *History and Technology* 21 no. 1 (2005): 1–19; Erik van der Vleuten and Arne Kaijser, eds., *Networking Europe: Transnational Infrastructures and the Shaping of Europe, 1850–2000* (Sagamore Beach, Mass.: Science History Publications, 2006); Mikael Hård and Thomas J. Misa., eds., *Urban Machinery: Inside Modern European Cities* (Cambridge: MIT Press, 2008); Ruth Oldenziel and Karin Zachmann, eds., *Cold WarKitchen: Americanization, Technology, and European Users* (Cambridge: MIT Press, 2009); Alexander Badenoch and Andreas Fickers, eds., *Materializing Europe: Transnational Infrastructures and the Project of Europe* (Houndmills, UK: Palgrave Macmillan, 2010). Palgrave Macmillan published a six-volume series entitled *Making Europe* (2013–2019) at www.palgrave.com/gp/series/14816 or www.

makingeurope.eu。

14. Adam Max Cohen, *Technology and the Early Modern Self* (Houndmills, UK: Palgrave MacMillan, 2009), 137–207.
15. Lee Vinsel and Andrew L. Russell, *The Innovation Delusion: How Our Obsession with the New Has Disrupted the Work That Matters Most* (New York: Currency, 2020), quote on 7; 参考 Ed Zitron' s Twitter thread (January 2020) at web.archive.org/web/20200627000435/https://twitter.com/edzitron/status/1083476320808398849。
16. Winfried Baumgart, *Imperialism: The Idea and Reality of British and French Colonial Expansion, 1880–1914* (Oxford: Oxford University Press, 1982), quotes on 21.
17. A. P. Thornton, *The Imperial Idea and Its Enemies* (New York: St. Martin' s Press, 1966), 54.
18. 关于技术、自然和原住民人民对帝国主义的反应之间的相互影响，参考 Daniel Headrick' s *Power over Peoples: Technology, Environments, and Western Imperialism, 1400 to the Present* (Princeton: Princeton University Press, 2010)。
19. 在文艺复兴时期，阿尔贝蒂写了大量文章，记录成为宫廷文化的一员并维持地位的困难性与时间投入，一心想着如何取悦自己的宫廷赞助人。在工业时代，技术存在经济和法律障碍。阿克莱特通过许可协议限制人们使用他的专利纺纱技术，协议规定只有拥有一千锭纺纱机的大型工厂才能使用。
20. 参考 Arnold Pacey, *Technology in World History* (Cambridge: MIT Press, 1990)。
21. Henry Etzkowitz, "Solar versus Nuclear Energy: Autonomous or Dependent Technology?," *Social Problems* 31 (April 1984): 417–34.
22. Peter Harnetty, Imperialism and *Free Trade: Lancashire and India in the Mid-Nineteenth Century* (Vancouver: University of British Columbia Press, 1972), 6.
23. Karl Marx, *Das Kapital*, vol. 1, chapter 15, quotes see section 5 ("weapons against") and ("refractory hand of labour") at web.archive.org/web/20200619063637/www.marxists .org/archive/marx/works/1867-c1/ch15.htm.
24. Richard A. Goldthwaite, *The Building of Renaissance Florence* (Baltimore: Johns Hopkins University Press, 1994), 84.
25. Cris Shore, *Building Europe: The Culturai Politics of European Integration* (New York: Routledge, 2000).
26. 关于对立机构的描述，参考 Andrew Feenberg, *Questioning Technology* (New York: Routledge, 1999), chapter 5; Feenberg, *Technosystem: The Social Life of Reason* (Cambridge: Harvard University Press, 2017), chapter 4。
27. Misa, *Nation of Steel*, 282; Åke Sandberg, Jesper Steen, Gunnar Broms, Arne Grip, Lars Sundström, and Peter Ullmark, *Technological Change and Co-determination in Sweden* (Philadelphia: Temple University Press, 1992).
28. Ramesh Srinivasan, *Whose Global Village? Rethinking How Technology Shapes Our World* (New York: NYU Press, 2017) quote on 18 ("strategically employ technologies") at jstor.org/stable/j.ctt1bj4qkd.5. On ICT4D, 参考 Sarah Underwood, "Challenging Poverty," *Communications of the ACM* 51 no. 8 (August 2008): 15–17 at doi.org/10.1145/1378704.1378710; Dorothea Kleine, "The Value of Social Theories for Global Computing," *Communications of the ACM* 58 no. 9 (September 2015): 31–33 at doi.org/10.1145/2804246; Maletsabisa Molapo and Melissa Densmore, "How to Choose a Mobile Phone for an ICT4D Project," In Proceedings of the Seventh International Conference on Information and Communication Technologies and Development (New York: Association for Computing Machinery, 2015) at doi.org/10.1145/2737856.2737897。
29. Arthur P. J. Mol, "The Environmental Transformation of the Modern Order," in

Modernity and Technology, Misa et al., 303–26.

30. Jack Snyder, "The Modernization Trap," *Journal of Democracy* 28 no. 2 (April 2017): 77–91, quote on 77 ("illiberal") and 78 ("selling out") at doi.org/10.1353/jod.2017.0026; Cade Metz, "When A.I. Falls in Love," *New York Times* (24 November 2020) ("great time") at web.archive.org/web/20201130175524/https://www.nytimes.com/2020/11/24/science/artificial-intelligence-gpt3-writing-love.html.

31. Bharati Ray, "The Genesis of Railway Development in Hyderabad State: A Case Study in Nineteenth Century British Imperialism," *Indian Economic and Social History Review* 21 (1984): 45–69, quote on 54.

32. 参考 Misa, "Retrieving Sociotechnical Change from Technological Determinism," in *Does Technology Drive History? The Dilemma of Technological Determinism* (Cambridge: MIT Press, 1994), ed. Merritt Roe Smith and Leo Marx, 115–41。

33. Mitchell F. Rice, "Information and Communication Technologies and the Global Digital Divide," *Comparative Technology Transfer and Society* 1, no. 1 (2003): 72–88 at https://doi.org/10.1353/ctt.2003.0009; World Summit on the Information Society, "Digital Divide at a Glance" (2003–2005) at web.archive.org/web/20201106232353/https://www.itu.int/net/wsis/tunis/newsroom/stats/; 2019–20 World Bank data at web.archive.org/web/20201119020150/https://data.worldbank.org/indicator/IT.NET.USER.ZS.; Ramesh Srinivasan, *Whose Global Village? Rethinking How Technology Shapes Our World* (New York: NYU Press, 2017) quote on 1 ("neither global") ("excluded") at jstor.org/stable/j.ctt1bj4qkd.4.

34. 国际电信联盟 1990—2019 年各国统计数据，参考 web.archive.org/web/20201104013331/https://www.itu.int/en/ITU-D/Statistics/Pages/stat/default.aspx。参考 Tony Romm, "'It Shouldn't Take a Pandemic': Coronavirus Exposes Internet Inequality among U.S. Students as Schools Close Their Doors," *Washington Post* (16 March 2020) ("how challenging") at web.archive.org/web/20201005224154/https://www.washingtonpost.com/technology/2020/03/16/schools-internet-inequality-coronavirus/; Dan Levin, "In Rural 'Dead Zones,' School Comes on a Flash Drive," *New York Times* (13 November 2020) at web.archive.org/web/20201122161158/https://www.nytimes.com/2020/11/13/us/wifi-dead-zones-schools.html。

35. 参考 Ross Bassett, *The Technological Indian* (Cambridge, MA: Harvard University Press, 2016); Divy Thakkar, Nithya Sambasivan, Purva Kulkarni, Pratap Kalenahalli Sudarshan, and Kentaro Toyama, "Unexpected Entry and Exodus of Women in Computing and HCI in India," CHI '18: Proceedings of the 2018 CHI Conference on Human Factors in Computing Systems (April 2018): 1–12 at doi.org/10.1145/3173574.3173926。比照 Greg Baumann, "Google Cracks Silicon Valley's Wall of Silence on Workforce Diversity, Confirming That It Is Largely White and Male," *Silicon Valley Business Journal* (28 May 2014) at web.archive.org/web/20160602122513/https://www.bizjournals.com/sanjose/news/2014/05/28/google-largely-white-and-male-cracks-silicon.html。

36. Michael Adas, *Machines as the Measure of Men* (Ithaca: Cornell University Press, 1989). 另参考 David Arnold, *Science, Technology and Medicine in Colonial India* (Cambridge: Cambridge University Press, 2000); Michael Adas, *Dominance by Design: Technological Imperatives and America's Civilizing Mission* (Cambridge: Belknap Press, 2006); and Gabrielle Hecht's "Infrastructure and Power in the

Global South" (2019) at web.archive .org/web/20201201181318/https://www.academia.edu/37728377/Infrastructure_and_Power_in_the_Global_South。

37. Mohandas K. Gandhi, *Indian Home Rule or Hind Swaraj* (Ahmedabad: Navajivan Publishing, 1938), quotes from preface and sections 8 Condition of India, 9 Railways, 12 Doctors, and 19 Machinery at web.archive.org/web/20200725161303/https://www.mkgandhi.org/hindswaraj/hindswaraj.htm. 关于现代印度的甘地，参考 Larry Ceplair, "Mohandas K. Gandhi (1869–1948) and Jawaharlal Nehru (1889–1964)," in Revolutionary Pairs (Lexington: University Press of Kentucky, 2020), 98–135; 关于"作为社会改革家和剧作家"，参考 Aditya Nigam, "Reading 'Hind Swaraj' Today," *Economic and Political Weekly* 44 no. 11 (2009): 41–47 at jstor.org/stable/40278613。

38. 参考 Kim Vincente, *The Human Factor: Revolutionizing the Way People Live with Technology* (New York: Routledge, 2004); Andrew Feenberg, *Between Reason and Experience: Essays in Technology and Modernity* (Cambridge: MIT Press, 2010); and the essays by Feenberg (on philosophy of technology), Haider Khan (on development policies) and Arthur Mol (on environmental thinking), in Misa et al., *Modernity and Technology*。

39. Howard Rheingold, *Virtual Reality* (New York: Simon & Schuster, 1991) quote on 349–50 ("force of its own").

参考资料

此处列出的是我反复引用的作品。一般情况下，我会针对直接引用、数字数据或特定观点创建注释。

对文艺复兴技术的研究曾经始于贝特朗·基尔（Bertrand Gille）的经典著作《文艺复兴时期的工程师》（*Engineers of the Renaissance*，坎布里奇：麻省理工学院出版社，1966 年），但至少就达·芬奇而言，今天的第一站是保罗·佳鲁兹（Paolo Galluzzi）的"技术专家的职业生涯"，详见其著作《列奥纳多·达·芬奇：工程师和建筑师》（*Leonardo da Vinci: Engineer and Architect*，蒙特利尔：蒙特利尔美术馆，1987 年）。克劳迪奥·乔尔翁（Claudio Giorgione）主编的《列奥纳多·达·芬奇：模型收藏》（*Leonardo da Vinci: The Models Collection*，米兰：列奥纳多·达·芬奇国家科学博物馆，2009 年）中附有生动的插图、令人惊叹的机械模型以及内容丰富的文本。尤金·弗格森创作的《工程学和心灵之眼》（*Engineering and the Mind's Eye*，坎布里奇：麻省理工学院出版社，1992 年）体现了文艺复兴视角下的成果。在达·芬奇逝世 500 周年之际，巴黎（卢浮宫）、佛罗伦萨（乌菲齐）、米兰斯福尔扎城堡以及国家科技博物馆纷纷举办了大型展览。

彼得·伯克（Peter Burke）的《欧洲文艺复兴：中心与边缘》（*The European Renaissance: Centres and Peripheries*，牛津：布莱克威尔出版社，1998 年）巧妙地综合了美术研究，而杰瑞·布洛顿（Jerry Brotton）的《文艺复兴的集市：从丝绸之路到米开朗琪罗》（*The Renaissance Bazaar: From the Silk Road to Michelangelo*，牛津：牛津大学出版社，2002 年）则放眼全球。玛丽·霍林斯沃斯（Mary Hollingsworth）和大卫·马特尔（David Mateer）分别在自己的著作《文艺复兴时期意大利的赞助》（*Patronage in Renaissance Italy*，巴尔的摩：约翰·霍普金斯大学出版社，1994 年）和《宫廷、赞助人和诗人》（*Courts, Patrons, and Poets*，纽黑文：耶鲁大学出版社，2000 年）中对宫廷赞助进行了研究。关于阿尔伯蒂作为宫廷学者、建筑师和工程师，请参考安东尼·格拉夫顿（Anthony Grafton）的《莱昂·巴蒂斯塔·阿尔伯蒂》（*Leon Battista Alberti*，纽约：Hill & Wang 出版社，2000 年）和琼·加多尔（Joan

Gadol）的《莱昂·巴蒂斯塔·阿尔伯蒂》（*Leon Battista Alberti*，芝加哥：芝加哥大学出版社，1969 年）。

帕梅拉·隆（Pamela Long）的著作《开放、保密、原创者》（*Openness, Secrecy, Authorship*，巴尔的摩：约翰·霍普金斯大学出版社，2001 年）研究了从古至今的技术知识，阐明了文艺复兴时期的原创者和赞助人；而她在《建造永恒之城》（*Engineering the Eternal City*，芝加哥：芝加哥大学出版社，2018 年）一书中把重点放在 16 世纪晚期的罗马。伯特·霍尔（Bert Hall）在《欧洲文艺复兴时期的武器与战争》（*Weapons and Warfare in Renaissance Europe*，巴尔的摩：约翰·霍普金斯大学出版社，1997 年）一书中对"火药革命"进行介绍。具体主题可参考理查德·A. 戈德斯韦特（Richard A. Goldthwaite）的《文艺复兴时期佛罗伦萨的建筑》（*The Building of Renaissance Florence*，巴尔的摩：约翰·霍普金斯大学出版社，1980 年），卢卡·莫拉（Luca Molà）的《文艺复兴时期威尼斯的丝绸工业》（*The Silk Industry of Renaissance Venice*，巴尔的摩：约翰·霍普金斯大学出版社，2000 年），以及 W. 帕特里克·麦克雷（W. Patrick McCray）的《文艺复兴时期威尼斯的玻璃制造》（*Glass-Making in Renaissance Venice*，英国奥尔德肖特：阿什盖特出版社，1999 年）。关于造船业，请参考弗雷德里克·查平·莱恩（Frederic Chapin Lane）的经典之作《威尼斯船只和文艺复兴时期的造船者》（*Glass-Making in Renaissance Venice*，巴尔的摩：约翰·霍普金斯大学出版社，1992 年；原版于 1934 年）；罗伯特·C. 戴维斯（Robert C. Davis）的《威尼斯兵工厂的造船师》（*Shipbuilders of the Venetian Arsenal*，巴尔的摩：约翰·霍普金斯大学出版社，1991 年）。

关于古腾堡，可以参考阿尔伯特·卡普尔（Albert Kapr）的权威著作《约翰·古登堡：其人其发明》（*Johann Gutenberg: The Man and His Invention*，奥尔德肖特：斯科拉尔出版社，1996 年），以及伊丽莎白·L. 爱森斯坦（Elizabeth L. Eisenstein）的两卷本研究《作为变革动因的印刷机》（*The Printing Press as an Agent of Change*，坎布里奇：剑桥大学出版社，1979 年）或其一卷本插图研究《早期近代欧洲的印刷革命》（*The Printing Revolution in Early Modern Europe*，坎布里奇：剑桥大学出版社，1983 年）。艾德里安·约翰斯（Adrian Johns）在《书的本性：印刷和制造的知识》（*The Nature of the Book: Print and Knowledge in the Making*，芝加哥：芝加哥大学出版社，1998 年）和《盗版：从古登堡至盖茨的知识产权研究》（*The Intellectual Property Wars from Gutenberg to Gates*，芝加哥：芝加哥大学出版社，2011 年）之中对爱森斯坦提出了批判性意见。

17 世纪荷兰商业的主要资料来源是乔纳森·伊斯雷尔（Jonathan

Israel）的《荷兰首要世界贸易：1585 年至 1740 年》（*Dutch Primacy in World Trade, 1585–1740*，牛津：克拉伦登出版社，1989 年），这本精湛的综合研究堪称数据宝库。伊斯雷尔在《荷兰共和国的崛起、伟大和衰落：1477 年至 1806 年》（*The Dutch Republic: Its Rise, Greatness, and Fall, 1477–1806*，牛津：克拉伦登出版社，1995 年）一书中详细描写了荷兰的文化和政治。保罗·卒姆托（Paul Zumthor）的《伦勃朗时期的荷兰日常生活》（*Daily Life in Rembrandt's Holland*，斯坦福：斯坦福大学出版社，1994 年）描绘了荷兰社会中富人和穷人的生活。

其他重要资料来源包括由卡雷尔·大卫斯（Karel Davids）和简·卢卡森（Jan Lucassen）主编的《镜像的奇迹：欧洲视角下的荷兰共和国》（*A Miracle Mirrored: The Dutch Republic in European Perspective*，坎布里奇：剑桥大学出版社，1995 年）；卡雷尔·戴维斯（Karel Davids）、里奥·诺德格拉夫（Leo Noordegraaf）主编的《黄金时代的荷兰经济》（*The Dutch Economy in the Golden Age*，阿姆斯特丹：荷兰经济历史档案，1993 年）；乔尔·莫基尔（Joel Mokyr）的《低地国家的工业化：1795 年至 1850 年》（*Industrialization in the Low Countries, 1795–1850*，纽黑文：耶鲁大学出版社，1976 年）；理查德·W. 昂格尔（Richard W. Unger）的《1800 年以前的荷兰造船》（*Dutch Shipbuilding before 1800*，阿森：Van Gorcum 出版社，1978 年）和卡拉·拉恩·菲利普斯（Carla Rahn Phillips）的《西班牙国王的六艘大帆船：17 世纪早期的帝国防御》（*Six Galleons for the King of Spain: Imperial Defense in the Early Seventeenth Century*，巴尔的摩：约翰·霍普金斯大学出版社，1986 年）。关于荷兰的郁金香狂热，彼得·M. 加伯（Peter M. Garber）的《泡沫的鼻祖：早期金融狂热的基本面》（*Famous First Bubbles: The Fundamentals of Early Manias*，坎布里奇：麻省理工学院出版社，2000 年）以及迈克·达什（Mike Dash）的《郁金香狂热》（*Tulipomania*，纽约：皇冠出版社，1999 年）带来了很大帮助。

如需获取有用的入门信息，参考马克辛·伯格（Maxine Berg）和帕特·哈德逊（Pat Hudson）的“复兴工业革命”，《经济历史评论》（*Economic History Review*）第 45 期（1992 年）：第 24—50 页；乔尔·莫基尔的《英国工业革命：经济视角》（*The British Industrial Revolution: An Economic Perspective*，博尔德：韦斯特维尤出版社，1993 年），第 1—131 页。如需获取更广泛的视角，参考伯特·C. 艾伦（Robert C. Allen）的《全球视角下的英国工业革命》（*The British Industrial Revolution in Global Perspective*，坎布里奇：剑桥大学出版社，2009 年）以及杰夫·霍恩（Jeff Horn）、伦纳德·N. 罗森班德（Leonard N. Rosenband）、梅里特·罗伊·史密斯（Merritt Roe Smith）主编的《重构

工业革命》(*Reconceptualizing the Industrial Revolution*，坎布里奇：麻省理工学院出版社，2010 年)。另一个不可或缺的资料来源是艾薇·平奇贝克(Ivy Pinchbeck)的《女工与工业革命：1750 年至 1850 年》(*Women Workers and the Industrial Revolution, 1750–1850*，伦敦：弗兰克·卡斯出版社，1930 年)。

关于伦敦的信息，可从 M. 多萝西·乔治(M. Dorothy George)的经典之作《18 世纪的伦敦生活》(*London Life in the Eighteenth Century*，纽约：Capricorn Books 出版社，1965 年；原版于 1925 年)入手。有价值的社会史包括大卫·R. 格林(David R. Green)的《从工匠到乞丐：伦敦的经济变化与贫困：1790 年至 1870 年》(*From Artisans to Paupers: Economic Change and Poverty in London, 1790–1870*，伦敦：Scolar 出版社，1995 年)；L.D. 施瓦茨(L. D. Schwarz)的《1700—1850 年工业化时代的伦敦：企业家、劳动力和生活条件》(*London in the Age of Industrialisation: Entrepreneurs, Labour Force and Living Conditions, 1700–1850*，坎布里奇：剑桥大学出版社，1992 年)；罗伊·波特(Roy Porter)的《伦敦：社会史》(*London: A Social History*，坎布里奇：哈佛大学出版社，1994 年)。

关于曼彻斯特的文献很多。可参考西德尼·J. 查普曼(Sidney J. Chapman)的《兰开夏郡棉花工业》(*The Lancashire Cotton Industry*，曼彻斯特：曼彻斯特大学出版社，1904 年)；马丁·休伊特(Martin Hewitt)的《工业城市曼彻斯特的稳定性初显：1832 年至 1867 年》(*The Emergence of Stability in the Industrial City: Manchester, 1832–1867*，奥尔德肖特：斯科拉尔出版社，1996 年)；杰弗里·蒂蒙斯的《最后的变迁》(*The Last Shift*，曼彻斯特大学出版社，1993 年)；以及史蒂文·马库斯的《恩格斯、曼彻斯特和工人阶级》(*Engels, Manchester, and the Working Class*，纽约：兰登书屋，1974 年)。关于城市的商业结构，参考罗杰·劳埃德 - 琼斯(Roger Lloyd-Jones)和 M.J. 刘易斯(M. J. Lewis)的《曼彻斯特和工厂时代》(*Manchester and the Age of the Factory*，伦敦：Croom Helm 出版社，1988 年)；哈罗德·L. 普拉特(Harold L. Platt)的《震撼都市：曼彻斯特和芝加哥的环境转型与改革》(*Shock Cities: The Environmental Transformation and Reform of Manchester and Chicago*，芝加哥：芝加哥大学出版社，2005 年)是一本巧妙的比照研究。

关于谢菲尔德，参考大卫·埃(David Hey)的《哈兰郡的烈火之刃：1660—1740 年的谢菲尔德及周边地区》(*The Fiery Blades of Hallamshire: Sheffield and Its Neighbors, 1660–1740*，莱斯特：莱斯特大学出版社，1991 年)；西德尼·波拉德(Sidney Pollard)的《谢菲尔德的劳工史》(*A History of Labour in Sheffield*，利物浦：利物浦大学出版社，1959 年)；杰弗里·特韦代尔(Geoffrey Tweedale)的《1743—1993 年钢铁城市谢菲尔德的

创业、战略和技术》（*Steel City: Entrepreneurship, Strategy and Technology in Sheffield, 1743–1993*，牛津：克拉伦登出版社，1995 年）；特威代尔（Tweedale）的《谢菲尔德钢铁与美国：1830—1930 年的世纪商业和技术依存性》（*Tweedale, Sheffield Steel and America: A Century of Commercial and Technological Interdependence, 1830–1930*，坎布里奇：剑桥大学出版社，1987 年）；K.C. 巴勒克拉夫（K. C. Barraclough）的《谢菲尔德钢铁》（*Sheffield Steel*，阿什伯恩：荒野出版社，1976 年）。

有关工业化的"替代路径"，参考查尔斯·F. 萨贝尔（Charles F. Sabel）和乔纳森·泽特林（Jonathan Zeitlin）主编的《充满可能性的世界：西方工业化中的灵活性和大规模生产》（*World of Possibilities: Flexibility and Mass Production in Western Industrialization*，坎布里奇：剑桥大学出版社，1997 年）以及菲利普·斯克兰顿（Philip Scranton）的《无止境的新奇：1865—1925 年的专业生产与美国工业化》（*Specialty Production and American Industrialization, 1865–1925*，普林斯顿：普林斯顿大学出版社，1997 年）。在斯文·贝克特（Sven Beckert）的《棉花帝国：全球历史》（*Empire of Cotton: A Global History*，纽约：阿尔弗雷德·A. 克诺夫出版社，2014 年）中，棉花又回到了原点——再次成为世界历史的驱动者。

关于帝国主义与技术，可从以下书籍入手：丹尼尔·赫德里克（Daniel Headrick）的《帝国工具：19 世纪的技术与欧洲帝国主义》（*The Tools of Empire: Technology and European Imperialism in the Nineteenth Century*，牛津：牛津大学出版社，1981 年）；《进步触角：1850—1940 年帝国主义时代的技术转移》（*The Tentacles of Progress: Technology Transfer in the Age of Imperialism, 1850–1940*，牛津：牛津大学出版社，1988 年）；《1851—1945 年的隐形武器：电信与国际政治》（*The Invisible Weapon: Telecommunications and International Politics, 1851—1945*，牛津；牛津大学出版社，1991 年）。关于经济学，参考兰斯·E. 戴维斯（Lance E. Davis）和罗伯特·A. 胡滕贝克（Robert A. Huttenback）的《贪欲与对帝国的追求：1860—1912 年间英国帝国主义经济学》（*Mammon and the Pursuit of Empire: The Economics of British Imperialism*，坎布里奇：剑桥大学出版社，1988 年）。P.J. 凯恩（P. J. Cain）和 A.G. 霍普金斯（A. G. Hopkins）的《1688—2000 年的英国帝国主义》（第二版）（*British Imperialism, 1688–2000*，英国哈洛：朗曼出版社，2002 年）是一份有价值的综合材料。

关于技术与英国帝国主义，参考丹尼尔·索纳（Daniel Thorner）的《帝国的投资：1825—1849 年英国铁路和汽船企业在印度的发展》（*Investment in Empire: British Railway and Steam Shipping Enterprise in India, 1825–1849*，费

城：宾夕法尼亚大学出版社，1950 年）；罗伊·麦克劳德（Roy MacLeod）和迪帕克·库马尔（Deepak Kumar）主编的《技术与统治：1700—1947 年西方技术与向印度的技术转移》,（*Technology and the Raj: Western Technology and Technical Transfers to India, 1700–1947*，新德里：Sage 出版社，1995 年）；扎希尔·巴伯（Zaheer Baber）的《帝国的科学：印度的科学知识、文明与殖民统治》（*The Science of Empire: Scientific Knowledge, Civilization, and Colonial Rule in India*，奥尔巴尼：纽约州立大学出版社，1996 年）；迈克尔·阿达斯（Michael Adas）的《作为人类衡量标准的机器》（*Machines as the Measure of Men*，伊萨卡：康奈尔大学出版社，1989 年）；迈克尔·阿达斯主编的《技术与欧洲海外企业》（*Technology and European Overseas Enterprise*，奥尔德肖特：Variorum 出版社，1996 年）。《印度经济社会史评论》（*Indian Economic and Social History Review*）中有许多有价值的案例研究。关于印度本土工业，参考蒂尔坦卡尔·罗伊（Tirthankar Roy）的《工匠和工业化：20 世纪的印度纺织》（*Artisans and Industrialisation: Indian Weaving in the Twentieth Century*，新德里：牛津大学出版社，1993 年）；以及罗伊的《印度殖民经济中的传统工业》（*Traditional Industry in the Economy of Colonial India*，坎布里奇：剑桥大学出版社，1999 年）。

关于"铁路帝国主义"，参考克拉伦斯·B. 戴维斯（Clarence B. Davis）和肯尼斯·E. 威尔本（Kenneth E. Wilburn, Jr.）主编的《铁路帝国主义》（*Railway Imperialism*，博尔德：格林伍德出版社，1991 年），以及约翰·H. 科茨沃斯（John H. Coatsworth）的《增长与发展：波菲里奥时期墨西哥铁路的经济影响》（*Growth against Development: The Economic Impact of Railroads in Porfirian Mexico*，德卡尔布：北伊利诺伊出版社，1981 年）。关于印度铁路的更多信息，可参考伊恩·J. 克尔（Ian J. Kerr）的《1850—1900 年英属印度时期的铁路建设》（*Building the Railways of the Raj, 1850–1900*，新德里：牛津大学出版社，1995 年）和《现代印度铁路》（*Railways in Modern India*，新德里：牛津大学出版社，2001 年）。

德国化学的章节借鉴了约翰·约瑟夫·比尔（John Joseph Beer）的《德国染料工业的兴起》（*The Emergence of the German Dye Industry*，厄巴纳：伊利诺伊大学出版社，1959 年）；杰弗里·艾伦·约翰逊（Jeffrey Allan Johnson）的《恺撒的化学家：德国帝国的科学与现代化》（*The Kaiser's Chemists: Science and Modernization in Imperial Germany*，教堂山：北卡罗来纳大学出版社，1990 年）；亨克·范·登·贝尔特（Henk van den Belt）和阿里·里普（Arie Rip）的"尼尔森 - 温特 - 多西模型和合成染料化学"，来自由 W.E. 比克（W. E. Bijker）等人主编的《技术系统的社会建设》（*The Social Construction of Technological Systems*，坎布里奇：麻省理工学院出版社，1987 年），第 135—158 页；安东尼 · S. 特拉维斯（Anthony S. Travis）的《彩虹制造者：西欧合成染料工业的起源》（*The Rainbow Makers: The Origins of the Synthetic Dyestuffs Industry in Western Europe*，伯利恒：利哈伊大学出版社，1993 年）；L.F. 哈伯（L. F. Haber）的《毒云：一战中的化学战》（*The Poisonous Cloud: Chemical Warfare in the First World War*，牛津：克拉伦登出版社，1986）；还有彼得 · 海斯（Peter Hayes）的《工业与意识形态：纳粹时代的法本公司》（*Industry and Ideology: IG Farben in the Nazi Era*，坎布里奇：剑桥大学出版社，1987 年）。

保罗 · 伊斯雷尔（Paul Israel）的《爱迪生：发明的生命》（*Edison: An Inventive Life*，纽约：威利出版社，1998 年）取代了约瑟夫森、康诺特、克拉克、哈里斯和鲍德温的早期流行传记。其他来源包括里斯 · V. 詹金斯（Reese V. Jenkins）等人主编的《托马斯 · 爱迪生的论文》（*The Papers of Thomas A. Edison*，巴尔的摩：约翰 · 霍普金斯大学出版社，1989 年）；保罗 · 伊斯雷尔的《从机械车间到工业实验室：1830—1920 年电报和美国发明的变化背景》（*From Machine Shop to Industrial Laboratory: Telegraphy and the Changing Context of American Invention, 1830–1920*，巴尔的摩：约翰 · 霍普金斯大学出版社，1992 年）；托马斯 · P. 休斯（Thomas P. Hughes）的《电力网络：1880—1930 年西方社会的电气化》，（*Networks of Power: Electrification in Western Society, 1880–1930*，巴尔的摩：约翰 · 霍普金斯大学出版社，1983 年）；以及罗伯特 · 弗里德尔（Robert Friedel）和保罗 · 伊斯雷尔的《爱迪生的电灯：一项发明的历史》（*Edison's Electric Light: Biography of an Invention*，新不伦瑞克：罗格斯大学出版社，1986 年）。

关于美国的公司重组，参考路易斯 · 加兰博斯（Louis Galambos）和约瑟夫 · 普拉特（Joseph Pratt）的《企业联邦的崛起》（*The Rise of the Corporate Commonwealth*，纽约：Basic Books 出版社，1988 年）；W. 伯纳德 · 卡尔森（W. Bernard Carlson）的《作为社会过程的创新：伊莱胡 · 汤姆森与通用电气的崛起（1870—1900）》（*Innovation as a Social Process: Elihu Thomson and the Rise of General Electric, 1870–1900* 坎布里奇：剑桥大学出版社，1991 年）；阿尔弗雷德 · D. 钱德勒（Alfred D. Chandler, Jr.）的《看得见的手：美国企业的管理革命》（*The Visible Hand: The Managerial Revolution in American Business*，马萨诸塞州坎布里奇：贝尔纳普出版社，1977 年）；娜奥米 · R. 拉莫罗斯（Naomi R. Lamoreaux）的《1895—1904 年美国商业的并购潮》（*The Great Merger Movement in American Business, 1895–1904*，坎布里奇：剑桥大学出版社，1985 年）。

特里·史密斯（Terry Smith）的《创造现代：美国的工业、艺术和设计》（*Making the Modern: Industry, Art, and Design in America*，芝加哥：芝加哥大学出版社，1993 年）和托马斯·P. 休斯（Thomas P. Hughes）的《美国创世纪》（*American Genesis*，纽约：维京出版社，1989 年）研究了艺术、建筑和技术方面的现代主义。关于意大利未来主义的主要资料，参考蓬杜·于尔丹（Pontus Hulten）主编的《未来主义》（*Futurismo e Futurismi*，米兰：波皮亚尼出版社，1986 年），其中包括一本宝贵的 200 页“字典”，附有传记和宣言。关于风格主义，参考卡斯滕 - 彼得·沃恩克（Carsten-Peter Warncke）的《风格主义（1917—1931）》（*De Stijl, 1917–1931*，科隆：塔斯琴出版社，1998 年）和朱斯特·巴尔朱的《西奥·范·多斯堡》（*Theovan Doesburg*，伦敦：Vista 工作室，1974 年）。关于包豪斯，参考雷纳·班纳姆（Reyner Banham）的《第一机械时代的理论与设计》（*Theory and Design in the First Machine* Age，坎布里奇：麻省理工学院出版社，1980 年）和约翰·威利特（John Willett）的《新清醒：1917—1933 魏玛时期的艺术和政治》（*The New Sobriety, 1917–1933: Art and Politics in the Weimar Period*，伦敦：泰晤士和哈德逊出版社，1978 年）。

关于德国家装合理化及法兰克福建筑计划的资料来源，包括马蒂娜·黑斯勒（Martina Heßler），“1926—1933 年的法兰克福厨房：现代模式和传统消费者的‘疯狂’”，来自由露丝·奥登泽尔（Ruth Oldenziel）和卡琳·扎克曼（Karin Zachmann）主编的《美苏冷战与现代化厨房：美国化、技术与欧洲消费者》（*Cold War Kitchen: Americanization, Technology, and European Users*，坎布里奇：麻省理工学院出版社，2009 年），第 163—184 页；玛丽·诺兰（Mary Nolan）的《现代性的视角：美国的商业与德国的现代化》（*Mary Nolan, Visions of Modernity: American Business and the Modernization of Germany*，纽约：牛津大学出版社，1994 年）；以及黛布拉·科尔曼（Debra Coleman）、伊丽莎白·丹泽（Elizabeth Danze）、卡罗尔·亨德森（Carol Henderson）主编的《建筑学与女性主义》（*Architecture and Feminism* 纽约：普林斯顿建筑出版社，1996 年）。

关于“现代”材料，参考皮尔斯·戴维斯（Pearce Davis）的《美国玻璃工业的发展》（*The Development of the American Glass Industry*，坎布里奇：哈佛大学出版社，1949 年）；肯·福恩斯 - 沃尔夫（Ken Fones-Wolf）的《1890—1930 年的玻璃城镇：阿巴拉契亚的工业、劳工和政治经济》（*Glass Towns: Industry, Labor, and Political Economy in Appalachia, 1890–1930s*，厄巴纳：伊利诺伊大学出版社，2007 年）；芭芭拉·L. 弗洛伊德（Barbara L. Floyd）的《玻璃城：托莱多和塑造托莱多的工业》（*The Glass City: Toledo and the Industry That Built It*，安娜堡：密歇根大学出版社，2015 年）；托马斯·米萨（Thomas Misa）的《钢铁之国》（*A Nation of Steel*，巴尔的摩：约翰·霍普金斯大学出版社，1995 年）。

关于德国军队，参考威廉·卡尔（William Carr）的《武器、封闭经济与侵略：1933—1939 年德国外交政策研究》（*Arms, Autarky and Aggression: A Study in German Foreign Policy, 1933–1939*，纽约：W.W. 诺顿出版社，1972 年）；艾伦·米尔沃德（Alan Milward）的《战争、经济与社会（1939—1945）》，（*War, Economy, and Society, 1939–1945*，伯克利：加州大学出版社，1977 年）；马克·沃克（Mark Walker）的《德国国家社会主义与核能的追求（1939—1949）》（*German National Socialism and the Quest for Nuclear Power, 1939–1949*，坎布里奇：剑桥大学出版社，1989）。

关于曼哈顿计划，参考理查德·G. 休利特（Richard G. Hewlett）和奥斯卡·E. 安德森（Oscar E. Anderson, Jr.）的《新世界：1939—1946 年美国原子能委员会历史》（第 1 卷）（*The New World, 1939–1946,* vol. 1 of *A History of the United States Atomic Energy Commission*，尤尼弗西蒂帕克：宾夕法尼亚州立大学出版社，1962 年）；理查德·罗德（Richard Rhodes）的《原子弹制造》（*The Making of the Atomic Bomb*，纽约：西蒙与舒斯特出版社，1986 年）；以及巴顿·C. 哈克（Barton C. Hacker）的《杜拉更的尾巴：1942—1946 年曼哈顿计划的辐射安全》（*The Dragon's Tail: Radiation Safety in the Manhattan Project, 1942–1946*，伯克利：加州大学出版社，1987 年）。

关于战后计算和电子，参考斯图尔特·W. 莱斯利（Stuart W. Leslie）的《冷战与美国科学》（*The Cold War and American Science*，纽约：哥伦比亚大学出版社，1993 年）；肯尼斯·弗拉姆（Kenneth Flamm）的《创建计算机》（*Creating the Computer*，华盛顿特区：布鲁金斯学会，1988 年）；托马斯·米萨（Thomas Misa）的"1948—1958 年的军事需求，商业现实和晶体管发展"，《军事企业与技术变革》（*Military Enterprise and Technological Change*，坎布里奇：麻省理工学院出版社，1985 年），梅里特·罗伊·史密斯（Merritt Roe Smith）主编，第 253—287 页；亚瑟·L. 诺伯格（Arthur L. Norberg）和朱迪·E. 奥尼尔（Judy E. O' Neill）的《1962—1986 年的计算机技术转型：五角大楼的信息处理》（*Transforming Computer Technology: Information Processing for the Pentagon, 1962–1986*，巴尔的摩：约翰·霍普金斯大学出版社，1996 年）；肯特·C. 雷蒙德（Kent C. Raymond）和托马斯·M. 史密斯（Thomas M. Smith）的《旋风计划：先锋计算机先驱的历史》（*Project Whirlwind: The History of a Pioneer Computer*，贝德福德：数字出版社，1980 年）；保罗·N. 爱德华兹（Paul N. Edwards）的《封闭世界：冷战时期美国的计算机与政治》

（*The Closed World: Computers and the Politics of Discourse in Cold War America*，坎布里奇：麻省理工学院出版社，1996 年）。

全球化著作的差异很大。对比托马斯·L. 弗里德曼（Thomas L. Friedman）在《雷克萨斯和橄榄树》（*The Lexus and the Olive Tree*，纽约：法劳·斯特劳斯和吉罗出版社，1999 年）中的乐观观点与杰瑞·曼德（Jerry Mander）和爱德华·戈德史密斯（Edward Goldsmith）主编的《反对全球经济的案例》（*The Case against the Global Economy*，旧金山：山岳协会，1996 年）。帕特里克·奥米拉（Patrick O'Meara）等人主编的《全球化与新世纪的挑战》（*Globalization and the Challenges of a New Century*，布卢明顿：印第安纳大学出版社，2000 年）是一个广泛的合集。关于马克思主义的分析，参考迈克尔·哈特（Michael Hardt）和安东尼奥·内格里（Antonio Negri）的《帝国》（*Empire*，坎布里奇：哈佛大学出版社，2000 年）。《经济学人》杂志秉持支持全球化的视角，塑造了约翰·米克莱斯韦特（John Micklethwait）和阿德里安·伍尔德里奇（Adrian Wooldridge）的《未来理想：全球化的本质》（*A Future Perfect: The Essentials of Globalization*，纽约：皇冠商业，2000 年）。

关于传真机，参考乔纳森·库珀史密斯（Jonathan Coopersmith）的《传真：传真机的兴衰》（*Faxed: The Rise and Fall of the Fax Machine*，巴尔的摩：约翰·霍普金斯大学出版社，2016）和苏珊娜·K. 施密特（Susanne K. Schmidt）、雷蒙德·维尔（Raymund Werle）的《协调技术：国际电信标准化研究》（*Coordinating Technology: Studies in the International Standardization of Telecommunications*，坎布里奇：麻省理工学院出版社，1998 年）。

有关麦当劳的资料来源包括约翰·F. 洛夫（John F. Love）的《麦当劳：拱门之下》（*McDonald's: Behind the Arches*，纽约：班特姆出版社，1995 年；原版于 1986 年）；詹姆斯·L. 沃森（James L. Watson）主编的《东方金拱门：麦当劳在东亚》（*Golden Arches East: McDonald's in East Asia*，斯坦福：斯坦福大学出版社，1997 年）；罗宾·莱德纳（Robin Leidner）的《快餐快语：服务工作与日常生活的程式化》（*Fast Food, Fast Talk: Service Work and the Routinization of Everyday Life*，伯克利：加州大学出版社，1993 年）；约翰·维达尔（John Vidal）的《麦当劳诽谤案：审讯中的汉堡文化》（*McLibel: Burger Culture on Trial*，纽约：新出版社，1997 年）。有关业内人士的观点，参考雷·克罗克（Ray Kroc）的《麦当劳之父的创业冒险》（*Grinding It Out: The Making of McDonald's*，芝加哥：亨利·雷格纳里出版社，1977 年）；以及乔治·科洪（George Cohon）思维活跃的《用薯条致敬俄罗斯》（*To Russia with Fries*，多伦多：麦克莱兰和斯图尔特出版社，1999 年）。

关于互联网和万维网，参考斯蒂芬·J. 卢卡西克（Stephen J. Lukasik）的

“阿帕网建立缘起”,《美国电气与电子工程师协会计算史年鉴（30/3）》（*IEEE Annals of the History of Computing* 33 no. 3,2011 年）第 4、20 页；珍妮特·阿巴特（Janet Abbate）的《发明互联网》（*Inventing the Internet*，坎布里奇：麻省理工学院出版社，1999 年）；谢恩·M. 格林斯坦（Shane M. Greenstein）的《互联网的商业化过程》（*How the Internet Became Commercial*，普林斯顿：普林斯顿大学出版社，2017 年）。关于计算机网络，参考乌尔斯·冯·伯格（Urs von Burg）的《以太网的胜利：技术社团和局域网标准之战》（*The Triumph of the Ethernet: Technological Communities and the Battle for the LAN Standard*，斯坦福：斯坦福大学出版社，2001 年）。关于互联网私有化，参考杰伊·P. 盖桑（Jay P. Kesan）和拉吉夫·C. 沙哈（Rajiv C. Shah）的“愚我一次，其错在人；愚我两次，其错在我：我们从互联网骨干网和域名系统私有化中学到的教训”,《华盛顿大学法律季刊（79）》（*Washington University Law Quarterly* 79,2001 年）：第 89—220 页。

技术和系统性风险是一个庞大的话题。查尔斯·佩罗（Charles Perrow）的《高风险技术与“正常事故”》（*Normal Accidents: Living with High Risk Technologies*，普林斯顿：普林斯顿大学出版社，1999 年）是一本基础著作。大卫·奈（David Nye）的《灯火熄时：美国停电史》（*When the Lights Went Out: A History of Blackouts in America*，剑桥：麻省理工学院出版社，2010 年）是一本重要的文化史。针对能源消耗的批评著作有保罗·R. 约瑟夫森的《机动化的迷恋：生命、自由和小缸径发动机》（*Motorized Obsessions: Life, Liberty, and the Small-Bore Engine*，巴尔的摩：约翰·霍普金斯大学出版社，2007 年）和托马斯·L. 弗里德曼（Thomas L. Friedman）的《炎热、扁平和拥挤》（*Hot, Flat, and Crowded*，纽约：法勒 - 斯特劳斯 - 吉鲁出版社，2008 年）。威廉·阿斯布拉（William Aspray）和保罗·塞鲁兹（Paul Ceruzzi）主编的《互联网和美国商业》（*The Internet and American Business*，剑桥：麻省理工学院出版社，2008 年）和谢恩·格林斯坦（Shane Greenstein）的《互联网的商业化过程》（*How the Internet Became Commercial*，普林斯顿：普林斯顿大学出版社，2016 年）对商业互联网进行了研究。关于全球航运，参考马克·莱文森（Marc Levinson）的《集装箱改变世界》（*The Box: How the Shipping Container Made the World Smaller and the World Economy Bigger*，普林斯顿：普林斯顿大学出版社，2006 年）。

致 谢

感谢许多不吝与我分享知识和观点的人。感谢亨克·范·登·贝尔特（Henk van den Belt）、米凯亚·哈德（Mikael Hård）、凯文·哈林顿（Kevin Harrington）、谢里尔·甘兹（Cheryl Ganz）、托马斯·休斯（Thomas Hughes）、理查德·约翰（Richard John）、唐纳·梅浩斯（Donna Mehos）、乔尔·莫凯尔（Joel Mokyr）、马尔利特·鲍尔（Margaret Power）、梅里特·罗·史密斯（Merritt Roe Smith）和埃德·托德（Ed Todd）对本书初版的评论。感谢阿恩·凯瑟（Arne Kaijser）和我分享他对荷兰技术的热忱。本书章节亦受益于宾夕法尼亚大学、纽贝瑞图书馆（Newberry Library）、埃因霍温科技大学、伦敦科学博物馆、芝加哥建筑与人文学院和麻省理工学院的研讨会评论。我萌生撰写大跨度技术史的想法，还要追溯到1999年在丹麦比耶灵布罗开设的技术史暑期学校，以及同年底特律举行的技术史学会年度会议，其全体会谈主题是“如何编写技术史”。

在插图的寻找和收集方面，我要感谢以下诸位的帮助：林武雄（Hayashi Takeo）同意我使用他父亲镜头下震慑人心的长崎照片；简·库克西（Siân Cooksey）在温莎城堡举办的达·芬奇画展；麻省理工博物馆的珍妮·奥尼尔（Jenny O’Neill），以及约翰·肖特（Johan Schot）、利德温·库伊伯斯（Lidwien Kuipers）和弗兰克·维拉特（Frank Veraart ）提供的全球化图片。最后，感谢苏海尔·瓦斯塔夫（Sohair Wastawy）的安排，让我得以参观伊利诺伊理工学院的特别藏品。

我衷心感谢约翰·霍普金斯大学出版社以下工作人员：感谢亨利·汤姆（Henry Tom）当初对本书抱有的积极态度（及其毅力和耐心），安妮·惠特莫尔（Anne Whitmore）对初版原稿的精心编辑，以及格伦·伯里斯（Glen Burris）进行的书籍设计工作。

谨以本书的第一版献给我的父亲——弗兰克·米萨（Frank Misa）。他出生于科学与系统时代的最后几年，成长在现代主义时代，经历过战争年代，并把握住了全球文化的机遇。

对于编写本书第二版时帮助我的人，我心怀感恩之情。感谢我在伊利诺伊理工学院（芝加哥）和明尼苏达大学（双子城）的学生对本书初版的反馈。同时，感谢来自鹿特丹的迪克·范·伦特（Dick van Lente）和来自渥太华的埃达·克拉纳克斯（Eda Kranakis）对初版极具洞察力的评价；感谢埃里克·范·德·维勒坦（Erik van der Vleuten）对历史、风险和系统形成的概念化。在欧洲紧张局势全体会议（布达佩斯）、CONTEC 研讨会（埃因霍温）、学术出版协会（费城）、嘉士伯技术哲学学术会议（哥本哈根）、密歇根大学（迪尔伯恩）和马克斯·普朗克科学史研究所（柏林）的讨论亦使我受益匪浅。

2006 年，我来到明尼苏达大学的查尔斯·巴贝奇研究所（CBI），这决定性地塑造了第二版的撰写。对于其中的新内容，我欠下了不少“知识债”，包括与杰弗里·约斯特（Jeffrey Yost）和其他 CBI 同事的日常探讨，以及与国际计算机史学家协会展开的对话。此外，我要感谢印第安纳大学、第二届北欧计算机历史大会（图尔库）、国际科学史大会（布达佩斯）、图尔库大学的暑期学校、欧洲社会科学史大会（里斯本和根特）和明尼苏达大学的反馈和建议。至于约翰·霍普金斯大学出版社，我要感谢敏锐的米歇尔·卡拉汉（Michele Callaghan）对本书的编辑。最后，感谢亨利·汤姆（Henry Tom）适时提醒我撰写一本关于当下的历史概述。在我接到第二版版面校样的同一周，我收到了亨利去世的消息。亨利的学识、编辑判断力以及适应能力皆出类拔萃。

我在明尼苏达大学查尔斯·巴贝奇研究所度过了十几年，这里不仅有杰弗里·约斯特（Jeffrey Yost）、阿维德·尼尔森（Arvid Nelsen）、凯蒂·查莱特（Katie Charlet）、吉姆·科塔达（Jim Cortada）等优秀同事，还有科学史、技术和医学史项目的热心教师与学生，乐于助人的电气和计算机工程系同事。要是没有这段经历，本书新版几乎不可能圆满完成。电气与电子工程师协会（IEEE）历史委员会和美国计算机协会（ACM）历史委员会也提供了深刻见解和专业观点。

此外，我很感谢以下机构提供机会让我尝试这些想法：明尼苏达大学，密码学历史研讨会，法国巴黎第六大学的计算机与环境研讨会，佐治亚理工学院国际战略、技术和政策中心，威斯康星大学科学史系，新里斯本大学科技学院，科罗拉多大学博尔德分校信息科学系，以及雅典大学历史与科学哲学系。在 2020 年的新冠疫情期间，感谢技术史协会的同事和朋友让我保持安宁。这项持续数十年的努力始于我在芝加哥与亨利·汤姆（Henry Tom）的一次晚餐谈话。我从他深刻的经历中学到了若干关于书籍如何运作的知识，我深深感激他建议我把初步的“记者观点”与趋于完整的“史学家观点”区分开来。我要再次感谢来自约翰·霍普金斯大学出版社的马特·麦克亚当（Matt McAdam）、朱莉安娜·麦卡锡（Juliana McCarthy）、凯瑟琳·马盖伊

（Kathryn Marguy）、金伯利·约翰逊（Kimberly Johnson）和安德烈·巴内特（Andre Barnett）的支持。感谢丛书编辑梅里特·罗·史密斯（Merritt Roe Smith），40 年来，他始终支持我在科技史上的研究和写作。

如需了解包括阅读问题、图片、网络资源和参考书目在内的补充材料，可登录网站（tjmisa.com/L2i/index.html）查询。